本书由南京水利科学研究院出版基金资助

ZHENKONG PAISHUI YUYAFA JIAGU RUANTU JISHU

真空排水预压法加固软土技术（第二版）

娄炎 著

内 容 提 要

本书是在基本延续《真空排水预压法加固软土技术》第一版的编排顺序并保留第一版基本内容的基础上，结合近10年真空预压技术在国内外的应用和发展现状，进行知识更新和案例补充。目的是让更多想掌握该技术的年轻人能循序渐进地学习、掌握真空预压加固软土技术的基本知识，并迅速用于实际工程中。

本书可供从事岩土工程研究、地基基础加固设计及现场施工工作的人员使用，也可供高等院校相关专业师生选用。

图书在版编目(CIP)数据

真空排水预压法加固软土技术 / 娄炎著. -- 2版
-- 北京 ：人民交通出版社，2013.3

ISBN 978-7-114-10307-0

Ⅰ.①真… Ⅱ.①娄… Ⅲ.①真空技术－应用－软土地基－预压加固 Ⅳ.①TU471.8②TU472.3

中国版本图书馆CIP数据核字(2013)第007953号

书　　名：真空排水预压法加固软土技术(第二版)
著 作 者：娄　炎
责任编辑：张征宇　郭红蕊　潘艳霞
出版发行：人民交通出版社
地　　址：(100011)北京市朝阳区安定门外外馆斜街3号
网　　址：http://www.ccpress.com.cn
销售电话：(010)59757973
总 经 销：人民交通出版社发行部
经　　销：各地新华书店
印　　刷：北京市密东印刷有限公司
开　　本：787×1092　1/16
印　　张：17.25
字　　数：420千
版　　次：2002年1月　第1版
　　　　　2013年3月　第2版
印　　次：2013年3月　第2版　第1次印刷　总第2次印刷
书　　号：ISBN 978-7-114-10307-0
印　　数：3001-6000册
定　　价：40.00元

谨以此书献给我的第一导师钱家欢教授
——纪念先生诞辰 90 周年

钱家欢教授诞生于 1923 年 8 月,浙江湖州人。九三学社社员,河海大学教授,博士生导师,首批政府特殊津贴获得者,江苏省第六届人大代表,第六届、第七届全国人大代表。

先生 1945 年毕业于浙江大学土木系,后留学美国,获伊利诺大学硕士学位,于解放前夕毅然返回祖国,先在上海军管会水利训练班及浙江大学任教,后任华东水利学院科研处处长、土力学教研室主任,华东水利学院和河海大学学术委员会和学位委员会委员。历任浙江大学副教授,华东水利学院、河海大学副教授、教授,香港大学荣誉教授,国务院学位委员会第二届学科评议组成员,中国水利科学会岩土力学专业委员会副主任,中国土木工程学会土力学与基础工程学会常务理事。曾任《中国科学》编委,《岩土工程学报》编委会主任;1985 年、1987 年、1993 年三次作为特邀报告人分别参加新加坡第二届国际地基加固会议、日本京都亚洲土力学会议和中国广州国际软土会议;1991 年,应日本土质工学会邀请在京都、大阪和东京作了一系列学术报告,1994 年,作为唯一中国专家入选国际土力学学会组建海岸岩土工程委员会,并被确定为核心组成员。

先生毕生从事岩土力学和地基工程的教学和科学研究工作,并在这一领域做出了卓越的贡献。作为全国重点学科的创建者和带头人,先生在软土流变理论、动力固结理论、土坝震后永久变形和土工数值分析等方面在国内做了开拓性的工作,取得多项达到国际领先水平的成果。先生主编的研究生教材《土工原理与计算》、本科教材《土力学》均获水利部优秀教材一等奖,在国内外有很大影响;先生参加和主持的科研项目多次获国家和部、省级奖,其中,"土质防渗体高土石坝研究"和"小浪底土石坝震后永久变形"先后获得国家科技进步一等奖。先生在岩土工程学术界和工程界的学术地位得到国内外同行的一致公认,先生培养的博士和硕士研究生已成为许多单位的学术带头人和业务骨干。

先生正直善良,慈祥忠厚,和蔼可亲,循循善诱,诲人不倦。先生生前曾谆谆教诲"土力学是一门实践性非常强的学科,需要勤勤恳恳读书、踏踏实实做事,打好基础、细心钻研、融会贯通才能有所进步,有所发现",特别强调对土力学基本概念和基本理论的学习。先生的教导学生永远铭记在心,使晚辈受益匪浅、享用终生。值此先生诞辰 90 周年之际,谨以此书献给先生,以资纪念。

娄　炎

2012 年 10 月 31 日于广州

第二版序

本书初版至今已整整10年了。它是国内外第一本全面、系统地阐述真空排水预压法加固软土地基技术的专著,阐述细致透彻,介绍深入浅出。因此,该书一问世便受到岩土工作者的欢迎,对推动真空预压技术在软土地基加固领域中的应用起了极大的作用。正如当年蒋彭年先生预示的那样,"本书对丰富真空排水预压法的理论、对促进该技术的推广应用将产生积极的影响"。它是一本注重把科技成果转化为生产力,而又便于技术人员掌握的工程应用的好书。

10年来,真空预压加固软土地基技术不仅得到广泛应用,而且也得到积极发展。真空预压技术已被大量应用于各领域、各行业建筑物的软土地基处理中,从国内的软基加固延伸到国外的软基处理;从广泛用于沿海的淤泥、淤泥质土扩展到用于新近吹填的疏浚土处理;从单一的真空预压加固发展到广泛与其他方法的联合加固;从大量用于交通领域的地基处理扩展到水利行业平原水库的防渗密封等;这些都是这10年来真空预压加固技术发展的具体体现。同时,10年来,在原有真空预压技术的基础上,还发展与衍生出一些新技术,形成一些新工法。作者在第二版中对其中的突出成果和新发展都做了介绍和展示,对第一版中的内容也做了大量补充和完善,相信读者能从中得到更多的启发,将会再一次推动该技术深入发展和应用。

作者已是年近古稀之人,至今仍工作在软基加固领域的第一线,为软基加固技术的发展和人才培养辛勤地工作着,用他的话说"我喜欢我的专业",这大概就是他孜孜不倦、乐此不疲往来于工地现场和试验室的原因。作者的学风严谨认真、崇尚实践,工程经验丰富,退休之后笔耕不辍,去年刚刚出版《高速公路深厚软基工后沉降控制成套技术》一书,今年又完成本书的再版。作者在参与工程建设的同时十分注重总结实践经验、提炼学术成果、服务奉献社会,充分体现老一辈科技工作者的敬业精神,相信读者在汲取技术上的养分之外,也能从中悟出技术工作者的快乐所在。

是为序。

浙江大学教授
中国工程院院士 龚晓南

2012年9月30日于杭州

序

真空排水预压法这项加固技术在近20年有了长足的进展，它主要得益于我国科技工作者的辛勤努力，我国的岩土工程师做了大量的室内、现场试验和理论分析研究，使该项加固技术在施工工艺、施工设备和加固机理的认识上都有了质的飞跃。20年来，积累了丰富的工程经验，取得了不少较高水平的研究成果，从而使我国在该项加固技术上一直处于国际先进水平。

本书作者就是这些岩土工程师中的突出一员，10年来，他长年往来于试验室和施工现场，潜心研究，孜孜不倦，取得了不少科研成果，这些在本书的内容上已能清楚地显现。本书的特点是理论与实践的紧密结合，既有理论认识的分析，也有实用计算的介绍，而且有更多地对施工方法、施工工艺和效果检验的详尽阐述，这些都是作者多年经验的积累和总结。作者的写作认真而务实，全面又细致，思路清晰，逻辑严密，毋庸置疑本书对丰富真空排水预压法的理论、对促进该项技术的推广应用将产生积极的影响，是一本值得推荐的好书。对致力于岩土工程研究、从事地基加固设计和进行现场施工的朋友们都有很好的借鉴、参考价值，相信本书一定会使各位得到教益。

蒋彭年

2001年5月8日于南京水利科学研究院

第二版前言

国内外第一本全面系统阐述真空预压加固软土技术的专著——《真空排水预压法加固软土技术》自2002年1月出版至今已整整10年，10年来，真空预压技术在国内外得到广泛的应用和飞速的发展，真空预压技术已被大量应用于各领域、各行业建筑物的软土地基处理中。从国内的软土加固延伸到国外(东南亚)承包工程的软基处理；从主要用于沿海多年沉积的淤泥、淤泥质土扩展到用于新近吹填的疏浚土；从单一的利用真空荷载加固软基发展到广泛与其他方法的联合加固；从处理20m左右厚的淤泥层的加固，发展到对厚度近40m的淤泥质土，都取得良好的加固效果；从原本主要解决软基的稳定问题变成深厚软基工后沉降控制的有力手段；从大量用于交通领域的地基处理扩展到水利行业平原水库的防渗密封。这些都是10年来真空预压加固技术巨大发展的具体体现。

这些发展与变化都是围绕着使真空预压加固软土技术能更好地适应各种复杂工况、满足建设发展的需要、获得最好的加固效果和最低的成本进行的。10年来，在原有真空预压技术的基础上，还发展与衍生出不少新技术，形成不少具体的工法，解决了生产实践中不同的问题。这当中，有低位真空预压加固技术、气压劈裂真空预压技术、真空立体降水技术等，这些技术的出现为真空预压加固软土技术的发展和完善做出了积极的贡献，极大地扩展了它的应用范围、丰富了它的内涵，增进了加固效果、降低了工程成本。

随着真空预压技术及其衍生技术的发展和广泛应用，与之紧密相关的现场监测技术也得到快速发展，10年来，完善与发展了一些现场监测技术。如密封膜下地下水位的量测技术，排水板、软土中真空度量测技术，分层沉降监测技术，负压下钢弦式孔隙水压力计的制造技术等都应运而生，同时也出现了自动化监测系统。把我国的监测工作大大向前推进一步，监测水平有了较大的提高，为加固机理的研究、工程质量的监控、加固效果的分析都创造了极好的条件，为上述各技术的诞生与发展做出重要贡献。

真空预压加固软土技术的不断进步和发展与我国这方面研究工作的深入开展是密切相关的，与我国科研人员的辛勤努力是分不开的，他们做出了巨大的贡献，他们的工作生动地体现科学就是生产力的道理。10年来，科研单位和高校做了大量的研究项目，培养了一批这方面的高级人才。他们或在试验室一丝不苟地做着各种试验、从蛛丝马迹中寻找新的发现；或穿梭于工地现场忙着采集各种科研数据，验证着他们的新方案。研究方式主要有两种，一是在室内做模型试验，剖析影响因素，寻求新的发现，验证新的设想。研究成果大都偏于定性方面，通过试验验证提出技术的可行性、有效性及影响因素等。由于室内模型试验是将实际工程缩小若干倍后进行的，工程的尺寸可以按比例缩小，但土的颗粒尺寸难以缩小

(尤其是粉粒、黏粒)。重力加速度也无法增大,模型所在的应力场都是在1个重力加速度的重力场中产生,试验中得到的土体应力、变形、强度无法与实际工程相应部位对应,因此,模型试验还不宜用来定量解决工程问题。室内模型试验还有许多问题没有解决,所得结果只能用于定性分析和初步判断。因此,近10年较多地开展了现场足尺试验研究,这就是第二种研究方式。随着国力的增强和科技的发展,大型现场试验研究已经成为建设领域中常用的一种解决问题的有效办法,它虽然花钱不少(与工程造价相比还是微不足道的),但效果直观、显著、明确。在试验中不仅能解决方案问题,同时还能得到合理工艺,试验中得到的许多数据为深入研究加固机理、设计计算方法、加固中止标准、工程质量标准等都能提供可靠依据,对新技术、新材料、新工艺、新方法的作用与效果可以在现场试验中加以检验与验证。足尺试验研究主要能定量、全面地解决工程问题,不仅解决技术问题,也能解决新技术在工艺和管理上的问题,以期让新技术能更快、更好、更多地得到应用,现场试验得到的结果是一般室内模型试验难以得到的,二者无法比拟。因此,在许多重大、重要工程项目开工前都要进行现场足尺试验研究。这10年来,真空预压加固的现场试验研究做过不少,都是结合实际工程的。实施的单位也很多,有科研单位、高等院校和一些工程单位,这些工作的开展也大大提升了我国的科研水平,使我国在这方面的水平依然走在世界的前列。

技术的飞速进步、研究成果的大量涌现,也反映出在这一领域中人才培养的快速发展,这10年来,高校与科研单位培养出该专业的第一批硕士、博士,尤其在2002年以后,发表的论文、培养的人才都有明显的增长。表1是明经平博士在他的论文中刊列的国内在真空预压方面的研究成果,原表只列到2007年,作者又请他补充了2008~2010年的资料。这个统计结果充分展示了近10年在真空预压加固软土技术方面的飞速发展和科研工作取得的成就。表中数据清楚地传达了以下信息。第一,论文发表总数与期刊发表数自2002年有大幅度增加(图1),2005年后每年论文总数都超过百篇,一年的量达到2002年前15年的总和;说明该技术自2002年后得到飞速发展,进入广泛应用和深入研究阶段,并取得丰硕成果,这些论文就是这些应用的表述和展现。第二,2003年以前没有博士论文产生,也就是说还没有培养出这方面的博士,2003年之后开始有博士论文出现,说明人才的培养也开始进入高级阶段。研究内容偏重于真空预压加固机理和加固理论,表明这方面的研究水平达到新的高度;硕士论文自2003年后有较大幅度增加,说明专业人才的培养有长足的发展,同时也说明建设对这类人才有更多的需求。

有关真空预压方面的文献在各年度发表数量统计 表1

年份(年)	1979~1985	1986	1987	1988	1989	1990	1991	1992	1993	1994	1995	1996	1997
期刊论文	10	5	7	7	3	7	4	3	5	0	4	3	4
博士论文	0	0	0	0	0	0	0	0	0	0	0	0	0
硕士论文	0	0	0	0	0	0	0	0	0	0	0	0	0
会议论文及其他	1	0	0	0	0	0	0	1	0	2	1	0	0
小计	11	5	7	7	3	7	4	4	5	2	5	3	4

续上表

年份(年)	1998	1999	2000	2001	2002	2003	2004	2005	2006	2007	2008	2009	2010
期刊论文	7	11	14	20	45	50	67	92	94	100	108	111	110
博士论文	0	0	0	0	0	2	1	1	0	2	2	0	1
硕士论文	0	0	0	2	0	2	6	7	9	19	11	4	10
会议论文及其他	0	2	0	0	6	3	3	4	6	9	29	24	24
小计	7	13	14	22	51	57	77	104	109	130	150	139	145

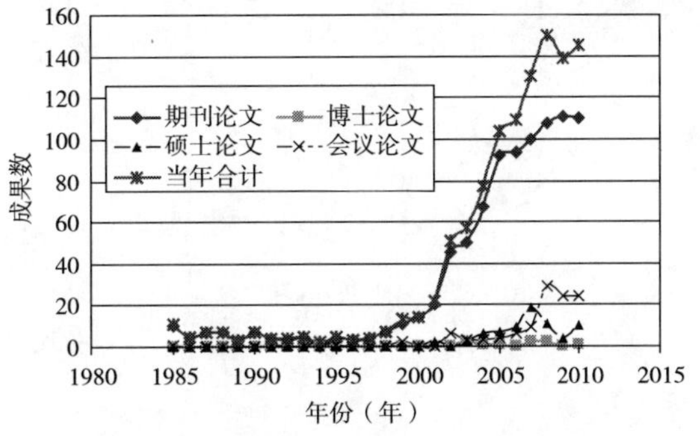

图1　真空预压论文历年发表数统计图

本书再版是想把真空预压加固技术10年来的突出成果和新发展作一介绍，并对第一版中的部分内容加以补充和完善，希望再一次推动该技术的发展和应用。由于目前条件尚不具备，有的还不太成熟，成果仅停留在试验阶段和机理研究上。因此，还是本着“实践第一”的原则，着重解决工程中的实际问题，以展现现场研究成果为主，选择一些相对成熟的成果在第二版书中加以补充和介绍。主要有以下内容。一是介绍真空预压加固软土技术的发展，介绍真空预压技术与其他技术的联合应用，如与强夯法的联合应用；二是介绍真空预压技术在新领域中的应用，如用于新近吹填的超软弱土、平原水库防渗密封膜的气胀以及高速公路工后沉降的控制；三是介绍运用中对一些问题的认识和解决办法，如真空联合堆载预压加荷速率的控制问题，预压中止的综合判定方法；四是真空预压加固软土技术的衍生技术，主要介绍低位真空预压技术、气压劈裂真空预压技术；五是解读新颁布的《真空预压加固软土地基技术规程》(JTS 147-2—2009)，介绍其中的主要内容和作者的一些看法，供使用者参考；六是附录中列出真空预压技术中使用的主要材料——塑料排水板和密封膜的行业与国家技术标准，希望读者仔细研读，看看这些标准中相关指标的异同，体会它们的含义和侧重点。至于真空预压加固理论研究与设计方法的新成果，目前的研究结果大都没经过验证、不太成熟，有的尚在进行之中，所以本书不作介绍。本书基本延续第一版的编排顺序并保留了第一版的基本内容，目的就是让更多想掌握该技术的年轻人能循序渐进的学习，掌握真空预压加固软土技术的基本知识，并迅速用于实际工程中。

本书编撰过程得到中交四航工程研究院有限公司董志良先生、东南大学刘松玉教授团队、南水北调东线山东干线公司李志强研究员等提供的资料，使作者得以顺利完成再版书稿，对他们的热忱帮助表示由衷的谢意。同时也参阅了不少已发表的论文(都已列在书末参考文献中)，从中吸取了不少营养、引用了部分资料，作者在此向他们表示深深的感谢。

浙江大学教授、中国工程院院士龚晓南百忙之中为本书写了《第二版序》，对本书及个人做了肯定，给作者以极大鼓舞，在此向他表示深切的谢意。

2013年8月，就是我1978年读岩土工程研究生时的第一导师钱家欢教授诞辰90周年的日子。学生的每一点进步与恩师的悉心教导是分不开的。学生不才，无以回报，谨以此书敬献给先生，以资纪念。

本书得到南京水利科学研究院出版基金的资助，得到南京水科院何宁教授的热忱鼓励。人民交通出版社的张征宇、郭红蕊、潘艳霞编辑为本书的出版做了大量细致、艰辛的工作，使本书能按时出版。对此，作者向他们表示衷心的感谢。同时，也特别感谢支持该书出版的各位同仁及家人。

娄　炎

2012年10月28日于广州

前　言

随着改革开放的不断深入，国民经济的基本建设得到日新月异的发展，厂房、码头、港口、机场、高速公路等建筑物不断增多，尤其是高速公路近10年来得到飞速发展；然而，不经处理直接利用的天然优良地基却越来越少，不少建筑物不得不建造在较差的松软地基上，因而，地基加固课题也越来越多，目前已有数十种方法。真空排水预压法就是近20年来又重新发展起来的一种新型地基加固方法，它在天津新港、连云港碱厂、舟山老塘山煤码头堆场等工程的建设中得到广泛的运用，并取得了突出的成果。

就作者所知，目前，我国真空排水预压法这项加固技术在国际上是处于领先地位的。20年来，我国的岩土工程师做了大量室内、现场试验，积累了丰富的资料，得到许多较高水平的研究成果，也积累了不少设计与施工经验，使得该项加固技术日臻成熟、完善。作者在这方面也做了许多工作，面对目前飞速发展的国民经济建设，作者希望能将自己多年的学习、研究心得和积累的经验介绍出来，在这里与大家交流，以期能推动该项技术的进一步发展和在我国的建设中发挥出更大的作用，并在国际上能继续保持领先的地位。

该书得到了南京水利科学研究院科技著作出版基金的资助，并在人民交通出版社的支持下，即将出版发行，在此表示衷心的感谢。

本书共分8章。第1～3章主要是叙述真空排水预压法的概念、机理与设计计算，较偏重于理论方面，包含了作者的一些研究心得。第4章介绍国内外运用此法的典型工程实例，这些实例除笔者直接参与完成的以外，其余的来自公开发表的论文和学术会议交流的资料。其中，有国内第一个成功应用的实例；也有国外的两个例子；有在陆上进行的，也有在水下实施的；还有一个是作者认为不太成功的实例。在介绍这些例子的同时，掺有作者的观点、看法，请读者以批评的眼光来阅读。另外，在第8章中，也有类似的情况。第5～7章是作者总结该法的施工工艺及施工监测与加固效果的检验方法，也阐述了影响加固效果的几个因素，偏重于实践方面，是作者多年参与工程实践、积累的经验的表述。最后一章讲述本法目前与其他方法联合应用的情况。

本书经历了两年的努力完成了写作，这当中得到沈珠江院士和福建省建筑设计研究院戴一鸣先生、广州四航局刘成云先生和天津港湾工程研究所唐敏先生等人的大力支持，他们提供了部分资料；土力学界前辈蒋彭年先生也一直关心本人的成长和本书的写作，书稿完成后为本书写了序，这些都给作者以极大的鼓舞，应该说本书也是集体智慧的概括和总结；全书的底图都是由袁伟先生描绘完成的；在此，对他们的大力帮助与支持表示由衷的谢意。

娄　炎

2001年4月30日于南京

目 录

1 概　　述

1.1 真空排水预压法的概念

在沿海和内陆地区广泛分布着海相沉积、湖相沉积和河相沉积的软弱黏土层，这种土的特点是含水率高，压缩性大，强度低，透水性差。由于其压缩性高、透水性差，在建筑物荷载作用下会产生相当大的沉降和沉降差，而且沉降过程延续的时间可能很长，有可能影响建筑物的正常使用。另外，由于其强度低，地基承载力和稳定性往往不够，不能满足工程要求。因此，这种地基通常需要采取加固处理措施，真空排水预压法就是处理软黏土地基的有效方法之一。真空排水预压法加固软土地基的方法属于排水固结法的一种。运用该法加固软土地基时，一般来说，都是先在欲加固的软土地基上打设一定间距的塑料排水板或袋装砂井（统称垂直排水通道），然后在地面上铺设一定厚度的砂垫层，再将不透气的薄膜铺设在砂垫层上，借助于埋设在砂垫层中的管道，通过抽真空装置将膜下土体中的空气和水抽出（图 1-1），使土体得以排水固结，土体的强度同时也得到增长，达到加固的目的。

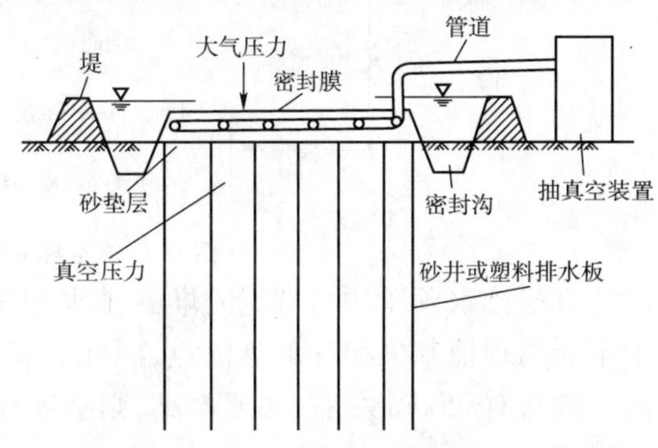

图 1-1　真空排水预压法加固软基的基本原理图

按照具体工程的使用目的，真空排水预压法可以解决以下两方面的问题。

（1）沉降问题。使地基的沉降在抽气加载预压期间大部分被消除（一般是 80%）或基本消除。建筑物在使用期间不致有过大的沉降和沉降差。

对工后沉降要求较高或较敏感的集装箱堆场、大型仓库、冷藏库、斗轮机轨道及飞机跑道等，常可采用预压法进行处理，而真空排水预压法是常常被优先考虑的一种方法，它一般先进行抽气预压，待消除大部分沉降之后，再建造建筑物。

（2）稳定问题。加固能加速地基土抗剪强度的增长，从而提高地基的承载力和稳定性。此法主要用来加速地基土抗剪强度增长、缩短工期的工程，如路堤整体稳定、土堤边坡、码头堆场、货场等，经抽气预压，使地基土的强度提高、能适应上部建筑物的荷载，使建筑物的整体得以稳定。

真空排水预压法由排水系统、加压系统和密封系统三部分共同组成，如图 1-2 所示。

(1)排水系统。设置排水系统的目的主要在于改变地基原有的排水边界条件和借助排水系统来传递真空压力,增加孔隙水排出的途径、缩短排水距离,减少加固时间。

(2)加压系统。对加固区产生起固结作用的荷载,使地基土的有效固结压力增加而产生固结。

(3)密封系统。对加固区域起密封作用,保证加压系统产生的荷载能持久、稳定地作用于加固区,是真空预压加固取得效果的关键措施。

排水系统是一种手段,如果没有加压系统,孔隙中的水没有压力差,水就不会自然排出,地基也就得不到加固。如果只有固结压力,没有良好的排水系统或不缩短土层的排水距离,则不能取得好的加固效果,不能在预压期间尽快地完成设计所要求的沉降量,强度不能及时提高,加载也就不能顺利进行,工期要求得不到满足。而密封系统是保证加固区域受到持久、恒定荷载的必要条件,没有良好的密封系统,加压系统就起不到相应的作用,或它的作用就大打折扣,会浪费许多能量,延长加固时间,往往难以达到预期的加固效果。所以上述三个系统都是必不可少的,设计时总是要联系起来考虑。

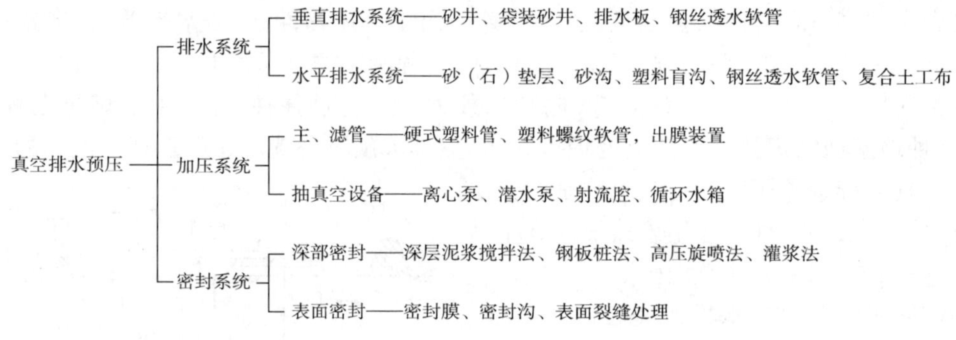

图 1-2　真空排水预压加固软土的三个系统

真空排水预压法与常规的堆载排水预压法相比,具有加荷速度快、无需堆载材料、加荷中不会出现地基失稳现象等优点,因此它相对来说施工期短、费用节省,但是它能施加的最大荷载只有 95kPa 左右,如要再高,则必须与堆载排水预压等方法联合使用。这些后面还会详述。

1.2　真空排水预压法的发展状况

真空排水预压法加固软土地基的基本原理最早由瑞典皇家地质学院的杰尔曼教授(W. kjellman)于 1952 年提出的[1]。但是多年来,由于施工工艺方面的困难,主要是抽气设备、密封材料、垂直排水通道打设技术等方面的原因,造成这一技术的发展相当缓慢。没有得到大规模的生产应用,过去几十年也仅仅在少量几个工程中予以采用。

1958 年,美国费城机场[27]曾用真空井点降水与排水砂井相结合,解决了飞机跑道的扩建工程。加固区面积近 14 万 m^2,有 763m 长,183m 宽。被加固的土层为 4.6 ~6.1m 厚的黏质与粉质黏土和位于该层上面、刚吹填不久的厚度为 1.5 ~3.0m 的沉积黏土和淤泥。粉质黏土中夹有薄的、不连续扁豆形细砂层,再往下是粗砂和砂砾层。加固区内打设 595 口排水砂井,在加固区四周打设15口真空深井,井深21.3m;每一深井安装一台立式涡轮真空泵。深井用来形成负压源,所用的抽气设备是深井立式涡轮真空泵,用膨润土将管口密封,各井出口处都与管道相连。整个地区真空度在达到380mmHg(1mmHg = 133.322Pa)后,继续恒压18d后停止抽气,达到了预期加固的目的。本项工程最大的特点就是充分利用地层的特点,将负压源设在地下,充分利用不连续扁豆形细砂层和粗砂与砂砾层作为传递真空度的水平通道,将真空度传递到排水砂井周围的土层中,继而向砂井周围的土体扩散,使土体固结,解决了负压源设在地表、而表层大面积密封的困难。这是一次成功的实践,然而抽真空设备的效率和深井井口的密封应该说还是不够理想。

日本横滨市武丰火力发电厂[30]运用该法加固地基时,真空度也只达到405mmHg,一旦停泵10min,真空度便降至80~100mmHg,看来,地表密封还是达不到实用的要求。之后,20世纪70年代,日本东北地区新干线[28]在第七号谷地的泥炭土和混有有机物的淤泥土地区,在采用真空排水预压法进行加固时,加固区内打设了垂直排水通道——纸板,加固区四周打设钢板桩并施加了膨润土溶液进行密封,解决了漏气问题。在采取了大功率真空泵后,使泵后真空度保持在700mmHg,最高达到720mmHg,膜下真空度仅达到478mmHg,经过21d的抽气压载,使加固区发生近83cm的沉降量,使地基土的无侧限抗压强度提高1倍多,加固取得了明显的效果。然而受纸板材料的影响,真空度沿纸板的传递衰减很大,离地面2m的深处真空度就减小为膜下的1/5。尽管如此,本项目还是将真空排水预压法的加固技术向前大大推进了一步。

1982年,日本大阪南港[29]在第二阶段的加固工程中,采用袋装砂井或排水纸板作为垂直排水通道,采用抽真空与抽水相结合来降低水位的方法,使加固第一阶段中几乎没有得到改善的上部2/3厚度的软弱吹填土得到改善。加固面积达到100万m^2,它也是通过密封管道将真空源置于被加固层下、运用潜水泵将水排出,在被加固的吹填土上回填5~8m厚的砂质土作为密封层(该层本身就是地面高程所需要回填的),抽气管口用黏土密封。这样,就因地制宜地解决了大面积场地的密封问题,把该项技术的应用推向一个新的阶段。在初期试验阶段,真空度也仅仅达到430mmHg,在第一期加固工程中便达到500~600mmHg。经过对泵设备的进一步改进,在第二期工程中,管内真空度始终保持630mmHg。

我国开始研究此项加固技术还是较早的,1957年,807部队和哈尔滨军事工程学院在室内和室外做过真空预压试验,王仁权探讨过用真空预压法加固淤泥地基,1959年,他们对淤泥地基加固的野外试验进行了总结;1959年,天津大学开展了室内真空预压试验研究来探讨真空预压的规律性和效果,提出了"吹填土真空排水固结试验研究"的报告;1959年,南京水利科学研究所在天津做了"电渗真空砂井联合作业法"的试验研究,于1960年提出"电渗排水加速海淤软土固结试验报告";1960年,同济大学和南京水利科学研究所[26]在上钢一厂进行小型现场试验,提出了"用真空预压法加固吹填土的试验小结"的报告,图1-3为当时现场试验的示意图。报告叙述"地面上铺设了一层砂卵石,其上覆以一层不透气的材料(用的是厚度为2mm的橡胶布)。用抽气机将砂卵石和砂井中的空气抽去以后,在一定范围内的土层中形成真空。试验时,抽气开始后,抽气机上的真空压力很快便达到了相当于0.09MPa的压力,覆盖层紧紧地被吸住了,贴在砂卵石上。用手指去掀它,简直像石头一样。这种现象表示大气压力似乎已经有效地利用了。但奇怪的是地基始终没有显著的沉降发生,埋在地面下 2～3m 的标点几乎未见有沉降的迹象。"试验没有成功,大面积使用也就未能付诸实施。

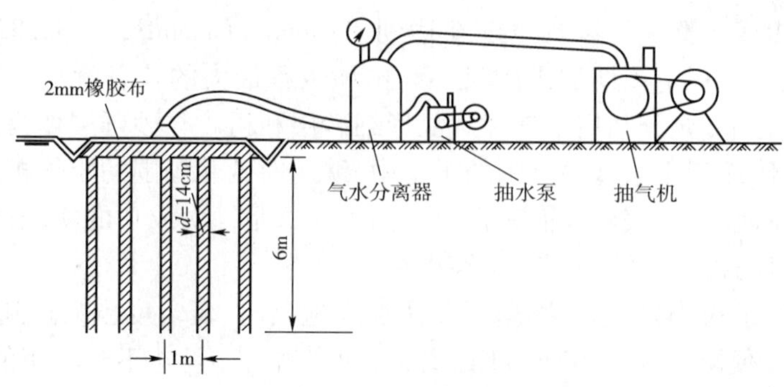

图 1-3　上海某工地真空预压现场试验示意图

从现在的水平来看,膜下没有设置滤管系统、抽真空设备(不是射流泵)效率低下,可能是当时没成功的原因。在哈尔滨可能是受机具和密封材料(用的是黏土)的限制,密封问题没有解决好,膜下与土层中真空度达不到人们期望的要求,因而,也不能付诸生产实践。此外,天津港务局也进行过现场试验研究及工艺试验,都没能很好解决施工工艺问题。发生这种情况的主要原因,除密封材料当时没有轻、薄、不透气、易黏结的以外,主要是当时国内外抽气用的都是真空泵,再配上气水分离器,将分离出的水由离心泵抽走,如日本东北地区新干线的施工就是如此。因此"如不采用排气量很大的真空泵,便不能得到高的真空度……"[30]。所以,在日本大阪南港加固过程中,加大泵的功率是提高真空度的措施之一。日本藤森谦一等曾指出,为了在 500m^2 的面积上获得 420mmHg 的真空度,要一台 20 马力(1 马力 =735.499W)的真空泵。这也是我国过去试验中真空度提不高的一个根本原因。

到了 20 世纪 80 年代,以交通部第一航务工程局(以下简称"一航局")为主,天津大学、南京水利科学研究院土工所参加的联合攻关小组,对该项加固技术又重新进行了探索、研究。经过几年的努力,一航局解决了关键的抽气设备,用射流泵代替了上述真空泵,很好地解决了气、水分离问题,使抽真空的效率大大提高,膜下真空度稳定在 530mmHg,最大可达到 600mmHg,从而使该项加固技术的施工工艺有了突破性的进展,使之能满足加固大面积软土地基的要求,并使相当的预压荷载达到 80kPa。该法在天津新港经历了由探索试验(11m×24m)、中间试验(550m^2,1250m^2),最后到生产应用(3000m^2/块)的过程,逐步走向完善成熟。

与此同时,国内也有不少地方采用该法加固软土地基,并不断改进,使现行的施工工艺越来越完善。如福州市采用此法加固某软土地基[32],真空度达到 640mmHg,相当的预压荷载达到 87kPa。1984 年,由南京水科院与江苏盐业公司基础工程处在连云港海滩共同进行了现场试验,当时进行的是生产性试验,试验后的场地即用作生产地基,其面积为 4000m^2(50m×80m),是当时国内单块面积最大的。经过共同努力,取得了成功并在施工工艺上又有了一些改进,用此法在连云港碱厂加固了近 18 万 m^2 地基,使这项加固技术有了新的提高。

经过国内外几十年来的不断探索和研究,使该法日臻完善,早已进入大面积应用、实施阶段,成为目前加固软土地基的一个行之有效的和常规实用的方法。20 世纪 90 年代,在天津新港、浙江舟山市老塘山煤码头、汕头港、京珠高速公路等诸多工程项目建设中,都采用真空排水预压法或真空排水预压与堆载预压相结合的方法加固软土地基,为国民经济建设做出了积极的贡献,并使该项加固技术水平走在了世界的前列。

进入21世纪,真空预压法加固软土技术得到更加广泛的应用,真空预压技术被大量应用于各领域、各行业建筑物的软土地基处理中。尤其在国内高速公路软基处理上,与路堤自重联合对堤下软基实施真空联合自载预压[4,46],不仅解决了施工中路堤的稳定问题,还有效地控制了路堤的工后沉降,将该法由主要解决地基稳定问题,发展成为控制地基工后沉降的有效手段,扩展了该法的应用范围、增强了该法的功能。除此以外,真空预压技术在国外工程中也得到广泛的应用,真空预压加固软土技术大量用于东南亚承包工程的软基处理。特别是近七八年,将真空预压技术成功用于沿海新近吹填的疏浚土加固[54],是一突出进展。它充分利用真空预压加固软土产生等向、中性有效应力的原理及软土加固时产生向内收缩的加固特征和地基在加固中不会发生失稳的特点,发明了对新近吹填疏浚土加固的浅表层加固技术[55],该技术的核心还是真空预压技术。通过加固,将人都不能站立的刚吹填的场地变为人能立、车能行的地基,为二次深层软土加固创造了条件,再一次使我国真空预压加固软土技术走在世界的前列。

2 真空排水预压法的加固机理与特征

真空排水预压法与堆载预压同属于排水固结法,那么两者有没有不同?真空排水预压法的加固机理又是什么呢?让我们从有效应力原理出发加以分析。太沙基的有效应力原理告诉我们,土体强度的增长、压缩量的发生,都是以有效应力的变化为前提。只有土体的有效应力发生了变化,土体的变形才会发生,强度才会有变化。排水固结法加固软土地基的基本原理就是基于此。在分析真空排水预压法的机理之前,让我们先看看堆载排水预压法的加固机理。

2.1 堆载排水预压法的加固机理

堆载排水预压法以土料、块石、砂料或建筑物本身(如路堤、坝体、房屋等)作为荷载,对被加固的地基进行预压。软土地基在此附加荷载作用下,产生正的超静水压力。经过一段时间后,超静水压力逐渐消散,土中有效应力不断增长,地基土得以固结,产生垂直变形,同时强度也得到了提高。有时为了缩短加固时间,加快加固的进程,在地基中打设了一定深度的砂井、袋装砂井或塑料排水板一类的垂直排水通道。

图 2-1a)为正常固结土地基用堆载排水预压法进行加固时的情形,土体中 A、B、C 三点加固前处于 k_0 应力状态,如图 2-1b)所示,由外荷产生的附加应力如图 2-1c)所示。加固前,

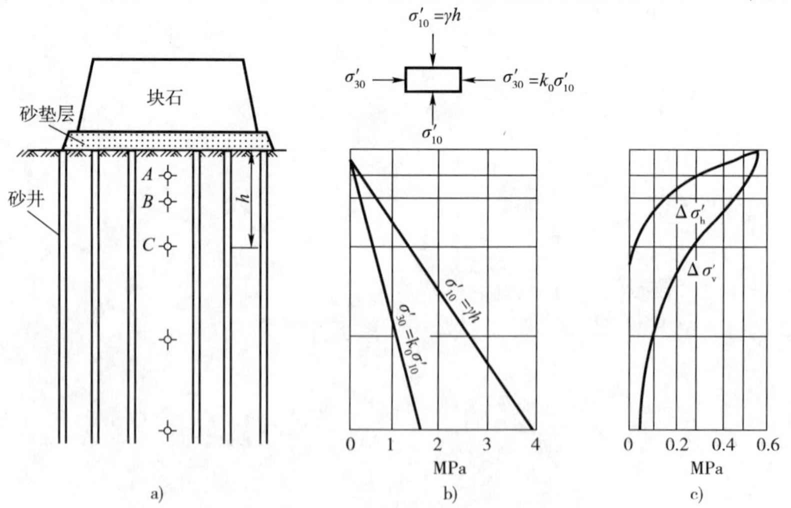

图 2-1 正常固结土的堆载排水预压加固应力分布

与 k_0 应力状态相应的应力圆可用图 2-2 中的 D 圆表示，与其相对应的强度可近似用其平均有效应力 $p'_0=1/2(\sigma'_{10}+\sigma'_{30})$ 所对应的强度 τ_0（图 2-2 中的 E 点）来表示。

当用堆载预压法进行加固时，在土中形成的超静水压力消散完毕后，土体主固结完成，相应的有效应力圆移到 D' 位置。此时有：

$$\sigma'_1 = \sigma'_{10} + \Delta\sigma'_v \tag{2-1}$$

$$\sigma'_3 = \sigma'_{30} + \Delta\sigma'_h \tag{2-2}$$

$$p' = 1/2(\sigma'_1 + \sigma'_3) = p'_0 + 1/2(\Delta\sigma'_v + \Delta\sigma'_h) \tag{2-3}$$

D' 圆的圆心 p' 对应的强度为 τ，土体的强度由 E 点移到 E' 点，可见土体的强度有了提高。当外荷卸去以后，被加固的土体由正常固结状态变成超固结状态，土体中的强度沿超固结强度包线 $O'E'$ 返回到 F 点。F 点与 E 点相比，具有较高的抗剪强度，因此，经过预压加固土体的强度得到了提高。

从变形看（图 2-3），加荷后土体中应力由 p'_0 发展到 p'，孔隙比发生 Δe 的变化。卸荷后应力又返回到 p'_0，变形由 C 点沿回弹曲线回到 A' 点，扣除回弹之后，土体的压缩量为 $\Delta e'$。若再受荷，土体沿再压缩曲线 $A'C$ 发展，直至荷载超过 p' 后才沿初始压缩曲线发展。加固过程中，土体的固结是与土中超静水压力的消散紧密相关的。在土层较厚、渗透性较差的软土地基中，垂直排水通道能加速超静水压力的消散，加快土体的固结进程，减小了建筑物在使用期间的沉降变形和差异沉降。

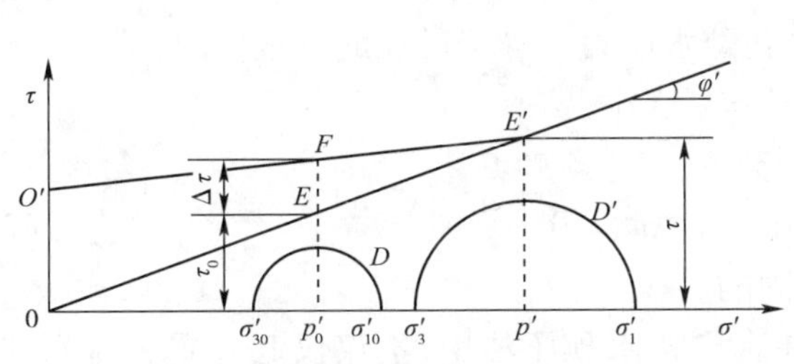

图 2-2 堆载排水预压加固地基强度的增长原理

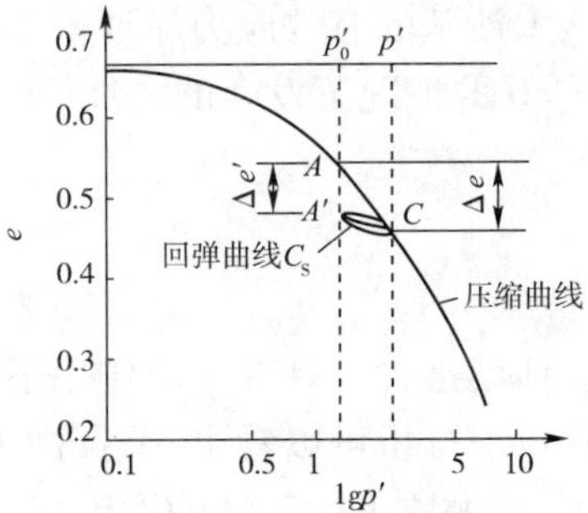

图 2-3 堆载排水预压加固地基土的压缩变形

2.2 真空排水预压法的加固机理

用真空排水预压法加固软土地基时，在地上施加的不是实际重物，而是把大气作为荷载。在抽气前，薄膜内外都受大气压力作用，土体孔隙中的气体与地下水面以上都是处于大气压力状态（图 2-4）；抽气后，薄膜内砂垫层中的气体首先被抽出，其压力逐渐下降至 p_n，薄膜内外形成一个压差 Δp，使薄膜紧贴于砂垫层上，这个压差称为"真空度"。砂垫层中形成的真空度，通过垂直排水通道逐渐向下延伸，同时真空度又由垂直排水通道向其四周的土体传递与扩展，引起土中孔隙水压力降低，形成负的超静孔隙水压力。所谓负的超静孔隙水压力是指孔隙中形成的孔隙水压力小于原大气状态下的孔隙水压力，其增量值是负的,从而使土体孔隙中的气和水发生由土体向垂直排水通道的渗流,最后由垂直排水通道汇至地表砂垫层中被泵抽出。在堆载排水预压法中,虽然也是土中孔隙的水向垂直排水通道中汇集,然而两者引起土中水与气发生渗流的原因却有本质的不同。真空排水预压法是在不施加外荷的前提下,以降低垂直排水通道中的孔隙水压力,使之小于土中原有的孔隙水压力,形成渗流所需的水力梯度;而堆载排水预压法却是通过施加外荷载,增加总应力,增加软土中孔隙水压力,并使之超过垂直排水通道中的孔隙水压力,使土中的水向垂直排水通道中汇流。

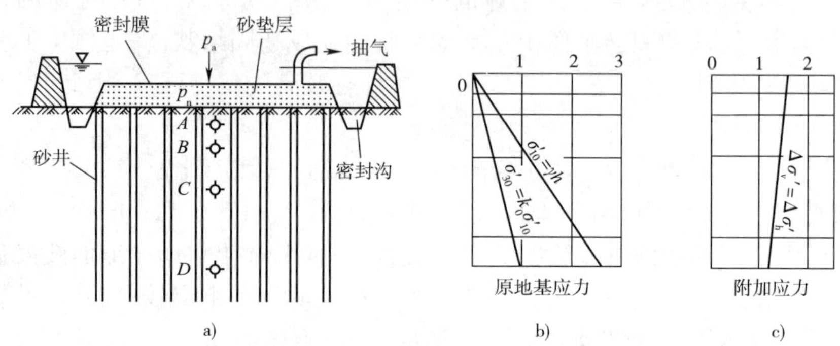

图 2-4　真空排水预压加固软土地基的应力分布

从太沙基的有效应力原理来看,真空排水预压法加固的整个过程是在总应力没有增加,即 $\Delta\sigma = 0$ 的情况下发生的。加固中降低的孔隙水压力就等于增加的有效应力,即:

$$\Delta\sigma' = -\Delta u \quad (2\text{-}4)$$

或

$$\Delta\sigma = \Delta\sigma' + \Delta u = 0 \quad (2\text{-}5)$$

土体就是在该有效应力作用下得到加固的。

从以上分析可以看出,垂直排水通道在真空排水预压法中,不仅仅起着垂直排水、减小排水距离、加速土体固结的作用,而且起着传递真空度的作用。"预压荷载"在这里是通过垂直排水通道向土体施加的,垂直排水通道在这里是起着双重作用的。

从有效应力路径分析来看,加固前地基中原有的应力状态如图 2-1b)和图 2-4b)所示,平均应力为:

$$p'_0 = 1/2(\sigma'_{10} + \sigma'_{30}) \quad (2\text{-}6)$$

加固中地基土体中增加的有效应力为 $\Delta\sigma'$,由于孔隙水压力是一个球应力,所以在各个方向均增加 $\Delta\sigma'$,因此

$$\sigma'_3 = \sigma'_{30} + \Delta\sigma' \quad (2\text{-}7)$$

$$\sigma'_1 = \sigma'_{10} + \Delta\sigma' \quad (2\text{-}8)$$

其有效应力圆由 D 位置向右移到 D'(图 2-5),平均应力增加到

$$p' = p'_0 + \Delta\sigma' \quad (2\text{-}9)$$

但应力圆的半径没有变化。当加固结束、"荷载"卸除后,地基土的强度沿超固结包线退到 F 点,与原有强度相比,增加了 $\Delta\tau$,所以加固后土体强度亦有了提高。

在堆载排水预压法的加固过程中,地基土孔隙里产生正的超静水压力,这已被大量的现

场试验量测结果所证实，这里不再叙述。然而在真空排水预压加固中，土体中是否产生如文中所说负的超静水压力呢？笔者于1984年将真空排水预压法运用在连云港碱厂白煤堆场的加固中，首次于现场实测到被加固的软土地基中不同深度处都产生了负的超静水压力，如图2-6a)所示。图2-6b)也绘出相应的膜下真空度的时间过程线和地表沉降时间过程线。从图中可以明显看出，随着抽真空的进行，膜下真空度逐渐上升并相对稳定在640mmHg(相当于87kPa)左右，土中孔隙水压力则越来越低，负的超静水压力也越来越大，地表也随时间逐渐发生沉降，说明土中有有效应力存在，并使地基产生压缩，该有效应力应该是负的超静水压力转化而来。随着抽气的结束，负的超静水压力也逐渐减小，慢慢恢复到零，地表沉降也渐渐中止，说明有效应力也渐"消失"。现场试验的量测结果完全证实了以上的理论分析。

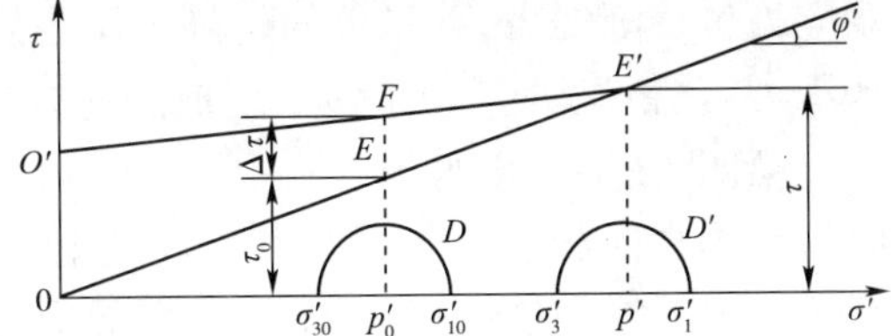

图2-5　真空预压加固软土强度增长原理

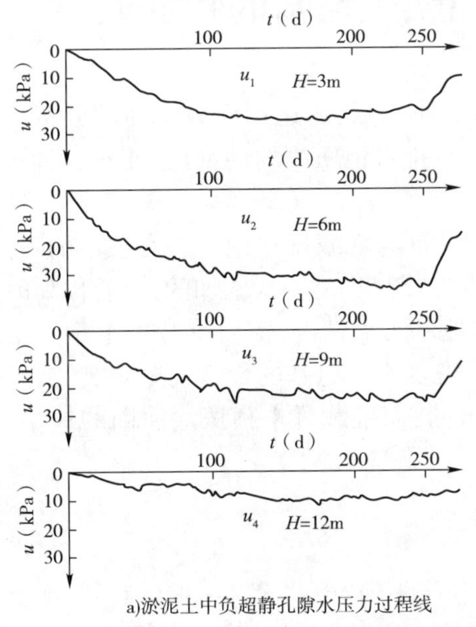

a)淤泥土中负超静孔隙水压力过程线

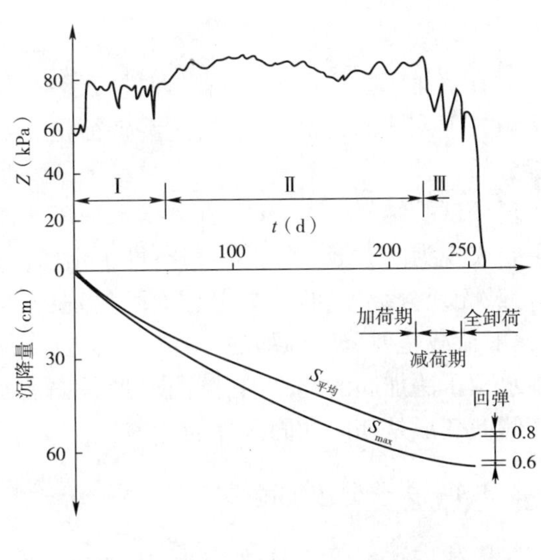

b)膜下真空度与膜面沉降过程线

图2-6　连云港碱厂白煤堆场加固结果

在分析了堆载排水预压法与真空排水预压法的加固机理之后，我们很容易地看出两者在加固机理方面的区别。

第一，在堆载排水预压中，土体中的总应力是增加的；而在真空排水预压中，总应力是没有增加的。

第二，在堆载排水预压中，土体孔隙中形成的孔隙水压力增量是正值，即超静孔隙水压力是正值；而在真空排水预压中，土体孔隙中形成的孔隙水压力增量是负值，即是小于静水压力的值。

第三，在堆载排水预压法中土体有效应力的增长是通过正的超静水压力的消散来实现的，而且随着超静水压力逐步消散为零，有效应力增加达到最大值；而在真空排水预压法中，土体有效应力的增长是靠形成负的超静孔隙水压力来实现的,随着负的超静水压力增大、有效应力也逐渐增大,一旦负的超静水压力发生“消散”,则有效应力也随之降低,当负的超静水压力“消散”为零时,土体中形成的有效应力则亦降为零。

第四,在堆载排水预压法中,土体加固后形成的有效应力与上部施加的荷载大小有关,而且在垂直向和水平向上大小一般是不同的,当加固完成后,上部荷载没有移去,则土体中有效应力的增加依然存在,土体总有效应力是增大的。在真空排水预压法中,土体有效应力的增加至最大值,理论上最大为一个大气压,一般都低于此值,由于有效应力的增加是依赖于孔隙水压力的降低来实现的,所以,土体加固过程中有效应力增加值在垂直、水平及各个方向上具有相同值,并且随着加固过程的结束,“荷载”亦即消失,加固过程中形成的有效应力亦随之消失,土体中总有效应力恢复到原有水平,所以,经真空排水预压加固过的土体会处于超固结状态。

2.3 真空排水预压法加固软土地基的特征

对真空排水预压法的加固机理进行了有效应力分析之后,再运用应力路径的分析手段来认识一下该法的特征。同样,这些特征是相对于堆载排水预压法的,所以也要对二者进行同步分析比较。

现场试验结果已经表明,真空排水预压法的加固特征与堆载排水预压法有根本的不同。其主要表现为两方面:其一,用真空排水预压法加固时,“荷载”是一次施加的,可看作瞬时加荷,荷载无须分级施加,不必担心加固过程中会出现地基失稳情况;而对堆载排水预压法来说,一般荷载是要分级施加的,不能一次施加,加固中需要研究地基的稳定问题。其二,经真空排水预压法加固的地基,其侧向变形是向着加固区的;而堆载排水预压法加固的地基,一般其侧向变形是朝向加固区外的。

2.3.1 关于分级加荷

在堆载排水预压法中,如前所述,加荷时应力圆由 D 移到 D'(图 2-2),可以看到,不仅平均应力增大了,而且应力圆的半径亦增大,这意味着地基土的强度和剪应力都在增大。从图 2-7a)和图 2-1b)可以看出,土体原处于 k_0 应力状态,位于 p'-q 图中的 k_0 线上,当加荷后,其有效应力路线如图 2-7a)所示的虚线。若一次施加的总应力太大,当有效应力增长较慢时,则土体很容易达到破坏包线 k_f,从而发生失稳剪切破坏。因此,一定得控制加荷速率,让土体强度的增长大于剪应力的增加。这就是堆载排水预压法中荷载要分级施加的原因。图 2-7b)、图 2-7c)说明分级次数或加荷的有效应力路径不同,土体所具有的强度也迥然不同。

对真空排水预压法来说,如图 2-5 所示,加固时土中有效应力的增加在大小主应力方向都为 $\Delta\sigma'$,应力圆仅发生移动,而圆的大小,即半径并不发生变化,说明土体中剪应力并没有增大,在 p'-q 平面上(图 2-8)的有效应力路径是从 k_0 线上 H 点出发而平行于 p'轴的直线。无论 $\Delta\sigma'$增大多少,都不会与 k_f 线相遇,因此,加固中不会出现地基失稳的情形,也就没有必要分级加荷，这就是工程实践中一次可将“真空度”提高到很高的缘故。从这点来说，真空排水预压法比堆载排水预压法要优越。一是可以节约大量预压材料及免去相应的运输问题；二是可以缩短加固的时间。

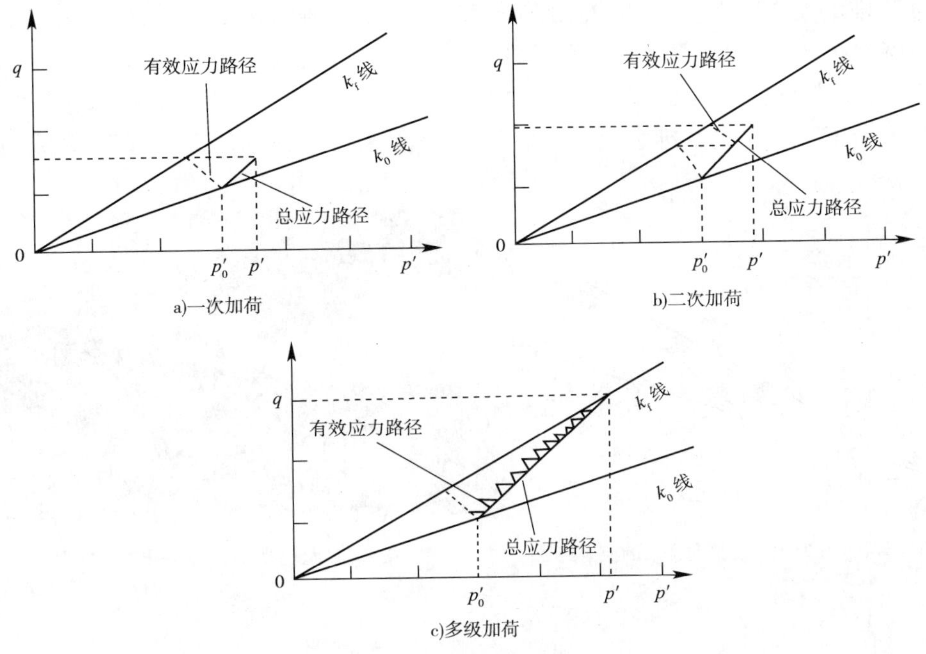

图 2-7 堆载分级加荷土体强度增长的有效应力路径

2.3.2 关于侧向变形

在堆载排水预压法中，加固前，地基中 A、B、C 各点的初始应力状态都位于 k_0 线上(图 2-9)；加荷后，荷载边缘、靠近地表的土，如 A 点的 $\Delta\sigma_3' > k_0\Delta\sigma_1'$，其应力路径指向 k_0 线的下方，其侧向变形呈收缩趋势，指向加固区。但离地表一定深度的地点(如 B、C 各点)，其有效应力增量 $\Delta\sigma_3'(=\Delta\sigma_h')$ 沿深度的衰减大于 $\Delta\sigma_1'(=\Delta\sigma_v')$，所以 $\Delta\sigma_3' < k_0\Delta\sigma_1'$，其应力路径都指向 k_0 线上方，这些点的侧向变形呈膨胀趋势，土体朝加固区外位移。因而用堆载排水预压法加固地基时，土体大都发生侧向挤出变形。

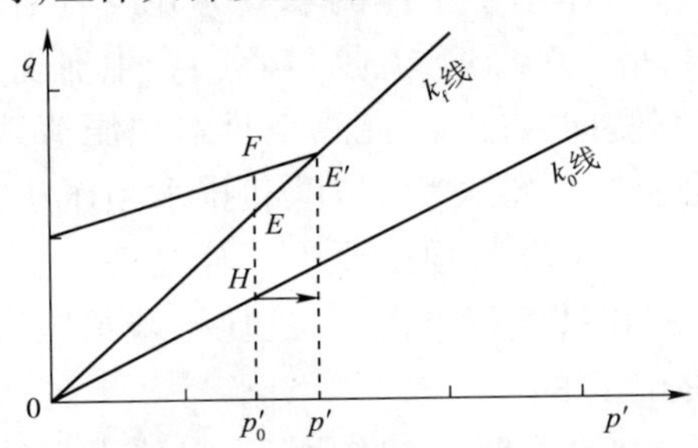

图 2-8 真空加荷土体强度增长的有效应力路径

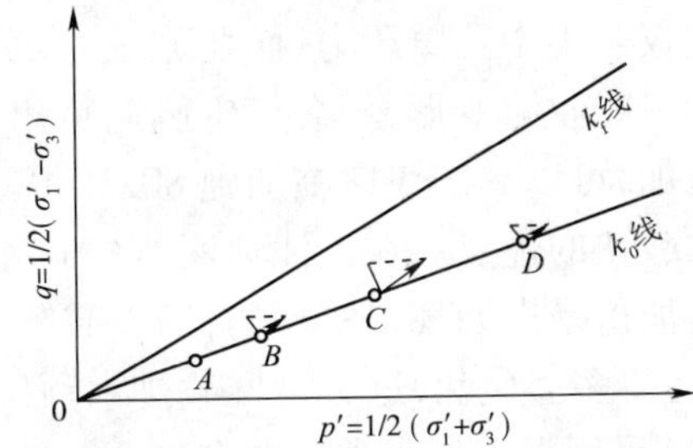

图 2-9 堆载预压时地基土侧向变形的应力路径

对真空排水预压法来说，被加固土体中的 A、B、C、D 各点(图 2-10)在加固前也都处于 k_0 应力状态，位于 k_0 线上；加固中产生的附加有效应力 $\Delta\sigma_1' = \Delta\sigma_3'$，即 $\Delta\sigma_3'/\Delta\sigma_1' = 1.0$，它们

的有效应力路径是一组平行于 p' 轴的水平线,都位于 k_0 线的下方。说明加固中土体都发生侧向收缩变形,没有侧向挤出变形的情况。因而,在加固区周围出现收缩裂缝,地面没有隆起现象,现场实录的照片可清楚地看到裂缝的出现(图 2-11)。

对堆载排水预压法来说,土越软、加荷速率越快,土的侧向挤出变形越大,由其引起的垂直附加沉降量也越大;而对真空排水预压法来讲,土越软、其收缩变形也越大,尤其不会引起附加沉降量(或者是负值)。因此当二者发生相同的垂直变形时,由堆载排水预压法加固的土体其孔隙压密程度比真空排水预压法要差,从这点来说,同样情况下后者压密或固结效果比前者要好。

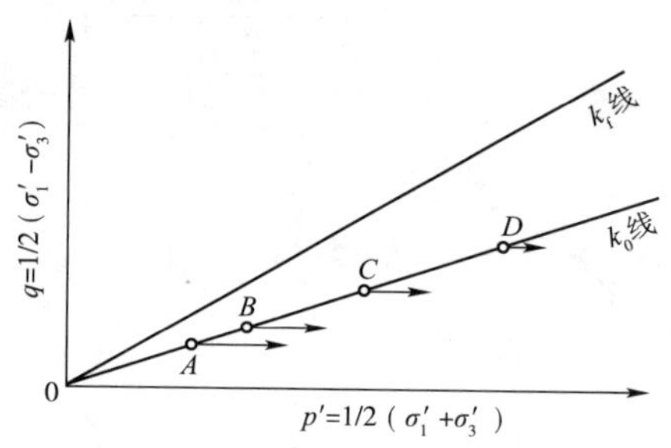

图 2-10　真空预压时地基土侧向变形的应力路径

图 2-11　真空预压时地基土产生的裂缝

2.4　真空排水预压法的特点

经过上述分析,可以看出真空排水预压法与堆载排水预压法相比有以下显著特点:

(1)真空排水预压法是利用大气来加固软土地基的,因此和堆载排水预压法相比、它不需要大量的预压材料、不需实物,这是该法的一个突出特点。这对于缺少预压材料的地区就显得更为优越,并且也不必为缺少弃渣场地而烦恼,这些都可以节省大量的费用。再者,由于不需要预压材料,就使施工现场能保持文明整洁、不会产生雨雪天施工现场的泥泞不堪,可减少施工干扰。

(2)采用真空排水预压法加固软土地基的过程中,作用于土体的总应力并没有增加,降低的仅仅是土中孔隙压力,而孔隙压力是中性应力、是一个球应力,所以不会产生剪切变形,发生的只是收缩变形,不会产生侧向挤出情况,仅有侧向收缩,因此真空排水预压荷载无须分级施加,可以一次快速施加到 80kPa 以上而不会引起地基失稳,与堆载排水预压法相比,具有加载快的优点。在天津地区真空排水预压的工期比堆载预压要少三分之一[2]。同时,因为其加荷是靠抽气来实现的,所以卸荷时也只要停止抽气就可以了,这比堆载预压法要简单、容易得多。显然,这又是堆载排水预压法所不能比拟的。

(3)采用真空排水预压法在加固土体的过程中,在真空吸力的作用下,易使土中的封闭气泡排出,从而使土的渗透性提高、固结过程加快。

(4)真空排水预压法加固软土地基时,地基周围的土体是向着加固区内移动的,而堆载排水预压法则相反,土体是向着加固区外移动的,所以两者发生同样的垂直变形时,真空排水预压法加固的土体的密实度要高。另外,由于真空排水预压是通过垂直排水通道向土体传递真空度的,而真空度在整个加固区范围内是均匀分布的,因此加固后的土体,其垂直变形在全区比堆载预压加固的要均匀,而且平均沉降量要大。

(5)真空排水预压法的强度增长是在等向固结过程中实现的,软土抗剪强度提高的同时不会伴随剪应力的增大,从而不会产生剪切蠕动现象,也就不会导致抗剪强度的衰减,经真空排水预压法加固的地基其抗剪强度增长率,在同样情况下比堆载排水预压法的要大。

3 加固设计与计算

3.1 总 则

真空排水预压法的设计，实际上是合理安排排水系统和加压系统关系的一个过程，使软弱地基在真空荷载的作用下发生排水固结、产生固结沉降，同时在这一过程中，地基土的强度得到增长，以满足建筑物在使用期间对地基变形和稳定性的要求；也可以缩短固结沉降发生的时间，以满足建筑物的施工工期的要求。

正因为如此，在设计时，首先要确定拟建建筑物对地基土在变形和强度或沉降及承载力方面的具体要求，在施工工期方面的具体要求，还有造价方面的问题，都要加以了解。

在设计以前应预先进行工程地质勘探，查明地基土层的种类和物理力学性质以及其在水平向和垂直向的分布；特别要查明透水层的位置及范围和地下水状况等，这一点尤其重要，它往往决定真空排水预压方法在此是否适用或要采取深部的密封措施以及决定垂直排水通道的打设深度。也要通过土工试验测定土的水平向和垂直向的渗透系数、固结系数、孔隙比与固结压力的关系，不排水和固结不排水抗剪强度及原位十字板强度等。首先应选择有代表性的地点对地基土进行详细地勘察，通过适量的钻孔绘制出土层剖面图，以确定土层的结构和成层的厚度、透水层的位置和地下水的深度等。采取足够数量的土样在试验室做土工试验，取得必要的设计资料，尤其是欲加固的土层。以下的项目资料是必须要获取的。

土的物理性质：含水率，质量密度，相对密度，孔隙比，塑限，液限，塑性指数，液性指数，饱和度。

土的力学性质：压缩系数（压缩曲线）或压缩指数，固结压力最好能达到1.6MPa，有条件时测定一下土样的 k_0 值（侧压力系数）；水平向和垂直向固结系数；土样的强度指标 c_{cu} 和 φ_{cu} 或 c' 和 φ'；现场的不排水强度 c_u 及沿深度的变化规律。

做真空排水预压法的设计时，可参见图3-1所示的流程图。该流程中涉及沉降量的计算、强度增长的计算、固结度的计算和加固时间的计算，后面将对这几方面分别作介绍。

真空排水预压法与堆载排水预压法同属排水固结法，其加固软土地基的着眼点基本相同，所以其设计计算思路与方法和堆载排水预压法基本是一致的，只不过是在某些方面稍有不同而已。

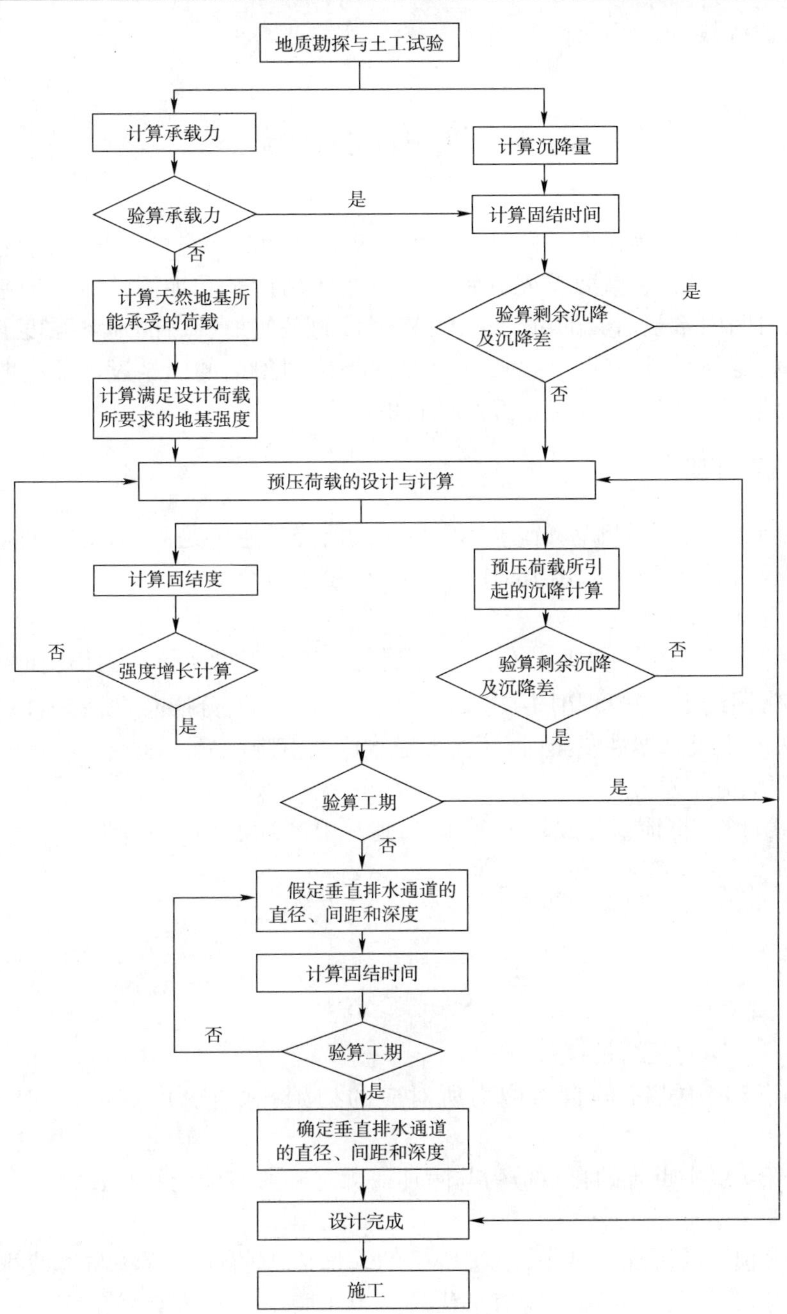

图 3-1 加固设计流程图

排水固结法加固地基的设计与计算主要也是包括地基沉降量和固结度的计算以及强度增长的估计三方面。在满足建筑物的使用、工期与经济上要求的同时，确定垂直排水通道的合理间距、打设深度及地基加固所需的时间。目前已有不少采用有限单元法、边界元法的分析手段，运用黏弹性理论、比奥固结理论或软土流变等理论对一些工程项目进行了分析计算和设计。然而，由于计算中所需的参数常难以确定，而且这些方法尚都处于研究阶段、不很成熟，所以这里仍以介绍实用的设计计算方法为主，并介绍某一具体工程运用南京水科院的双层服面模式进行数值分析的结果。

3.2 实用设计方法

设计要达到的目的:第一个目的是经过加固要先期消除一定的沉降量,使建筑物基础的剩余沉降量小于允许值,这就要首先分别计算出在使用荷载和加固荷载下地基发生的沉降量及在规定的时间内希望消除的沉降量;第二个目的是使加固后的地基强度的增长满足于建筑物对地基稳定与承载力的要求;第三个目的是达到预期的固结度所需的时间应满足工期的要求。当然,这一切还要满足于经济的目的。

3.2.1 沉降计算

用排水固结法加固软土地基,在土体中发生的沉降量主要是固结沉降,而初始沉降和次固结沉降有时也占最终沉降量相当的比例,下面分别予以介绍。

1)固结沉降 S_c 的计算

固结沉降量 S_c 的计算可采用单向压缩分层总和法或考虑土体应力历史的 e-p' 曲线法来进行。对于正常固结土和轻度超固结土,通常可用单向压缩分层总和法来计算。当土层属于泥炭土、有机质土或高塑性黏土时,还要考虑次固结沉降问题。

(1)单向压缩分层总和法

按 e-p' 曲线计算,将地基分成若干个薄层,则其中第 i 层的压缩量为

$$\Delta S_{ci} = \frac{e_{0i} - e_{1i}}{1 + e_{0i}}\Delta h_i \tag{3-1}$$

总压缩量为:

$$S_c = \sum_{i=1}^{n}\Delta S_{ci} \tag{3-2}$$

式中:ΔS_{ci}——第 i 层的压缩量;

e_{0i}——第 i 层中点土的自重应力所对应的初始孔隙比,由室内压缩试验 e-p' 曲线求得;

e_{1i}——第 i 层中点土的自重应力与附加应力之和所对应的孔隙比;

Δh_i——第 i 层土层的厚度。

在真空排水预压的沉降计算中,土层所受的附加应力的计算方法与堆载排水预压法相同,只是地表的荷载用膜下的真空度值来代替。由于膜下真空度会随加固区的密封好坏和供电正常与否而变化,所以计算中取值应考虑到加固过程中的实际工艺情况;一般真空度600mmHg 即相当于 80kPa,若密封、设备运转及供电等有确切的把握,也可将荷载考虑为 90kPa。

(2)e-logp'曲线法

首先根据土工试验得到的前期固结压力 p_c' 来判断土层属于正常固结土、超固结土还是欠固结土,然后再以不同的公式加以计算。

对正常固结土,总压缩量为

$$S_c = \sum_{i=1}^{n} \Delta S_i = \sum_{i=1}^{n} \frac{h_i}{1 + e_{0i}} C_{ci} \lg\left(\frac{p'_{0i} + \Delta p'_i}{p'_{0i}}\right) \tag{3-3}$$

式中：ΔS_i——第 i 层土的压缩量；

h_i——第 i 层土层的厚度；

e_{0i}——第 i 层土中点的自重应力所对应的初始孔隙比；

C_{ci}——第 i 层土的原位压缩指数；

p'_{0i}——第 i 层土中心点的有效自重应力；

$\Delta p'_i$——在第 i 层土中心点增加的有效附加应力。

正常固结土的压缩曲线见图 3-2。

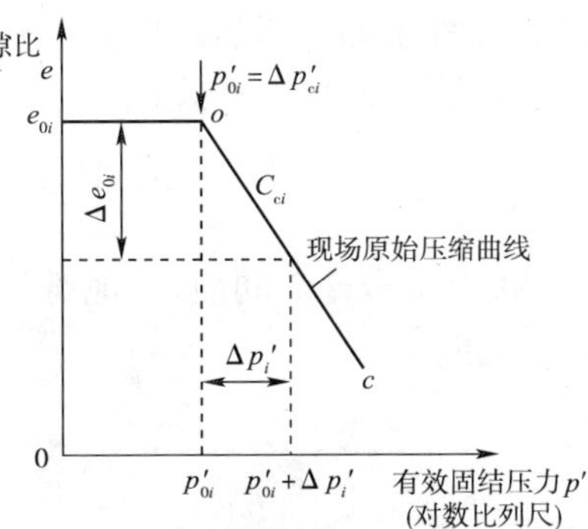

图 3-2 正常固结土的原始压缩曲线

对超固结土，总压缩量为：

当土层的有效附加应力 $\Delta p'_i > (p'_{ci} - p'_{0i})$ 时，按下式计算固结沉降量 S_{c1}：

$$S_{c1} = \sum_{i=1}^{n} \Delta S_i = \sum_{i=1}^{n} \frac{h_i}{1 + e_{0i}} \left[C_{si} \lg\left(\frac{p'_{ci}}{p'_{0i}}\right) + C_{ci} \lg\left(\frac{p'_{0i} + \Delta p'_i}{p'_{ci}}\right) \right] \tag{3-4}$$

式中：C_{si}——第 i 层土的回弹指数；

p'_{ci}——第 i 层土的前期有效固结应力；

n——土层的数目。

其他符号含义同上，各符号的意义见图 3-3a)。

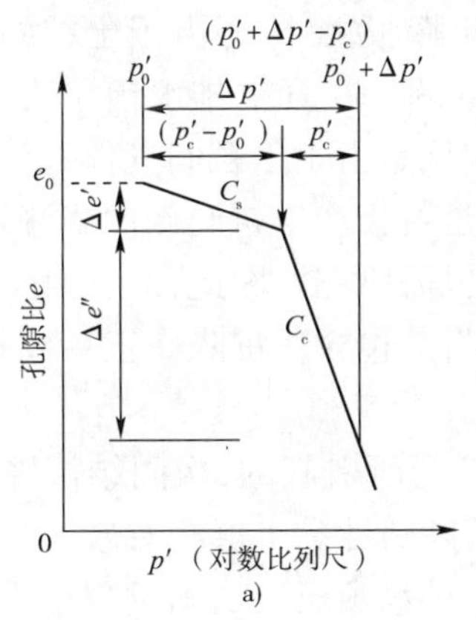

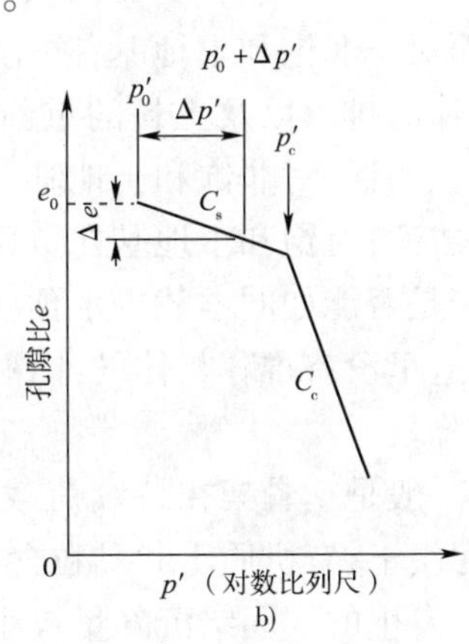

图 3-3 超固结土的孔隙比变化

当土层有效附加应力 $\Delta p'_i \leqslant (p'_{ci} - p'_{0i})$ 时，按下式计算固结沉降量 S_{c2}：

$$S_{c2} = \sum_{i=1}^{n} \frac{h_i}{1 + e_{0i}} \left[C_{si} \lg\left(\frac{p'_{0i} + \Delta p'_i}{p'_{0i}}\right) \right] \tag{3-5}$$

式中：C_{si}——第 i 层土的回弹指数；

p'_{ci}——第 i 层土的前期有效固结应力；

n——土层的数目；

其他符号含义同前，参见图 3-3b)。

整个地层总的单向固结沉降量为 S_c:

$$S_c = S_{c1} + S_{c2} \tag{3-6}$$

对于新近沉积的黏性土,新近吹填土以及地下水位降低不久的地区,常会出现欠固结的土层,这种土的沉降包括由于土自重应力的欠固结部分引起的沉降和建筑物附加应力引起的沉降两部分,可以按式(3-7)进行计算。

$$S_c = \sum_{i=1}^{n} C_{ci} \frac{h_i}{1+e_{0i}} \lg\left[\frac{p'_{ci} + (p'_{0i} - p'_{ci}) + \Delta p'_i}{p'_{ci}}\right] = \sum_{i=1}^{n} C_{ci} \frac{h_i}{1+e_{0i}} \lg\left(\frac{p'_{0i} + \Delta p'_i}{p'_{ci}}\right) \tag{3-7}$$

式中符号含义同前,其他符号的意义见图3-4。

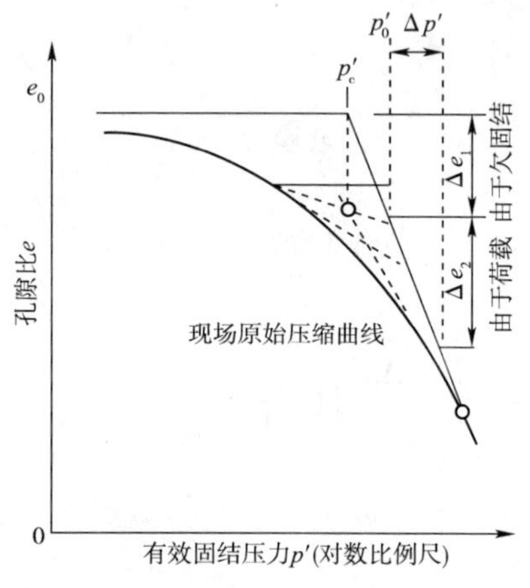

图3-4 欠固结土的孔隙比变化

2)最终沉降量 S_∞ 的计算

(1)用公式来计算

按堆载排水预压法来计算最终沉降量 S_∞,一般是按式(3-8)来计算的,它由以下三部分组成。即:

$$S_\infty = S_d + S_c + S_s \tag{3-8}$$

式中:S_d——初始沉降量;

S_c——固结沉降量;

S_s——次固结沉降量。

①初始沉降量

在堆载排水预压法中,初始沉降是在荷载施加后立即发生的那部分沉降,是加载过程中地基产生附加剪应力,主要由剪切变形引起的。对于饱和土地基,是由土体的侧向膨胀引起的;而对于非饱和土地基,除了土的侧向膨胀之外,还由于土粒间气体的压缩和土粒间气体与液体的排出以及土粒的重新排列产生的。在真空排水预压法的沉降计算中,初始沉降如果存在的话,对非饱和土地基、大部分应该是由于土粒间气体和液体的抽出及土粒的重新排列形成的;对饱和土地基在负压条件下是否会产生瞬间侧向膨胀还需进行研究,所以,其初始沉降是否能如同堆载排水预压法一样也需研究。因此,对在真空排水预压法中初始沉降的计算这里没有推荐具体的计算方法,只将其包含在沉降修正系数 m'_s 中。

②次固结沉降量

次固结沉降一般是土骨架在持续荷载下发生蠕变所引起的,次固结沉降的大小和土的性质有关,通常泥炭土、有机质土和黏粒含量很大的高塑性黏土层会有较大的次固结沉降量发生,而其他土所发生的次固结沉降量较小,在真空排水预压法加固过程中由于加固历时往往不是很长,所以加固过程中产生的次固结沉降量一般不是很大的,可以忽略不计。但是,真空排水预压法最合适、最能体现其特点的地方,又往往是泥炭土、有机质土和高黏粒含量的地区,如东部沿海地区、海滩边、深厚淤泥超软弱土地区,所以在以后地基的使用过程中次固结沉降也会有相当的量发生,因此,在真空排水预压加固中对最终沉降量的计算也得考虑次固结沉降量。

次固结沉降量 S_s 可用式(3-9)予以计算:

$$S_s = \sum_{i=1}^{n} \frac{\Delta e_i}{1+e_{0i}} \Delta h_i \tag{3-9}$$

$$\Delta e_i = -C_{\alpha i}\log(t_1/t_2) \tag{3-10}$$

式中：e_{0i}——第 i 层土主固结完成时初始孔隙比；

Δe_i——次固结引起的孔隙比减小；

$C_{\alpha i}$——第 i 层土的次固结系数；

t_2——次固结的起始时间（即主固结完成时间），可由土样的压缩固结试验来确定（图 3-5）；

t_2——建筑物的使用年限。

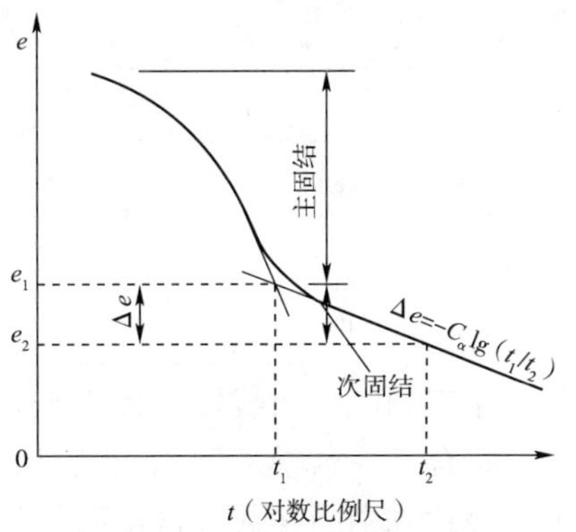

图 3-5 次固结沉降量的计算

较厚土层总的次固结沉降量可用求和的方法求出。

严格按式(3-8)计算最终沉降量有时也比较困难，主要是计算参数难以准确确定，三种沉降很难严格区分、它们的发生往往在时间上是交叉进行的，加上实际工作中积累的经验比较少，特别是在真空排水预压法中，初始沉降的计算还有待于研究，因此这里仍然推荐用式(3-11)来计算最终沉降量。

$$S_\infty = m_s' S_c \tag{3-11}$$

对真空排水预压法来说，建议 $m_s' = 1.0 \sim 1.25$。这当中还包含施工中（如打设垂直排水通道、铺设砂垫层等）发生的沉降量，因为施工沉降量在固结沉降计算中也没有考虑。

(2)用实测沉降曲线值来推求

沉降量是地基在荷载作用下发生的，某一沉降量都是针对某一荷载而言的，因此用实测沉降曲线来推求最终沉降量的首要前提就是所用实测资料都是在该荷载下发生的，荷载要保持不变。如果荷载发生了变化，前后不一致，用这些数据推求的就不是该荷载下的最终沉降量，对用真空预压法加固的工程尤其要注意，因为目前许多工程在加固后期都“主动”卸荷（规程都允许，见第 12 章），也有密封出了问题的。

图 3-6 为某工程加固各区实测真空度过程线，图中有一条真空度过程线，真空度在 2005 年 1 月底就下降到 40kPa 并直到结束，即 D5 区。

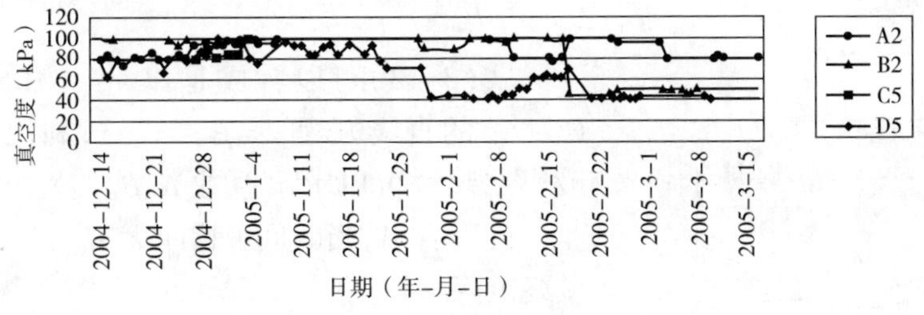

图 3-6 加固各区实测真空度过程线

用实测沉降过程线推求各区的最终沉降量和固结度的结果，如表 3-1 所示，可以看出 D5 区推算的最终沉降量最小，它用的沉降数据是在 40kPa 下产生的曲线上的，因此，用它推求的应该是针对 40kPa 荷载下的最终沉降量，而不是设计要求的 80kPa 下的最终沉降量，对此，运用者要十分清楚。在堆载预压施工中荷载变化的情况较少，但在真空预压加固中会较多地出现这种情况，要引起注意，要注意使用条件和工况。尽管推求的固结度也达到 0.91，但它应该是荷载 40kPa 下的固结度，而不是设计 80kPa 荷载下的固结度。如果设计要求的预压荷载是80kPa,那么应该说D5区没有达到要求。

由实测沉降曲线推算的最终沉降量和固结度 表3-1

区　号	A2	B2	C5	D5
发生的沉降量(mm)	812.0	719.0	782.0	421.0
推算的最终沉降量(mm)	854.7	798.9	888.6	462.6
推算固结度	0.95	0.90	0.88	0.91

用实测沉降曲线推求最终沉降量就是假设在最后一级荷载作用下,沉降随时间的变化规律符合某一数学表达式,然后用曲线拟合的方法,如最小二乘法来推求,利用实测的数据求出表达式中的参数。常用的数学表达式有双曲线、幂指数曲线、二次抛物线等。需要注意的是,我们推求的是最终沉降量,在利用实测的沉降与时间资料时,尽量要用靠近末端的资料,这样推求的最终沉降量会相对准确一些,但是资料的组数也不能太少,最后一级荷载下的量测时段不能太短,以保证拟合结果的精度(通常对拟合结果是要做数理统计检验的)。下面作具体介绍。

①双曲线法

假定在最后一级荷载下,沉降按双曲线规律变化,沉降可用式(3-12)来计算:

$$S_t = S_a + \frac{t - t_a}{\alpha + \beta(t - t_a)} \tag{3-12}$$

式中:S_t——t时刻的沉降量;

S_a——双曲线起点t_a时的沉降量;

α、β——待定的系数;

其余符号含义见图3-7。

为了求出系数α、β,将式(3-12)的非线性表达式变成式(3-13)的一元线性形式,则:

$$\frac{1}{S_t - S_a} = \beta + \alpha \frac{1}{t - t_a} \tag{3-13}$$

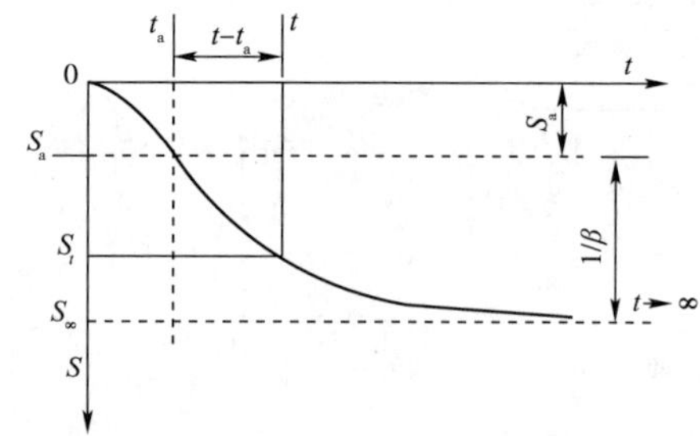

图3-7　运用双曲线法推求最终沉降量

式(3-13)可以看成是以$y = 1/(S_t - S_a)$,$x = 1/(t - t_a)$的直线方程$y = \beta + \alpha \cdot x$,利用测得的数据按最小二乘法可以求出系数$\alpha$、$\beta$。

可以看出,当时间t趋向无穷大时,其沉降量就是最终沉降量S_∞。

$$S_\infty = S_a + \frac{1}{\beta} \tag{3-14}$$

从而,加固完成后的剩余沉降量也就可以求出。

在式(3-12)中,(t_a, S_a)点是双曲线的起点或称沉降曲线的拐点,在求系数α、β前,首先要确定(t_a, S_a)值,这可将实测资料作成$1/t \sim 1/S_t$图,从图中找出拐点,再将拐点后的实测资料按式(3-13)的形式整理出并绘在$1/(t - t_a) \sim 1/(S_t - S_a)$坐标系中,理论上,两者是一直线关系,直线的斜率就是β,截距就是α。但是实际情况往往并非如此理想,在拟合的过程中,拐点常是不容易准确确定的。因此,确定不同的(t_a, S_a),就会得到不同的α、β值,得到

不同的 S_∞。每次作图求解，麻烦且不易准确，运用计算机之后就变得方便了。即先按 $1/t \sim 1/S_t$ 图初步确定一个(t_a, S_a)值，输入到计算机程序中进行计算，得到 α、β 和 S_∞，并同时算出与此相应的相关系数 R 和剩余标准离差 σ；再依次选用不同的(t_a, S_a)值，分别计算出上面的各值，然后进行比较，对那些明显不合逻辑（如 $S_\infty \leqslant S_a$ 或 $S_\infty \leqslant$ 最后测值 S_t 的或 S_∞ 大得很不合理的），先予以删除，再将剩下的按相关系数 R 和剩余标准离差 σ 的大小进行分析，一般取相关系数 R 大的和剩余标准离差 σ 小的作为最后确定 α、β 和 S_∞ 的标准。当然，这也并不一定就十分符合实际，但它可较好地满足双曲线的变化规律。作者已编制相关程序，经过多次实践，都取得了较为满意的结果。

②指数法

假定在最后一级荷载下，沉降按指数曲线规律变化，沉降可用式(3-15)来计算：

$$S_t - S_0 = \alpha(1 - e^{-\frac{t-t_0}{\beta}}) \tag{3-15}$$

式中符号的含义详见图 3-8。

(t_0, S_0)称沉降曲线的拐点，其后部分的曲线设定按指数曲线规律延伸。

很容易从式中看出，当 $t \to \infty$ 时，$S_t \to S_\infty$，即有：

$$S_\infty = S_0 + \alpha \tag{3-16}$$

要求出 S_∞，关键是选取合适的(t_0, S_0)和利用实测的数据求出 α。可以用图解或解析法来求解。

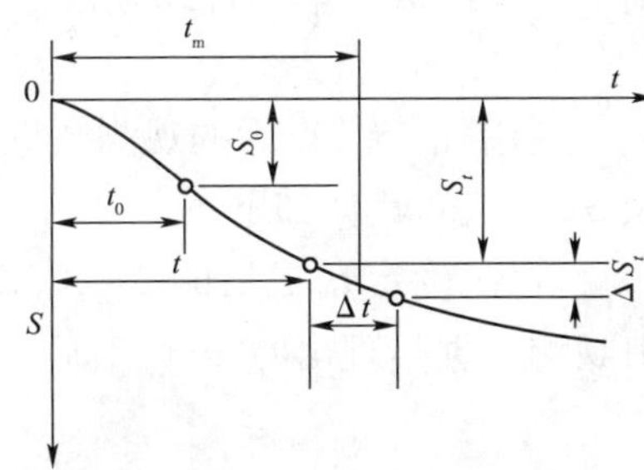

图 3-8　运用指数曲线法推求最终沉降量

若用图解法求解，则式(3-15)可改写成：

$$S_t = S_0 + \alpha(1 - e^{\frac{t-t_0}{\beta}})$$

对 t 求导后，得：

$$\frac{dS_t}{dt} = \frac{\alpha}{\beta} e^{-\frac{t-t_0}{\beta}}$$

写成增量的形式，并以 $t_m(t_m = t + \Delta t/2)$ 代替 t 值后，得（图 3-8）：

$$\frac{\Delta S_t}{\Delta t} = \frac{\alpha}{\beta} e^{-\frac{t_m-t_0}{\beta}}$$

将上式取对数后，有：

$$\lg\left(\frac{\Delta S_t}{\Delta t}\right) = \lg\frac{\alpha}{\beta} - \frac{t_m - t_0}{\beta}\lg e \tag{3-17}$$

上式就成为以 $\lg(\Delta S_t/\Delta t)$ 和 t_m 为变量的直线关系式，在半对数坐标系中，呈直线关系。在直线上取二点$[t_{m1}, (\Delta S_t/\Delta t)_1]$，$[t_{m2}, (\Delta S_t/\Delta t)_2]$，并令：

$$\lg\left(\frac{\Delta S_t}{\Delta t}\right)_1 - \lg\left(\frac{\Delta S_t}{\Delta t}\right)_2 = 1$$

即相差一级对数，从而得到：

$$\frac{t_{m2} - t_{m1}}{\beta}\lg e = 1$$

$$\beta = (t_{m2} - t_{m1})\lg e = 0.434(t_{m2} - t_{m1}) \tag{3-18}$$

式(3-17)的截距为 $\lg(\alpha/\beta)$，从图上找到 $t_m = t_0$ 时的$(\Delta S_t/\Delta t)_0$ 值，则：

$$\lg \frac{\alpha}{\beta} = \lg\left(\frac{\Delta S_t}{\Delta t}\right)_0$$

$$\alpha = \beta\left(\frac{\Delta S_t}{\Delta t}\right)_0 \tag{3-19}$$

此时,S_∞亦可求出了。

若用解析法求解,则式(3-17)写成:

$$\lg\left(\frac{\Delta S_t}{\Delta t}\right) = \left(\lg \frac{\alpha}{\beta} + \frac{t_0}{\beta}\lg e\right) - t_m \frac{\lg e}{\beta} \tag{3-20}$$

令

$$y = \lg\left(\frac{\Delta S_t}{\Delta t}\right), a = \left(\lg \frac{\alpha}{\beta} + \frac{t_0}{\beta}\lg e\right), b = -\frac{\lg e}{\beta}$$

则上式就变成简单的直线方程:

$$y = a + b \times t_m \tag{3-21}$$

利用(t_0, S_0)点后的观测数据,运用最小二乘法可求出a、b;再由a、b可联立求解出α、β及S_∞的值。具体如下:

首先,确定t_0之后的Δt_i值,$\Delta t_i = t_i - t_{i-1}$;相应的$\Delta S_{t_i} = S_{t_i} - S_{t_{i-1}}$;同时$t_{mi} = t_{i-1} + \Delta t_i/2$;由观测数据整理出$t_{mi}$和$y_i$值后,可列出下列方程组:

$$\begin{aligned} a + b\sum_{i=1}^{n} t_{mi} &= \sum_{i=1}^{n} y_i \\ a\sum_{i=1}^{n} t_{mi} + b\sum_{i=1}^{n} t_{mi}^2 &= \sum_{i=1}^{n} y_i \cdot t_{mi} \end{aligned} \tag{3-22}$$

这是一个二元一次方程组,容易求出a、b值。那么可求出:

$$\beta = -\frac{\lg e}{b} \tag{3-23}$$

$$\alpha = \beta \cdot 10^{a+bt_0} \tag{3-24}$$

S_∞的值按式(3-16)也就求出来了。

上述的求解过程实际上是在计算机上完成的,作者已编制了有关程序,使计算工作变得十分简单和迅捷;同时也在程序中引进了方差计算,在拟合的同时可以得到拟合的相关系数及剩余标准离差,以帮助资料整理者在整理资料时加以判断;同样,在求解过程中也会产生双曲线拟合中出现的拐点难寻的问题,这里的处理原则和前面一样。

根据作者多年来运用实测资料推求最终沉降量的经验来看,一是双曲线法推求的值相对指数曲线法来说会偏大、指数曲线法推求的值相对要好一些;二是要想推求得准确,则观测资料的历时一定要长,越长则越接近实际,尤其是最后一级荷载下的观测资料组数不能太少;三是(t_0, S_0)点的选择亦是不易的,理论上是沉降曲线的拐点,但是真正寻求起来是不易准确的,这就需要多选几个(t_0, S_0)试求一下,对得出的结果进行综合比较加以确定,也是需要积累经验的。

推求中对砂性较大的土,相对易准确些,因为其沉降曲线在加荷后期易于稳定,沉降速率收敛较快;而黏性较大的土,则沉降曲线不易稳定,沉降速率收敛较慢,这是因其黏粒含量较大、次固结效应所致,也就难以估准其最终沉降量了。

对指数曲线法尚有另外的形式,如

$$S_t = S_\infty (1 - \alpha e^{-\beta t}) \tag{3-25}$$

通过推导可以得到:

$$S_\infty = \frac{S_3(S_2 - S_1) - S_2(S_3 - S_2)}{(S_2 - S_1) - (S_3 - S_2)} = \frac{S_2(S_2 - S_1) - S_1(S_3 - S_2)}{(S_2 - S_1) - (S_3 - S_2)} \tag{3-26}$$

这就是常说的用三点法推求最终沉降量的公式。上式的使用条件是,在沉降曲线上选择停止加荷后等时距三点的时间与沉降值(也得保证在真空荷载不变的前提下),并使 $t_2 - t_1 = t_3 - t_2$。同样要指出的是,停止加荷后,沉降观测的时段不能太短,否则推测值也不可能准确,一般会偏小很多。此外还有其他的形式,这里不再枚举。

③n 次多项式或二次抛物线

n 次多项式原则上可以将实测沉降曲线拟合得很好,但是因计算工作量大,实际工作中也没有这个必要,所以在实际工作中一般都将 n 取为 2,这就成为二次多项式,即为二次抛物线的形式。由于土性和个人经验的不同,二次抛物线又有不同的表现形式,有的直接用时间 t 作自变量的,有的则用时间 t 的对数作自变量的等。文献[48]用的就是以时间 t 的对数作自变量的,据称与实测沉降曲线拟合得很好,并以此推求出的最终沉降量与实测值有较好的一致性,其表达式为:

$$S_t = a(\lg t)^2 + b\lg t + c \tag{3-27}$$

参数 a、b、c 用优化的方法求得。文献[48]同时指出,只要运营期的有效应力小于预压期末的固结应力,则次固结可以忽略不计,否则要考虑次固结的影响;对次固结的影响提出由直线方程来拟合,很显然,上式反映的仅仅是最终主固结的沉降量。实际上,主固结与次固结是很难截然分开的。

无论用什么方法求出最终沉降量以后,那么在某一时刻 t 的沉降量 S_t 可用式(3-28)来计算。

$$S_t = U_t S_\infty \tag{3-28}$$

式中:U_t——土体在时刻 t 时的固结度。

3.2.2 固结度的计算

固结度的计算在堆载排水预压法加固设计中是一个重要内容,若知道不同时间的固结度,就可推算地基强度的增长;知道了不同时间的固结度,就可以推算加固期间地基的沉降量,以便确定预压加固的时间。它决定了施工的重要参数,这些包括是否设立垂直排水通道,如果设立,则垂直排水通道的深度、间距多少以及布置形式如何等都是在固结度计算中解决的。一般加固的地基要达到的固结度都是事先根据使用要求确定的,设计计算就是按此要求通过试算确定垂直排水通道的深度、间距和布置形式的。同时,它对判断加固效果、加固时间长短、强度增长、地基在加固过程中的稳定程度都起着十分重要的作用。同样,在真空排水预压法加固中也是需要解决这些问题的,但在真空排水预压加固中,荷载可以一次施加、一般在 5d 左右都可加到最大荷载,可以把它视为瞬时加载,因此与堆载排水预压法相比计算要简单得多。

首先,在真空排水预压法加固中,已被实践和机理分析所证明,要取得较好的加固效果,一定要设置垂直排水通道的,加固时间的长短与垂直排水通道的间距有关。由于有了垂直排水通道,因此,地基的固结就产生竖向和水平向两个方向,而以往固结计算常常是分开进行的,竖向固结计算用的是太沙基(Terzaghi)一维固结理论,水平向固结计算用的是巴隆(Barron)轴对称固结理论。目前,许多学者在前人理论的基础上,作了改进和发展,提出了不少新的解答,并考虑了井阻和涂抹作用的影响,这里介绍的是其中之一的研究成果。其次,真空荷载是一次施加完成的、可以当成瞬时加荷来看,所以设计中可按砂井固结理论的瞬时加荷工况来计算,而不必考虑分级加荷和设计加荷速率。

垂直排水通道平面布置方式一般有正三角形和正方形两种,如图 3-9 所示。垂直排水通道的等效排水圆柱体直径 d_e 为:

$$d_e = \alpha_1 \times d \tag{3-29}$$

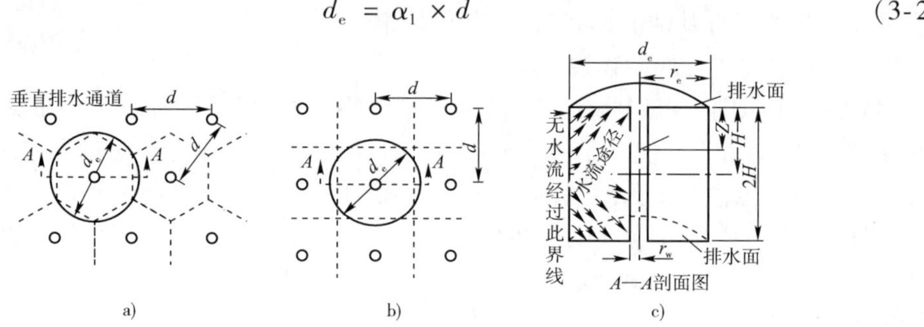

图 3-9 垂直排水通道的平面布置形式

式中:d——垂直排水通道间距,宜在 1 ~2m 范围内选取;

α_1——换算系数。对于正方形 $\alpha_1 = 1.128$;对于正三角形 $\alpha_1 = 1.05$。

垂直排水通道的平面布置范围应在基础或工程要求的加固区域外增加 1 ~2 排。若垂直排水通道采用的是塑料排水板,那么它的等值砂井直径 d_w 可按式(3-30)换算。

$$d_w = \frac{2(b+\delta)}{\pi} \tag{3-30}$$

式中:b、δ——分别为塑料排水板的宽度与厚度;

π——圆周率,取 3.1416。

按照砂井固结理论,当垂直排水通道打穿整个软土层时,对真空排水预压法来说,可按堆载排水预压法中的瞬时加荷情况来考虑,地基在加固历时 t 的平均固结度按式(3-31)计算[18]。

$$U_t = 1 - \alpha e^{-\beta \cdot t} \tag{3-31}$$

式中:α、β——排水固结参数,各种情况下的 α、β 值见表 3-2[18]。

α、β 值 表 3-2

排水情况		径向排水	竖向排水	竖向和径向组合三维排水
β	理想井	$\beta_r = \frac{8C_h}{F_n d_e^2}$	$\beta_z = \frac{\pi^2 C_v}{4H^2}$	$\beta_r + \beta_z$
	非理想井	$\beta_r = \frac{8C_h}{(F_n + J + \pi G) d_e^2}$		
α		1	$8/\pi^2$	$8/\pi^2$

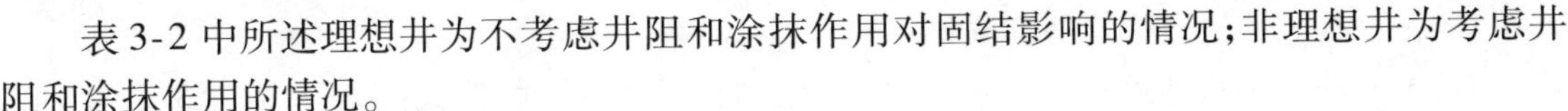

表3-2中所述理想井为不考虑井阻和涂抹作用对固结影响的情况；非理想井为考虑井阻和涂抹作用的情况。

β_r 为轴对称径向排水固结参数；

β_z 为竖向排水一维固结参数；

C_v、C_h 为分别为地基土的竖向和水平向固结系数（cm^2/s），由原状土固结试验确定；

F_n 为井径比因子，按式(3-32)进行计算；

G 为井阻因子，由式(3-33)和式(3-34)确定；

J 为涂抹因子，由式(3-36)确定；

H 为固结土层竖向渗流的最大距离，单面排水时，H 取土层的厚度，双面排水时，H 取两排水面间土层厚度的一半。

$$F_n = \frac{n^2}{n^2 - 1}\ln(n) - \frac{3n^2 - 1}{4n^2} \tag{3-32}$$

式中：n——井径比，$n = d_e/d_w$，d_w 为塑料排水板的等值砂井直径或砂井直径，d_e 为排水圆柱的等效直径。

$$G = \frac{q_h}{q_w/F_s} \times \frac{L}{4d_w} \tag{3-33}$$

$$q_h = k_h \pi \cdot d_w L \tag{3-34}$$

式中：q_w——垂直排水通道的通水能力（cm^3/s），由试验室测定；

q_h——单位水力梯度作用下，地基中水流入垂直排水通道的流量（cm^3/s）；

k_h——地基土的水平向渗透系数（cm/s），用原状土做水平渗透试验确定，如无试验资料时，对淤泥质土可取$(3 \sim 5) \times 10^{-7}$cm/s；

L——垂直排水通道的打入深度；

F_s——安全系数，当 $L \leqslant 10$m 时，取4；当 $10\text{m} < L \leqslant 20$m 时，取5；当 $L > 20$m 时，取6。

当 $G \leqslant 0.1$ 或垂直排水通道的通水能力满足式(3-35)时，地基的固结度可按无井阻影响（$G = 0$）计算，应尽量选取通水能力 q_w 大的垂直排水通道形式，以减少井阻对真空度传递和固结度的影响。

$$q_w > 7.85 F_s k_h L^2 \tag{3-35}$$

$$J = \ln(\lambda)\left(\frac{k_h}{k_s} - 1\right) \tag{3-36}$$

式中：λ——涂抹比，$\lambda = d_s/d_w$（d_s 是垂直排水通道涂抹影响半径），可取1.5～4，施工对地基土扰动较小的情况取低值，扰动较大的情况取高值；

k_h、k_s——地基土和涂抹层的渗透系数（cm/s），k_s 宜用扰动土按常规试验方法测定；当无试验资料时，可取渗透系数比 $k_h/k_s = 1.5 \sim 8$ 计算，对均质高塑性黏土（$I_p \geqslant 30$），取低值1.5～3，对非均质粉质黏土（$I_p < 30$），取3～5，对非均质并具有明显的粉土或细砂微层理结构的可塑性黏土，取5～8。

当 $J \leqslant 0.4$ 时，固结度可按无涂抹影响（$J = 0$）计算。

当垂直排水通道未打穿软土层时，可按下式计算地层的平均固结度。

$$U_t = \rho U_{rz} + (1 - \rho) U_z \tag{3-37}$$

式中:U_t——在 t 时刻土层的平均固结度;

U_{rz}——垂直排水通道打入深度范围内土层的平均固结度,按式(3-31)和表3-2中的参数来计算,竖向最大排水距离为打入深度 L;

U_z——垂直排水通道打入深度以下土层的平均固结度,按竖向排水计算,最大排水距离 $H=H'-L$,H'为计算固结土层的总厚度;

ρ——打入深度比,$\rho=L/H'$。

3.2.3 强度增长的估计

1)真空排水预压法的强度增长特征[11]

在真空排水预压加固软基中,强度的增长与堆载排水预压法基本相同点都是形成超静水压力,并使之快速消散,将超静水压力转换成有效应力,从而使土体发生压密固结、抗剪强度得到增长。二者不同的是形成有效应力的路径不同,这在前面机理分析中已经阐明,正因为如此,真空排水预压法的强度增长具有自己的特征。

(1)真空排水预压法的强度增长是在等向固结过程中实现的

堆载排水预压法加固地基时土体内附加应力是根据上覆荷载通过弹性理论求得的,土体中某点的垂直向附加应力 σ_z 与水平向附加应力 σ_x 是不等的(一般为 $k_0\sigma_z$);土体中超静水压力消散后,有效应力得以增加,而垂直和水平向有效应力增量一般也是不等的,因此,堆载排水预压法的加固过程是一个不等向固结过程。

真空排水预压法中不施加实际上的外荷载,土体单元的总应力为零,土体内有效应力的增加是靠大气压力的下降、使孔隙水压力降低而形成的,即 $\Delta\sigma'=-\Delta u$,由于孔隙水压力是球应力,故各个方向上的有效应力增量相等,因此,真空排水预压法加固软土地基时土体是在等向压力下固结的。

两种加固方法的固结方式不同,给它们的不排水强度增长也带来一些差异。对于同样一块天然地基,当分别采用堆载排水预压法和真空排水预压法来加固时,如果使土体获得相同的垂直有效应力增量 $\Delta\sigma_1'$,那么,前者在不等向有效应力增量 $\Delta\sigma_1'$和 $\Delta\sigma_3'=k_0\Delta\sigma_1'$下固结,后者在等向有效应力增量 $\Delta\sigma_1'$和 $\Delta\sigma_3'=\Delta\sigma_1'$下固结,由于堆载排水预压的平均有效固结应力低,其不排水强度增长自然也就低。图3-10说明了具有相同的垂直有效应力增量时,两种方法的不排水强度增长的差异。A 圆是天然应力状态,B 圆、C 圆分别是堆载排水预压法和真空排水预压法加固后的应力圆;如近似以平均应力作为破坏应力的话,E、F 之差即为两种方法的强度差;如卸载退荷到原来的应力状态,$F'E'$即为两种加固方法的强度差。

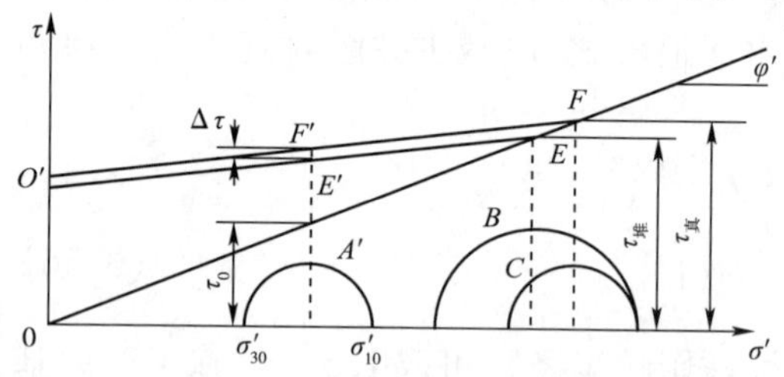

图3-10 两种不同加固方法强度的增长

(2)真空排水预压法加固地基时地基土中不会产生剪切蠕动现象

前面谈到过堆载排水预压法中抗剪强度的提高同时也伴随着剪应力的增加,而剪应力的增加在某种程度上会引起剪切蠕动而导致抗剪强度的衰减,许多室内和现场试验都证明饱和软黏土的剪切蠕动会引起强度衰减。因此,在天然强度很小的软黏土地基上用堆载排

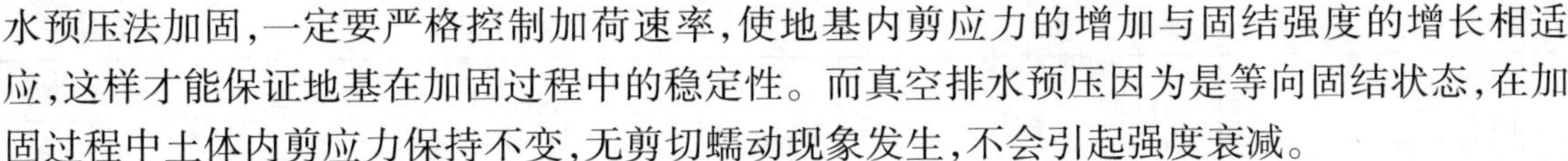

水预压法加固，一定要严格控制加荷速率，使地基内剪应力的增加与固结强度的增长相适应，这样才能保证地基在加固过程中的稳定性。而真空排水预压因为是等向固结状态，在加固过程中土体内剪应力保持不变，无剪切蠕动现象发生，不会引起强度衰减。

按文献[39]用堆载排水预压法加固时，地基中某一时刻的抗剪强度 τ_{ct}，在考虑了由于剪切而引起的强度衰减后表示为：

$$\tau_{ct} = \eta(\tau_0 + \Delta\tau_{ct}) \tag{3-38}$$

式中：τ_0——天然地基抗剪强度；

$\Delta\tau_{ct}$——由于固结而增长的抗剪强度增量；

η——考虑剪切变形及其他因素对强度的影响的一个综合折减系数。

其中由固结引起的强度增量 $\Delta\tau_{ct}$的计算方法很多，文献[39]中考虑了两种方法。

①第一种方法：有效应力法。

$$\Delta\tau_{ct} = \Delta\sigma'_1\frac{\sin\varphi'\cos\varphi'}{1+\sin\varphi'} = k_0\Delta\sigma'_1 = k_0(\Delta\sigma_1 - \Delta u) \tag{3-39}$$

式中：$\Delta\sigma_1$——地基中某一点产生的总的最大主应力增量，由一般弹性理论解计算；

$\Delta\sigma_1'$——地基中产生的有效应力增量，在真空排水预压中即为负的孔隙水压力增量，在堆载排水预压中为$(\Delta\sigma_1 - \Delta u)$。

将式(3-39)代入式(3-38)中得：

$$\tau_{ct} = \eta(\tau_0 + k_0\Delta\sigma'_1) \tag{3-40}$$

②第二种方法：有效固结压力法。

$$\Delta\tau_{ct} = U_t\Delta\sigma_z\tan\varphi_{cu} \tag{3-41}$$

式中：$\Delta\sigma_z$——地基中某点的附加应力，由弹性理论计算；

U_t——地基中某点某时刻的固结度。

将式(3-41)代入式(3-38)得用有效固结压力计算强度增长的表达式：

$$\tau_{ct} = \eta(\tau_0 + U_t\Delta\sigma_z\tan\varphi_{cu}) \tag{3-42}$$

虽然，在真空排水预压加固中没有剪切变形引起的强度衰减量，但可把折减系数定义为综合影响系数后仍借用上述方法来比较计算的地基强度值和实测值的差别。

选取连云港碱厂两加固区作为例子来说明。

两加固区各土层的物理力学性指标及加固参数列于表3-3和表3-4中。

土的物理力学性指标 表3-3

加固区域	层次	土名	层厚(m)	含水率(%)	天然密度(g/cm³)	孔隙比	液限(%)	塑性指数(%)	液性指数	压缩系数(MPa⁻¹)	抗剪强度	
											c (kPa)	φ
A	1	淤泥	9.7	75.2	1.56	2.13	62.6	30.9	1.41	3.17	6.1	2°33′
	2	亚黏土	1.0	26.0	1.83	0.914	36.9	15.4	0.30	0.61	33	6°45′
	3	亚黏土	3.1	24.7	1.96	0.739	36.8	14.2	0.22	0.21	33	16°21′
	4	轻亚黏土	8.0	26.9	1.95	0.757	25.3	7.6	1.21	0.20	53	25°47′
	5	亚黏土		23.5	2.03	0.661	36.6	15.9	0.18	0.16	—	—

续上表

加固区域	层次	土名	层厚(m)	含水率(%)	天然密度(g/cm^3)	孔隙比	液限(%)	塑性指数(%)	液性指数	压缩系数(MPa^{-1})	抗剪强度	
											c (kPa)	φ
B	1	淤泥	10.0	74.3	1.56	2.093	62.4	29.8	1.40	3.42	6	2°17′
	2	亚黏土	1.0	27.2	1.91	0.763	39.0	16.1	1.28	0.53	—	—
	3	轻亚黏土	3.0	27.0	1.96	0.718	25.0	7.9	1.03	—	—	—
	4	轻亚黏土	5.0	29.7	1.95	0.796	27.1	9.0	1.29	0.22	13	26°33′

A、B 区的加固参数 表 3-4

加固区域	加固面积(m^2)	砂井间距(m)	砂井深度(m)	布置形式	加固天数(d)	膜下真空度(mmHg)	最大沉降量(cm)
A	4000.0(50×80)	1.2	10.0	梅花形	220	600	70
B	3833.66 (49.95×76.75)	0.9	11.0	正方形	264	650	84

表 3-5 和表 3-6 为利用两种方法计算的地基强度增长与实测值的比较，表中计算深度为埋有孔隙水压力测头和真空度测头的深度，计算时有效应力 $\Delta\sigma_1'$取各深度实测的负孔隙水压力增量值，附加应力 $\Delta\sigma_z$ 取相应的砂井中各深度实测的真空压力值，U_t 为各深度土体的固结度，根据实测的分层沉降值求得。表中计算结果说明了以下几个问题：

①真空排水预压地基强度综合影响系数 $\eta>1$，证明了采用真空排水预压法加固饱和软黏土地基不会出现在土体内产生因剪应力的增加而导致的抗剪强度衰减的现象。由于理论计算中没有考虑到真空预压加固中土体是在等向固结压力下完成的，使实测的不排水强度值比计算值高，因而出现了 $\eta>1$，而不是 $\eta\leqslant1$ 的现象。当然，其中也包括其他许多因素的影响。虽然理论计算结果和量测结果都难免存在一定的误差，但用两种方法计算的值相当接近，两区的 η 值也比较一致，平均 η 值的相对误差都不超过 5%，这说明计算结果还是有规律的，至少在连云港地区是反映了这种规律。

地基强度计算值与实测值的比较 表 3-5

加固区域	计算点深度(m)	天然强度 τ_0(kPa)	实测强度 τ 实(kPa)	用有效应力法计算的强度			
				$\Delta\sigma_1'$ (kPa)	$\Delta\tau_{ct}$ (kPa)	$\tau_{计}=\tau_0+\Delta\tau_{ct}$ (kPa)	$\eta=\frac{\tau_{实}}{\tau_{计}}$
A	3	8.20	19.70	26.0	6.94	15.04	1.310
	6	11.20	20.60	32.0	8.54	19.74	1.044
	9	18.30	26.50	24.0	6.4	24.70	1.073
	平均=1.139						
B	3	7.60	41.3	64.0	17.07	24.67	1.674
	5	6.60	26.9	66.0	17.62	24.22	1.111
	7	7.80	28.3	68.0	18.14	25.94	1.091
	9	9.60	26.5	48.0	12.80	22.40	1.183
	平均=1.265						

地基强度计算值与实测值的比较 表3-6

加固区域	用有效固结压力法计算的强度							
	计算点深度(m)	天然强度(kPa)	实测强度(kPa)	$\Delta\sigma_z$(kPa)	U_t	$\Delta\tau_{ct}$(kPa)	$\tau_{计}=\tau+\Delta\tau_{ct}$(kPa)	$\eta=\frac{\tau_{实}}{\tau_{计}}$
A	3	8.20	19.70	47.60	0.78	9.26	17.46	1.128
	6	11.20	20.60	47.60	0.65	7.70	18.90	1.090
	9	18.30	26.50	47.60	0.48	5.70	24.0	1.105
	平均 = 1.108							
B	3	7.60	41.3	72.0	0.93	16.67	24.27	1.702
	5	6.60	26.9	75.0	0.89	16.62	23.22	1.159
	7	7.80	28.3	78.0	0.85	16.51	24.31	1.164
	9	9.60	26.5	68.0	0.75	12.70	22.30	1.188
	平均 = 1.303							

②从两个区的计算结果对比来看,地基的固结度越高,平均 η 值越大。两种方法的计算结果都是这样,说明固结应力越大,等向固结方式对强度增长的影响越大。因此,在取 η 值时,要考虑地基的固结程度。根据这两个工程的经验,建议取 $\eta=1.10\sim1.30$,固结度大时,η 取较大值。

这里介绍一下天津地区的研究成果,杨国强等人在《水下真空预压法加固效果》[33]一文中说"应用真空预压法加固水下软土地基,只要预压工艺得当,其固结沉降效果及强度增长效果都是比较显著的……"。从论文中采取相关数据列于表3-7中。

天津水下真空预压加固有关参数与数据 表3-7

土层名称	自重应力(kPa)	附加应力(kPa)	强度参数		固结度 U_t(%)	十字板强度(kPa)			
						天然 c_u	理论计算		实测值
			φ_{cu}(度)	c_{cu}(kPa)			Δc_u	c_u	
淤泥	14.4	78.3	15.0	12.6	91.4	8.73	19.1	27.8	38.0
淤泥质黏土	39.9	73.1	17.0	13.0	91.4	14.90	20.4*	37.0	40.1
淤泥	64.2	63.3	15.0	11.0	48.3	20.18	8.0	28.2	30.3
淤泥质黏土	91.8	51.0	14.0	15.0	79.8	26.93	10.9	37.3	41.7

注:* 原文为22.1kPa,估计为笔误,这里作了改正。

按照本文的思路,将表3-7的数据作了计算,结果列入表3-8中,从这里可以看出,其真空排水预压地基强度综合影响系数 η,与本文的研究成果具有同样的规律和相同的数值范围。

天津地区水下真空预压地基强度计算值与实测值的比较 表3-8

加固土层	用有效固结压力法计算的强度							
	计算点高程(m)	天然强度(kPa)	实测强度(kPa)	$\Delta\sigma_z$(kPa)	U_t	$\Delta\tau_{ct}$(kPa)	$\tau_{计}=\tau+\Delta\tau_{ct}$(kPa)	$\eta=\frac{\tau_{实}}{\tau_{计}}$
淤泥	+1.5 ~ -3.0	8.73	38.0	78.3	0.914	19.1	27.8	1.367
淤泥质黏土	-3.0 ~ -6.0	14.90	40.1	73.1	0.914	20.4	37.0	1.084

续上表

加固土层	用有效固结压力法计算的强度							
	计算点高程(m)	天然强度(kPa)	实测强度(kPa)	$\Delta\sigma_z$(kPa)	U_t	$\Delta\tau_{ct}$(kPa)	$\tau_{计}=\tau+\Delta\tau_{ct}$(kPa)	$\eta=\frac{\tau_{实}}{\tau_{计}}$
淤泥	-6.0~-10.0	20.18	30.3	63.3	0.483	8.00	28.2	1.074
淤泥质黏土	-10.0~-14	26.93	41.7	51.0	0.798	10.9	37.3	1.118
平均=1.161								

(3)经真空排水预压法加固后软土地基表层强度增长明显

A、*B*两区加固前后淤泥层十字板强度沿深度的变化情况如图3-11所示。

从图3-11中可以看出,在地表下2~3m范围内强度增长幅度很大,强度增长率达200%以上,表3-5和表3-6中浅层(2~3m)的η值较深层的η值大许多,也说明了这个问题。产生上述现象的原因是:

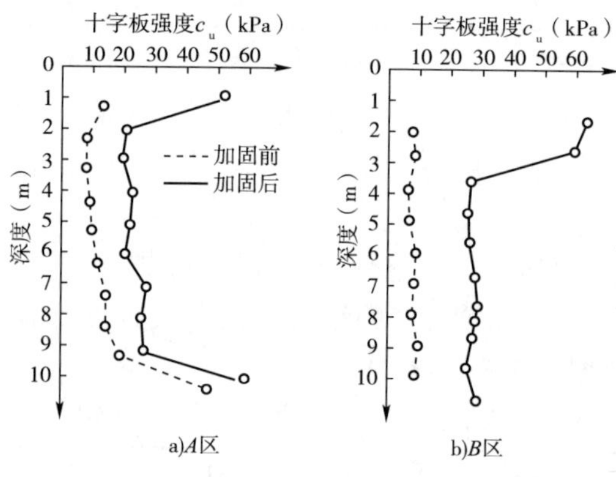

图3-11 加固前后地基十字板强度的变化

①浅层土体距砂垫层近,孔隙水除了向砂井中汇集外,还流向砂垫层,因此三维固结效应明显。

②抽气过程中土体表层有局部非饱和区存在,增加了土中有效应力,因而也使表层强度增长比深层大。

③砂垫层中负压通过砂井向下传递,由于井阻现象,负压沿深度逐渐衰减,在不少工程中膜下真空度一般达到650mmHg,而3m以下的真空度仅有500mmHg左右,表层土体受到较大的固结应力使表层强度增长比深层大。

(4)经真空排水预压法加固后的地基强度增长率大

通过上面的分析,了解了经真空排水预压法加固的地基,其实测强度要大于理论计算值,而一般堆载排水预压法的实测强度则小于计算值。因此,可以说经真空排水预压法加固的地基强度增长率要比用堆载排水预压法加固的强度增长率要高。表3-9为11个用砂井堆载排水预压法加固的工程的强度指标[15],并用有效应力法和有效固结压力法计算了强度增长率。将表中的数据加以平均,得到用有效应力法和有效固结压力法计算的强度增长率,分别为0.298和0.282。

抗剪强度增长率的比较

表3-9

工程名称	φ_{cu}	φ'	$\tan\varphi_{cu}$	$1/2[1-\tan^2(45°-\varphi'/2)]\cos\varphi'$
天津新港一码头	16.9°		0.304	
D防波堤	16.5°		0.296	
广州铁路路堤	19.5°		0.354	

续上表

工程名称	φ_{cu}	φ'	$\tan\varphi_{cu}$	$1/2[1-\tan^2(45°-\varphi'/2)]\cos\varphi'$
宁波冷库	13.3°		0.236	
652 工程大堤	16°		0.287	
大连渔港防波堤	19°		0.344	
天津新港三码头	15.7°	27°	0.281	0.278
杜湖水库东坝	14.25°	26°	0.254	0.274
1050 油罐工程	18°	31°	0.325	0.291
塞而特坝(英)		27°		0.278
邱斯托克坝(英)		32°		0.294

根据试验资料,A、B 区的 φ_{cu}、φ' 分别为 14°和 24.5°。用上述方法计算的强度增长率为 0.267 和 0.249。表 3-10 为用实测的有效应力和有效固结压力值计算的 A、B 两区的实际强度增长率,用实测的有效应力计算的 A、B 两区的平均强度增长率为 0.366,用有效固结压法力计算的值为 0.343,两结果比较接近。

表 3-10 中所用数据均为实测值,所以,在真空排水预压加固设计时,估算地基强度的增长情况不能完全套用堆载排水预压法的强度增长率,建议取值 $K=0.30\sim0.40$。K 的取值还因各地土质情况而异,希望能积累更多的资料。表 3-11 中显示的是天津"水下真空预压法加固效果[33]"的结果,也能看出其强度增长率与本文得到的数值范围有惊人的相似。

真空排水预压后土体实际抗剪强度增长率的计算 表 3-10

加固区域	计算点深度(m)	天然强度(kPa)	加固后强度(kPa)	有效应力法计算强度增长率			有效固结压力法计算强度增长率		
				$\Delta\tau_{ct}$(kPa)	$\Delta\sigma'$(kPa)	$K=\dfrac{\Delta\tau_{ct}}{\Delta\sigma'}$	$\Delta\sigma_z$(kPa)	U_t	$K=\dfrac{\Delta\tau_{ct}}{U_t\Delta\sigma_z}$
A	3	8.2	19.7	11.5	26.0	0.442	47.6	0.78	0.310
	6	11.2	20.6	9.4	32.0	0.292	47.6	0.65	0.304
	9	18.3	26.5	8.2	24.0	0.342	47.7	0.48	0.359
	平均 K 值			0.359			0.324		
B	3	7.6	41.3	33.7	64.0	0.527	72.0	0.93	0.503
	5	6.6	26.9	20.3	66.0	0.308	75.0	0.89	0.304
	7	7.8	28.3	20.5	68.0	0.302	78.0	0.85	0.309
	9	9.6	26.5	16.9	48.0	0.302	68.0	0.75	0.331
	平均 K 值			0.372			0.362		
A、B 两区平均 K 值				0.366			0.343		

天津地区水下真空预压地基强度增长率的计算　　表 3-11

用有效固结压力法计算的强度增长率							
加固土层	计算点高程(m)	天然强度(kPa)	加固后实测强度(kPa)	加固后强度增量 $\Delta\tau_{ct}$(kPa)	U_t	$\Delta\sigma_z$(kPa)	$K=\frac{\Delta\tau_{ct}}{U_t\Delta\sigma_z}$
淤泥	+1.5～-3.0	8.73	38.0	29.27	0.914	78.3	0.409
淤泥质黏土	-3.0～-6.0	14.90	40.1	25.2	0.914	73.1	0.377
淤泥	-6.0～-10.0	20.18	30.3	10.12	0.483	63.3	0.33
淤泥质黏土	-10.0～-14	26.93	41.7	14.77	0.798	51.0	0.363
平均=0.370							

2)真空排水预压法的强度增长计算

真空排水预压法的强度增长可用有效应力法或有效固结压力法计算,即可分别用式(3-39)或式(3-41)来计算任一时间 t 的强度增长 $\Delta\tau_{ct}$。对于 t 时刻的抗剪强度可分别用式(3-40)或式(3-42)来计算。但是在用有效应力法来计算时,强度增长率 K 在(0.30～0.40)范围内选取,而不按堆载排水预压法的计算公式来算。在用有效固结压力法计算时,$\Delta\sigma_z$ 取相应深度垂直排水通道中的真空度值,U_t为相应土层达到的固结度,φ_{cu}为相应土层的固结快剪内摩擦角。对综合影响系数 η 可在 1.10～1.30 之间选取。

当要对整个土层的强度增长进行估计时,可用式(3-41)来计算,只是 $\Delta\sigma_z$ 用膜下真空度值,而 U_t 用设计要求达到的值,φ_{cu}用各土层的加权平均值,η 仍在 1.10～1.30 之间选取。

3.2.4　设计实例

在介绍实例以前需要先说明一下,以上介绍的实用设计方法,也只能提供一个大致合理的设计,并不能认为计算出来的结果一定是准确无差的。这是由于被加固土层往往是不均匀的,其物理、力学性质存在差异,从试验室的试验中得到的计算参数也不一定具有完全的代表性。例如,水平向固结系数 C_h,由于土层的不均匀性和复杂性,从室内试验得到的 C_h 值并不一定具有很好的代表性,加固过程中 C_h 值也是不断变化的[75],然而它却对计算出的加固时间长短影响较大,再加上土体预压时受力的实际情况和排水条件也是很复杂的,与理论计算的假设并不一定完全吻合(如前面介绍的巴隆公式是在等应变条件下得到的);此外,在塑料排水板和砂井的打设过程中还会对土体产生扰动及涂抹,虽然这些在计算中也有考虑,但是计算出的时间总是与实际需要的时间有差距的,有时还相差很大。因此,**这里提倡在设计计算的同时也加上一些当地成熟的经验或对规模较大的工程实施先导型试验工程的办法,这也许是更加可靠的设计方法。**

【实例 3-1】

在靠近海边的淤泥土层上要建造一个临时堆煤场,该场地的土质条件是:上部 10m 是一层海相沉积的淤泥,它的主要物理、力学指标如表 3-12 所示。

被加固软土的土性指标 表3-12

项 目	平均含水率(%)	天然密度(g/cm³)	孔隙比	塑限(%)	液限(%)	十字板强度(kPa)	固结系数($\times 10^{-4}cm^2/s$)
符号	ω	γ	e	w_p	w_L	c_u	$C_v \approx C_h$
数值	75.2	1.56	2.13	31.7	62.6	10	2~3

从指标看,它是一种十分软弱的土,它的下层是较好的亚黏土和轻亚黏土,设计堆煤荷重为70~80kPa,显然,该场地的天然承载力是不能满足要求的。因此,解决的主要问题是提高土的抗剪强度,以满足地基稳定性的要求。

首先按堆煤80kPa计算由煤荷载引起的最终沉降量。经过用e-p曲线法计算,得到最大沉降量$S_f = 100cm$左右,计算中取$m_s = 1.05$。

地基中考虑打设间距$d = 1.2m$的袋装砂井,希望达到的固结度$U_t = 0.80$;那么,当真空荷载考虑为80kPa、加固的固结度达到0.80时,强度增长为$\Delta\tau_{ct} = 80 \times 0.80 \times 0.25 = 16$(kPa),式中,0.25是$\tan\varphi_{cu} = \tan14°$的值。

所以加固后地基具有的强度为:

$$\tau_{ct} = \eta(\tau_0 + \Delta\tau_{ct}) = 1.1 \times (10 + 16) = 28.6(kPa)$$

加固后地基的承载力$[\sigma] = 3.14 \times c_u$

$$= 3.14 \times 28.6 = 89.8(kPa)$$

计算结果告诉我们,经过加固地基能满足堆煤场对承载力的要求。

所需加固时间t的计算:

为简化起见,计算中仅考虑径向固结排水,也暂不考虑井阻和涂抹的影响。

砂井直径$d_w = 7cm$,间距$d = 1.2m$,三角形布置$d_e = 1.05d = 1.26m$,取$C_h = 2.0 \times 10^{-4}cm^2/s$,

$$n = \frac{d_e}{d_w} = \frac{1.26}{0.07} = 18$$

$$F_n = \frac{n^2}{n^1 - 1}\ln(n) - \frac{3n^2 - 1}{4n^2} = 2.1501$$

当$U_t = 0.80$时,有:

$$T_h = [\ln(1 - U_t)] \times \left(-\frac{F_n}{8}\right) = 0.43255$$

$$t = \frac{T_h \cdot d_e^2}{C_h} = 3.434 \times 10^7(s) = 397(d)$$

显然不能满足工期要求。重新设定砂井间距$d = 1.0m$,得到:$d_e = 1.05m$,$n = 105/7 = 15$,$F_n = 1.9713$,$T_h = 0.3966$,$t = 2.186 \times 10^7(s) = 253(d)$,计算基本符合要求。

从上面的计算可以看出,间距d减小0.20m,加固时间缩短了144d。可见,间距对加固时间的影响是很大的。另外也可看出,若固结系数C_h由$2 \times 10^{-4}cm^2/s$提高到$3 \times 10^{-4}cm^2/s$,那么,加固时间将减少1/3。即分别由397d减少到265d和由253d减少到169d。但是在试验室里从试验得到的C_h值是$2 \times 10^{-4}cm^2/s$还是$3 \times 10^{-4}cm^2/s$,那是很难准确到这一步的。需要做一定数量的固结试验,从较多的数据中取平均值可能要准确一些。固结系数C_h对固结时间的影响主要反映在很差的软土当中,若C_h较大,例如,是$10^{-3}cm^2/s$量级,可能系数是2或3,对时间t的影响就要小得多。因此,越是差的土,其加固时间就越难准确确定。

从上面的分析计算知道,经过加固,地基的承载力问题不大了,但加固需要的时间究竟是多少尚不能准确定下来,因此在大面积施工前做一块现场试验(特别是第一次做,没有具体的经验时)是很有必要的。经过试验校验,砂井间距改为90cm比较合适,而且加固的固结度达到70%就可以了,原因是真空排水预压的荷载超过80kPa,常常在90kPa左右,而达到70%固结度的时间在150d左右。在大面积施工时砂井间距定为90cm,预压荷载定为不小于85kPa,加固时间以不超过150d为宜,固结沉降量在65~70cm即可,反算的$C_h = 2.5 \times 10^{-4}\text{cm}^2/\text{s}$。

通过这一实例,可以看到一个设计要到实践中去验证,在实践中不断修改、完善,才能较好地符合实际情况。

【实例3-2】

在软土地基上欲修建一个蓄水池,其面积为$20\text{m} \times 30\text{m} = 600\text{m}^2$,蓄水高度3m。要求地基的承载力为50kPa,而池底的倾斜率(或差异沉降)要小于0.01。经过计算,天然地基的承载力没有太大的问题,但是计算出的O、A、B三点(图3-12)的最终沉降量分别是:

O点45cm;A点30cm;B点22cm。

这样OA方向、OB方向的倾斜率(差异沉降)都超过0.01的要求。

OA:$(45-30) \div 1000 = 0.015 > 0.01$

OB:$(45-22) \div (1000^2 + 1500^2)^{0.5} = 0.013 > 0.01$

采用真空排水预压法进行加固,加固面积定为$28\text{m} \times 38\text{m} = 1064\text{m}^2$,即每边放出4m宽,以保证加固效果。

预压荷载定为80kPa,希望达到的固结度$U_t = 0.60$,那么,计算在80kPa荷载作用下的最终沉降量是66cm,当达到0.60的固结度时,能消除的最大沉降量为$66 \times 0.60 = 39.6\text{cm}$。

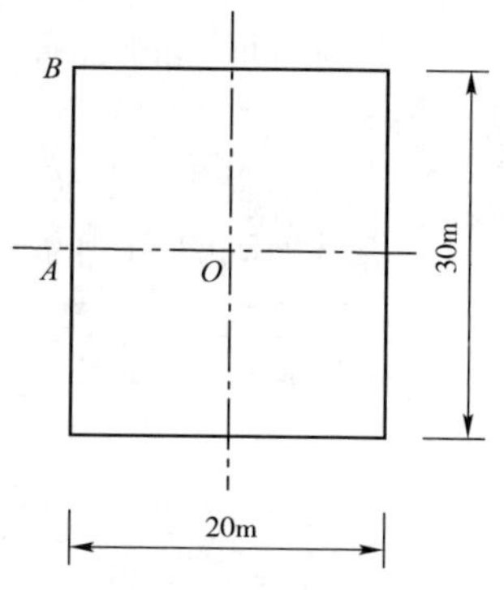

图3-12 蓄水池平面示意图

最后定出以预压平均沉降量达到35cm时为停止加固的标准。这时估计A点能消除20cm左右的沉降,B点能消除12cm左右的沉降,而O点能消除40cm左右的沉降。此时,各点在使用期的最大倾斜率值为:

OA为0.005,OB为0.003,都能满足要求。

加固时间的确定:

为了保证加固效果和缩短加固时间,在加固区内打设了间距d为1.3m的塑料排水板,正方形布置,水平向固结系数$C_h = 2 \times 10^{-3}\text{cm}^2/\text{s}$。

此时,$d_w = 0.05\text{m}$,$d_e = 1.128d = 1.466\text{m}$,

$n = d_e/d_w = 29.328$,$F_n = 2.6318$,

$T_h = -F_n \ln(1 - U_t)/8 = 0.3014$,

$t = T_h \times d_e^2 / C_h = 3.239 \times 10 = 37.5(\text{d})$,

设计满足要求。

3.3 软土地基真空排水预压固结变形的有限元分析[31]

这里介绍的是沈珠江院士运用比奥(M. A. Biot)固结理论分析天津新港一个 50m×60m 的试验场地的软土层在真空作用下的固结变形过程。希望通过对这一实例的分析找出一个简单实用的设计计算方法。

从有效应力原理看,在软土中施加真空压力就是在软土中增加等向固结的有效应力,而土体的变形是受有效应力控制的,有效应力的增加将引起土体的压缩。另外,根据比奥固结理论,土骨架变形过程与孔隙水排出过程是不可分割的统一过程的两个方面。没有排水条件,不管加多大荷载,饱和土是不可能压缩的;反之,只要在土中形成一个排水过程,土体必然会随之产生压缩。排水过程可以通过不同的方法形成。真空预压就是在土体边界上加一真空吸力以促成排水过程的一种方法。

3.3.1 工程概况

计算的对象是天津新港四港池后方一块加固区,共 12000m^2,分四块施工。这里分析的是其中的一块,称为Ⅱ区(图 3-13),其地质情况如下:表层是厚约 4m 的淤泥质亚黏土,第二层为厚 4m 的亚黏土,第三层是厚 7m 的淤泥质黏土,下面是深厚的黏土层。透水性较好的粉砂层大体在地面下 30m 处。

施工顺序是先打设直径 7cm 和长 10m 的袋装砂井,井距 1.3m,上面铺以厚 20~30cm 的砂垫层,其中埋有真空滤管及与其连接的主管。然后在加固区四周开挖深 0.8~0.9m 的沟槽,铺上塑料薄膜,将其周边埋入沟中,并将主管伸出膜外,与真空设备相连。预压区平面及观测仪器布置见图 3-13。

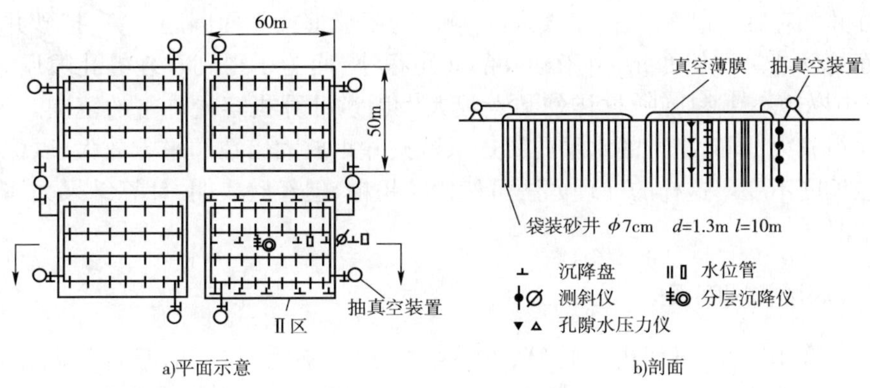

图 3-13 真空加固区平面及仪器布置

3.3.2 计算方法

计算应用南京水利科学研究院的《软土地基弹塑性固结变形电算程序——CONDEP》来分析。

在平面上用有限单元法离散化,时间上用差分法分段以后,比奥固结理论可以表示为式(3-43)的方程组。

$$
\begin{aligned}
&\sum_{j=1}^{n}(k_{ij}^{11}\Delta u_j + k_{ij}^{12}\Delta v_j + k_{ij}^{13}\Delta p_j) = \Delta F_i^1 \\
&\sum_{j=1}^{n}(k_{ij}^{21}\Delta u_j + k_{ij}^{22}\Delta v_j + k_{ij}^{23}\Delta p_j) = \Delta F_i^2 \\
&\sum_{j=1}^{n}(k_{ij}^{31}\Delta u_j + k_{ij}^{32}\Delta v_j + \beta\Delta t k_{ij}^{33}\Delta p_j) = -\Delta t\sum_{j=1}^{n}k_{ij}^{33}p_{jc} \\
&(i = 1,2,\cdots,n)
\end{aligned}
\tag{3-43}
$$

式中:Δu_j、Δv_j 和 Δp_j——Δt 时段内 j 结点的水平、垂直位移和孔隙压力增量;

ΔF_i^1、ΔF_i^2——i 结点的水平、垂直向荷载增量;

p_{jc}——上一时段末 j 结点的孔隙压力;

β——差分常数,此处用 2/3;

k_{ij}^{11}、k_{ij}^{12}…——方程式的系数,反映 j 结点对 i 结点的影响,其中,k_{ij}^{13}、k_{ij}^{23} 和 k_{ij}^{31}、k_{ij}^{32} 与选用的单元形状有关,k_{ij}^{33} 除单元形状外,还与土的渗透系数有关,而 k_{ij}^{11}、k_{ij}^{12}、k_{ij}^{21} 和 k_{ij}^{22} 除单元形状外,还与土骨架的变形性质有关。

用剑桥模式和南京水科院的双屈服面模式(以下简称南水模式)同时计算,以比较土骨架的应力应变模式对计算结果的影响,并与简单的弹性模式进行比较。

作为一个边值问题,土体内部发生固结变形过程是边界条件改变的结果。边界条件可以分荷载边界、位移边界、水头边界及水量边界几种。真空预压与加荷预压只是在边界条件上有所不同,而控制方程式(3-43)与解题方法是完全一样的。在加荷压缩问题中,只有边界荷载(应力控制)或边界位移(应变控制)发生变化,水流边界条件不变;而在真空抽水问题中,则只有水流边界条件发生变化,即真空作用点的水头下降,从而形成由内向外的水力坡降。显然,两者同时变化的问题也可以同样求解。

由于砂井的存在,实际上是一个空间问题。为了能够按平面问题计算,把砂井看作垂直于计算断面的砂墙。即使如此,由于砂井的间距很小,而为了得到合理的孔隙压力分布,两井之间至少应布置三排结点。这样使结点数大大超过计算机容量许可的范围。为此,进一步把砂井间距放大,同时把土的水平向渗透系数按井距放大倍数的平方放大,以保持水平向相对的渗径长度不变。这样的处理方法虽然比较粗糙,但经验表明,计算结果大体上还是能反映实际情况的。

3.3.3 现场情况的模拟

在Ⅱ区中部切一个断面进行计算,并且假定其中心为对称轴,只计算断面的右半部(图3-13)。计算域外边界定在加固区长度的2倍处,深度定在砂井长度的1.8倍处。以上计算范围主要根据计算机容量确定,也考虑到实际加固的可能结果,估计此范围以外的土体变形已经很小,忽略不计不致严重影响计算结果的可靠性。实际地下水位在地面下仅1m处,计算中为简单起见,假定地下水位与地面平。

单元的划分如图3-14所示,共429个三角形单元和237个结点。图中只画出矩形单元,每个矩形再分成2~3个三角形,其应力应变取三角形单元的平均值表示。实际砂井间距为

130cm,计算中取砂墙的间距为850cm。加固区内布置了4道砂墙,每两道墙之间布置4排结点,图中砂墙用粗线条表示。边界条件规定如下:左右两边为不透水边界,只有垂直沉降,无水平位移;底部为无水量流过的不透水和无位移边界;顶面为自由位移边界,但水流边界条件需分两部分考虑,薄膜覆盖部分受真空力作用,结点上水头是不断改变的,薄膜以外部分为水头等于零的透水边界。此外,砂墙中结点也受真空力作用,也当作水头变化已知的边界点。此问题各边界上均无荷载变化。

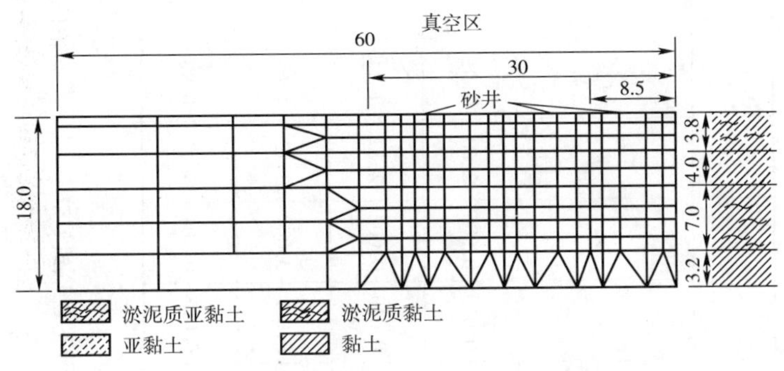

图3-14 计算断面(尺寸单位:m)

抽真空后15d左右薄膜内真空度即稳定在600mmHg附近,加固100d后停止。为了模拟这一过程,计算分24级进行。前面10级为真空度上升阶段,中间7级为稳定阶段,以后4级为停抽下降阶段,最后3级计算加固后的滞后变化过程。计算分级情况见图3-15。应当说明,实际停抽以后真空度下降很快,但时段太短会带来很大的计算误差,为了避免这一点,计算中人为地把下降曲线改缓。砂井内的真空度变化过程的实测资料不够完整,计算中参考已有的数据并作了一些简化,并假定井底真空度是顶部的1/3,中间按直线规律变化。

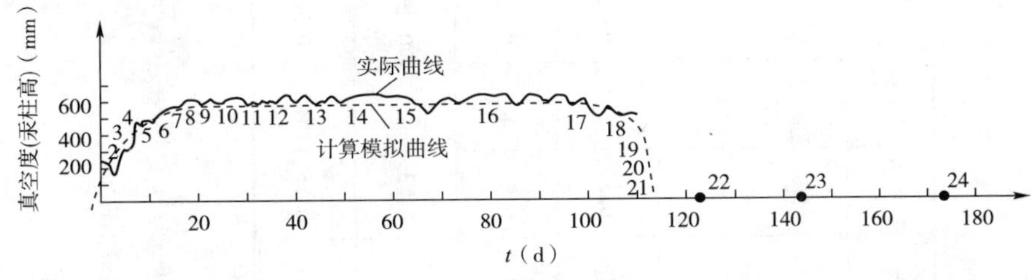

图3-15 真空度变化过程与计算分级

3.3.4 计算参数的确定

为了确定计算参数,必须在现场进行地质钻探,一是了解场地的地质情况,二是钻孔取土做一些土工试验,它包括一些常规试验和非常规试验。这些试验有常规固结试验、常规三轴试验、三轴不等向固结试验和三轴K_0固结压缩及伸长剪切试验。前两种试验结果与过去常规试验资料无很大差别。后两种试验主要是为南水模式计算的需要而做的,其详细介绍可见沈珠江院士《软土变形的计算参数及其室内测定》一文(刊登在《水利水运科学研究》1985年第2期)。

按照上述试验确定的计算参数如表3-13所示。关于这些参数,还需作以下说明:

表 3-13

计 算 参 数

参数		γ	k_y	R_k	K_0	G_0		C_c	C_s		M	α_1	α_2	b_1	b_2	d_1	d_2	n_1	n_2
用于何种模式		①②③	①②③	①②③	①②③	①②	③	①②③	①②	③	①	②	②	②	②	②	②	②	②
土层	Ⅰ	8.04	0.68×10^{-9}	2	0.57	1.2	0.32	0.061	0.010	0.061	0.58	0.010	0.006	2.60	1.25	2.05	0.82	1.81	1.74
	Ⅱ	8.33	0.43×10^{-9}	2	0.57	1.2	0.32	0.037	0.007	0.037	0.58	0.010	0.002	2.33	1.11	1.30	1.20	1.52	1.76
	Ⅲ	7.35	0.32×10^{-9}	2	0.53	1.2	0.36	0.078	0.013	0.078	0.50	0.012	0.004	3.12	1.03	2.30	0.92	1.47	2.00
	Ⅳ	7.74	0.16×10^{-9}	2	0.53	1.2	0.36	0.063	0.010	0.063	0.50	0.017	0.004	3.02	0.98	2.90	0.33	1.74	1.42

注:①-剑桥模式,②-南水模式,③-弹性模式;

γ-浮重度(kN/m^3);k_y-垂直向渗透系数(m/s);R_k-其值为k_x/k_y;K_0-侧压力系数;G_0-剪切模量与体积模量之比,或等于$\frac{2}{3}\cdot\frac{1-2\nu}{1+\nu}$($\nu$-泊松比);$C_c$、$C_s$-体积压缩及回弹指数(乘以0.434);$M=\sin\varphi'$($\varphi'$为有效内摩擦角)。

(1)渗透系数系 k_y 根据常规固结试验得出的固结系数 C_v 推算而得。

(2)因缺乏试验资料,R_k 是假定的。考虑到土样剖面有一定的水平层次,取水平向渗透系数为垂直向的2倍,即 $R_k=2$。但在砂井区,砂墙间距比实际砂井间距放大6倍多,为保证渗径增大后水平向固结的时间因数不变,宜把 k_x 再增大40倍,即取 $R_k=80$;另一方面,打砂井的涂抹作用又会使 k_x 有所减小,故砂井区 R_k 仍用40。

(3)弹性模式所用的 G_0 根据实测的侧压力系数 K_0 按弹性理论公式 $\upsilon=K_0/(1+K_0)$ 推算得出,但用于南水模式及剑桥模式时,$G_0=1.2$ 是假定的,此值相当于 $\upsilon=0.07$,采用如此小的 υ 值可以保证侧限状态下土样卸荷后的侧压力变成大于垂直压力。

(4)C_s 用于南水及剑桥模式时取实测值,用于弹性模式时等于 C_c。后者是计算程序中要求的。但这样,计算结果变成加荷与卸荷的变形一样大,即得不到残余变形。为了避免这一点,当计算到真空泵停抽以后的回弹过程时,又令 $C_s=C_c/20$,以保证算出来的回弹变形比较符合实际。

3.3.5　计算成果与比较分析

计算按剑桥模式、南水模式及弹性模式进行。弹性模式的体积压缩系数从压缩指数推算,即 $m_v=C_c/\sigma_m$,体积模量为其倒数,其值随平均有效压力 σ_m 的改变而改变,所以,更确切地应称为变弹性模式。南水模式又分两种方案计算,一种称为全塑性方案,另一种称为半塑性方案。前者在计算塑性应变增量时,假定其主轴方向与包括土自重应力在内的全应力主轴一致,后者假定只与抽真空引起的附加应力的主轴一致。剑桥模式则只用全塑性方案计算。因此总共有四种计算结果。

计算得出的地面中心点沉降过程与实测过程的比较如图3-16所示。实测沉降中不包括打砂井扰动土体引起的沉降,其值约为18cm。取样扰动会使土样压缩性减小,从而导致计算沉降量偏小,打砂井引起的扰动将在一定程度上减小室内与现场土体性状的差距。由图可见,简单的弹性模式算出的沉降最符合实际情况,剑桥模式的结果显著偏小,只有实测值的一半,南水模式的结果介于两者之间,与未考虑土的流变性有关,也可能是计算中采用的渗透系数偏大的缘故。停抽以后的实测回弹量很小,只有2cm左右,弹性模式计算的结果约1cm,而用南水模式及剑桥模式计算则分别为4cm和3cm,其原因是按弹性模式计算时回弹指数取为压缩指数的1/20,其他两个模式则用实测值,约为1/6。图3-17为场地外侧地面向里位移的计算与实测过程比较,可见两者之间差距较大。弹性模式的结果显著偏大,剑桥模式则显著偏小,只有南水模式比较接近实际,只是稍微偏大一些。图中同时用虚线表示了南水模式半塑性方案的结果,其值更接近弹性模式。应当说明,实测位移是从测斜仪观测结果推算的,不是通过边桩位移观测直接测定的。

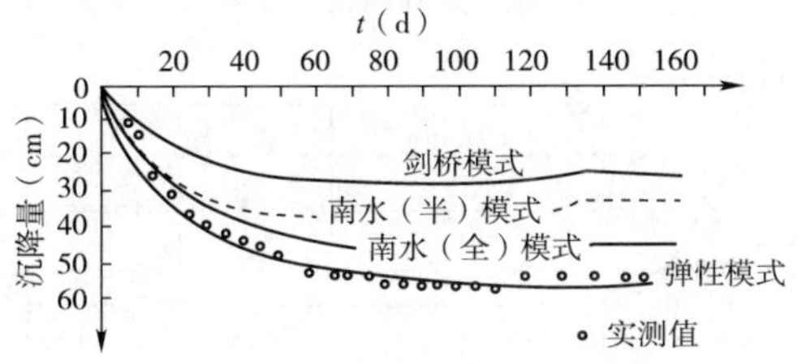

图3-16　计算与实测场地中心沉降过程线

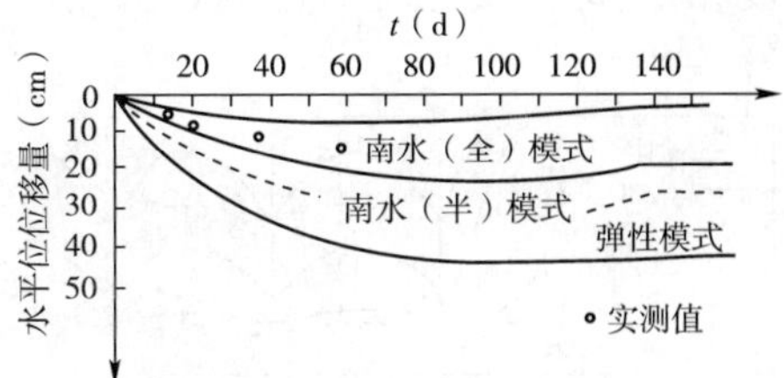

图3-17　场地边缘水平位移过程线

第17级即真空泵停抽前的计算及实测的地面沉降分布,如图3-18所示,深层沉降及水平位移的结果如图3-19所示。其中,中心点的深层沉降系停抽去掉薄膜以后所测,包括回弹量在内。由图3-18和图3-19可以得出结论,尽管就地面沉降来看,弹性模式的计算结果最好,但从总体来看,还是南水模式比较符合实际,剑桥模式则各方面都偏小很多。应当指出,由于测斜管为硬塑料管,与软土相比刚度太大,不可能完全与土协调变形,从而很可能在土变形大的地方测出的变形偏小,而在土变形小的地方又可能偏大。值得注意的是图3-18中南水模式的全塑性和半塑性(图中虚线)方案除沉降量有一定差别外,沉降的分布规律也明显不同。前者两砂墙中间沉降略小一些,后者则砂墙附近小而中间大,与弹性模式的分布规律一致。另外,从图3-19的侧向位移看,半塑性模式的结果也与弹性模式接近。造成这一情况的原因是不难理解的,因为在半塑性方案中,假定塑性应变增量的主轴方向与附加应力总量的主轴一致,而弹性理论中,假定应变增量的主轴与附加应力增量的主轴一致,只要加荷过程中附加应力的主轴方向没有很大偏转,两种方法得出的应变分布规律就应当差不多。

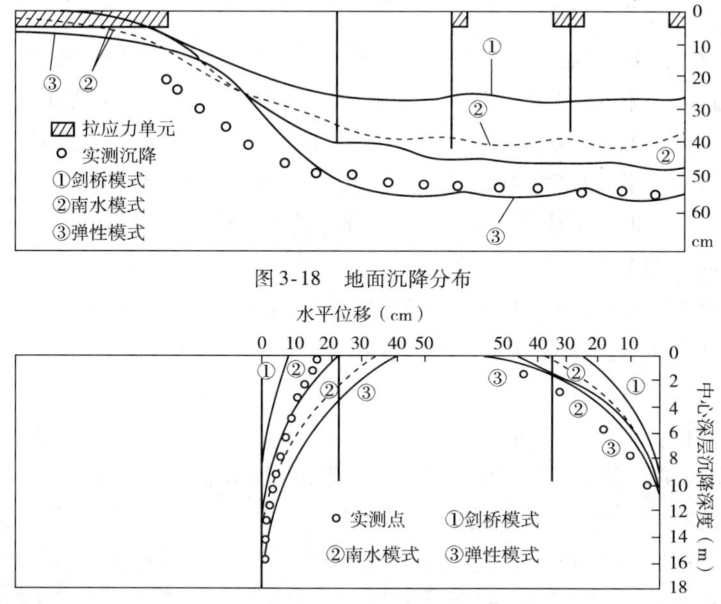

图3-18　地面沉降分布

图3-19　深层沉降及水平位移

图3-20a)和图3-20b)为第10级(真空压力全部加上)和第17级(停抽前)时剑桥模式和南水模式算出的孔隙压力分布。由于剑桥模式算出的压缩量小,排出的水量就少,孔隙压力能较快达到稳定,而到17级时两种模式算出的墙中间土层内孔隙压力都已与井内给定的真空度相平,即达到完全的稳定。由此可以推论,对该工程,适当缩短真空泵运转时间也许更合算一些。

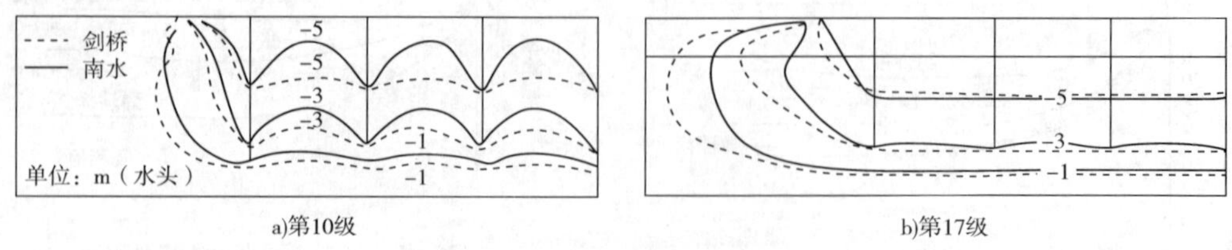

a)第10级　　b)第17级

图3-20　真空度分布

另外,用南水模式计算的结果,在砂墙两侧及薄膜外土面有少量拉应力单元(图 3-18)。用其他模式计算时则未出现此种情况。

3.3.6 小结

用比奥固结理论和三种土骨架应力应变模式的计算结果表明,它们都定性地与实际的变形趋势一致,即真空区内土体的变形主要是收缩变形,真空区以外则以垂直向收缩而水平向伸长的剪切变形为主。这一点正是真空排水预压与堆载排水预压不同的地方。由此看来,比奥固结理论同样可用于边界孔隙压力为负的情况下的排水固结过程。定量来看,用剑桥模式算出的沉降位移显著偏小,只有实测值的一半或更小;用弹性模式算出的沉降与实测值最接近,但水平位移是实测值的二倍左右;用南水模式算出的沉降略偏小,水平位移略偏大,总的看来比较符合实际。但用南水模式计算时,计算参数测定的工作量比较大,不便于推广应用;而用简单的弹性模式计算时,只需进行常规压缩试验测定压缩指数及固结系数就够了。因此,建议一般工程问题只用弹性模式计算,并可作为软土真空排水预压加固工程的一种设计方法加以应用。

要说明的是,上述介绍的方法,在实用上目前还难以大规模地推广应用,原因就是广大的设计工作者对方法中涉及的理论的认识还有待深化及需要积累应用的经验,但是相信随着时间的推移,这种设计方法一定会大显身手、普及应用到土木工程建设中去的。

4 工 程 实 例

为了便于读者对真空排水预压法有具体的认识和了解，这里介绍几个工程实例，其中，有我国第一个取得历史性突破、将真空排水预压加固技术用于工程实际取得成功的工程；有作者亲自主持参加的两个工程；工程实例中有介绍港口码头地基用本法加固的，也有介绍工业厂房、五层办公楼地基用真空排水预压法来处理的；为了表现我国的现有水平，本章也介绍了两个国外的试验工程，希望读者用心去对比、比较；同时为了让读者了解真空排水预压法的使用条件，加深对密封重要性的认识，在这里也介绍了一个作者认为用真空排水预压法加固没取得成功的试验工程实例，看法并非一定正确，仅作抛砖引玉。

4.1 天津新港四港池二号公路旁的现场试验[2]

虽然本实例并不宏大，然而它却是我国第一个将真空排水预压加固技术用于工程实际的实例，取得了重大进展，是一次历史性的突破，它的成功使我国该项加固技术达到国际先进水平，从此，该项加固技术便进入了大面积的实用阶段。它是由天津一航局科研所的科研人员在1982年完成的。当时在现场进行了11m×24m的探索试验和1250m^{2}及1550m^{2}的中间试验。试验场地的地质情况如下：

第一层，表层2m厚的人工吹填土，含砂粒较多，为亚砂土。

第二层，16m左右厚的淤泥质黏土层，属软塑—可塑状态，中间夹有亚黏土层。

第三层，厚度3m左右的亚黏土层，中塑状态，夹有粉砂薄层。

第四层，厚度2m左右的亚砂土层，密实。

试验场地上打设了直径为7cm、长度10m、间距为1.3m的袋装砂井，与铺设厚度30cm的砂垫层相接。滤管也铺在砂垫层中，由主管与其连接，并透过覆盖于砂垫层上的薄膜伸出膜外，与抽真空装置相连。所用薄膜为PVC材质制成，铺设时将薄膜周边放入开挖深度达0.8~0.9m的沟槽中，之后用黏土进行回填密封。

抽气10d后，膜下真空度即可稳定在81.6kPa，最高可达91kPa，整个膜下加固范围内真空度分布均匀，都在80kPa以上。连续抽气60d后，加固区内发生的平均沉降为57cm；相应的固结度为70%左右，停抽后地面回弹很小，平均值为2cm。

现场的原型观测结果表明：

(1)抽真空的前40d，地表沉降发生迅速，日均达8.4mm；40~60d这段时间沉降发生缓慢，如图4-1所示，曲线平缓，日均仅为1.5mm。

(2)深层沉降观测表明,沉降大部分发生在打设袋装砂井的地层上部,地表10m以下的沉降值仅占总沉降量的25%。

(3)地层的水平变形是向着加固区的,与堆载预压时正好相反。

(4)抽气后,加固区外地下水位下降1m以上,加固区外的水向加固区流动,形成以加固区为中心的降水漏斗,影响范围达18m。

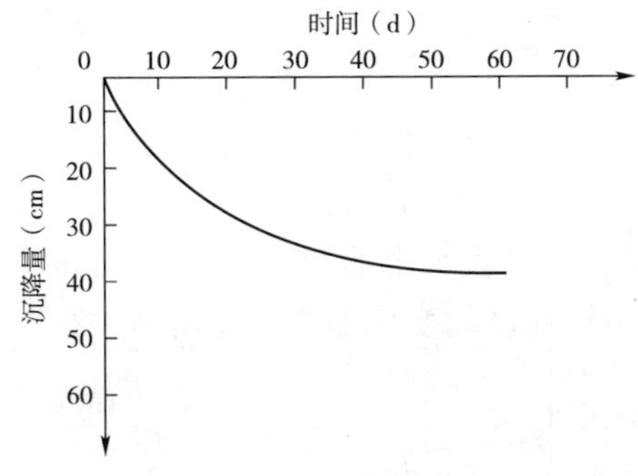

图4-1 沉降—时间过程线

加固后进行了加固效果的检测,进行十字板强度的测定和荷载试验。十字板强度的检测结果表明,强度的增长是明显的,增幅在8~13.8kPa之间,增率达到31%~91%;上部的增幅大,见表4-1,这与上部土体固结沉降量大是一致的;0.5m^2和4.0m^2两种规格的荷载试验结果表明,经真空排水预压加固后,允许承载力提高了两倍,而且大大高于堆载预压后的值,见表4-2。

加固前后十字板强度值 表4-1

深 度(m)	加固前平均值(kPa)	加固后平均值(kPa)	强度增量(kPa)	强度增率(%)
2.0~3.5	11.3	21.5	10.2	91
6.0~10.5	23.4	37.2	13.8	59
11.0~15.0	25.6	33.6	8.0	31

加固前后的允许承载力 表4-2

项 目	0.5m^2荷载板					4.0m^2荷载板		
	加固前		加固后			加固前	加固后	
			真空预压		堆载预压		真空预压	堆载预压
允许承载力[R]	$P_{0.02}$	$P_{cr/2}$	$P_{0.02}$	$P_{cr/2}$	$P_{0.02}$	$P_{cr/2}$	$P_{cr/2}$	$P_{cr/2}$
(kPa)	74	63	221	227	104	33.4	119.7	77

本次现场试验得到以下几点有益的结论,为该法的推广应用奠定了良好的基础。

(1)加固效果显著,可产生相当于80kPa的堆载压力,可替代同样荷载要求的堆载预压,能满足生产上的需要。

(2)采用真空预压时,真空度可一次抽到最大值,节省了加固时间,荷载无需分级施加,缩短了固结时间,达到相同固结度时所需的时间为堆载预压的1/2~2/3(天津新港地区)。

(3)该法工艺简单,操作方便,可一套设备加固几块较小的地基,也可几套设备加固一块较大的地基。

(4)施工单价大大低于堆载预压法,尤其在那些缺乏堆载材料的地区,耗能为堆载排水预压法的62%。

(5)该法能直接施加的荷载小于100kPa,对加固饱和软黏土地基的仓库、堆场最为合适。

4.2 福州某办公楼地基处理工程[32]

本工程为一幢五层混合结构加构造柱的办公楼,占地面积400m²。拟建地原为一旧池塘,地表以下1.7m为密实度很差的黏土;其下为厚度17m呈流塑—软塑状态的高压缩性淤泥土层(含水率达65%~85%),再往下是可塑—硬塑状态的黏土。淤泥土层的物理力学指标沿深度的变化如图4-2所示。

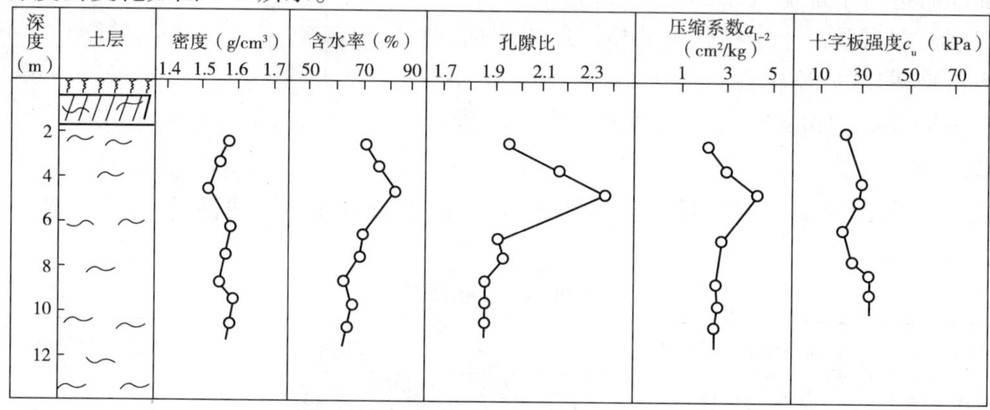

图4-2 淤泥土物理力学指标沿深度的变化

建筑物的荷载大约为90kPa,根据场地土层分布和其力学性质来看,若不对上部土层进行浅层加固,则不宜采用浅基础方案,只能采用桩基方案,因为邻近该办公楼东侧的一幢五层住宅因未处理浅层土层就产生整体倾斜,达20cm之多。

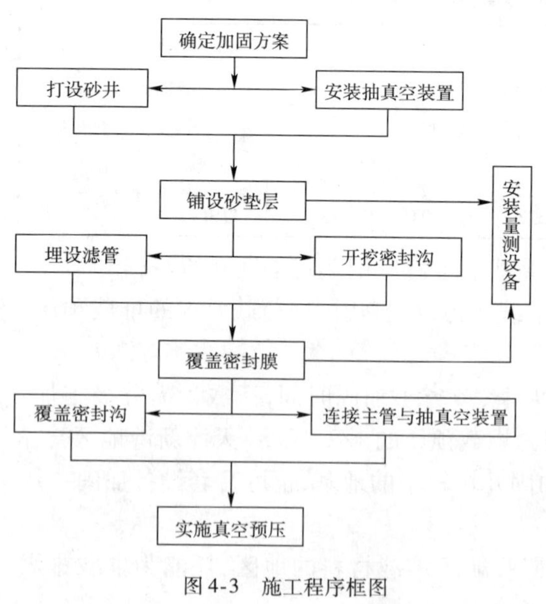

图4-3 施工程序框图

方案比较之后,决定采用真空排水预压法对浅层土进行加固,加固范围为18m×36m,垂直排水通道采用袋装砂井,长10m,直径10cm,间距1.2m,呈梅花形布置。整个施工程序可概括成如图4-3所示框图。

该工程在加固过程中设立了膜下真空度、地表沉降、深层沉降和加固边缘土体水平位移等观测项目,取得了宝贵的资料。

(1)膜下真空度的观测结果指出,加固区的密封效果与抽真空装置的工作性状都是很好的,抽气6h,加固区中心点的真空度就上升到570mmHg,16h达到600mmHg,48h以后就稳定在660mmHg,相当预压荷载为88kPa,这说明"荷载"短时间内就施加完成,可以看成瞬时加载。

(2)经过55d的预压,地面最大沉降发生在中心点,达60cm,地面平均沉降为46cm,卸荷后平均回弹为3.2cm,中心点为4.2cm,地面变形呈中间大、四周小的锅底状,推算土层的固结度为82%［由对数曲线法算得 $S_{\infty}=56.5\text{cm}$，从后面的分析看，该值可能偏小（作者注）］。

（3）图4-4和表4-3为加固区中心点测得的深层沉降与压缩情况，从图中可以看出，压缩量基本发生在地表以下8m的范围内，8m以下的压缩量仅占总沉降量的16%，这与连云港碱厂白煤堆场得到的结果类似。在对原表数据进一步整理后可以看出，单位压缩率较大的深度发生在地下2～6m的范围内，这与前面图4-2中显示的该范围内土的含水率高、孔隙比大、压缩性高的特征是吻合的，同时亦说明，经过加固对土层中那些很弱部位的改善要大一些，这就有可能使加固后的土层变得更均匀一些；土层8m以下，垂直排水通道已近结束，土体改善就小得多。

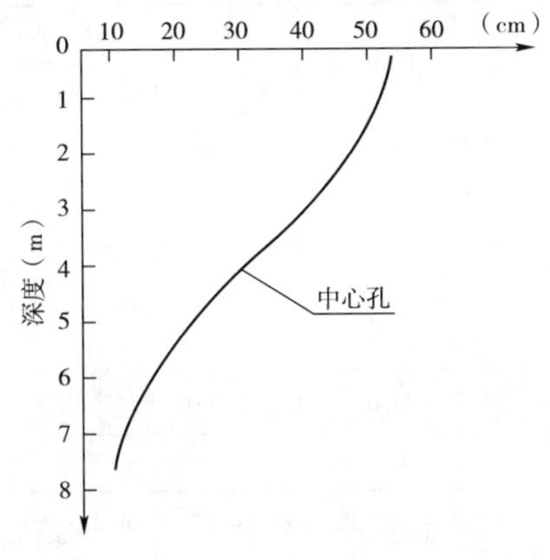

图4-4 加固区中心点沉降沿深度的变化

中心点各测点间压缩量与单位压缩率 表4-3

测点	测点间加固前厚度（mm）	测点间压缩量（mm）	测点间单位压缩率（mm/m）	加固前厚度（m）
0				
	663.5	6	9.04	1.62
1				
	960	46	47.9	3.85
2				
	957.5	77.5	80.9	
3				
	967	88	91.0	
4				
	969.5	81.5	84.1	
5				
	959.5	100	104.2	
6				
	913	54.5	59.7	2.71
7				
	912	40.5	44.4	
8				
	886.5	11	12.4	
9				

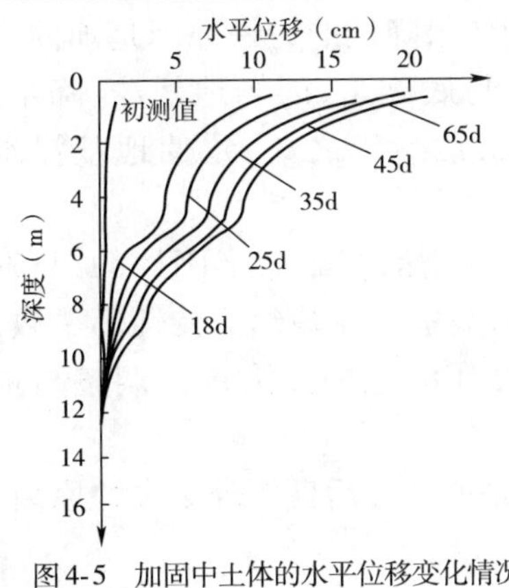

图4-5 加固中土体的水平位移变化情况

（4）加固区外南边和东边中心点的水平位移观测结果表明，土体的变形都是向着预压区的，即往加固区中心收缩，图4-5充分显示了这种变化随时间和沿深度的发展过程，加固结束时（65d），测点向加固区移动22cm左右，影响也在8m以上比较显著。加固后对加固场地进行了检测。对土的力学性检测的结果表明，土体强度和压缩性都有了较大的改善，见表4-4。允许承载力提高33%～100%不等，而压缩模量提高100%～140%，一般随深度加大，增长率变小，在0～6m范围内变化比较显著。

加固前后地基承载力与压缩性的变化 表4-4

深　度(m)	允许承载力[R]			压缩模量 E_{s1-2}		
	预压前(kPa)	预压后(kPa)	增长率(%)	预压前(MPa)	预压后(MPa)	增长率(%)
0~1.5	80	160	100	2.5	6.0	140
1.5~3.0	55	100	82	1.0	2.5	150
3.0~4.0	55	90	64	1.0	2.3	130
4.0~5.0	55	85	54.5	1.0	2.2	120
5.0~10.0	60	80	33	1.1	2.2	100
说　明	深度一栏为预压后的土层深度					

本工程还与邻近的类似建筑物情况作了平行比较,这是一个很好的资料,对比中能看出办公楼地基的加固效果。具体表述如下:

花了近一年的时间将办公楼建成,施工期间的平均沉降量为17.5cm,到一年半后累计沉降量为36cm,之后趋于稳定。沉降观测表明,建筑物的沉降十分均匀,沉降差小于2cm。而在办公楼的西侧9m远的一幢六层住宅楼,未经真空排水预压处理,仅用块石加砂垫层作碾压处理,再作片筏基础,与办公楼同时开工,在一层完工后才开始观测,到建成一年半后,累计沉降量已大于50cm,不均匀沉降大于10cm,外墙及楼层地面的瓷砖已开始大量剥落和隆起,严重影响建筑物的正常使用。这两幢建筑物的高度基本一样,办公楼的基底附加压力为90kPa,而六层住宅楼的附加压力仅为45kPa左右。这里充分显示出经真空预压加固后地基具有良好的承载能力和抵抗不均匀变形的能力。

施工结束后的经济分析表明,按当时(1983年)的物价,用真空排水预压法加固的总费用是每平方米40元,每平方米建筑面积摊销的加固费用仅8元;而同样情况若用桩基础的话,则桩基费用将占建筑物总造价的35%;因此与桩基比经济上还是很节省的。

该工程除总结了不少成功的地方之外,也指出一些不足及以后要注意的问题:

(1)预压时间偏短,仅55d,地基的固结度只达到82%,残留的沉降嫌大,从沉降曲线(图4-6)来看,尚未进入稳定阶段。

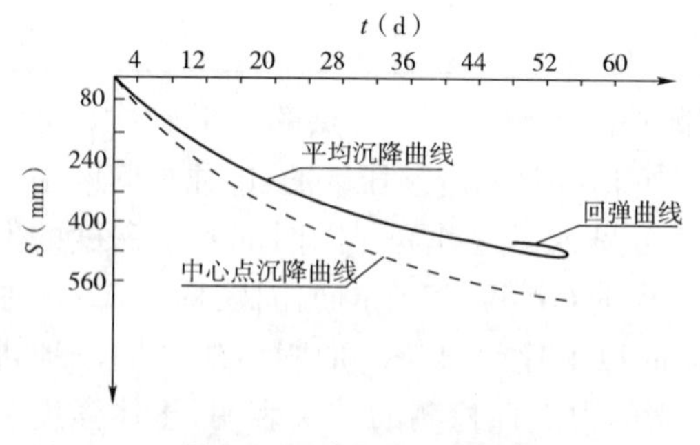

图4-6　沉降—时间过程线

(2)软土层深达17m,袋装砂井长仅10m,应再打深一些,对减小后期沉降是有好处的。

(3)使加固效果降低的另一原因是加固完成后,未能及时封底施工,因场地低洼、降水,使加固场地积水达半年之久,致使地基浸水软化。

(4)实际建筑物的基础为半刚性的,与真空预压加固时地基呈柔性基础的特性不一致,导致建筑物在使用时土中应力产生调整与重分布,也会引起新的沉降发生,这在设计时亦应加以考虑。

(5)此外,还有邻近建筑物应力扩散造成叠加效应等,都是办公楼后期沉降偏大的原因。文中的这些分析都是很有实际意义的,会给设计者以有益的启示。

4.3 连云港碱厂白煤堆场的软基加固[3]

该项工程在当时(1984 年)是国内单块加固面积中最大的,达到 4000m^2,它在射流泵的构造上、大面积膜的铺设与密封技术上、滤管布置及砂井打设机具等方面都作了改进,积累了经验,为以后大面积(如 10000m^2 以上)的加固奠定了基础;同时,该工程做了大量、全面的测试,如地表沉降、深层沉降、地表与深层的水平位移、泵后与膜下真空度。于国内外第一次测出袋装砂井、淤泥中真空度过程线[3];于国内外第一次用钢弦式孔压计在现场测出负压条件下淤泥中不同深度的超静孔隙水压力过程线[3,5];首次发现负压状态下软土中出现的"曼德尔效应"[5];首次用应力路径分析方法阐述真空排水预压加固软基强度增长和水平位移的特征[10];首次通过对加固结果的分析计算,提出真空排水预压法加固软基强度增长率要高于同等荷载条件下堆载预压的强度增长,提出强度修正系数大于 1 的概念[11]。现场取得了大量实测数据,为真空排水预压加固机理的研究与施工工艺的改进提供了宝贵的资料。在目前的工程实践中都是不多见的。

该加固场地位于连云港市墟沟钲海边,场地原系盐田,地面平整,自天然地面以下为埋深 10m 左右的滨海相沉积淤泥,其强度低、压缩性大、渗透性差,是一层很具代表性的软弱土层。由于承载力与变形都不能满足建厂要求,必须进行大面积的地基处理。设计原拟用 6m 高的填土进行堆载预压加固,因施工的种种困难和工期太长而改用真空排水预压法进行加固。本工程就是大面积实施加固前的引导性工程。场地的土质情况如下:

第一层,厚度 10m 左右的滨海相沉积淤泥层,呈流塑状态,其主要物理力学指标见表 4-5。十字板强度为 10kPa 左右,天然地基的承载力为 30kPa 左右,渗透系数为 6×10^{-8}cm/s,它是一种非常软弱但又十分均匀的土层,取样过程中未发现任何薄砂层,水平向与垂直向固结系数相近,均为$(2.0\sim3.0)\times10^{-4}$$cm^2$/s,土中黏粒含量高达 70%。

预压前海淤土的特性指标 表 4-5

含水率(%)	天然密度(g/cm^3)	孔隙比	塑性指数(%)	液性指数	压缩系数(MPa^{-1})	压缩模量(kPa)
75.2	1.56	2.13	30.9	1.41	3.17	872.2

第二层,亚黏土层,亦属高压缩性土,层厚 1m 左右。

第三层,亚黏土层与轻亚黏土层,层厚分别为 3.0m 和 5.0m,属中压缩性土。

第二、第三层土层的承载力都在 200kPa 左右。可知,加固区内的主要加固对象应是第一层,目的在于消除沉降和提高地基的承载力。

加固区袋装砂井呈梅花形布置,砂井直径 7cm,井深 10m,间距 1.2m。

试验区内埋设了大量的原观仪器,有 3 个分层沉降标,有两组共 8 个不同深度的孔隙水压力测头,10 个膜下真空度测头,3 个砂井中真空度测头,1 个淤泥中真空度测头;试验区外埋设了 1 个分层沉降观测孔,2 个水平位移观测孔,3 个地下水位观测孔;并在膜上和试验区的外围分别设立 20 个和 7 个地表沉降标。

现场观测结果及其分析如下:

膜下真空度在抽气6d后即达到80kPa,并且长时期维持在87kPa左右,最高达到92kPa。全区真空度分布比较均匀,10个真空度测头中最大、最小之差均在3kPa以内。膜下真空度时间过程线如图4-7所示。

实测砂井中真空度一般在43kPa左右,最高达45~49kPa,仅是膜下砂垫层中的50%~60%,这说明井阻现象的存在,并且影响还是不小的。由于砂井中的真空度不大,必然影响到淤泥中的真空度大小,现场实测2m深处淤泥中真空度一般在27kPa以上,最高达到40kPa。这于同位置同深度测得的负超静孔隙水压力值是一致的。

在负压条件下,真空度是由砂井向土体中辐射传播的,土体中的水则在土体与砂井的压差下发生流动。土体孔隙中的真空度随着时间不断地增长,并随砂井中真空度的增大而提高。当土体中某点的真空度与砂井中的真空度相等时,此处土体中的水就不会再发生流动,由此而引起的土体固结也就停止了,该点土体的固结完成。该工程把同深度淤泥中和砂井中同时刻的真空度作了比较,得到图4-8所示的一条实测时间过程线,同时亦将计算的固结度时间过程线绘于其上,两者比较接近。因此认为,淤泥中真空度与垂直排水通道同深度真空度的比值随时间的变化过程线实质上反映了土体的固结过程和固结程度。

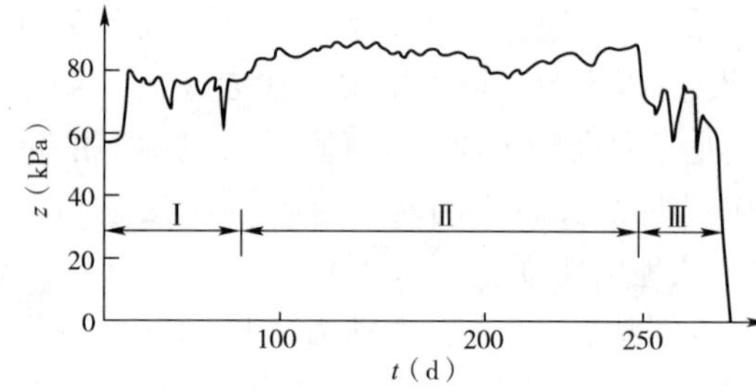

图4-7　膜下真空度时间过程线

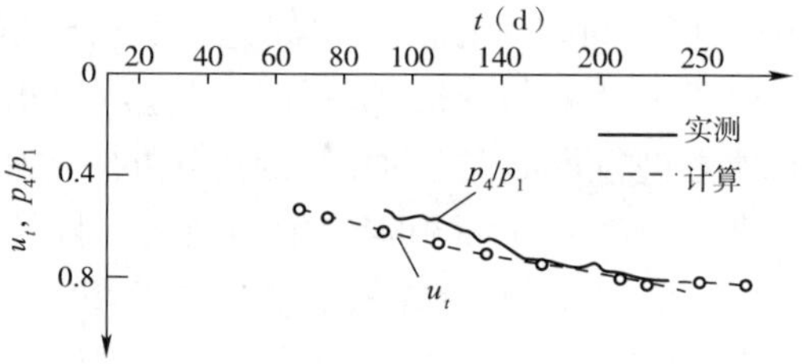

图4-8　淤泥中真空度与砂井中真空度比值的时间变化过程线

从实测砂井中不同深度真空度随时间的传播过程来看,初期砂井上部真空度上升得快,到达一定程度之后,深部砂井的真空度才得到较快的提高,此后,全砂井中真空度自上而下同步增长,如图4-9所示。这可能是与传递过程中的阻力平衡有关,一旦阻力被克服或平衡,真空度上下就同步增长了。

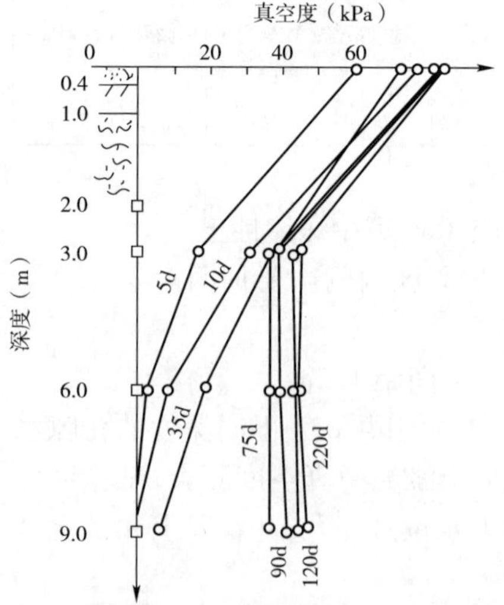

图4-9　真空度沿深度的变化

在试验区中部和西部边缘的4个不同深度各埋设了1个孔隙水压力测头(共计8个),实测结果绘于图4-10和图4-11中,从实测结果看:

(1)同深度情况下,中部地区比西部边缘处的负超静水压力要大,这反映出边界的影响。

(2)随着深度的增加,总的趋势是负超静水压力逐渐减小,但都是在地面以下6m处形成的负超静水压力最大,依次为3m、9m和12m。

(3)超出砂井打设深度10m范围之外,仍有真空荷载的影响,土中有效应力仍有一定的增长,但埋深12m

处比起砂井深度范围内的负超静水压力值要小得多,而砂井范围内的三个测点值相差较小,这充分显示出垂直排水通道所起的传递作用与效果,反映出在砂井深度范围内有效应力增长显著,它直接影响到土层的固结程度和强度增长幅度。

(4)土中孔隙水压力的降低(也就是负超静水压力的增加),反映出有效应力的增长,其沿深度和随时间的变化如图4-12所示,它表明试验区中部有效应力增长比边缘大,这种差异会在固结沉降中明显地表现出来。

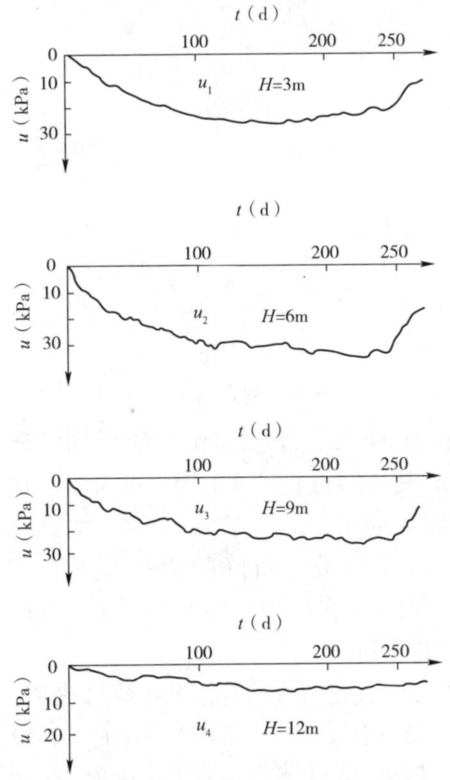

图4-10 试验区中部负超静孔隙水压力过程线

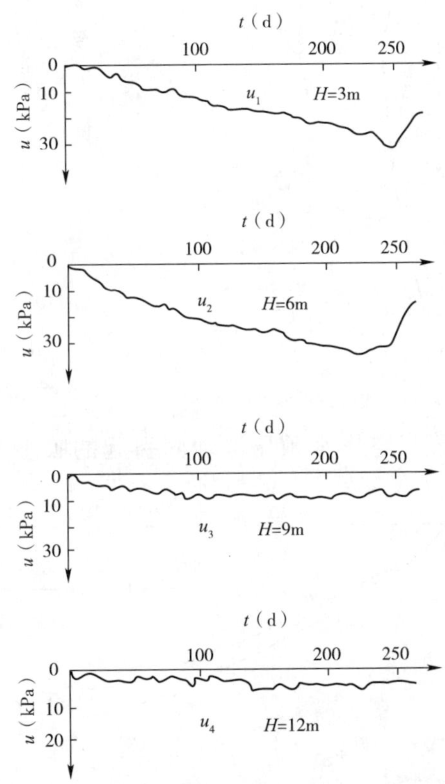

图4-11 试验区西部负超静孔隙水压力过程线

加固过程中土体表面和深部水平位移的量测表明:

(1)加固区周围的土体都是向着加固区方向运动的,这与堆载排水预压法中的情况是截然相反的。

(2)地基的侧向变形随加固时间的延长而增大,如图4-13所示,北边中心点(F_1孔距边界5m)达到18cm,东边中心点(F_2孔距边界5m)达到20cm。

(3)地基的侧向变形沿深度逐渐减小,地面以下6~7m处就更小,这说明加固土层上部有效应力的影响好于下部。

沉降观测结果表明,砂井、砂垫层施工引起的沉降量为5.6cm,这当中有垂直压缩变形产生的,也有土体瞬时变形及向外的侧向变形引起的附加垂直变形。

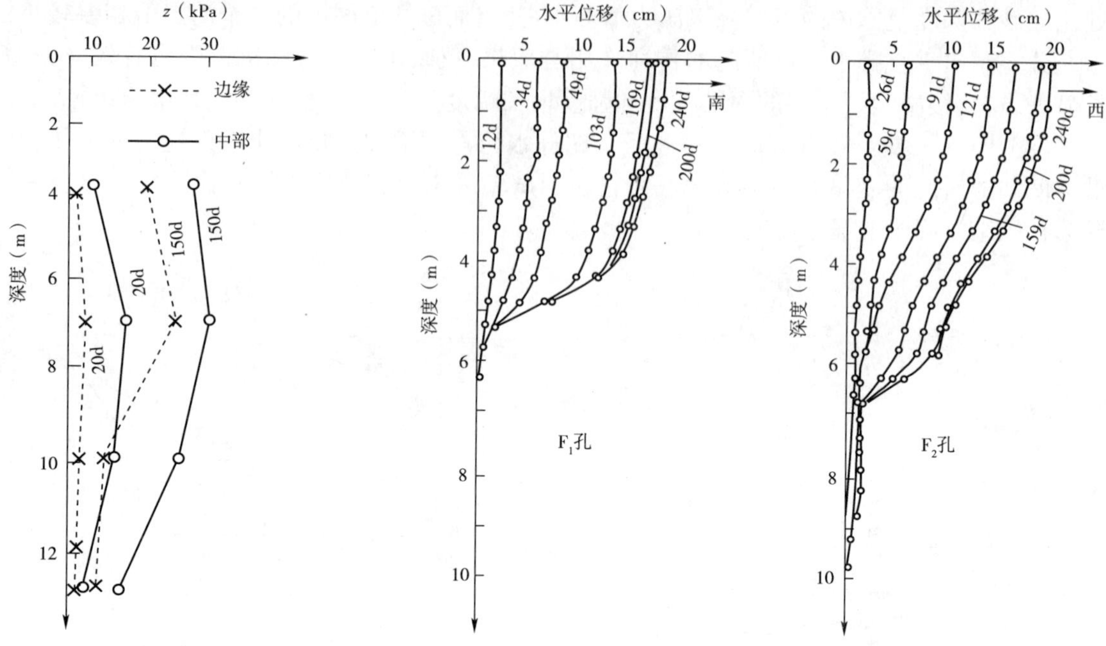

图 4-12　有效应力沿深度的变化

图 4-13　地基土体的侧向变形

经真空排水预压法加固引起的膜上最大沉降量为 64.3cm，膜上 20 点的平均沉降为 55.1cm，其历时过程线如图 4-14 所示。而膜外(加固区周围 5m 范围)7 点的平均沉降量仅为 4.9cm，占膜内沉降的 9%，说明加固区外围受到的影响较小。停止抽气后，全区平均回弹 1.0cm。

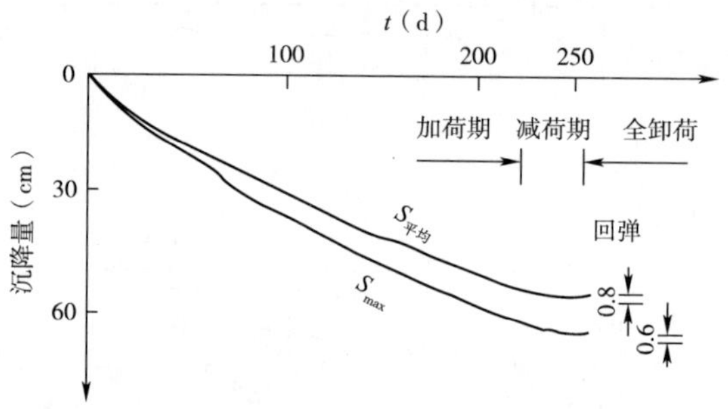

图 4-14　膜面沉降的历时过程线

试验区内三个分层降量测结果表明，地面以下 12m 深处仅下沉 0.8cm，而 8m 以上的土层压缩量达 52.8cm，占总沉降量的 83.1%；8～12m 的土层压缩量只占 15.6%。这充分说明加固发生的压缩量绝大部分在砂井深度范围内的海相淤泥土层内，显示出砂井的明显作用，加固达到预期的效果。

经分析地表下各土层的平均固结度如表 4-6 所示。加固后土层的固结度自上而下是逐步递减的，海淤面以下 3m 内平均固结度已接近 80%，其下 5m 范围内情况良好。

地表下各层土的平均固结度　　表 4-6

层　次	整个地层的平均值	海淤面以下		
		<3.0m	3.0～8.0m	8.0～12.0m
固结度(%)	70	77.5	66.5	42

加固后对地基土作了物理力学性检测，并做了大型现场载荷试验(2.0m×2.0m)。加固后土层的含水率都降低 10%，最大降低 15%；单位质量密度提高 5%，最大提高 16%；孔隙比减小 15%，最大减小 48%。这 3 个参数在地表以下 4m 范围内变化较大，在 4～8m 内变化略小。

十字板强度检测结果见表4-7。海淤面以下4m内强度有较大幅度地提高，最大增长33kPa，其余也有10kPa以上的增长，同时亦可看出经加固除海淤土表层强度增大、形成硬壳外，其余自上而下差异减小，且变得比较均匀，原来强度较低的土层得到较大的改善，使地基的整体稳定性有了较大的提高。整个土层十字板强度由原来的平均10kPa左右，提高到平均24kPa，增长1.4倍以上。

加固前后土层十字板强度比较 表4-7

深 度（m）	平均十字板强度（kPa）		强度增值（kPa）	增 率（%）
	加 固 前	加 固 后		
1.0~2.0	10	43	33	330
2.0~3.0	7	22	15	214
3.0~4.0	8	21	13	163
4.0~5.0	11	23	12	109
5.0~6.0	12	24	12	100
6.0~7.0	12	25	13	108
7.0~8.0	16	27	11	61
8.0~9.0	18	26	8	44

大型载荷试验结果绘于图4-15中，图中第一拐点所对应的承载力在加固前为31kPa，加固后达到82kPa，提高大于1.5倍。

加固取得了成功，达到了预期要求，这之后在碱厂大面积范围进行推广应用，加固总面积达到18万m^2。被加固的地方，不单单是堆场、仓库这类地基，而且在一些需要打桩的地方，如办公楼、重碱厂房等，也进行了加固。在需要打桩的地基上先进行真空排水预压，使地基在打桩以前就被压缩了70cm左右，这一方面可使桩在以后的使用过程中减少淤泥土对桩的负摩擦力；另一方面，预压后桩的水平承载力可以有较大幅度的提高（表4-8），从而减少了桩的数量；再者，经过预压，海淤土强度得到提高，便于打桩的顺利进行，因为在未预压的地方打桩时，打桩使海淤土中产生很大的超静孔隙水压力，海淤土原本很低的强度就变得更低，已打好的桩常常被挤得“东歪西斜”，不成线也不成行。预压后，由于土中设有袋装砂井，打桩时引起的超静水压力得以很快消散，打好的桩就很整齐了。在进行桩基承台开挖施工时，由于经过预压加固，开挖海淤土就变得容易，不然的话开挖海淤土是件困难的事，常常需要打设板桩。因此，在打桩区基本上采取先预压后打桩的施工方案（图4-16），节省了投资，便利了施工，加快了进度，为碱厂建设赢得了宝贵的时间，节省资金达千万元以上。

加固前后桩的水平承载力变化 表4-8

试验荷载	水平承载力（kPa）		增 值（kPa）	增长率（%）
	加 固 前	加 固 后		
临界荷载	20.58	34.79	14.21	69
极限荷载	35.28	63.70	28.42	80.6

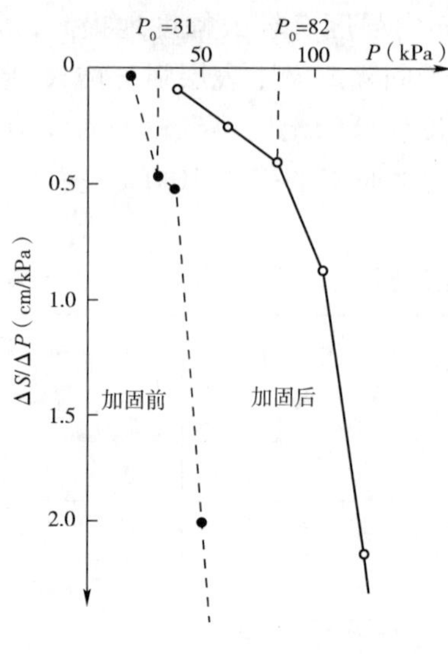

图 4-15 大型载荷试验曲线

图 4-16 地基土经预压后打入的桩很整齐

4.4 真空排水预压法加固水下软土地基[33]

运用真空排水预压法加固水下软基是真空排水预压法加固软土技术在陆上应用的一个扩展,由于加固是在水下进行的,工艺上有其特殊性,与陆上相比有它的难度。这里介绍天津一航科研所杨国强等人的实践。

加固地点在天津新港高桩码头区,试验地点属潮间带,大部分时间处于水下,水深达2.5m,加固面积为30m×20m,位于高桩码头接岸结构的漫滩上。加固地点的土层为:

第一层,高程+1.5~-3.0m为淤泥夹较多粉砂薄层,-2.0m为自1984年以来沉积形成,土质极软,强度很低,但渗透性尚好。

第二层,-3.0~-6.0m为淤泥质黏土层。夹粉砂薄层,土质强度低。

第三层,-6.0~-10.0m为淤泥,土质结构非常均匀,黏粒含量高达70%以上,土质软、强度低、渗透性差。

第四层,-10.0~-14.0m为淤泥质黏土层,夹极少量粉砂斑,下部夹少量碎贝壳。

各层土物理力学性指标见表4-9。

土层的物理力学性质 表4-9

土层	物理性指标					力学性指标					
	ω (%)	γ (g/cm³)	e	I_p (%)	I_L	φ_{cu} (°)	c_{cu} (kPa)	q_u (kPa)	c_u (kPa)	a_{v1-2} (MPa⁻¹)	C_v (×10⁻⁴cm²/s)
第一层	58.6	1.64	1.70	22.8	1.56	15.0	12.6	15.8	8.73	0.71	15
第二层	49.0	1.74	1.42	22.0	1.41	17.0	13.0	19.6	14.90	0.79	15
第三层	57.4	1.66	1.60	27.7	1.27	15.0	11.0	32.7	20.18	1.40	5.3
第四层	46.2	1.76	1.27	22.2	1.15	14.0	15.1	37.8	26.93	1.10	10

加固地点打设直径 8.5cm 的袋装砂井,间距 1.3m,深度为 15.5m。现场抽真空工艺布置如图 4-17 所示。从图中可以看出,在水下真空排水预压的实施过程中,作者认为关键要解决好以下几个问题:

(1)水下垂直排水通道的打设方法、水中定位与水下剪板技术(目前浙江围海公司在玉环海堤地基加固中解决得较好,水深达 20m)。

(2)水平排水层所用材料与铺设方法,难以定位准确、厚度均匀。

(3)水下密封膜的铺设与密封技术,铺设中要克服潮流的影响,面积若再大、膜的黏结与铺设将会更困难。

(4)抽真空装置的水下应用。与陆上相比,一是将离心泵装在船上,工作起来不受水位变化的影响;二是将离心泵与射流装置分开设立、射流装置的位置尽可能低,以减少真空度的损失,这当中止回阀的设立可能是必不可少的。

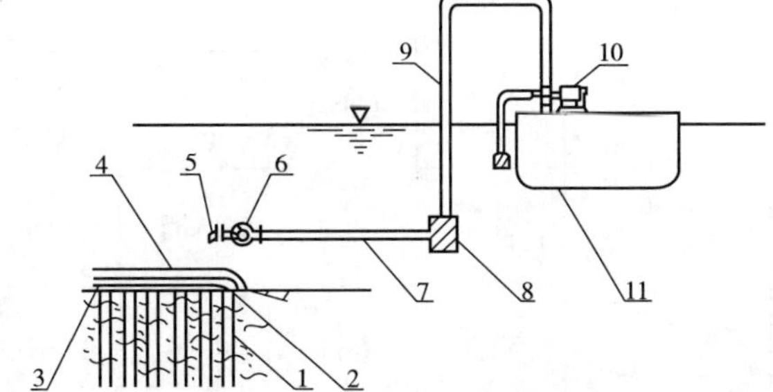

图 4-17 水下真空排水预压法工艺

1-袋装砂井;2-砂垫层;3-滤管;4-密封膜;5-超低出膜口;6-止回阀;7-真空抽气管;8-水下射流泵;9-水下射流供水管;10-离心泵;11-船(方驳)

以上由于原文中未作详细介绍,这里仅是作者从图与文字中、再加上个人的理解得到的看法,难免会有不妥之处,特予说明。

加固过程中,泵上真空压力保持 95.2kPa,膜下真空度保持在 73.4 ~82.7kPa 之间,预压荷载长期稳定为 80kPa。

经过 94d 的预压加固,最大沉降量达到 90cm,64d 时加固区内 13 点的平均沉降量也达到 728.6mm。94d 的预压加固使地基土的强度也得到较大的增长,十字板检测的结果如表 4-10 所示,可以看到尤其是表层 5m 范围内强度有了大幅度提高,这对提高码头岸坡及其后方的稳定性是大有益处的。稳定分析验算的结果也证明了这一点,方案实施后使岸坡的边坡由原先的 1∶3增大到 1∶2.5,承台宽度达到 42m,其最小整体稳定安全系数也超过 1.2,满足整体稳定要求。与板桩法和 MDM 法相比,分别节省 592 万元和 1514 万元的资金,经济效益是相当显著的。

加固前后地基土强度的增长 表 4-10

土层名称	加固前(kPa)	加固后(kPa)	增长率(%)
+1.5 ~ -3.0m 淤泥	8.73	38.00	335
-3.0 ~ -6.0m 淤泥质黏土	14.90	40.10	169
-6.0 ~ -10.0m 淤泥	20.18	30.30	50
-10.0 ~ -14.0m 淤泥质黏土	26.93	41.70	55

原文将强度的实测值与理论计算值作了对比分析,如表 4-11 所示。文中指出实测值均

大于理论分析值,除 +1.5 ~ -3.0m 淤泥土层较大外,其他差值都在10%以内。认为采用真空排水预压法加固水下软土地基时,其加固后的强度增长可采用理论计算(文中用的是有效固结压力法)进行估算。

强度实测值与计算值的比较　　表4-11

土层名称	自重应力(kPa)	附加应力(kPa)	强度参数		固结度 U_t(%)	十字板强度(kPa)			
			φ_{cu}(°)	c_{cu}(kPa)		天然 c_u	理论计算		实测值
							Δc_u	c_u	
淤泥 +1.5 ~ -3m	14.4	78.3	15.0	12.6	91.4	8.73	19.1	27.8	38.0
淤泥质黏土 -3 ~ -6m	39.9	73.1	17.0	13.0	91.4	14.90	20.4*	37.0	40.1
淤泥 -6 ~ -10m	64.2	63.3	15.0	11.0	48.3	20.18	8.0	28.2	30.3
淤泥质黏土 -10 ~ -14m	91.8	51.0	14.0	15.0	79.8	26.93	10.9	37.3	41.7

注:* 原文为22.1kPa,估计笔误,这里作了改正。

4.5 浙江舟山老塘山煤码头堆场的地基加固[13]

4.5.1 工程概况

该工程是1988 ~1989年实施的,本工程为二期工程,它有一个2.5万t级的卸煤码头,一个3000t级的装煤码头和一个500t级的港作码头,码头后方有四个煤堆场,每个堆场的面积为250m×38m,堆场之间为斗轮机轨道,轨道基础宽11.0m。该码头主要用于煤的中转,根据提供的地质资料,该港区地基下埋藏着一层20m左右厚的淤泥质黏土层,颗分试验表明其粉粒含量为64%,黏粒含量为32%。该土层含水率高(47%)、孔隙比大(1.32)、压缩性高(a_v =1.13MPa^{-1})、强度低。在一期工程建设中,由于未采取任何措施,致使一期工程投入使用后,场地部分发生严重的不均匀沉降,面积达2000m^2 的仓库墙壁到处开裂,成为危房,通往码头的两条栈桥也大量下沉,车辆无法行驶,不得不对栈桥进行调整,因此,在二期工程中,决定对地基进行处理。

4.5.2 地质概况及加固方案的选择

按土的成因时代、结构构造、物质组成和物理力学特性,将煤堆场地基土分为六层:

(1)海相沉积淤泥土层,根据物理力学性质的不同分为两个亚层。

1-1　表面硬壳层,亚黏土,灰黄色,软塑,含植物根茎,厚0.5 ~2m不等,该层厚度薄,承载力低,不宜作地基持力层。

1-2　淤泥质黏土层,灰色,呈流塑状态,局部夹薄层粉细砂,层厚20 ~23.5m,从东南向

西北由薄变厚；该层含水率大，压缩性高，强度低，其主要物理力学指标见表4-12。

(2)冲积相亚黏土层，层厚4～12m，属中压缩性，可作为一般建筑物持力层。

(3)洪积相砂砾石层，含砾，中粗砂混亚黏土，中密，厚0.6～1.5m。

(4)洪积相亚黏土层，灰黄色，灰色，呈流塑状态，一般厚1.2～2m，局部较厚。

(5)残坡积层，亚黏土混角砾或砂，厚0.4～1.5m。

(6)上侏罗系紫色角砾岩，岩石坚硬，中等风化，该单元承载力高。

从提供的地质资料来看，地层1－2层是主要加固对象，一者该层的力学性质差，二者该层厚度大，达20m以上，且埋藏浅，是工程中必须考虑的对象。另外，从工程本身来看，对煤堆场来说，主要在使用中能满足地基的稳定性就可以了，地基土有一些变形并不影响堆煤；但对斗轮机来说，轨道对地基的变形比较敏感，对地基的变形要求较高。因此，除了满足机器运转时地基有足够的稳定性之外，其对地基的不均匀沉降亦有较高的要求。经计算，在天然地基状态下，煤堆场不经处理的整体稳定安全系数只有1.0左右，达不到规定要求；而斗轮机轨道的不均匀沉降亦大大超过设计要求，因此必须进行加固处理，要求在地基处理时能消除较多的沉降量。

土的物理力学性质 表4-12

土层	土层名称	天然含水率 ω(%)	天然重度 γ (kN/m^3)	孔隙比 e	液性指数 I_L	塑性指数 I_p (%)	固结系数 ($\times10^{-4}$cm^2/s)		压缩系数 a_v (MPa^{-1})	压缩指数 C_c
							C_v	C_h		
1－1	亚黏土	30	19.8	0.783	0.79	12.1	—	—	—	—
1－2	淤泥质黏土	47	17.5	1.319	1.312	18	6.6	8.7	1.13	0.386
2－1	亚黏土	23.4	20.2	0.664	0.34	12	—	—	0.21	—
2－2	黏土亚黏土	26	19.7	0.752	0.22	16.5	—	—	0.23	—
5	角砾碎石	16.2	20.8	0.517	—	—	—	—	—	—

据此，提出了以消除地基变形为主，同时提高地基强度的预压方案。由于当地预压材料十分匮乏，无法弄到几十万方的砂石荷载，而且即使弄到后，也存在预压后预压材料堆放的场地问题，所以经多方讨论研究，一致同意采用塑料排水板真空排水预压法的加固方案。该方案不仅解决了上述问题，而且由于预压荷载无须分级施加，可以在很短的时间内加至最大，因而可以加快施工速度，缩短工期，也没有加固过程中地基失稳的担心。

此外，为了区别堆煤区和轨道区对地基变形的不同要求，方案中采取了在不同区域以不同的塑料排水板间距来处理的措施，即在轨道区用较密的排水板间距(正方形布置1.0m×1.0m)，堆煤区为1.2m×1.2m。这样在技术上和经济上都比较合理。另外，在采用塑料排水板还是袋装砂井作为垂直排水通道上，也有过一番比较。在当时，以袋装砂井作为垂直排水通道的比较多，但其灌注砂的饱满度难以控制，而且在施工中砂袋长短是事先确定的，对打设深度有变化的区域适应性差，再有袋装砂井对真空度的传递阻力比较大，会影响加固效果；而塑料排水板是工厂化生产的，质量稳定，长度可随意变化，最后采用塑料排水板方案。

4.5.3 现场施工

1)加固区的划分

采用真空排水预压法加固,据以往的经验,加固区的面积和形状会对加固效果产生一定的影响,加固区的面积越大、形状越接近正方形,则加固效果越理想。考虑正方形这一因素,在现场划分时尽可能使每一块面积在1万m²左右,并使形状接近正方形。由于场地中有一条防汛用的海堤,只好堤内、堤外各自分块。堤外划分为两个加固区,分区情况如图4-18所示。图中阴影部分统称为第七加固区,各区的施工参数见表4-13。

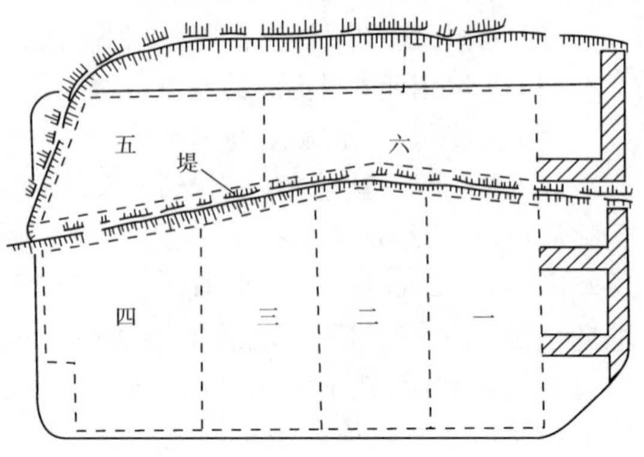

图4-18 加固分区图

各加固区的施工参数 表4-13

区号	一	二	三	四	五	六	七$_1$	七$_2$
排水板间距(m)	1.2	1.2	1.2	1.2	1.2	1.2	1.0	1.0
	1.0	1.0	1.0	1.0	1.0	1.0		
加固区面积(m²)	8016	8202	8118	8167	8430	9485	1744	3116
排水板布置方式	全部为正方形							
排水板打设深度(m)	设计深度为15m,实际施工时绝大部分为15m,只有少数地区因地层关系在13~15m之间							

2)塑料排水板的打设

在本次地基加固过程中,对排水板进行了检测,塑料排水板的性能测试结果见表4-14,从测试结果可以看出,其质量还是相当好的,能满足本加固工程的要求,尤其是纵向通水能力较大,这对减小真空度在传递过程中的损失是大有好处的。

塑料排水板的测试结果 表4-14

测试项目	单位长度质量(g/m)	厚度(mm)	宽度(mm)	复合体抗拉强度(kN/10cm)	复合体伸长率(%)	纵向通水量(cm³/s)
数值	145	4.5	101	2.91	13	82

如前所述,斗轮机轨道对地基的变形要求高于煤堆场,为了使斗轮机轨道下的地基在有限的时间内能消除更多的沉降量,在斗轮机轨道下打设间距1.0m的塑料排水板,而在堆场部分打设间距1.2m的排水板。打设过程中制订了严格的施工标准,也是为排水板施工第一次制订的标准。即在施工时孔位偏差控制在5cm以内,孔位必须保持垂直状态,打设深度为15m,如有带出现象,带出长度不得大于50cm,否则,应立即重打或补打。这些都为加固取得良好效果奠定了基础,为制订排水板的施工规程提供了实际资料。

3)细碎石垫层——水平排水通道的设立

由于当地没有可作水平垫层的中粗砂,或者出于对风景区的保护不允许采集当地的砂

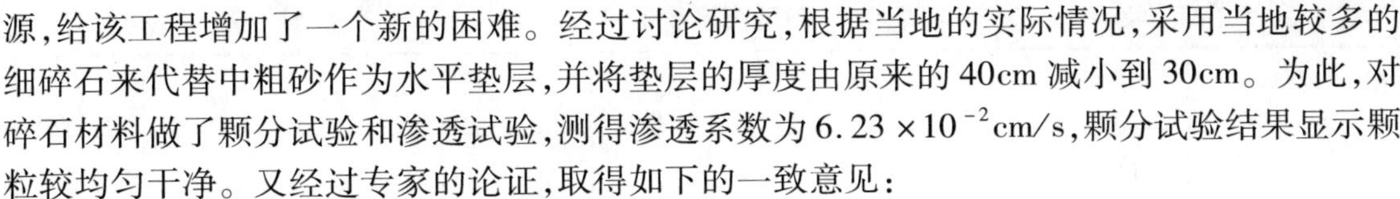

源,给该工程增加了一个新的困难。经过讨论研究,根据当地的实际情况,采用当地较多的细碎石来代替中粗砂作为水平垫层,并将垫层的厚度由原来的40cm减小到30cm。为此,对碎石材料做了颗分试验和渗透试验,测得渗透系数为6.23×10^{-2}cm/s,颗分试验结果显示颗粒较均匀干净。又经过专家的论证,取得如下的一致意见:

(1)在舟山当地无干净中粗砂的情况下,可用细碎石垫层来代替砂垫层,但是碎石的粒径要控制在0.5~4mm的范围内,要清洁干净,同时允许掺和不大于30%的3~5mm粒径的清洁细砾。

(2)碎石垫层的厚度可以为30cm。

(3)碎石垫层与膜之间需铺一层针刺无纺土工布,以保证塑料薄膜在真空吸力作用下不致被顶破漏气。

实践证明,该方案取得了成功。

4.5.4 现场观测及观测资料的分析

在本工程中,进行了表面沉降观测、砂垫层中真空度量测和加固前后十字板强度检测及土性指标试验。

1)真空度

图4-19为典型的真空度随时间变化过程线。从图上可以看出,几天内真空度就上升到80kPa以上,此后并长时间维持在80kPa以上,最大达到90kPa,再加上膜面覆水,整个当量加固荷载超过90kPa。

2)沉降

在图4-19中也示出了加固区的膜面沉降过程线,表4-15列出了各区的抽气前的施工沉降量、抽气引起的沉降和总沉降量。从表中数值可以看出,大部分区域的沉降都在100cm左右,只有四区和七区的数值偏小,分析研究表明,四区数值偏小是其软土层较其他区薄,而七区偏小的主要原因是其面积较小且形状狭长,抽气历时较短。图4-20为五区两种不同间距的塑料排水板区的平均沉降过程线。可以看出在相同的真空度作用下,在相同的时间内,1.0m间距区的平均沉降明显大于1.2m间距区的平均沉降,基本上达到了设计目的。

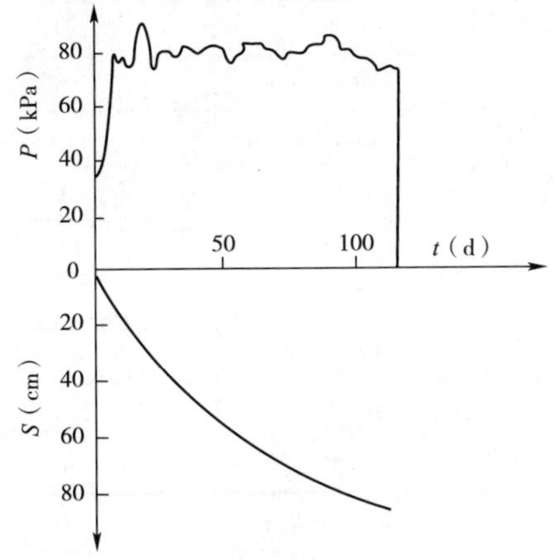

图4-19 五区真空度与沉降过程线

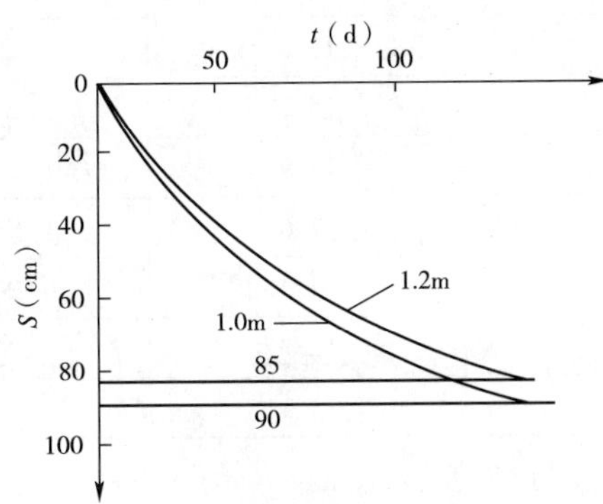

图4-20 五区不同间距排水板区平均沉降过程线

各区沉降量汇总 表4-15

区号	一	二	三	四	五	六	七$_1$	七$_2$
抽气前沉降(cm)	10.3	17.0	18.8	13.5	15.0	16.3	17.9	12.6
抽气沉降(cm)	87.4	88.3	90.4	81.2	85.3	87.6	75.7	72.0
总沉降量(cm)	97.7	105.3	109.2	94.7	100.3	103.9	93.6	84.6

3)强度

加固前后分别在各加固区进行了十字板强度的检测。表4-16列出五区的检测结果,从表中可以看出,0~5m范围内十字板强度增长幅度较大,较天然强度增大1~4倍,5~18m范围内强度均有不同程度的增长,增长幅度大多在10kPa以上,最大的增长16.4kPa,效果还是相当显著的,而且在排水板深度以下3m的地方强度亦有较大的提高。

五区加固前后十字板强度变化 表4-16

深度(m)	加固前十字板强度(kPa)	加固后十字板强度(kPa)	增加值(kPa)	增长率(%)
1	6	19.9	13.9	232
2	7.4	21.9	14.5	196
3	5.3	19.9	14.6	275
4	3.5	19.9	16.4	469
5	7.3	20.5	13.2	181
6	8.2	20.6	12.4	151
7	8.0	20.4	12.4	155
8	9.0	23.2	14.2	158
9	10.2	25.6	15.4	151
10	11.6	28.0	16.4	141
11	13.2	29.2	16.0	121
12	13.6	29.4	15.8	116
13	15.5	27.5	12.0	77
14	15.9	23.3	7.4	47
15	17.6	23.7	6.1	35
16	14.2	26.5	12.3	87
17	12.7	26.7	14.0	110
18	13.4	28.9	15.5	116

4)土性指标的变化

表4-17为加固前后土性指标的变化,加固后地基土的含水率、孔隙比均降低12%左右,压缩性指标也有28%的变化,十字板强度则平均提高118%。

加固前后土性指标的变化　　表 4-17

项　目	含水率(%)	孔隙比	压缩系数(MPa^{-1})	压缩模量(kPa)	十字板强度(kPa)
加固前	48.0	1.332	1.19	1914	12.8
加固后	41.9	1.166	0.86	2469	27.9
变化率(%)	-12.7	-12.4	-28.1	+29.0	+118

注:负号表示减少,正号表示增加。

5)承载力

加固后地基的十字板强度平均由12.8kPa提高到27.9kPa,净增15.1kPa;按十字板强度平均值来推算地基的承载力约为90kPa,若依含水率按规范查得地基的承载力也在90kPa上下。地基的稳定性也由原来安全系数$F_s=1.0$提高到$F_s=2.4$,煤堆场的整体稳定性有了极大的提高。

在舟山地区,首次运用塑料排水板真空排水预压法加固软土地基获得了成功,满足了工程的要求,这也是在浙江省首次运用该法,它为日后的推广应用打下了基础。

4.6 日本东北地区新干线某段超软土地基处理工程[28]

前面介绍了国内几个不同类型的工程实例,下面介绍两个国外的工程,其中一个是日本于20世纪70年代实施的试验工程,另一个是1987年5月在马来西亚公路试验路段上做的,读者可以与我国的类似工程作一些比较,找出它们的异同。

4.6.1 地质概况

工程地点位于日本东北地区新干线新白石到仙台之间的一段上,即大河原和村田地区,距起点东京都296.5km附近的"第七号谷",其地质剖面如图4-21所示。从图中看,主要为泥炭土和混有有机物的淤泥土,深度从地表算起有12~13m。地基强度,静力触探试验q_c在200kPa以下,属于极软地基。

拟采用真空排水预压法进行加固处理,以提高建筑物基础的水平承载力和道路的稳定性。

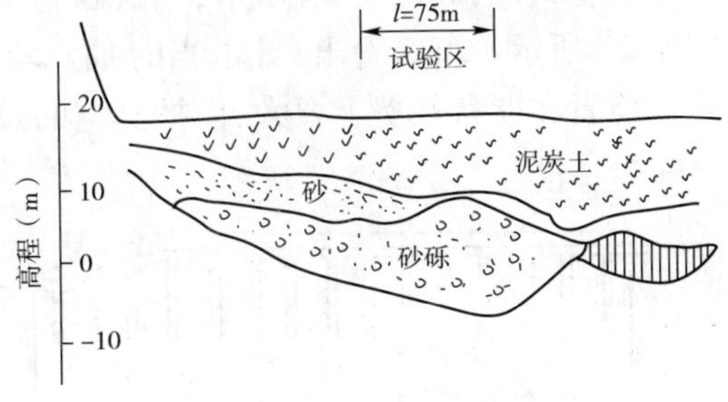

图4-21　七号谷地质剖面图

4.6.2 施工情况

加固区的平面尺寸大约是75m×26m,面积1950m^2。

1)铺设砂垫层

加固区膜下设置的水平排水层厚度70cm的砂垫层,砂料的粒经组成如表4-18所示,这是一种洁净而透水性好的砂。为防止砂层下沉,在垫砂以前,于地面先铺设有30cm的孔洞,由熟铁条编制的铁板网,以保证车辆通行和推土机等施工机械能在上完成铺砂等作业。

砂垫层用砂的特性　　表4-18

粒度特性	砂砾含量(%)	13.4
	砂含量(%)	85.8
	粉砂(%)	0.8
	黏粒含量(%)	0
	最大粒径(mm)	4.76
	不均匀系数	3.39
	曲率系数	1.07
土颗粒比重		2.705
渗透系数(cm/s)		3.41×10^{-2}

2)打设排水板

加固场地内设置了垂直排水通道,这是一种类似今天使用的塑料排水板,是具有槽形的纸板。纸板打设到砂层以下约1m的深处,不能打穿砂层,以防止地下水涌出,而降低加固效果。纸板为正方形布置,间距80cm,这是很小的一种间距,由日本PPW型打桩机打设。有关纸板的物理力学指标文中未作介绍。

3)滤管布置和抽真空设备安装

滤管布置如图4-22所示,呈梳齿形状,埋于砂垫层内,滤管间距为5m。整个布置中设主管与支管;主管即集水管,其上没有孔洞,支管即滤管,其上分布有按一定间距的孔洞,通过砂垫层与纸板相通,构成一个吸、排水系统。

抽真空装置由30马力(1马力=735.498W)的真空泵、气水分离箱、15马力的离心泵及开口水箱组成,如图4-23所示,一共四套,分别设立在加固区两端,分别与4根主管相连,如图4-22所示。可以看出,日本当时抽真空的设备系统与现今我国使用的射流泵系统的差异。前者在能量耗费上要大,而抽真空的效率还不高。

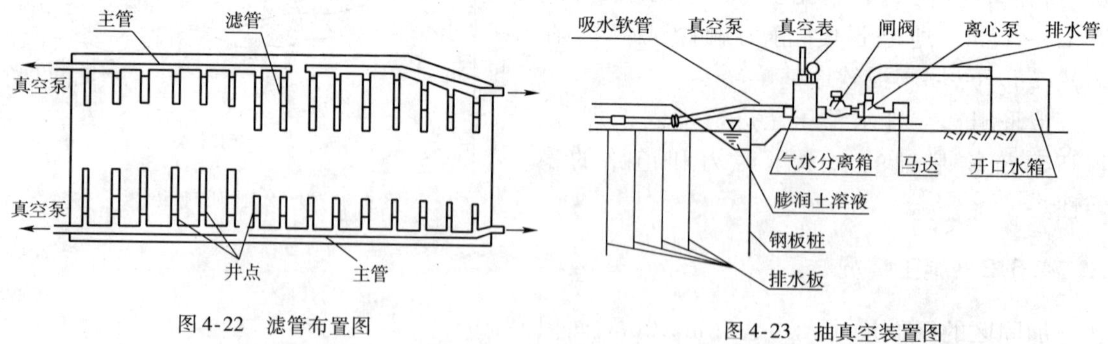

图4-22　滤管布置图

图4-23　抽真空装置图

4)密封

为了获得良好的加固效果,施工中采用有一定气密性、耐水性、良好抗拉强度的、能适应软基不均匀沉降变形的密封膜,用的是 A-30 型尼龙焦油防水布。除此之外,为了保证密封,在膜的端部作了如图 4-24 所示的处理;一是在加固区外围打设了与纸板同深度的钢板桩,以保证土层深处的气密性;二是在钢板桩内侧设置了沟槽,把薄膜卷在沟槽中,并倒进浓度为 14% 的膨润土液,以固定薄膜,之后再灌满水。此外,在地面接出的集水管、分层沉降管与沉降板杆的膜上,也作了特殊的密封处理。

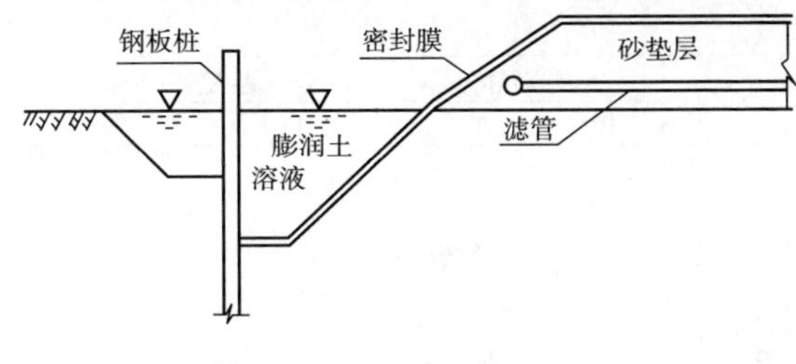

图 4-24 密封膜端部的处理

4.6.3 原型观测结果

加固区中设置了表面沉降、分层沉降、孔隙水压力及出水量的观测项目,加固区外设置了水平位移、水位观测孔及边桩的观测。

1)真空度

真空泵的能力是 760mmHg。在开始运转时,要考虑防止滤管堵塞,采取逐渐提高负压的措施,从 200mmHg 开始启动,每隔 30min 增加 50mmHg 的负压,5h 后才能全部开动。全部打开时达到 720mmHg,随后长期稳定 700mmHg,共抽气 21d。文中没有说明这是泵后真空度值,还是膜下真空度值,但按膜下设置的孔隙水压力计在地面测到的负孔隙水压力(GL-0m 处为 65kPa)推算,膜下真空度仅有 478mmHg。

在地下土中 2m、4m、6m 深处分别测到的负孔隙水压力,即有效应力分别为 13kPa、15kPa、12kPa。也就是说,在地下 2m 深的地方,负压就减小为地面的 1/5 左右,这反映了纸板的井阻较大。文中分析可能是真空泵施加负压太快,致使上部泥炭土层的纸板材料发生堵眼之故。

2)沉降量与固结度

从设在试验区中央的沉降仪的记录来看,加固结束时第 21d 的沉降量是 149cm,如图 4-25 所示。从图中反映出由抽真空形成的沉降量大约是 83cm,而另外的 66cm,则是因施工,诸如铺砂、打设纸板、铺膜等形成的沉降。文中用双曲线法推求的最终沉降量是 204cm,因此,施工中达到的固结度约为 73.0%。

3)土体强度

现场触探试验得到图 4-26 的结果,加固后在地表下 2~7m 的范围内,均比加固前的 q_c 值增大 1.5~2 倍,但增大的程度越往下越小,7m 以下地基的强度几乎与加固前相同。

无侧限抗压强度试验结果表明,在地下 7m 以上的泥炭土层中,地基土的无侧限抗压强度均有增大,从加固前的 q_u=7~12kPa 增加到加固后的 q_u=13~23kPa,增加了一倍左右。

4)含水率

土体含水率在加固前后变化很明显,加固前泥炭土层含水率为 580%~860%,加固后减少到 390%~540%,大约减少 35%。

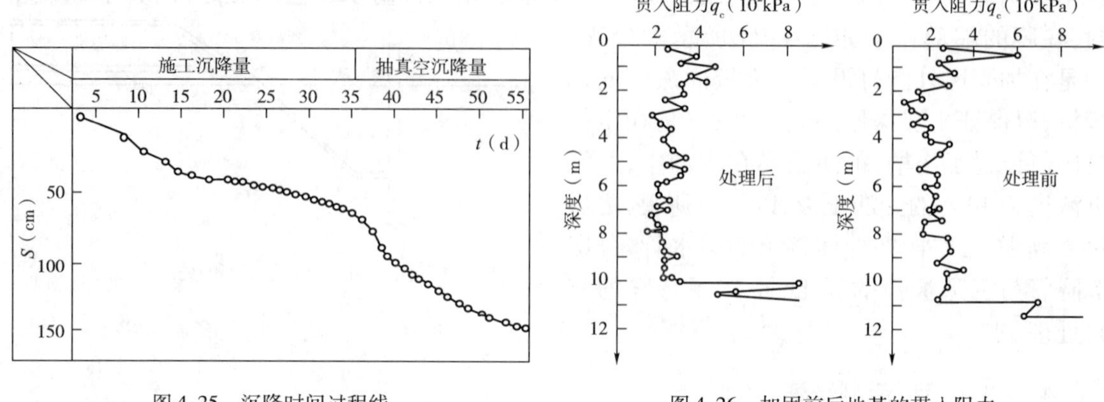

图4-25 沉降时间过程线

图4-26 加固前后地基的贯入阻力

4.6.4 结论

加固时采取设置垂直排水通道——纸板与真空排水预压并用的方法,对加固泥炭土层是有效的。但对纸板的堵塞问题应加以防止,这样才能使地表以下的有效应力增加得更大,同时也使加固深度增大。土中负超静孔隙水压力衰减得如此大,就与真空度传递过程中受到的阻力有关,纸板材料在土中发生了堵眼,文章也提出要研究防止堵塞和纸板材料的选用等问题。

4.7 马来西亚南北大通道试验路之6/7段地基加固[42]

这是一个很好的有详细实测资料的工程实例,它实际上是真空排水预压与自载预压联合加固的应用实例,在这一点上已走在我国的前面,它对目前从事在深厚软基上建造高速公路者具有很好的借鉴意义,这儿特别作一介绍,同时也希望从中找出与我们现时所做的工艺有什么不同。

4.7.1 背景资料

试验路的试验与修建发生于1986~1989年,当时,马来西亚正要修建南北快速大通道,北连泰国,南达新加坡。该快速路工程浩大,估计全长在800km左右。沿途经过不少河、海相的冲积、沉积平原。这些地区分布着深厚的沉积软黏土,其抗剪强度低、压缩性高。在这些不经处理的地基上修建高速公路,长期连续不断发生的工后沉降将会给高速公路的运行带来困难和麻烦,而且也要付出高额的维护费用。因此,由马来西亚高速公路管理局(MHA)主持,在与南北大通道平行的一段地方,选出近1km长的地段,设立13个段落,用9种方法对软土层进行加固处理。这当中有电化学方法、浅层换土法、堆载排水预压与土工格栅联合加固的方法、电渗法、挤密砂桩法、树根桩法、堆载排水预压法等,而真空排水预压法也是其中的一个方法,它实际上是真空排水预压与自载预压相结合的方法。除此之外,这13

个段落中也有两段是不处理段，仅靠控制加荷速率来完成填土的，估计是为了与采取加固措施的段落进行比较。试验段落的安排如图4-27所示。

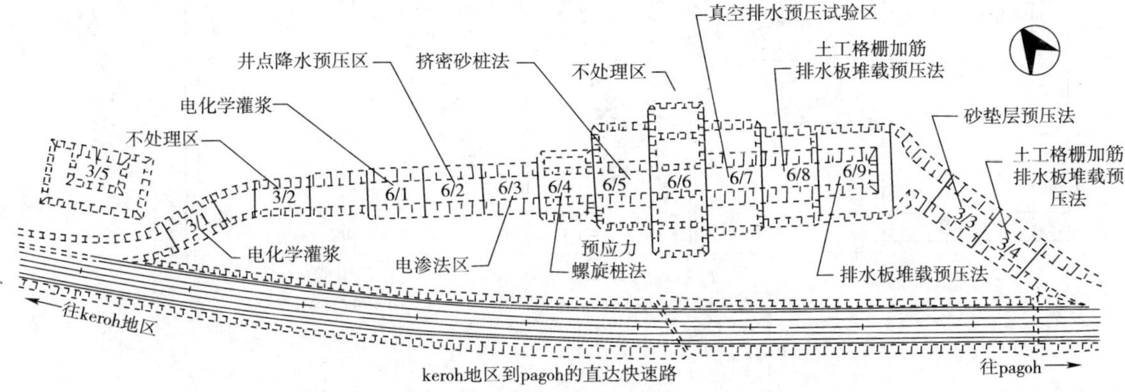

图4-27 各试验段落平面位置的相互关系

试验路堤要求建成后的填土高度、自原地面高程起算有3m和6m两种。真空排水预压法段落是属于6m的一种，其代号为6/7，段落长度为50m，紧靠其左边的段落为6/6，是不作处理段。

4.7.2 地质概况与土的性质

由于地质勘探工作是在整个试验区的范围内进行的，没有完全针对6/7这一段落的勘探，这里介绍的是全段的勘探结果。

土层剖面如图4-28所示，可以粗略分为：

第一层，1.5m厚的硬壳层，粉质黏土，含有根茎。

第二层，大约6.0m厚的很软的黏土层，称作上部黏土，部分地方有很薄的不连续的细砂层，存有腐烂的根茎和少量贝壳。

第三层，不到1.0m厚，为较薄不连续砂性粉质黏土层，连接着上下软黏土层。

第四层，非常软的海相黏土层，含许多贝壳碎片，厚度约10m，称为下部黏土。

第五层，约为0.2m厚的深棕色泥炭土层。

第六层，在-16.0m高程以下，厚为12m，中密到密的砂层和坚硬砂性粉土层。

室内试验结果示于图4-29中。

现场十字板强度检测的结果，如图4-30所示，软黏土的灵敏度在3~7之间。

土层压缩试验得到的典型曲线如图4-31所示。

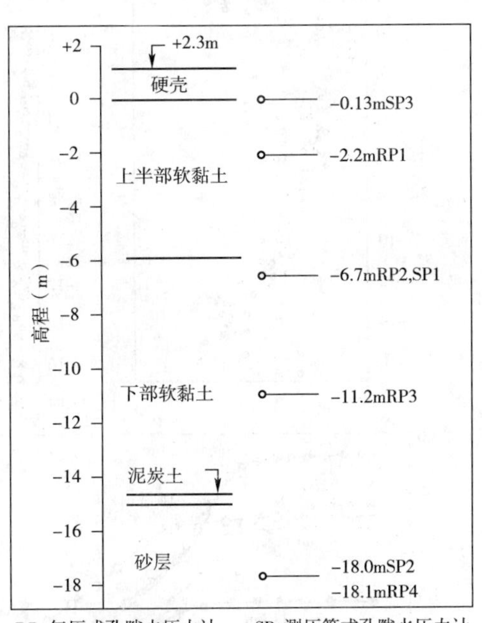

图4-28 土层剖面

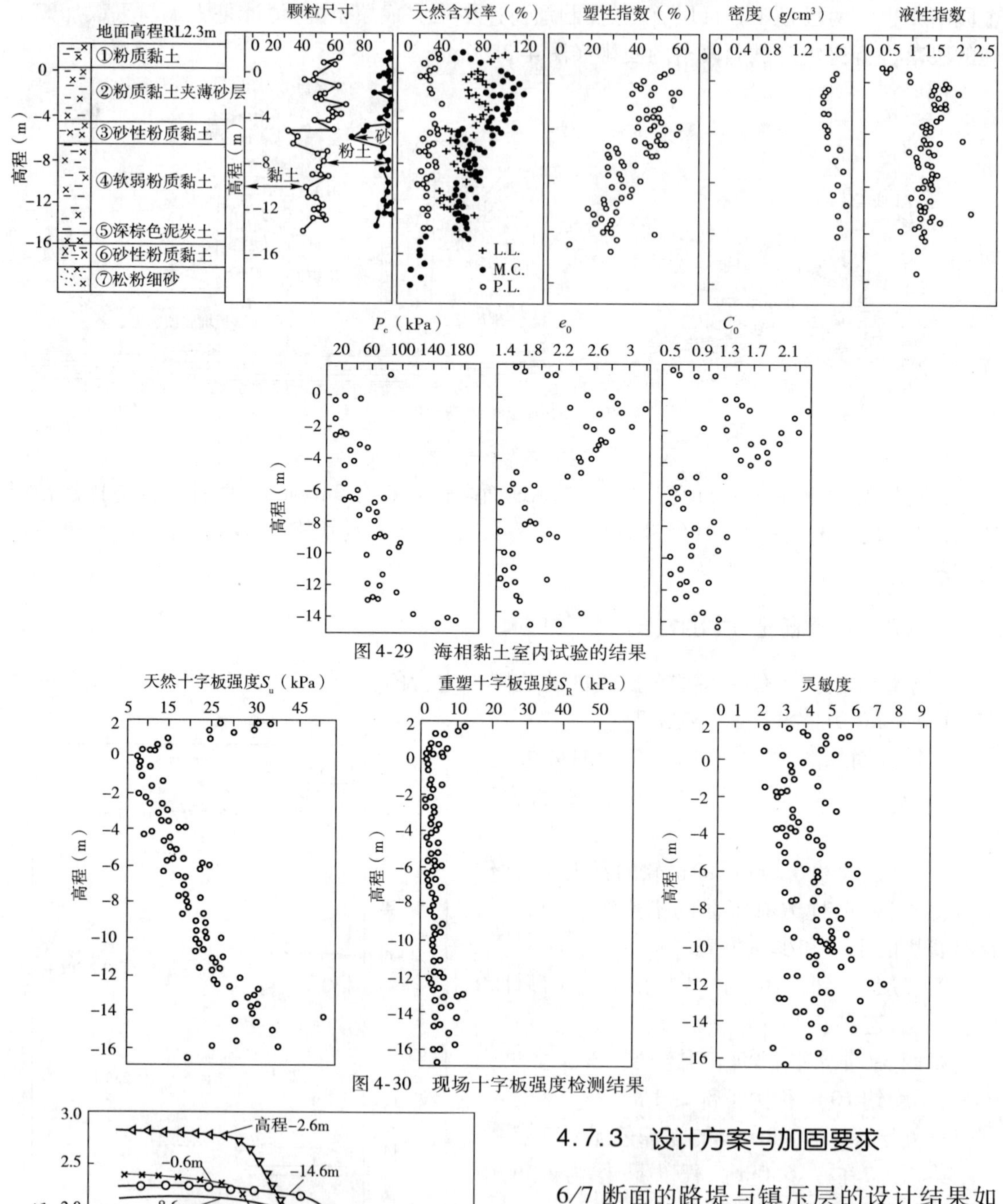

图 4-29　海相黏土室内试验的结果

图 4-30　现场十字板强度检测结果

图 4-31　典型的 e-lg$p$ 曲线

4.7.3　设计方案与加固要求

6/7 断面的路堤与镇压层的设计结果如图 4-32 所示。路堤总的填筑厚度为 9.7m，以保证加固后堤顶高出原地面 6.0m。镇压层厚度 3.5m，路堤下打设 1085 根排水板，分布范围为平面图中虚线框内，为 39.6m × 44.9m，深度为 18.5m，间距 1.32m，呈正方形布置。

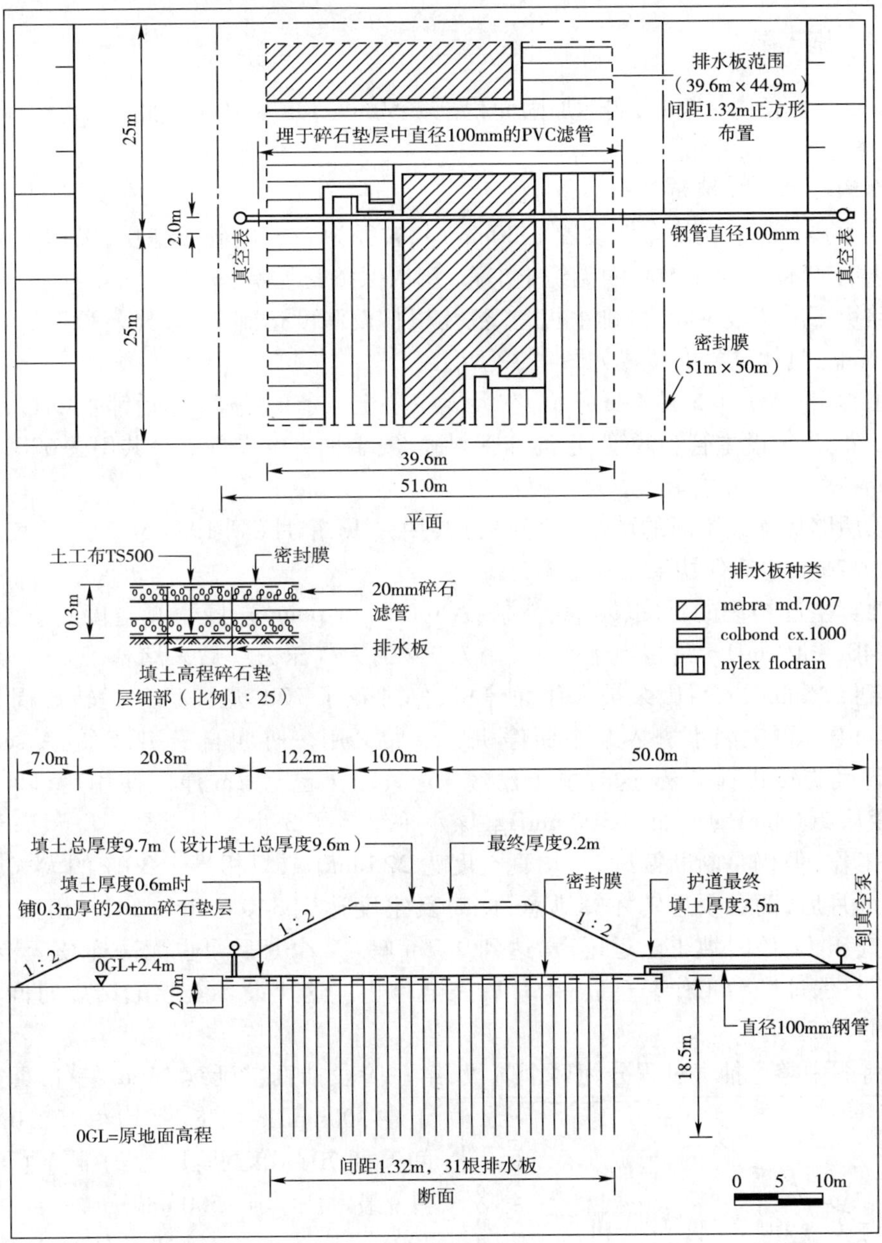

图4-32　真空排水预压方案设计及施工图

对加固总体要求是：

(1)加固与填筑施工的总工期为15个月。

(2)施工结束时要求达到消除主固结沉降的90%，大约是3.0m。

(3)施工结束以后的两年内发生的沉降量要不大于200mm。

(4)要求膜下真空度达到大气压力的70%，即相当于3.5m的填土，而且希望自始至终伴随着填土加荷工作的进行，以保证在要求的工期内完成填土和路堤填筑的稳定及能有助于消除总沉降量的绝大部分。

4.7.4 施工要点

(1)6/7 断面长度为50m,实际加固面积是2550m^2(50m×51m),加上两边镇压层总共为5000m^2 左右。

(2)在原地面上先填筑了60cm 的找平层;其上铺设一层 TS500 的针刺无纺土工布(相当140g/m^2 的标准)。无纺布上设置了30cm厚、粒径为2cm的碎石垫层,以作水平排水层;在该排水层上再铺一层 TS500 的无纺土工布,用以保护密封膜。

(3)路堤下共打设1085根排水板,少数几根打设深度达到21m,其余为18.5m,采用了三种不同产品,具体施打的位置如图4-32所示。

(4)工程自1987年5月4日开始,在大规模填土以前的施工,包括铺土工布、打设排水板、做碎石垫层、铺设主管和滤管、挖沟铺密封膜、安装抽真空设备等总共用去67d;密封沟深1.2~1.4m,宽1.0m左右。

(5)以后路堤连续不断的填土(含间歇)共用去13个月(到1989年1月月底),填土总厚度达到9.76m,之后保持稳压6个多月。

(6)抽真空起初用的是旋转式真空泵(A rotary air pump),膜下真空度一直上不去,真空度仅为40~60mmHg,只相当于5.3%~7.9%的大气压力。后来堵塞了一些漏洞,真空度也只达到125mmHg,后因泵被卡住而停机,修理花了70d,这以后只运转3周真空度仅达到100mmHg,再次因水进入泵中而停机。以后又用一种叫自身引液泵(A self priming pump)来替换旋转式真空泵,这时填土已经150d,填土已近2m厚。使用后,随填土的增加,真空度从200mmHg增加到300mmHg,该水平维持了3个半月,泵又坏了,直到2个月后又恢复工作,但仍是断断续续,平均真空度为225mmHg,只相当于30%的大气压力。再经过1个半月后,两台泵运转才算满意,此时真空度达到340~460mmHg,相当于45%~60%的大气压力,该时填土已近尾声,达到9.7m厚。2个月后泵也无法连续运转,两台泵交替运转,只保证一台工作,直到3个月后完全停止。这比设计要求的结束时间提前了2个月,如图4-33所示。

可以将图中整个抽气过程分为两个阶段,第一阶段抽真空延续140d左右,真空度基本上在300mmHg以下,平均约为220mmHg,中间停抽70d;第二阶段大约维持了不到6个月,最大达到500mmHg左右,平均为400mmHg。真空度水平总体是不高的,分析真空度上不去的原因,除了密封可能存在一点问题外,泵也存在一定问题。工地采用的仍是真空泵,只是加了气水分离器。这种组合形式的泵的效率就不会高,而且故障率还是较高的。碎石垫层中滤管如何布置不清楚,但滤管是采用直径为100mm的PVC管材,管上有狭长条型孔,主管是用直径为100mm的钢管。整个试验场地用两台泵,由

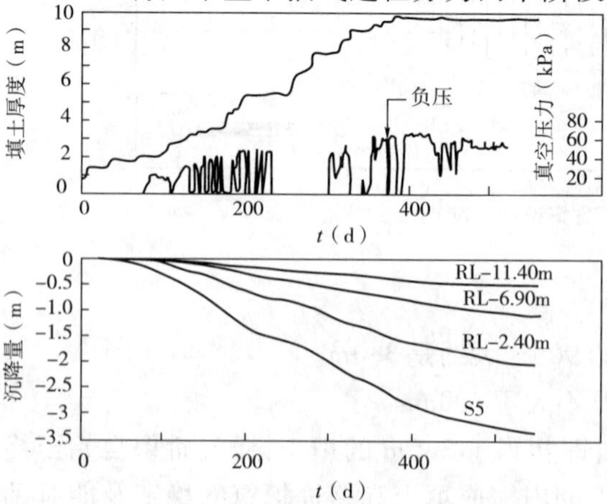

图4-33 填土厚度、抽真空、沉降时间过程线

于不知其功率大小，也说不上够否，但从泵的自身能力看，最大空载负压仅为82%的大气压力，使用中会有局部与沿程损失，再有一些漏气因素，膜下真空度是很难达到600mmHg的。依国内采用的设备来看，最好是用三套为好。

4.7.5 加固效果分析

试验场地上设立了大量的观测仪器，进行了地表沉降、深层沉降、孔隙水压力、水平位移的原型观测；亦有现场十字板强度的检测和对土样的室内试验。

1）沉降特性

施工沉降量估计为15cm，它是在设置地表沉降标以前由铺设找平层、打设排水板、铺碎石垫层等因素引起的沉降量；而由后来填土引起的沉降量在加固区中心测得是3.32m，沉降随时间的过程线如图4-33所示，相应于不同深度土层的沉降过程也同时表示在该图中。本试验6/7段与邻近没有作加固处理的6/6段相比较的结果绘于图4-34中，从图中可以看出，6/6断面最大沉降量仅为140cm，填土厚度为7.2m左右（后期加至7.7m）。与6/7断面相比：

（1）达到同样填土厚度7.2m时，6/7断面最大沉降量已达180cm，而6/6断面仅有100cm左右，充分看出排水板与真空荷载的作用，尽管真空荷载此时不到40kPa。

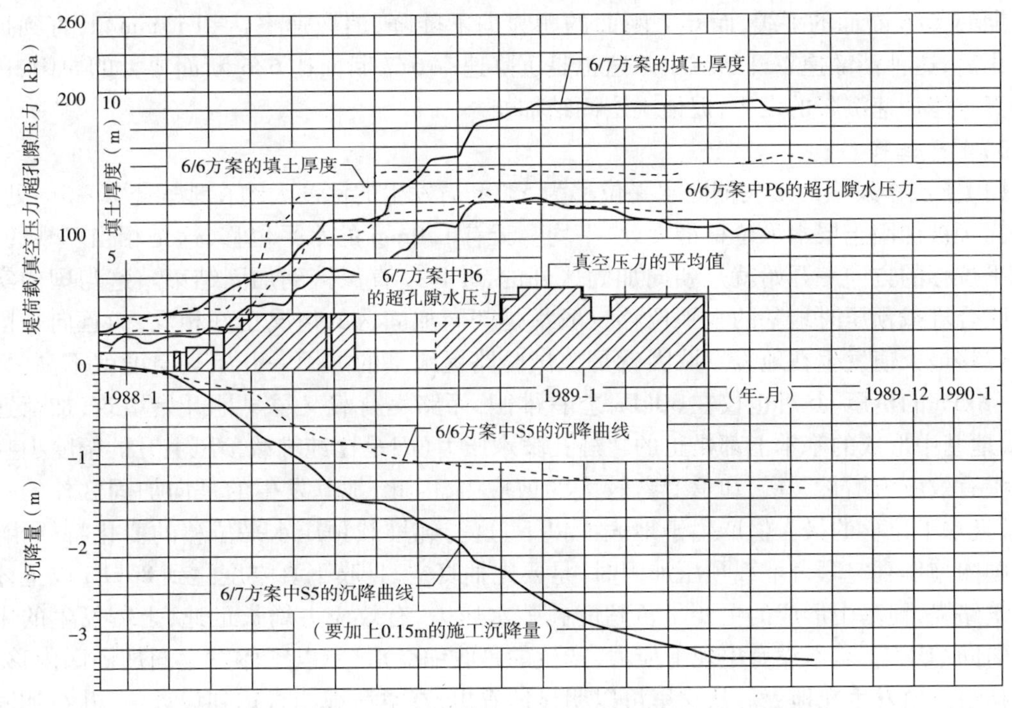

图4-34 6/7断面与6/6断面的加荷、沉降、孔压比较

（2）在全部加荷过程中，6/6断面的沉降速率比6/7断面都小很多，沉降曲线平缓；在填土厚度相近的情况下，6/7断面的沉降速率比6/6断面最大快3倍，达到12mm/d。

（3）1988年4月，当真空泵坏时，沉降速率几乎同时在6/7断面减小，从大约每天12mm减小到每天3mm，虽然这之前真空荷载仅是10%的大气压力。

(4)填土在达到最大厚度之后的稳压期间,6/6断面的沉降速率明显减小,曲线平缓,而6/7断面的沉降速率由于有真空荷载50kPa的作用,几乎以12mm/d的速率保持不变,直到真空泵停止工作后,沉降速率才下降到3mm/d,曲线开始趋于平缓。从以上的比较中充分看出真空荷载对沉降量和沉降速率的影响。

2)超静孔隙水压力

图4-34为6/7和6/6两个断面的超静孔隙水压力的时间过程线,二者比较后可以看出:

(1)在6/7断面中,最大超静孔隙水压力值小于总填土9.7m荷载的65%,产生于地表下8~9m处,为124kPa,该值发生于填土厚度达到9.0m时,而真空正好又停下的情况下;而在6/6断面中,最大超静水压力值几乎达到了最大路堤荷载的84%,其值也接近120kPa,虽然这时它的填土厚度只有7.2m左右。相比之下,6/7断面真空荷载的作用在这儿明显表现出来,换句话说,有了真空的作用,使土中的超静孔隙水压力得以降低。

(2)从图中可以看到6/6断面填土达到7.2m时产生的超静孔隙水压力几乎与6/7断面填土厚度在9.0m以上时产生的超静水压力值相当,这说明有了真空的作用,就可以增大路堤的填土高度,同时也能保证填筑时的稳定。

(3)在堤的最大填土厚度完成之后,路堤地基处于恒压期间,由于6/7断面有真空作用的存在,该断面的超静孔隙水压力消散速率明显比6/6断面要快。孔隙水压力时间过程线在这期间,6/6断面的平缓,而6/7断面的明显向下陡降、消散速率达到15mm/d,直到抽真空停止后,这种消散速率开始减小。这也是沉降速率6/7断面比6/6断面要大的原因,也就是说真空能加速沉降的发生,促使土层固结加快。

3)水平位移

(1)土层中发生的最大侧向水平位移为533mm,发生的深度大约在地表下4~5m处;该值相当于被加固土层水平位移最大处、平均一天有1.0mm的水平位移,这是相当可观的,而且水平位移的方向一开始就是朝向加固区外的,并且一直保持到加固结束。这与国内实施真空联合堆载预压时地基的水平位移一般都是朝向加固区的情况正好相反,而且向加固区内的位移最大值发生在地表。原因就是该试验路堤地基的加固一开始真空度就不高,只达到5~8kPa的负压,其后也仅在30kPa左右徘徊,而路堤荷载又早早地开始填筑,加荷速率较快,地基中形成的基本上都是正的超静孔隙水压力(只是比纯堆载预压上升的幅度小些),地基中有效应力增长缓慢,却承受着较大的剪应力,因此,地基发生的是向加固区外的水平位移,且水平位移的最大值产生于地表面以下,这与纯堆载预压水平位移的变化特征相同。目前国内施作真空联合堆载预压加固时,是要先抽真空,且膜下真空度达到80kPa以上才开始填筑路堤,地基中形成的主要是负超静孔隙水压力,有效应力增长迅速,土体发生的主要是等向固结压缩,基本没有出现剪应力,产生的是收缩变形,所以土体发生向加固区内移动,且位移最大值发生在地表。从这里可以明显地看出,真空荷载能否达到设计值,并在加固中保持稳定对加固效果有着很大的影响。

(2)自地表硬壳层到深度10m以下,土体都发生了较大的侧向变形,相比之下,10~17m之间的软黏土发生的值较小,约为最大水平位移的1/3。水平位移沿深度在不同时间的分布如图4-35所示。

(3)自1988年6月起,当填土高度超过3.5m时,水平位移速率达到1.2mm/d;自1988

年9月起,当填土高度超过5.5m时,水平位移每天以2mm的速率增加。此后当填土达到9.7m不再增加时,自1989年1月起,水平位移在最大位移的深度减小到每天1.0mm。如此大的侧向变形速率没有出现路堤的失稳,这也应归功于真空的作用(尽管数值不太高)。

(4)直到1989年6月月初,估计因路堤下软黏土的侧向位移引起地表大约500mm的垂直沉降量。

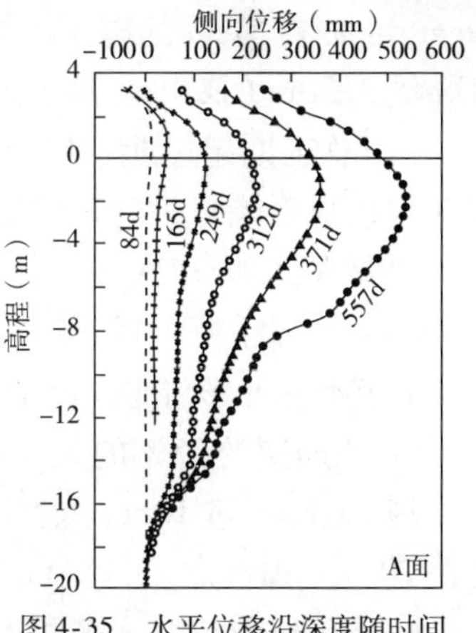

图4-35 水平位移沿深度随时间的变化过程线

4)十字板强度与含水率

(1)被加固土层在不同深度的十字板强度都有了大幅度提高,现场测试结果列于表4-19中,可以看到在地面以下10m的范围内强度都有了成倍增长,10m以下增长较小。

加固前后土体十字板强度的变化 表4-19

土层深度(m)	天然十字板强度值(kPa)	加固后十字板强度值(kPa)
1.70	21.0	50.5
3.20	12.8	—
5.20	18.2	40.2
7.20	17.3	40.5
9.20	19.6	39.5
11.20	26.0	35.0
13.20	26.8	—
15.20	27.7	33.5

(2)土层加固前后的含水率也有显著的变化,试验结果如表4-20所示。

加固前后土层含水率的变化 表4-20

土层深度(m)	土样天然含水率(%)	加固后土样含水率(%)
1.3	59	35
2.6	90	—
4.8	111	70
6.8	93	73
9.4	72	58
11.3	71	48
12.7	54	—
13.9	50	55
16.7	92	—

从这两者的结果看,加固还是取得相当显著的效果。

4.7.6 作者的看法

(1)1989年8月,地表发生的最大沉降为3.32m,它应扣除由于水平位移引起的沉降量

50cm,再加上15cm的施工沉降量,所以软黏土实际的压缩量估计是2.97m,它占计算主固结沉降量3.30m的90%,若不计施工沉降量,则仅为85%,应该说基本达到设计提出的要求。

(2)总工期超过业主提出的15个月的要求,达到20个月。这主要是真空荷载不足,它与真空系统不能长时间正常工作有关,其有效工作时间不到60%。从而使沉降速率达不到期望的要求,填土速率也小很多,原设计为4~7cm/d,实际平均只有2.5cm/d,使工期加长。

(3)真空度达不到设计要求的水平,归结为密封膜的缺陷和抽真空系统效率低下,直到抽真空结束都不能形成足够高的真空度。现场达到的真空度峰值,很长一段时间仅是25%的大气压力,比期望的75%的大气压力低太多。另外,泵长时间不能正常工作,使事情变得更糟。

(4)上部超过10m深的软黏土、现场十字板强度增加超过100%,含水率大幅度降低,幅度在20%~40%之间,这显示出地基改良在上部黏土中是十分有效的。

(5)经分析推算,未来两年内将会有245mm的总沉降量发生,这当中包含由于地基土继续发生侧向变形而产生的150mm附加沉降量,这超过了业主提出的标准。若真空度能达到要求的话,由土体侧向变形引起的附加沉降量也许不会这么大,业主提出的标准是能够达到的。

4.7.7 结论

尽管实施中有不尽如人意的地方,但使用排水板与真空预压联合加固深厚海相黏土的试验还是成功的,它表明了用此法加固公路路堤软基是一个实用、廉价、有效的地基改良方法。与堆载排水预压相比,它能获得更快的沉降速率、固结速率,而施工中路堤的稳定也能得到保证。

对密封技术还有待于深入研究,需要对抽真空系统进行再认识与改良,这会使地基加固效率大大提高,并能进一步降低工程成本,完全实现业主提出的目标将不是一件困难的事。

4.8 某件杂库地基加固

这里介绍的工程实例,作者认为是运用真空排水预压法没有取得明显效果的一个例子。当然看法也许与原文有差距,仅作为个人的见解,供讨论。

该试验工程地点位于长江南岸,与长江平行,面积为23.5m×47m(1104.5m^2),加固区北边离江堤只有50m左右(图4-36)。该试验区位于件杂库的地基上。该地基的地质柱状图和各层土的主要物理力学指标如图4-37所示。

原地面为耕地,后在该地上先填2m左右的土,分层进行并经机械碾压,1年多后开始打设袋装砂井,砂井直径7cm,井距1.3m,呈正方形布置,井深15m。砂垫层厚40cm。砂井施工结束4个月至半年后,开始抽真空。

抽气的第一天先用一台泵抽,在抽吸的4h过程中,砂垫层中真空度逐渐上升,一直到达445mmHg,之后真空度不见上升,反而有所下降,相对稳定在380mmHg。第二天又加了一台泵联抽,随之真空度稳步上升,但也是在40d以后,膜下真空度才稳定在600mmHg以上,之前一直在520~570mmHg之间徘徊。尽管如此,还是超过40kPa的设计荷载要求,加固中地表受到填土荷载、真空荷载与砂垫层荷载的共同作用,真空荷载在56~86kPa之间。

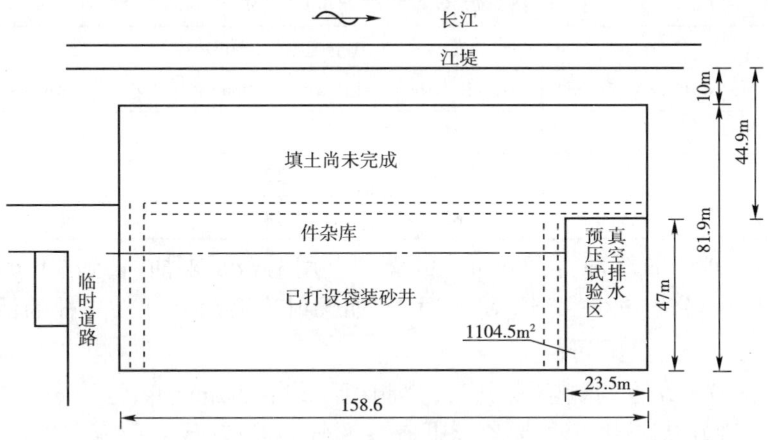

图 4-36 试验区平面位置图

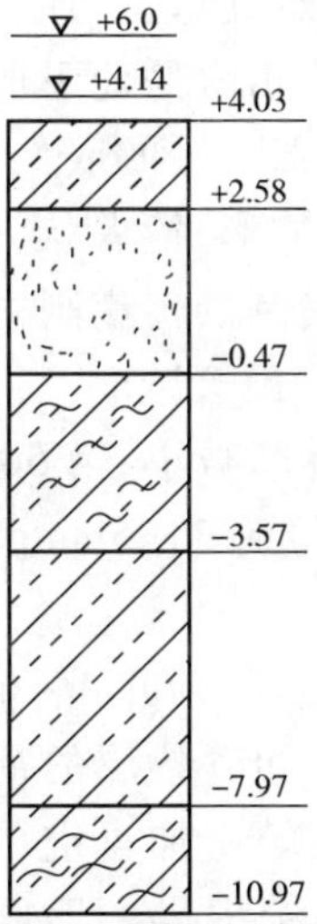

▽ +6.0
▽ +4.14
+4.03
+2.58
−0.47
−3.57
−7.97
−10.97

土名	含水率 ω(%)	密度 γ(g/cm³)	孔隙比 e	压缩系数(MPa⁻¹)	比贯入阻力(kPa)	十字板强度 c_u(kPa)
亚黏土	25.1	1.98	0.72	0.027	2000	120
粉细砂	—	—	—	—	6000	N=9
淤泥质亚黏土	37.2	1.83	1.05	0.44	600	33
亚黏土	33.5	1.88	0.93	0.36	500~600	35
淤泥质亚黏土	37.2	1.83	1.05	0.44	600	33

图 4-37 柱状图及各层土物理力学指标

两泵联抽后,埋在不同高程的土中的真空度测头的测值如表 4-21 所示。表 4-22 也列出真空度随时间沿深度的变化情况。从这两张表的数据来看,可得出如下一些看法。

真空度随时间变化过程 表 4-21

测头		真空度测值(mmHg)						
编号	高程及位置	0.1d	10d	20d	30d	40d	50d	55d
Z_7	+6.0m,砂垫层底部	400	522	570	549	601	618	690
Z_3	+2.6m,亚黏土层底	50	75	110	134	179	未测	未测
Z_2	−0.5m,粉细砂层底	35	95	130	145	195	205	223
Z_1	−8.0m,下亚黏土层底	0	0	57	60	90	未测	未测

真空度随时间沿深度的变化　　表4-22

日　期	真空度测值(mmHg)				
	Z_7(高程+6.0m)	Z_4(+4.0m)	Z_3(+2.6m)	Z_2(-0.5m)	Z_1(-8.0m)
1989-5-20(11d)	516	85	85	95	0
1989-6-9(31d)	503	85	127	141	55
1989-6-26(48d)	618	85	181	213	91

(1)膜下真空度上升缓慢,在1100m^2的面积上用两台泵来抽,直到40d后,真空度才达到600mmHg以上。分析产生这个情况的原因,如果射流泵没有什么异样的话(文中没介绍设备的情况),就是密封出了问题。

(2)埋在+4.0m高程的真空度测头,其测值始终在85mmHg,这高程正好是原来的地面,2m多的填土刚好从这里开始,是否这儿存在漏气的通道,或者说真空度通过袋装砂井向土中传播时这儿的阻力相对较大(文中介绍填土是分层碾压的,而填土之下的原地表亚黏土层又是本地基各土层中密实度最大、孔隙比最小的土),所以真空度较难在这土层中传播。

(3)埋在+2.6m和-0.5m高程的两个真空度测头在不同时间的测值是地下所有深度中量测到的最大值。+2.6m高程是细砂层的顶面,而-0.5m正好是细砂层的底面,两个测头的测值相差无几,差值大部分都在20mmHg以内。所以会产生这种情形,笔者认为是由于细砂层的渗透性好、有利于真空度的传递,从袋装砂井中来的真空度受到的传递阻力比较小的缘故,形成了"应力集中"现象,其下淤泥质亚黏土层受到真空的作用就会减弱。

从沉降观测结果可知,第一天中心点下沉10mm,以后沉降速率逐渐减小,第50d时,共发生39mm的沉降;卸荷后回弹7.5mm,实际最终因加固发生的沉降量为31.5mm。加固中地基未发生水平位移。

分析加固效果,加固前的2.07m的填土荷重(约为45kPa)在打设袋装砂井4~6个月之后,地基固结已基本完成(报告中计算的固结度已达到98%);而真空加砂垫层的荷载则应是本次加固中的荷载。粗略计算该荷载引起的地基沉降量:先计算由填土加真空再加砂垫层的荷载,一共约为120kPa,大约产生250mm的最终沉降量(按报告中提供的地质参数计算),其中,由填土引起的为90mm左右;由真空荷载与砂垫层引起的最终固结沉降量大约为160mm,若考虑加固达到的固结度仅为70%,则由真空荷载加砂垫层应发生大约110mm的沉降量。可见现场加固实际发生的沉降量偏小。

究其原因,可能问题是在距地面3.5m深、高程为+2.6~-0.5m这层厚度为3.1m的粉细砂层上,是这层的隔断密封未处理好造成的。这里地下水位高达+4.14m,且与长江相通,该层也与长江水相连,打设的袋装砂井把该层与砂垫层连通;抽真空时,砂垫层中形成的真空度很大一部分消耗在该粉细砂层中,砂层中的水被源源不断地抽至地表,造成出水量很大,据测定大约为2m^3/h,但沉降量却很小。砂井传递的真空度在不同深度的值很小,现场量测的-11.5m、-9.0m、-0.5m和+4.0m高程的负超静孔隙水压力值最终分别为7kPa、9.5kPa、10.2kPa和11.2kPa,可见,形成的有效应力亦很小,这就不可能产生较大的沉降量。有趣的是,以上面的有效应力值去估算地基发生的沉降量,亦在2~3cm之间。从这里也可看出本次加固因强透水层(距地表近、厚度大且与江水相连)未进行密封处理,是造成加固效果不很理想的根本原因。

5　影响加固效果的几个因素

运用真空排水预压法加固软基要想取得好的效果，第一就是要尽可能加大“预压荷载”，即提高膜下真空度，这就需要做好加固区的密封；第二要提高土层深部的加固效果，也就是要减少垂直排水通道传递真空度的阻力；此外还有一些其他要注意的问题。这些问题有对加固机理认识方面的，有施工管理方面的，也有材料的选择等方面的问题。下面将作者对影响加固效果的几个主要因素的研究心得阐述于后。

5.1　密封对加固效果的影响

它包括加固区表面的密封和土层深处的密封两部分。

5.1.1　加固区表面的密封

加固区密封的好坏是运用真空排水预压法能否取得加固效果的关键之一。很简单，密封不好，则膜下真空度难以形成，或根本形成不了或达不到预想的要求，这当然就不能取得预期的加固效果。一般表层密封不好，主要是加固区周边的密封沟深度不够或沟未埋好压实；其次是在密封膜的质量上存在问题，如砂眼太多，或膜的强度不够或膜的延伸率太小，以至于在抽气后膜被拉坏、开裂，造成漏气；也有膜的抗老化能力太差，现场用不到半年就分解、破碎，原来在盐场能用3～4年的膜，在这儿就用不到半年，问题是，在生产密封膜时，添加旧料太多而不加抗老化剂，这是作者在现场亲眼所见的；其次在膜的铺设、埋置过程中要细致小心，尽量避免膜受损，这些都是要注意的。笔者在1988年于浙江舟山老塘山煤码头堆场的加固工地时，就曾发现有一块场地抽真空10d后，真空度仍上不来、只有200～300mmHg，经仔细检查，发现密封沟挖的太浅，只有50～60cm，未达到设计要求，而且在50～60cm深度范围内到处是芦苇根系及根系腐烂后形成的孔洞，此外还有海边小螃蟹、贝壳动物形成的孔洞，加上密封薄膜上小孔洞很多，这些都形成漏气的通道，是大量漏气的原因所在。之后，将沟重新挖深至1.2～1.4m，该深度处已超出上述孔洞所在的范围，泥土间无明显的孔隙，对膜也进行了地毯式地检查、修补，再次抽气5d后，真空度就达到600mmHg以上，并保持到结束，使加固取得了效果。

这里还得说一下膜上加水密封的问题，有不少文献、包括新近出版的《真空预压加固软土地基技术规程》（JTS 147-2—2009）（以下简称《规程》）的4.4节密封系统中4.4.4的说明就明确表明覆水的第一个作用就是可以使得密封效果更好。把在膜上进行覆水密封说得隐晦些。其实并非如此,这是做不到的。如果膜上有孔,不要说是大孔,就是一些小的砂眼,用水也是封不住的,原因是抽气前膜内外都处于大气压力状态,抽气后膜内的压力小于膜外的大气压力,因此,膜上的水在大气压力作用下,就会从膜外进入膜内,直到膜上的水都流光为止,它怎么能起密封作用呢?水是一种液体,本身是不能承受剪应力的,因此在膜的孔口也是堵不住"气"的。即使膜上覆水较厚、达几十厘米,虽然一时膜外大气不能进入膜内,但等膜上水越来越少时,膜外大气终会与膜内相通。再说,膜外水进入膜内也会消耗膜内的真空度,使抽真空设备消耗能量。在不少报告里都说可以用膜上覆水来进行密封,这可能是认识上的一个误区。因此,在抽真空的最初一周内,一般不要急于覆水,而是要对密封膜进行地毯式的逐点检查,能从膜上小孔进气的叫嚣声中发现漏气点,可以把小块膜片用胶粘贴上,只要仔细一点是不难发现这些小孔洞的。等检查了几遍之后,确认漏洞基本上堵住,再将从膜下抽出的水、回灌到膜上,此时的目的不是密封,是给已在抽真空的场地上再加上一个荷载(相当于堆载),如水深达到50cm,则每平方米上在抽真空的同时就又施加了一个5kPa的荷载。但在《规程》中对密封膜的技术要求里遗漏了两个重要指标,一个是对密封膜抗渗透性的要求,没有渗透系数的要求;另一个是密封膜的耐静水压(或抗渗强度)性能要求,该指标是反映膜能承受多大的水压力的作用,由于国标中对PVC塑料薄膜仅有0.3mm厚度以上的要求,对0.3mm厚度以下的PVC塑料薄膜的耐静水压指标要求尚需通过试验研究来确定,但这是真空预压所用密封膜的两个关键指标,在《规程》中是不能缺失的。

5.1.2 土层深部的密封

这里主要指的是加固区内土层下部有否强透水层、如水平成层的砂层存在,而该层有否与垂直排水通道相通。如果发生了上述情况,则垂直排水通道内传递的真空度会沿着该透水层传递,造成加固区内外相通,从而大大地降低了加固效果。前面介绍的长江加固工程实例就属于这类情形。

所以当透水层位于上部,而欲加固土层在其下方,则使用该法时,一定得在加固区周边对该透水层进行密封处理。如进行黏土帷幕灌浆、制作深层泥浆搅拌墙或采取打入钢板桩加泥浆灌注等措施之后,把该透水层在加固区隔断才能使用。这样真空度才能由膜下沿着垂直排水通道向下部传递,使处于透水层之下的欲加固土层得到加固。这样一来,工程造价会提高,此时,又得重新进行加固方案的技术、经济比较。对于土层深部的密封,国内已有不少成功的经验,在本书第6、第8章有叙述和实例介绍。

当透水层位于加固区地层的下部时,垂直排水通道一般不要打到透水层的位置,最好留有1~2m的厚度,以防垂直排水通道与透水层贯通。当然,这需验算加固后能否满足建筑物对沉降及强度的要求。

5.2 真空度在加固过程中的稳定问题

加固过程中真空度的高低和在加固过程中的稳定也是取得良好加固效果的关键因素之一。图5-1[34]为天津新港东突堤后方辅建区的两个真空排水预压加固工程的膜下真空度、膜面沉降随时间变化过程线。虚线和实线分别对应一块场地的加固过程。可以看出，虚线这一组由于加固过程中真空度波动大，而且真空度偏低，这一块发生的沉降量也波动厉害、数值亦小，相反，实线这一块就比较理想了。

图5-2是连云港碱厂 A 加固区的膜下真空度、膜面沉降、负超静孔隙水压力随时间的变化曲线，从中看出，一旦膜下真空度出现波动，膜面沉降及砂井中的负超静孔隙水压力亦随膜下真空度的波动而变化，其一致性还是相当好的。真空度降低期间，负的超静孔压就回升，沉降停止并略有回升。如真空度波动的厉害，土体中有效应力也就会随之受到影响，也势必影响到土体的固结及强度增长。因此，保持膜下真空度的稳定是十分重要的，而且要使膜下真空度稳定在一定数值上，这些是加固成功的必要条件。因为，它不像堆载排水预压法，一旦荷载堆上去，则荷载一般是不会有太大的变化，这也正是真空排水预压法实施中要十分重视的问题。所以，采用真空排水预压法加固时，要求抽真空设备一定要保持稳定、正常的工作，并有一定数量的备用设备。供电系统也得有保障，在现场管理上要科学、严格。

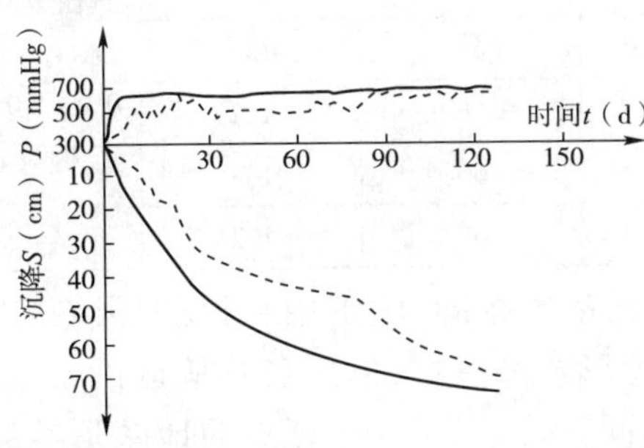

图5-1　两个区膜下真空度及膜面沉降过程线

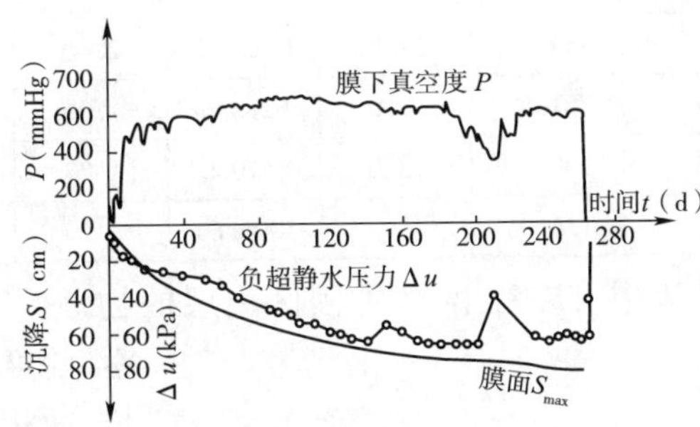

图5-2　连云港碱厂 A 区膜下真空度、膜面沉降及负超静孔隙水压力时间过程线

5.3　加固区形状对加固效果的影响

从现场的实践与研究中发现，用真空排水预压法加固软土地基，加固区的形状对加固效果亦有一定的影响。这里，介绍作者的一项研究成果。先定义一个地基形状系数 β：

$$\beta = \frac{S}{A/B} \tag{5-1}$$

式中：S——加固区面积；

A——加固区长边边长；

B——加固区短边边长。

以此来描述地基的形状特性。当 β 值较小时，意味着在加固区面积一定的情况下，加固区的形状比较狭长，当 β 值较大时，意味着加固区形状较方，比较接近正方形，形状为正方形时，β 值最大。现场研究表明，在同样条件下，真空预压达到同样的加固效果，β 值较小时所耗费的加固历时越长。表5-1和表5-2分别列出了连云港碱厂办公楼地基及同一厂区内其地基土性参数、加固参数和效果。

被加固地基的主要物理力学指标　　表5-1

加固区名称	土名	土层厚度(m)	含水率 w (%)	天然重度 γ (kN/m³)	孔隙比 e	液限 w_L (%)	塑限 w_p (%)	内摩擦角 φ	黏聚力 c (kPa)	压缩系数 a_{v1-2} (MPa⁻¹)
办公楼	海淤	10.2	67.8	15.7	1.956	58.3	30.9	1°8′	10	2.94
C 区	海淤	10.2	68.4	15.6	2.08	61.2	30.7	1°42′	11	3.14
E 区	海淤	10.2	75.3	15.4	2.147	61.4	33.5	0°	14	3.04
D 区	海淤	10.2	75.2	15.6	2.025	57.7	31.9	1°	12	2.80

各加固区的加固参数与加固效果　　表5-2

加固区名称		长(m)	宽(m)	面积(m²)	长/宽	β	膜面平均沉降(cm)	抽真空天数(d)	砂井间距与布置
办公楼	*a*	46.4	21.2	983.68	2.19	449.2	66	145	袋装砂井直径7cm,深度11m,间距0.9m×0.9m正方形布置
	b	45.8	21.2	970.96	2.16	449.5	66	157	
	c	60.6	13.4	812.04	4.52	179.6	66	170	
	d	52.4	21.8	1142.32	2.40	476.0	66	157	
C 区		81.8	77.0	6298.6	1.06	5942.1	66	102	
E 区		90.0	73.0	6570.0	1.23	5341.5	66	103	
D 区		136.05	36.8	5006.64	3.70	1353.1	66	122	

从表中可以看出,各加固区土层的物理力学指标基本相同、施工中打设的袋装砂井间距、深度、布置形式都一样,但因各加固区的形状、边长、面积都不同,按式(5-1)计算出的地基形状系数相差甚大,为180~6000不等。在加固中达到同样的沉降量(膜面平均沉降皆为66cm),抽真空的时间不同,也就是说达到同样的固结度、所经历的历时不同,它随β的减小而增大。把地基形状系数β与加固历时t放在半对数坐标系中,两者有良好的直线关系,如图5-3所示。

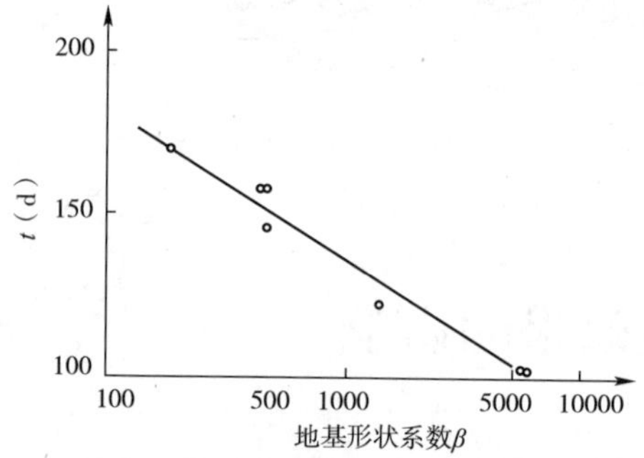

图5-3　地基形状系数与加固历时的关系

地基形状对加固历时的影响上面已经作了阐述,在对资料的分析中还发现,地基形状对加固后地基强度增长也有一些影响,这里也把它表述出来,由于资料还不够多,还有待于进一步的积累和论证。表5-3介绍的是连云港碱厂三个形状不同的加固区情况,三个加固区的膜下真空度、平均膜面沉降量、袋装砂井间距、加固历时都基本相同,但是各区的长宽比和形状系数β都不同,加固后强度增长量也有所不同,β大的,则强度增长也大。所以在运用真空排水预压法加固时,要尽可能地使加固区形状接近正方形,加固面积尽可能大,这样就能基本消除加固面积及形状对加固效果的影响。

地基形状系数β对加固历时和强度增长的影响,是否能归结为边界或周长大小对它们的影响,是可以深入研究的。通常,边界长,边界效应就大,加固区周围对加固区的影响就会大,就会使加固区“损失”较多的“能量”,从而就影响了对加固区的加固,上述的影响于是就

显现出来。下面的资料也许能说明这种“边界效应”，表5-4介绍了连云港碱厂三个加固区内经加固后在加固区的不同位置强度增长的差异，其关系如图5-4所示。

加固区形状对强度增长的影响　　表5-3

加固区名称	长 A (m)	宽 B (m)	加固面积 $S(m^2)$	长宽比 $n=A/B$	形状系数 $\beta=S/n$	平均膜下真空度 (mmHg)	加固天数 (d)	膜面平均沉降量 (cm)	全区平均强度增长量 (kPa)
D 区	136.05	36.8	5006.64	3.697	1354.2	650	122	66	9.0
E 区	90.0	73.0	6570	1.233	5328.5	650	103	66	13.3
C 区	81.8	77.0	6298.6	1.062	5930.9	650	102	66	15.7

加固区不同位置强度的增长　　表5-4

加固区名称	加固区面积 (m^2)	β	砂井间距 (m)	加固时间 (d)	固结度 (%)	天然强度 (kPa)	十字板孔相对位置 α/加固后强度增量(kPa)			
							1号点	2号点	3号点	4号点
A 区	4000	2500	1.2×1.2	220	70	11.8	1.0/18.2	+0.6/16.7	+0.16/14.8	-0.18/7.0
B 区	3833.66	2492	0.9×0.9	264	85.5	7.87	1.0/36.3	+0.481/26.9	+0.29/23.4	-0.16/17.3
D 区	5006.64	1354	0.9×0.9	122	70	20.4	1.0/12.7	+0.568/10.7	+0.216/7.5	—

地基强度是用十字板仪在现场实测得到的，十字板孔相对位置是按下式计算求得。

$$\alpha = \frac{X}{0.5B} \tag{5-2}$$

式中：X——十字板孔到加固区长边的垂直距离；

B——加固区短边的长度；

α——为负值时，表示测点在加固区之外，α 等于1时，表示测点位于加固区的中心。

从图中能够看出，测点距离加固区中心越近，强度增长越大，反之，强度增长越小，然而在加固区之外的土体强度还有一些增加。

从图5-4中能够看出，从加固区边缘到中心各点的强度增长基本上呈直线关系，但各加固区直线的斜率不同，固结度高者，斜率偏大，也就是说，加固区中心和边缘的强度增长差别就大，A、B 两区 β 相近，但 B 区固结度高，则强度增长幅度大；A 区与 D 区固结度相同，但 A 区 β 比 D 区大，则其强度比 D 区增长幅度亦大些。同时也看到，加固区外的几米范围内土体强度也有一定的增长，这就是加固区内真空度扩散到区外造成的影响所致。

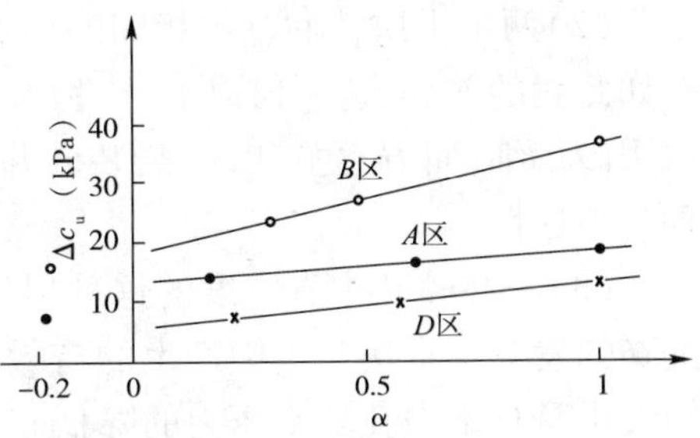

图5-4　加固区内强度增长与位置的关系

以上的研究成果表明，确定加固区范围时，在可能的情况下，使加固区面积尽量大些、形状尽量接近正方形，这样会取得更好的加固效果。

5.4 垂直排水通道的影响

从前面对真空排水预压法加固机理的分析中知道,在真空排水预压法中,垂直排水通道不仅起着垂直排水、减小土体排水距离、加速土体固结的作用,而且起着传递“真空度”的作用,“预压荷载”在这里是通过砂井、袋装砂井或塑料排水板向土体施加的,垂直排水通道在这里是起着双重作用的。

现场实践证明,真空度从膜下到砂井或塑料排水板中的这个传递过程中是会有损失的,而这种损失是垂直排水通道的阻力造成的,它会影响土体的固结快慢和影响土层固结沉降的绝对量值。图5-5和图5-6中显示的是连云港碱厂用真空排水预压法加固海相沉积的淤泥土层时于现场实测到的膜下与袋装砂井中的真空度随时间变化的过程线,从图中明显可以看出:

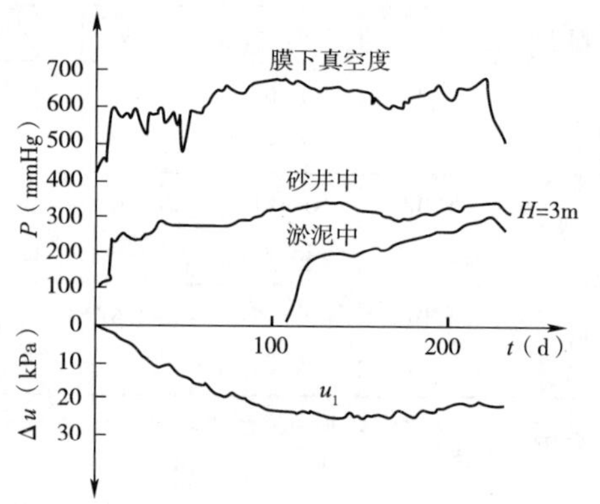

图5-5 A区膜下、砂井及淤泥中真空度的时间过程线

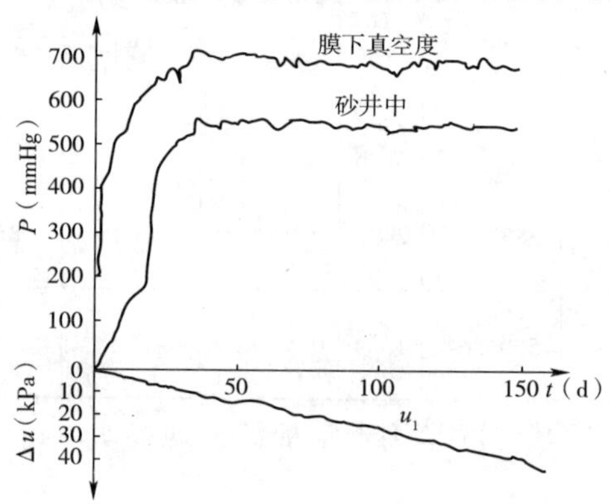

图5-6 H区膜下、砂井及淤泥中真空度的时间过程线

(1)从膜下到砂井中,真空度是有损失的。在图5-5中,A区的膜下真空度大致维持在650mmHg,而地下3m处的袋装砂井中,真空度值仅有320mmHg,损失超过50%;在图5-6中,H区的膜下真空度维持在700mmHg,而地下3m处的袋装砂井中的真空度值却有550mmHg,损失仅有21%。

(2)两个土质特性基本相同的地点,在同样埋深的情况下,袋装砂井中真空度的损失却有如此大的差异,达一倍以上;这种差异就是砂井中阻力不同造成的。在A区袋装砂井施工中用砂偏细;而H区施工时,袋装砂井中用砂就选洁净而均匀的粗砂,以增大它的孔隙率和垂直渗透性。

(3)袋装砂井中真空度的这种损失将会对加固效果产生直接的影响,这是因为地基固结沉降的发生是直接与土中产生的有效应力大小相关的。而在真空排水预压法中,有效应力的大小是与土中孔隙水压力的降低相关联的,这种负的超静水压力的大小是直接受砂井中真空度制约的。在图5-5和图5-6中,同时也绘出了负超静水压力值随时间的变化过程线,清楚地看出,H区负超静水压力大于A区同深度的负超静水压力值,其幅度都在10~20kPa之间,砂井中真空度大小的影响在这儿也充分显现出来。

同样,在以塑料排水板为垂直排水通道的荷载传递系统中,膜下真空度与塑料排水板中的真空度也是会有相当差距的。文献[47]中介绍：膜下真空度维持在80kPa（相当600mmHg），埋深在2.0m和9.0m的砂井（直径为7cm）中测到的真空度分别为50kPa（375mmHg）和30kPa（225mmHg），分别降低38%和63%；而在类似膜下真空度和埋深情况下，所用垂直排水通道是塑料排水板时，相应的真空度分别为74kPa（550mmHg）和63kPa（470mmHg），分别只降低8%和21%。以上事实说明，以塑料排水板为垂直排水通道时，亦存在传递阻力，但是比起袋装砂井，要小得很多，究其原因就是排水板的纵向通水能力和渗透系数比袋装砂井要大很多，纵向渗透系数袋装砂井大约是塑料排水板的25%。加固过程中塑料排水板的纵向渗透系数为$1.7\times10^{-2}\sim1.5\times10^{-1}$cm/s，这可能是一般袋装砂井达不到的值。除此以外，作者认为，施工及垂直排水通道结构本身的差异等也是其原因，下面还会加以阐述。

现场实测结果证明，垂直排水通道在传递真空度时是有损失的，根据作者在现场的试验研究结果来看这种损失来自两方面，一是垂直排水通道如袋装砂井的上部与砂垫层的联结上，也就是真空度从砂垫层进入垂直排水通道如袋装砂井时产生的局部阻力；二是垂直排水通道内的沿程阻力。图5-7是在连云港碱厂*A*加固区测到的真空度在袋装砂井的不同深度中随时间的变化过程线，可以看出，真空度从砂垫层到袋装砂井距地表3m深处的变化是很大的，损失达50%，这可能反映了局部阻力为主的影响；而在袋装砂井中3~6m、6m~9m的深度内这种差距在抽真空初期是大的，到过了75d进入后期时这种差距就逐渐减小、接近相同，这可能反映了沿程阻力的存在和影响。如果沿程阻力很小的话，真空度到达9m深处是不需要75d这么长的时间才达到稳定值的。要说明的是，这一结果是在几个砂井中量测得到的，每个砂井中仅放置一个测头，可能会因砂井中用砂的不同而带来量测结果上的差异。图5-8是在连云港碱厂*C*加固区里、在同一根袋装砂井中的不同深度量测到的真空度随时间的变化过程线，膜下真空度的变化过程线也同时在图中绘出。同样可以看出，从砂垫层到袋装砂井距地表3m深处真空度是有相当大的减少，从650mmHg减到440mmHg，损失有32%，到井底就只有350mmHg了，总共损失300mmHg。在3~5m、5~9m深的真空度虽有差距但不是很大了。这些主要是沿程阻力的影响所致。表5-5列出这种影响的量测结果，并作了计算与分析，可以看到，在整个损失中局部损失占的比例较大，估计在100mmHg/m左右，沿程损失相对较小，而且沿程损失率有随深度加深而减小的趋势。袋装砂井上部的局部阻力之所以如此大，作者认为与袋装砂井上部的封闭方式有关，一般袋装砂井的上端都是采取捆扎的形式，以避免泥土进入砂井中的，这也同时增加了真空度的传递阻力，再就是打设过程中导向管带上的泥土常会将孔口封堵或部分封堵。在以塑料排水板为垂直排水通道的情况中，局部阻力和沿程阻力的影响就没有这么大，这一方面是塑料排水板的纵向渗透系数比袋装砂井的要大很多，另一方面就是打设后塑料排水板与砂垫层的连接要比袋装砂井的好很多，它不易被封堵。

这里再介绍一个日本的工程实例。前面第4章介绍的日本东北地区新干线的真空预压法现场试验工程中，所用的垂直排水通道是一种带孔的纸板，加固的对象是泥炭土和淤泥土，加固前于地表、地下2m、地下4m、地下6m处埋设了差动式变压型孔隙水压力仪。加荷前，在深度方向孔隙水压力等于静水压力，呈直线分布，这说明仪器工作正常，量测准确。试验中测得的负压值从地表到地下2m、4m、6m处分别为478mmHg、95.6mmHg、110.3mmHg和

88.2mmHg。2m 深处比地表的值下降了 80%,也就是说只剩 20%,损失是相当大的。这个事实反映工程中选用的纸板在加固过程中,在纸板的上端形成了很大的局部阻力,造成如此大的局部损失,这可能是纸板在与砂垫层、滤管的联结上和纸板本身的结构存在一些问题;沿程损失似乎并不太大。文中在分析原因时,除指出真空泵施加负压太快、容易造成淤堵之外,纸板材料的选用也是一个问题。

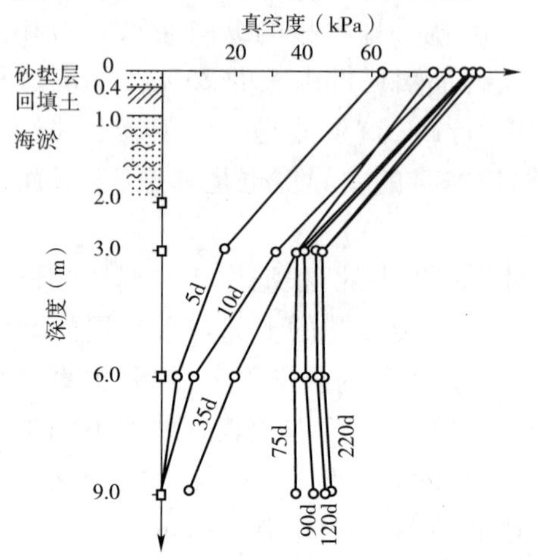

图 5-7 *A* 区真空度在袋装砂井中沿深度的变化

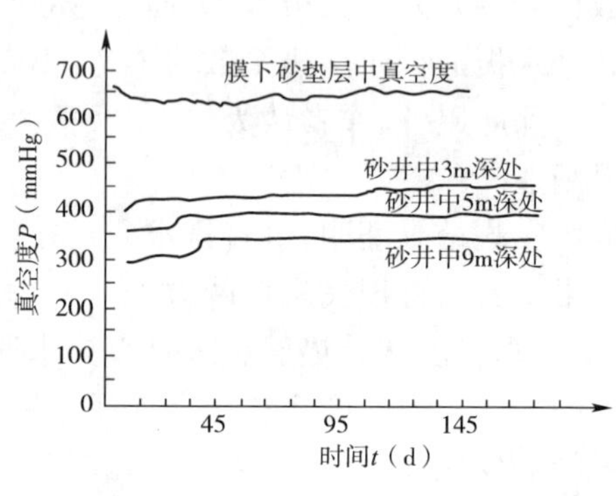

图 5-8 *C* 区膜下真空度、袋装砂井不同深度真空度过程线

***C* 区袋装砂井不同深度真空度损失情况分析** 表 5-5

位置		平均真空度(mmHg)	与膜下相比降低量(mmHg)	与膜下相比损失率(%)	0~3m 单位砂井长度真空度降低幅度与百分率	3~5m 单位砂井长度真空度降低幅度与百分率	5~9m 单位砂井长度真空度降低幅度与百分率
膜下		650	—	—	—	—	—
袋装砂井中	3m 处	440	210	32.3	70(mmHg/m) 10.77(%/m)	—	—
	5m 处	390	260	40	—	25(mmHg/m) 3.85(%/m)	—
	9m 处	350	300	46.2	—	—	10(mmHg/m) 1.55(%/m)
说明		—	—	—	反映局部损失与沿程损失	反映沿程损失	反映沿程损失

通过上述分析,作者认为垂直排水通道对加固效果、尤其是对深层软土的加固是有着很重要的影响,不能忽视。在垂直排水通道的形式上,作者认为塑料排水板要优于袋装砂井;而在塑料排水板的选择上,除其他指标外,通水量越大越好;因此,作者认为目前已经面市的直径 5cm 左右的钢丝排水软管在真空排水预压加固中,可能是一种更好的垂直排水通道,相信它可以将膜下真空度传递的局部与沿程阻力减小到最小程度,从而大大提高真空排水预压的加固效果。

6 真空排水预压法的施工工艺

运用真空排水预压法加固软土地基，要取得良好的效果，实施合理的施工工艺是十分重要的，其施工工艺包括排水系统、抽真空系统和密封系统这三方面的施工工艺。对材料的选择，设备的制造，现场的施工和加固过程中的管理都有一定的要求，下面分别加以叙述。

6.1 真空排水预压法的施工程序

真空排水预压法是一项比较新的加固软土技术，为了使国内的施工单位能更正确熟练地掌握好该项加固技术，这里有必要加以较详细地介绍，也利于该项技术的推广应用。真空排水预压法就其施工工艺总的来说并不十分复杂，但比起成熟的堆载预压法来说要复杂一些。其基本工艺流程如图6-1所示。

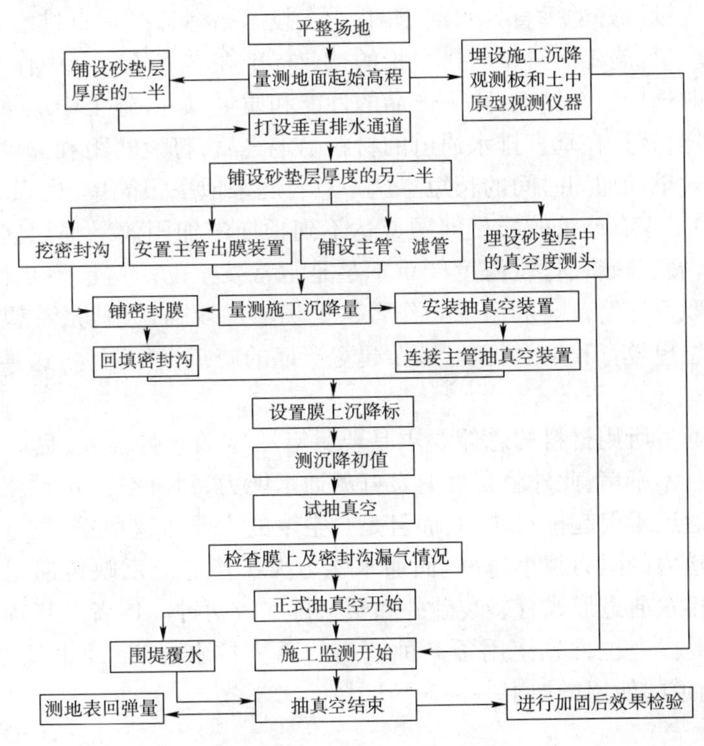

图6-1 真空排水预压法施工工艺流程图

6.2 排水系统

排水系统包括水平向和垂直向两个系统,前者一般指砂垫层,后者一般指垂直排水通道,即塑料排水板或袋装砂井。设置排水系统前要先进行场地平整。

6.2.1 场地平整

施工前对欲加固的场地先进行平整,如是矩形场地,基本上做到中间略高、四周稍低;若是条形场地(如公路等),沿纵向高(即中间高),而两边低。这样做有两个目的。其一,平整后的场地便于后续塑料排水板的打设施工与砂垫层的铺设,同时亦方便准确量测施工沉降量,也可相应节省价格较贵的砂垫层用砂;其二,经加固、场地一般会在中部沉降较大,而四周或两边较小,中部预先填高一些,在加固中原地面中部与周边的高差会减小,到加固后期也不致中部太低而周边太高,有利于砂垫层中、滤管与主管中水的排出。当然,场地如何预先设置坡度,这得看主管与滤管的布置,它与水平排水的方向是相关的。一般预先"找平"的填土厚度为30~50cm、坡度为1%~2%(杭州湾现场试验的实测沉降资料都说明了高速公路路中与路边形成的沉降盆坡度都在2%以内,可详见参考文献[51])。

6.2.2 垂直排水系统——塑料排水板、袋装砂井和钢丝透水软管

应当按照预先设计好的垂直排水通道的种类、技术指标选择垂直排水通道,按设计要求的打设间距、深度进行施工。对塑料排水板的行业标准在本书的附录中作了介绍,以便设计与施工单位使用时选用。在这里,除了产品的性能和质量以外,施工中最重要的一点与堆载排水预压法中一样,就是在垂直排水通道的材料确定之后,打设间距和深度的准确控制将直接影响着加固的效果和加固时间的长短。这一点看起来似乎很简单,也很容易做到,但是实际上却不然,许多工程有严重的质量问题或达不到预期的加固效果都与这二者没真正按设计要求去做有关,偷工减料、打设深度严重不足是常常发生的。这已不是什么技术问题,是属于思想意识和职业道德范畴的事了。作者这里仍然加以强调,就是希望做好技术工作的同时也不要忽视思想教育和加强管理,以及建立严谨的施工操作程序,这样才能保证有良好的施工质量。

对垂直排水通道所用材料的总体要求是要具有一定的拉伸强度,良好的适应地基变形能力,能透水隔土、不淤堵;此外就是要有良好的通水能力,对真空排水预压来说这一点尤其重要。垂直排水通道不仅起排水作用,而且是真空度的主要传递通道,真空荷载是通过它来施加的。所以通道内的阻力越小越好,而通水能力大小恰好能反映传递阻力的大小。目前采用较多的垂直排水通道形式有袋装砂井和塑料排水板两种。作者几年前在杭州湾跨海大桥南岸连接线试验段上也首先使用了一种新型的垂直排水通道,即钢丝透水软管,取得成功,为垂直排水通道的使用增加了一种新的选择。

1)袋装砂井

对袋装砂井来说,袋子一般是由聚丙烯材料编织而成,能透水但不能漏出砂粒,袋中所

用砂子最好是粗砂,要求砂的渗透系数大于 5×10^{-3}cm/s,砂中含泥量要小于3%,颗粒组成最好是均匀,其不均匀系数小于4。袋中砂应灌满,灌实率要在95%以上。现场施工时要注意:第一,已灌好的砂袋不要在太阳下暴晒,尤其是夏天强烈的紫外线会将聚丙烯袋子分解,从而使袋子强度大大降低;未灌砂的空袋子当然也应避光保存;第二,对那些已经打入地下的砂袋要进行检查,补灌上部未满的部分,这是因为砂袋上端不满就不能与砂垫层很好相连,就不能形成连续的立体排水通道;或者砂袋头部被埋入地下,使该垂直排水通道失去作用;第三,打设时打设深度要把握好,严格按设计要求进行;打浅了不行,打太深而超过了砂袋长度也不行。因为这时砂袋会被埋入地下,它不能与砂垫层相连,这根砂袋白打,那只有重新补打一根,造成浪费。因此,一般要控制好打设深度,砂袋制作长度比设计长度长 50cm 为好。

2)塑料排水板

塑料排水板是由芯板和滤膜两大部分组成,因此,塑料排水板的质量主要取决于芯板和滤膜的质量及其两者的结合工艺。经过10多年的不断努力和创新,国内制造排水板芯板的用材,由原来都是用PVC旧料、聚乙烯旧料经加工成粒子做成的芯板,变成今天完全使用聚丙烯新料粒子制成,使排水板芯板的刚度加大,芯板齿槽不易压扁,排水截面积不易减小,排水板的整体性能有了极大地提高,特别在复合体的抗拉强度和排水板的纵向通水量方面。塑料排水板滤膜的包裹方式也有了根本的改进,由过去的缝纫机缝合包裹变成用胶粘合,使滤膜完全成为排水板芯板的一个封闭的过滤结构,在排水板的滤膜上不再留有针眼孔洞,避免了泥土颗粒进入排水板齿槽的可能,极大地提高排水板的排水功效和改善了排水板的长期工作性状。

对塑料排水板来说,国家交通运输部又制定了新的标准,即《水运工程塑料排水板应用技术规程》(JTS 206-1—2009)(以下简称"2009年《规程》"),替代了原《塑料排水板施工规程》(JTJ/T 256—1996)。标准对排水板的设计和施工都做了规定,但是标准中所列的排水板型号与性能指标和《塑料排水板质量检验标准》(JTJ/T 257—1996)(以下简称"1996年《标准》")及《塑料排水板施工规程》(JTJ/T 256—1996)中基本一样、没有多少变化,仅增加了一种D型板的标准,如表6-1所示。这一点只能说明2009年《规程》基本没有反映10多年行业的进步和新的研究成果,不能紧跟新形势发展的要求。例如出现了国产的长丝滤膜,其干、湿抗拉强度都有了较大的提高,能适应更加恶劣的施工环境的要求。此外,同一个系统,不同部门制定的标准都有区别,但是它们的功能都是作为垂直排水通道,使用的场合都是软土,它们之间没有根本的差别,技术指标却有异,这需要沟通和统一。

3)塑料排水板滤膜

在排水板滤膜方面,过去在国内南北方地区大多数厂家用的都是国产短纤维浸渍无纺布,它大大影响排水板的整体质量。1996年《标准》基于的事实和国情都是1995年以前的,与目前的现状已有相当的距离。这十几年国内基础设施建设蓬勃发展,许多工程对排水板也提出了更高、更新的要求,如深厚软基上修建高速公路、沿海兴起的大量围海造陆工程等,按照工程的需要对排水板滤膜提出更高的要求,要求滤膜具有较大的湿抗拉强度和一定的梯形撕裂强度,国产滤膜以往只刚刚达到1996年《标准》要求,若想再大一些,国产短纤维滤膜就难以达到,而梯形撕裂强度值就更小。在不得已的情况下,采用价格昂贵的进口杜邦长丝滤膜。国内这几年通过科研、厂家技术人员的努力,在排水板的滤膜上有很大进步,已经生产出符合排水板要求的国产长丝滤膜,使排水板的性能有了极大的提高,完全能替代进口长丝滤膜,推动我国排水板事业的进步,2009 年《规程》也应与时俱进。下面让我们看一下这 10 多年制定的三个标准中关于滤膜指标的“迟钝(不变)”情况。

塑料排水板新旧规范的主要性能指标对照表 表 6-1

项目		单位	A 型		B 型		C 型		D 型	条件
			1996 年《标准》	2009 年《规程》	1996 年《标准》	2009 年《规程》	1996 年《标准》	2009 年《规程》	2009 年《规程》	
打设深度		m	≤15	≤15	≤25	≤25	≤35	≤35	≤50	
纵向通水量		cm^3/s	≥15	≥15	≥25	≥25	≥40	≥40	≥55	侧压力 350kPa
滤膜渗透系数		cm/s	$\geqslant 5\times10^{-4}$							试件在水中浸泡 24h
滤膜等效孔径		μm	<75							1996 年《标准》以 O_{98} 计,2009 年《规程》以 O_{95} 计
复合体抗拉强度		kN/10cm	≥1.0	≥1.0	≥1.3	≥1.3	≥1.5	≥1.5	≥1.8	延伸率 10% 时
滤膜抗拉强度	纵向干态	N/cm	≥15	≥15	≥25	≥25	≥30	≥30	≥37	延伸率 10% 时
	横向湿态	N/cm	≥10	≥10	≥20	≥20	≥25	≥25	≥32	延伸率 15% 时,试件在水中浸泡 24h
厚度		mm	>3.5	≥3.5	>4.0	≥4.0	>4.5	≥4.5	≥5.0	

1996 年,交通部发布国内第一个《塑料排水板质量检验标准》(JTJ/T 257—1996),其中,包含了塑料排水板的性能指标,有关滤膜的性能指标仅仅只有滤膜渗透系数、等效孔径和抗拉强度三项(表 6-2)。2004 年 4 月,交通部又发布了《公路工程土工合成材料 塑料排水板(带)》(JT/T 521—2004),这是一个交通行业产品标准,标准中有关滤膜的性能指标仍是三项,见表 6-3。2009 年,发布《水运工程塑料排水板应用技术规程》(JTS 206-1—2009),替代了原《塑料排水板施工规程》(JTJ/T 256—1996),该标准中关于滤膜的仍是这三项,并没有增加新的内容(如滤膜的梯形撕裂强度)。在出台上述 JT/T 521—2004 交通行业产品标准时,并没有说明《塑料排水板质量检验标准》(JTJ/T 257—1996)同时作废,实际上,JT/T 521—2004 产品标准和新的 JTS 206-1—2009 规程在产品性能指标等主要内容上与 1996 年《标准》基本上是一样的。表 6-2、表 6-3 和表 6-4 显示的有关滤膜性能指标基本一致,只是 JT/T 521—2004 产品标准和 2009 年《规程》等效孔径由 O_{98} 改成 O_{95}[《水运工程质量检验标准》(JTS 257—2008)中使用的仍是 O_{98}]、JT/T 521—2004 产品标准中的渗透系数多了一项滤膜 $k_g \geqslant 10k_s$ 的条件,在滤膜抗拉强度上则完全一样,JTS 206-1—2009 规程则多了一个排水板的型号 D。这两个标准的共同点就是滤膜的抗拉强度标准太低,和 1996 年《标准》一样,1996 年《标准》偏低是根据国内 1996 年以前排水板短纤维滤膜的现状制定的,但 2004 年、2009 年却仍然如此。而且也没有对滤膜提出新的指标检测要求,如梯形撕裂强度、刺破强度、透水速率等,以至使国内排水板整体标准偏低,也难以进入国际市场。

1996 年《标准》中有关滤膜的性能指标 表 6-2

项　目	单　位	A 型	B 型	C 型	条　件
纵向干态抗拉强度	N/cm	≥15	≥25	≥30	延伸率 10% 时
横向湿态抗拉强度	N/cm	≥10	≥20	≥25	延伸率 15% 时，试件在水中浸泡 24h
渗透系数	cm/s	$\geq 5.0 \times 10^{-4}$			试件在水中浸泡 24h
等效孔径	mm	<0.075			以 O_{98} 计

JT/T 521—2004 标准中有关滤膜的性能指标 表 6-3

项　目	单　位	型号规格				
		SPB－A	SPB－A_0	SPB－B	SPB－B_0	SPB－C
纵向干态抗拉强度	kN/m	1.5	1.5	2.5	2.5	3.0
横向湿态抗拉强度	kN/m	1.0	1.0	2.0	2.0	2.5
渗透系数 k_g	cm/s	$k_g \geq 5.0 \times 10^{-4}$，$k_g \geq 10k_s$（$k_s$ 为地基土的渗透系数）				
等效孔径 O_{95}	mm	<0.075（以 O_{95} 计）				

JTS 206-1—2009 标准中有关滤膜的性能指标 表 6-4

项　目	单位	A 型	B 型	C 型	D 型	条　件
纵向干态抗拉强度	N/cm	≥15	≥25	≥30	≥37	延伸率 10% 时
横向湿态抗拉强度	N/cm	≥10	≥20	≥25	≥32	延伸率 15% 时，试件在水中浸泡 24h
渗透系数	cm/s	$\geq 5.0 \times 10^{-4}$				试件在水中浸泡 24h
等效孔径	mm	<0.075				以 O_{95} 计

自 20 世纪 80 年代以来，国内排水板厂家所用滤膜都是短纤维浸渍无纺布，其质地很不均匀，加上黏合短纤维的黏合剂为水融性的，水稳性差，滤膜浸水后强度大大降低，且耐久性也差，因此，滤膜的湿抗拉强度很低。在不能满足工程需要时，就采取增加滤膜厚度的办法来解决，但往往也是事倍功半，抗拉强度提高有限。2003～2004 年曾做过一个排水板产品的联合检测，表 6-5 为国内排水板短纤维滤膜水平的结果，这是国内七家比较有权威的检测单位联合检测结果的统计值。

滤膜横向湿态抗拉强度的统计结果 表 6-5

序　号	厂　家	横向湿态抗拉强度（N/cm）			
		均值	方差	变异系数	（最大－最小）/均值
1	A	17.8	1.24	0.070	0.191
2	C	23.5	0.60	0.026	0.072
3	D	21.6	2.24	0.104	0.292

从表中可以看出，虽然检测结果对同一个厂的离散性并不大，但三个厂产品之间差异不小，而且所有的滤膜湿抗拉强度均值都在 25N/cm 以下，达不到新标准中 C 型板指标，甚至是 B 型板指标，这说明国产短纤维滤膜的抗拉强度太低，还不到国外长丝滤膜湿强度的一半。

此外，在这三个标准中还没有滤膜梯形撕裂强度的标准，为了研究国产短纤维滤膜，在联合检测时增加了此项检测，结果见表 6-6。测试结果反映出国产短纤维滤膜的横向干态梯形撕裂强度都在10N以下,该值太低,而且指标的离散性也很大,产品极不均匀,与国外长丝滤膜相比要差15~20倍以上。这不能满足工程现场的实际需要,因为,施工现场中排水板往往因机器移动而被移来移去,排水板也常在地上被拖来拖去,滤膜因强度低被磨破或被钩破的情况时有发生,因此,应有反映抵御这些情况能力的指标,国外就常用滤膜梯形撕裂强度的大小来表示。

短纤维滤膜横向干态梯形撕裂强度的统计结果 表6-6

序 号	厂 家	横向干态梯形撕裂强度(N)			
		均值	方差	变异系数	(最大-最小)/均值
1	A	5.1	2.65	0.524	1.608
2	C	10.0	2.88	0.289	0.880
3	D	8.2	1.75	0.214	0.549

下面讨论滤膜品质对排水板性能有怎样的影响以及国产长丝滤膜的现状。滤膜本身性能好坏对排水板整体性能会有较大影响。表6-7表示的就是国产短纤维滤膜和进口长丝滤膜对排水板整体性能的影响。从表中可以看出,无论采用的是聚丙烯原料还是高压聚乙烯原料制成的芯板,在套上进口长丝滤膜后,其复合体强度和通水量都高出同类芯板套上短纤维滤膜的排水板,它表示了长丝滤膜能提高排水板的整体性能。另外,在耐磨和耐戳方面长丝滤膜表现出的卓越性能也是国内短纤维滤膜所不能比拟的。

不同品质滤膜对排水板整体性能的影响 表6-7

芯板材料	聚丙烯		高压聚乙烯	
滤膜种类	国产短纤维	进口长丝	国产短纤维	进口长丝
芯板单位长度质量(g/m)	91.28	90.28	160.84	157.28
芯板厚度(mm)	3.96	3.92	4.26	4.34
滤膜厚度(mm)	0.32	0.34	0.37	0.33
复合体强度(kN/10cm)	3.54	3.72	1.85	2.50
通水量(cm^3/s)	74.0	80.3	84.1	91.2

近几年,国内厂家投入大量人力、物力,在科研单位的配合下已能生产用于排水板的长丝滤膜,开始在排水板领域得到较广泛地应用,在浙江、广东已基本采用国产长丝滤膜。国内长丝滤膜排水板所测的性能指标见表6-8,表中同时也列出进口长丝滤膜的测试结果。

国产与进口长丝滤膜的性能(某工程现场实测值) 表6-8

测试项目		单 位	平均值		备 注
			国产长丝	进口长丝	
滤膜单位面积质量		g/m^2	144	151	
滤膜厚度		mm	0.5	0.38	
滤膜抗拉强度	纵向干态	N/cm	58	67	伸长率为10%
	横向湿态	N/cm	59	84	伸长率为15%

续上表

测试项目		单　位	平均值		备　注
			国产长丝	进口长丝	
滤膜梯形撕裂强度	纵向	N	85	284	
	横向	N	67	276	
滤膜渗透系数		10^{-3}cm/s	8.70	14.1	
滤膜等效孔径 O_{98}		mm	<0.075	0.170	
复合体纵向通水量		cm^3/s	135	157	C 型板为 40
复合体抗拉强度		kN/10cm	3.7	3.5	C 型板为 1.5

从表6-8 所测国产长丝滤膜的性能来看，其抗拉强度和梯形撕裂强度都有了大幅度的提高，抗拉强度值大大超过标准中 C 型板要求，梯形撕裂强度值也提高到 60 ~ 80N，比短纤维滤膜增大 8 ~ 10 倍，排水板对工地的适应能力大大提高；而且长丝滤膜的渗透系数和等效孔径也满足要求，排水板滤膜的透水、隔土性能也得到保证，排水板的整体性能也有所提高，与 C 型板标准相比，复合体通水量和复合体抗拉强度都有了很大增加。

从表中也能看出，国产长丝滤膜与进口长丝滤膜相比，除了在滤膜梯形撕裂强度上还有比较大的差距外（若国产长丝滤膜是 150g/m^2，其梯形撕裂强度也能达到 90 ~ 100N），其他指标已差距不大，应该说可以替代进口的长丝滤膜排水板，它基本能满足施工现场的要求。从表中还看到，进口长丝滤膜的等效孔径已达 0.170mm，它比国际上公认的规定值超出一倍以上，这一项比国产长丝滤膜差很多，滤膜的反滤与隔土性能大大降低。从这一点看进口长丝滤膜也不是完美无缺的，然而有些设计文件在制定排水板的技术指标时，把滤膜的梯形撕裂强度定得过高（如 200N），使国产长丝滤膜达不到，而把滤膜的等效孔径定为 0.07 ~ 0.120mm，这明摆着就是要采用进口长丝滤膜，却又不好明说，这不值得提倡，不能太随意来确定指标。殊不知，进口长丝滤膜的排水板每延米价格要高出国产长丝滤膜排水板 30% ~ 40%。

综上所述，基于国内排水板使用要求和国内排水板生产现状，提出以下排水板滤膜的技术性能指标（表 6-9），供设计及标准修订时参考。

建议的排水板滤膜性能指标　　表 6-9

项　目	单　位	A 型	B 型	C 型	条　件
滤膜纵向干态抗拉强度	N/cm	≥30	≥40	≥50	延伸率 10% 时
滤膜横向湿态抗拉强度	N/cm	≥25	≥35	≥45	延伸率 15% 时，试件在水中浸泡 24h
渗透系数	cm/s	$\geq 5.0\times10^{-4}$			试件在水中浸泡 24h
等效孔径	mm	<0.075			以 O_{98} 计
滤膜纵向梯形撕裂强度	N	45	60	75	
滤膜横向梯形撕裂强度	N	35	50	65	

另外，在这两个标准中都没有关于滤膜黏合缝的黏结强度标准，它不适应目前国内排水板都已用包裹式的套膜方式情况，而仍停留在滤膜与芯板间的缝合方式上，标准应对滤膜黏结牢固与否提出要求。在《排水固结加固软基技术指南》一书第二篇中，作者提出的标准被

采纳,一般胶黏合缝的抗拉强度要求大于等于20N/cm。

关于滤膜这里谈谈"防淤堵滤膜的排水板"。研究与生产这种排水板是一件很好的事,但要真正做到能使滤膜起反滤和防淤堵的作用,而不是炒作概念,搞乱市场。近来看到一些设计推荐、要求使用"防淤堵滤膜的排水板",他们在设计文件中给出如下的标准"防淤堵型排水板滤膜采用大孔径滤膜,渗透系数 5×10^{-3} cm/s,孔径 75 ~ 120μm(以 O_{98} 计)",仅此而已。按此标准,能起到反滤和防淤堵吗?显然是有缺陷的,反滤和防淤堵都是针对与它相关的对象而言的,也就是与被加固土密切相关的。关于这一点在《土工合成材料应用技术规范》(GB 50290—1998)中明确指出反滤材料应同时具备保土性、透水性和防堵性三种功能。对这三种功能的要求在规范中都有具体的判定关系式,关系式中显示的都是滤膜特性与被加固土特性之间的关系,而非仅仅标出滤膜的"特殊"数值,更非"采用大孔径滤膜"能做到的。孔径太大,"保土性"的目的首先就不能实现,会导致黏粒与粉粒大量进入排水板槽中,导致排水板的通水量减小,甚至失效。国标中指出等效孔径按小于等于占土颗粒总质量85%的孔径确定。防淤堵性能是要进行试验来确定,滤膜在被加固土样的淤堵试验中,所得梯度比小于等于3才行,达到这一标准表示滤膜在渗透过程中,滤膜的渗透性能是基本稳定的,在较长时间内能起到有效排水作用,而不会堵塞。透水性能一般只要滤膜的渗透系数是被加固土的10倍以上就可以,也没有必要太大,还要顾及其他两个性能指标的实现。设计应据此对排水板的滤膜提出要求,厂家要针对被加固土做不少试验,确定滤膜的规格、指标是否具备反滤要求(要有有资质的单位出具的试验结果证明),有针对性的选择适合于被加固土的滤膜,并非满足"滤膜采用大孔径滤膜,渗透系数 5×10^{-3} cm/s,孔径 75 ~ 120μm(以 O_{98} 计)"要求、就是"防淤堵型排水板",更不是在一切场合都适用的"防淤堵排水板"。

4)可测深塑料排水板

在地基预压加固中,排水板打设深度的准确到位是保证预压加固取得预期效果、减少软基工后沉降量的关键步骤,因此,准确、方便地控制排水板的入土深度是该技术的一个关键要素。近几年问世的可测深塑料排水板则很好地解决了这方面的问题,通过排水板上的刻度、排水板中的导线电阻大小、排水板中钢丝线的长度或通过测量排水板中光纤的长度能快速而有效地了解排水板的打入深度,对软基工后沉降量控制技术的研究和工程质量的提高无疑都起到良好地作用。然而,排水板的刻度是否准确,导线电阻及测量电阻的仪表允许有多少误差等,对这些都不明白、没有标准或不能控制,那排水板的打设深度是不可能得到真正意义上的严格控制,那将对工程质量和试验工作就会产生一定地影响。尤其在市场经济的激烈竞争中,一些厂家为获取私利不择手段,在排水板的刻度和导线电阻量测中弄虚作假、短斤少两,在隐蔽工程的施工过程中,为工程队少打排水板提供便利,给软基加固造成隐患,给判定工程质量和工程计量都带来很大的困难。而目前没有一个可供执行的对可测深排水板测深误差要求的标准或规程,更没有相应地检测方法,在2009年《规程》中也没有规定。为了保证软基加固工程的质量,作者在杭州湾跨海大桥南岸接线工程中特别制定了可测深排水板的测深误差标准和检测方法,它很好地确保了试验段工程的质量和工程计量。该标准的主要内容被写入《排水固结加固软基技术指南》一书第二篇中,对其他类似工程有指导、参考作用,对以后制定可测深排水板的测深误差标准和检测方法应有积极作用,能推动该行业的技术进步,使我国的排水板产品质量登上一个新台阶。

可测深排水板据了解目前有四种形式，一种是数字式，一种是铜丝式，一种是光纤式，还一种是镶入钢丝式。光纤式为在排水板中设置一根光纤线(图6-2)，打入软基后用专门的仪器测量长度，光纤本身很便宜，它的问题在于测试仪器价格昂贵，不是一般工程能担负得起的，仪器对工地泥水环境也难以适应，目前只能停留在概念上。光纤式排水板的测试见图6-3。

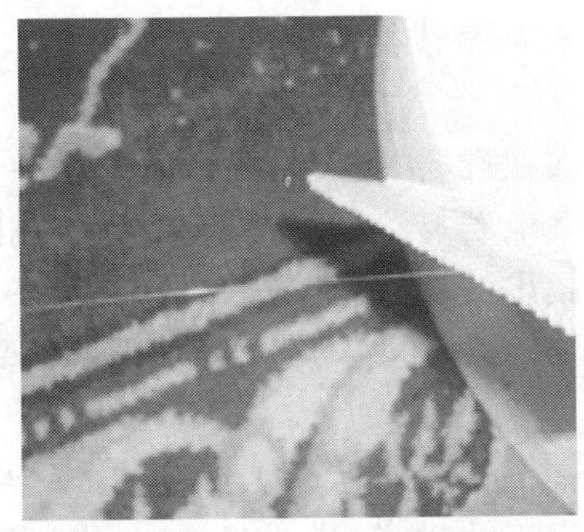

图6-2 光纤式排水板的光纤

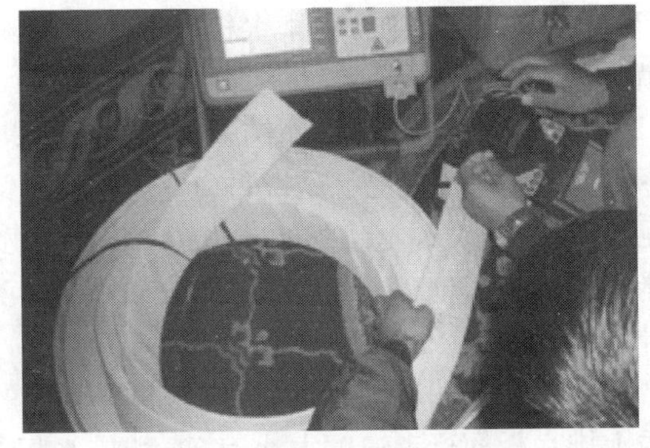

图6-3 光纤式排水板的测试

镶入钢丝式是在生产排水板时，在其中设置一根细的高强钢丝，打设后用钳拔出，通过丈量钢丝的长度来确认排水板的长度。该方法需人工拔出钢丝，当排水板打入深度较大时，比较费力。为了保证钢丝不被拉断，所以钢丝要具备较大的强度，又要使钢丝不能太粗，否则价格也就上去了。所以还不便广泛应用。下面主要介绍数字式和铜丝式两种，分别如图6-4和图6-5所示。

图6-4 数字式可测深排水板

图6-5 铜丝式可测深排水板

可测深排水板目前已在江苏、浙江、广东等省得到广泛运用，从使用的情况来看，总体上是好的，给工程质量管理带来许多方便，为控制软基加固质量提供了强有力的手段，但也出现了一些情况和问题，在这里提出来分析、讨论。

数字式可测深排水板就是在生产黏合式塑料排水板的流水线上，在黏合塑料排水板滤膜的同时在排水板滤膜上用喷墨打印机每隔20cm或50cm打印一个数字和刻度(也可按使用者需求打印)，数字范围为0～200m或更多(与一卷排水带长度相适应)，在每两个相邻数字之间还可以打印厂名、电话号码等字样。在现场打设排水板后很容易从地面留出的一段排水板上看出终了刻度数，与上一根排水板终读数之间的差数就是该排水板的入土深度(含露出地面的长度),能快速地判别出该排水板打设的深度是否满足要求及排水板的回带情况。现场记录时与施工图上的桩位编号相对应,之后就很容易显示出施工时打设的质量,并能准确统计出累计延长米数量。这一做法是受丈量长度的尺子启发而来的。该法的优点是方法简单,操作容易,直观明了,丈量不影响施工,产品成本大约增加 0.01 元/m。

数字式可测深排水板在使用中出现的主要问题有以下两方面。

(1)数字刻度不清晰,在排水板打设中遇到泥水后,数字往往难以辨认,有的用水一洗,数字就无法看清。

(2)数字刻度不准确,检测结果往往是偏少,有几次在现场抽查,每 20cm 就少 4~5mm,偏差率达 2%~2.5%,也就是说每 200m 一盘就少 4~5m,若打设深度为 30m,名义刻度尺寸是满足要求的,但实际上每根少了 0.6~0.75m,这已超出排水板施工规程的要求。一个百万延米的排水板工地(不算大),仅此一项就少 2 万~2.5 万 m 的排水板,除加固效果受到影响之外,经济上也是一笔不小的数字。

产生上述情况的原因,可以从排水板上刻度的形成来分析,排水板上刻度的准确与否和流水线上排水板的行走速度大小有关,和排水板的行走连续、均匀与否有关,大致有三方面的原因。

(1)喷墨打印的速度(时间间隔)与排水板滤膜的包装行走速度之间没调整得很好,二者之间不匹配。

(2)滤膜在生产包装过程中的温度与施工现场的温度有较大差异,前者高后者低,滤膜收缩导致刻度间距离减短。

(3)不排除有的生产商存在故意短斤少两的行为。

铜丝式可测深排水板就是在生产黏合式塑料排水板时,在排水板滤膜的黏结缝上,利用胶黏结滤膜的同时,将两根铜丝(漆包线)放置在滤膜黏结缝处,形成可测深塑料排水板。该思路最早是由江苏盐业公司的娄述万高级工程师提出的(申请过专利),当时的设想是将两根铜丝(漆包线)置于排水板的芯板中,现在是将铜丝(漆包线)放置在滤膜黏结缝处,其原理是相同的,利用铜丝组成的回路、用专门的仪器测量出它的电阻并反算出铜丝的长度,从而得到排水板的打设深度,该原理的基本假定是铜丝的导电率、铜丝的粗细都是定值。据此,它能测量施工打设后地基中的排水板长度,从而能有效地监督地基处理的质量和便于对施打的排水板进行准确的计量和结算。

为了便于测量电阻,生产排水板的厂家目前都提供一个专用的测深仪表和铜丝焊接机与之配套使用。由于排水板打设后在地表被剪断,其中的铜丝也被剪断,所以在对第二根排水板打设前要先将剪断的铜丝连接好,为此专门设计与生产了供铜丝式可测深排水板使用的铜丝焊接机,但现在许多工地都嫌焊接麻烦,有时焊接也不牢靠,因此都自备氧焊机将铜丝两头一烧、黏结在一起。

排水板的测深仪就是一个单板机为核心的电阻测量仪,具有测量、数据保存、数据显示、查看、与计算机通信连接、夜光显示等功能,它操作简单、方便,储存数据快捷,打印数据及报表方便。该仪器经现场多次检验与测试,精度尚能达到要求。

铜丝式可测深排水板在使用中出现的主要问题有以下几方面。

(1)铜丝在排水板生产时没被黏于滤膜的胶中,而是随便放在胶粘位置以内的滤膜里,

铜丝呈弯曲状,有的弯曲得很厉害,仪器量测出的排水板长度大大超过排水板的实际长度,10m长的排水板测量长度竟然会达到12m,可见其误差之大。

(2)检测排水板长度的测深仪有时量测误差太大,虽然铜丝被胶粘在滤膜上,在排水板中也成一条直线,但用厂家提供的测深仪测量的结果往往总是偏大,有时大好几米,误差大时容易发觉,误差不太大时就不容易发觉。出现偏差的原因有两个,一是铜丝直径发生了改变,如不同批次的漆包线直径不同,或用了质量差的漆包线,直径沿长度不一,测深仪器中相关参数未及时调整或难于调整;二是有的仪器本身不过关,其内部参数、程序未设定好或受温度、环境(特别是潮湿环境)影响较大,这些测深仪大部分未经质量技术监督局认可,不具有公正性、可信度。

(3)铜丝在排水板生产时是被黏于滤膜上的胶中,但在海边风大的地方施工时,排水板被风吹得飘起,扬得很高,施工人员在装桩靴时要往下拉排水板,此时用的力很大,它常常会把排水板中的铜丝拉断,造成排水板打设后测量不出来;此外,有的在排水板端部焊接铜丝时,因焊接不好也造成打设后测量不出来。

(4)由于铜丝的焊接现在大多是用氧气烧结,在焊接铜丝的时候也将铜丝上的漆烧掉了,排水板在打入地下后铜丝与地下水接触,特别是与碱性或酸性水接触,时间稍长回路就变了,那测出的是什么值就说不清了,往往还测不出值。

可测深排水板虽然存在这些问题,但它是一个新生事物,是国情需要而诞生的新事物,问题是难免的,关键要制定测深误差的标准,为此参照对排水板打设的要求制定了可测深的标准。

在交通部原《塑料排水板施工规程》(JTJ/T 256—1996)中规定[《水运工程塑料排水板应用技术规程》(JTS 206-1—2009)亦如此]排水板打设时,回带长度不得超过50cm,如超过此值,则需在旁边补打一根;也就是说,排水板的打设深度不得短于设计深度50cm,规程中并没有说明排水板的长度范围。根据这一要求,杭州湾试验段工程中制定了可测深排水板的测深误差标准;无论是数字式,还是铜丝式,都得满足下列两条测深误差标准。

(1)35m长的排水板测量误差最大不得大于50cm。

(2)测深偏差率应控制在排水板长度的1.4%以内。

满足上述两条时,对于确认的排水板测深误差总量在结算时应向供货商扣除。

根据目前国内排水板的打设深度,陆上一般最大打设深度为35m;这样35m长的排水板最大长度偏差在50cm以内,基本上把排水板的最大深度误差控制在50cm,和规程要求相统一。

制定了测深误差标准,也得有相应的可测深排水板测深误差的检测方法。杭州湾试验段工程中制定的方法如下。

对数字式可测深排水板要强调现场验收。要随机抽查一盘,用钢尺进行检测,在该盘的端部和中部或尾部分别取样,取20cm、5m、10m各一段,用铟钢尺拉紧进行测量。该盘中三段都不合格,则该盘不合格;若有两段合格一段不合格,则再抽查相应长度的一段,若仍不合格,则判为不合格;若有一段合格两段不合格,则判为该盘不合格。对第一盘检验不通过的必须检验另外两盘,当两盘都通过才认为合格;若只有一盘合格另一盘不合格,则需再抽检另外两盘,两盘全部合格才行,否则认为不合格。

现场抽检必须有监理、施工及业主方人员共同参加,并做好批次、编号、结果及摄像等记录工作,参检人员要对检验结果负责。

铜丝式可测深排水板测深误差的检测要从以下三方面来进行。

(1)第一,目测铜丝的布置方式,铜丝是否游离于黏胶之外,是否与黏缝搭牢、笔直。若铜丝游离于黏胶之外,无规律、弯弯曲曲布置,则为不合格。

(2)第二,对厂家提供的检测仪器首先要看有否经过法定单位校验过,有没有计量合格证书,仪器有没有封口,有没有使用说明书(特别是误差率大小等),若没有则认为不合格,不能使用。

(3)第三,对提供的铜丝式可测深排水板有没有随货携带的说明书,其上有否说明对应该批次排水板所用测试仪的编号与参数等。之后在现场对提供的排水板先检验再使用,即对已知长度的三段排水板(每段在10m以上较合适)进行测量,从而来判断排水板测深功能的准确性,此后再用于现场检测。若检测结果三段都达不到要求,则该批次排水板不合格;若有两段合格一段不合格,则需再测两段,这两段合格才算合格;若有一段合格两段不合格,则需重新再测三盘,全部合格才行。

5)工后塑料排水板通水量的变化

在真空排水预压加固中,通水量是排水板的关键指标,排水板有了材质和包裹方式的改进之后就可以将通水量提高到50cm^3/s或以上,为加固效果的提高提供了良好的保证。排水板在使用过程中会发生怎样的变化,中交四航工程研究院有限公司近几年对工后排水板的性状作了系统深入地研究,其中一项研究成果就是排水板在预压过程中因沉降过大、使排水板发生弯曲,使工后排水板的通水量大大降低。他们首先试制了能测量弯曲状态下排水板通水量的仪器(图6-6),从真空预压加固吹填土的现场挖掘出排水板进行研究。图6-7显示了排水板现场的弯曲形状,这是由于超软吹填土初始含水率过大,常达100%以上,疏浚土被水力吹填在原软土地基之上(一般吹填厚度在3m以上),在用真空预压方法加固上下软土层时,上部吹填土发生的沉降比较大(压缩率常达40%~50%),导致排水板弯曲严重。研究表明,弯曲后排水板的通水量大大降低,排水板通水量与弯曲率间的关系如图6-8所示。研究结果表明,当排水板的弯曲率达到30%时,通水量将减小50%左右,这就意味着真空度的传递将受到很大阻力,影响到下部软土的加固效果。因此,在设计、选用排水板时应考虑这一因素的影响,2009年《规程》附录A定义的排水板打设深度与通水量挂钩的数值,在这种工况下就显得不够,排水板的通水量要考虑加固中排水板弯曲的影响。

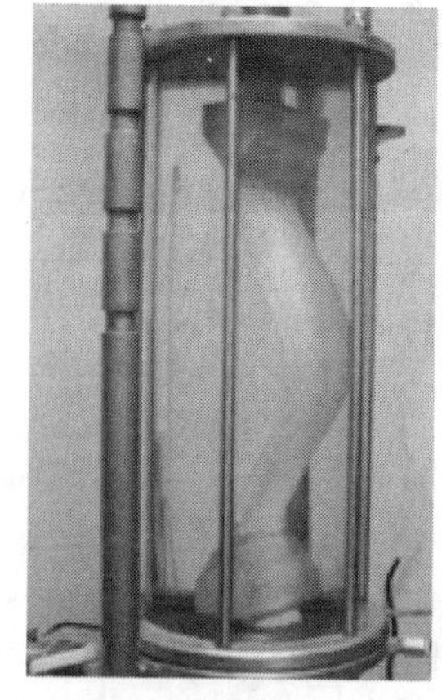
图6-6 新型通水量仪

图6-7 加固时排水板严重弯曲

Kremer(1983年)认为,当压缩性最大的那一层土的相对压缩量超过15%时,就必须提出排水板抗弯折的质量要求。Saits(1985年)、Lawrence(1988年)、Faisal(1991年)、ENEL-CRIS、河海大学刘家豪(1993 年)等人进行了排水板弯折(弯曲)的通水量试验研究,其结果也表明:当带土法通水量试验中土体的压缩达到20%时,较硬的塑料板芯通水能力为原来的 1/5 ~1/15,而非常柔软的塑料芯板通水能力则稍有降低,为原来的 1/1.5 ~1/2。因此,由于弯曲而引起排水板通水量降低的程度是应引起重视的。

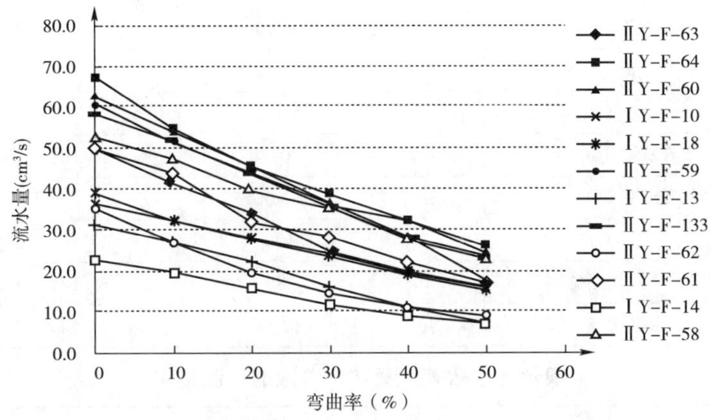

图 6-8 淤泥中工后排水板通水量与弯曲率间的关系

对复合体抗拉强度在沿海风大和打设深度较大的地区,应比现行规范规定的标准要大些,具体项目可具体作一些规定,有的工程要求复合体抗拉强度大于 2.5kN/10cm,以抗风力。

6)钢丝透水软管——一种新型垂直排水通道[52]

为了减小垂直排水通道传递真空度的阻力,作者于 2004 年将原用于水平排水的钢丝透水软管,改进后用于垂直排水,首次用于杭州湾跨海大桥南岸接线试验段上真空与堆载联合预压加固软基的工程中。

在真空排水预压加固中,垂直排水通道除了具有改变地基原有的排水边界条件、改变土层中自由水的渗出途径,缩短排水路径、加速地基的固结等功能之外,还要借助它来传递真空压力,真空度传递越快、越大、越深,则加固效果就会越显著。这就要求垂直排水通道内的阻力越小越好,而通水能力的大小往往能反映传递阻力的大小,通水能力与过水断面大小密切相关,因此,垂直排水通道要具有一定的断面积。钢丝透水软管作为垂直排水通道具有断面大、刚度大、通水断面积在加固过程中稳定、随土体沉降不易被竖直向和侧向土压力压扁的特点,因此,真空度的传递会更加通畅、阻力会更小。

选择钢丝透水软管作为新型垂直排水通道主要考虑以下几方面的情况,第一,它的过水断面和通水量比现有的排水板大;第二,这种垂直排水通道便于厂家生产,而且能形成流水线连续生产;第三,便于现有施工机械在不做很大改动的情况下进行施工;第四,新型垂直排水通道的成本不能增加很多。通过计算比较、分析研究,最后选直径 30mm 的钢丝透水软管作为一种新型垂直排水通道。

直径 30mm 的钢丝透水软管其过水断面积为 5.7cm^2,是普通 C 型排水板(板宽 10cm)过水断面积的 3.8 倍;由于市面上还没有现成的产品,与厂家联合研制了直径为 30mm 的产品,该产品达到表 6-10 的技术要求,一般都可以达到设计要求,表 6-11 是其中一份检测结果。该钢丝透水软管的通水量目前还没有找到合适的办法检测,尚需研究制订。

钢丝透水软管主要技术参数　　表 6-10

项　　目			单　位	性能指标	检 测 方 法
内径			mm	30	
内径偏差			mm	±2.0	
滤布	纵向抗拉强度		kN/5cm	≥1.2	SL/T 235—1999
	横向抗拉强度		kN/5cm	≥1.0	SL/T 235—1999
	圆球顶破强度		kN	≥1.0	SASTM D3787
	渗透系数 k_{20}		cm/s	≥0.10	SL/T 235—1999
	等效孔径 O_{95}		mm	0.1～0.15	SL/T 235—1999
透水管	耐压值	应变 1% 时	N	100	SL/T 235—1999
		应变 3% 时	N	380	SL/T 235—1999
		应变 5% 时	N	1200	SL/T 235—1999

钢丝透水软管主要技术参数的检测结果　　表 6-11

	项　　目		单　位	性能指标	变 异 系 数
透水管	内径		mm	28.7	0.076
	单位长度质量		g/m	114	—
滤布	纵向抗拉强度		kN/5cm	1.392	0.072
	纵向伸长率		%	12.9	0.108
	横向抗拉强度		kN/5cm	1.133	0.206
	横向伸长率		%	21.2	0.138
	圆球顶破强度		kN	1.153	0.108
	渗透系数 k_{20}		cm/s	0.131	—
	等效孔径 O_{95}		mm	0.142	—
透水管	耐压值	扁平率 1% 时	N	120	—
		扁平率 2% 时	N	223	—
		扁平率 3% 时	N	413	—
		扁平率 4% 时	N	820	—
		扁平率 5% 时	N	1373	—

注:2004 年 2 月 23 日由水利部基本建设工程质量检测中心检测。

在真空联合堆载预压的工地做了足尺现场试验研究。场地为 50m×100m,设计间距 1.2m,三角形布置,打设深度 28.5m。将原排水板打设机械经适当改造后,能打设钢丝透水软管,打设后的场地情形如图 6-9 和图 6-10 所示。

打设中发现有的管口会流出粉细砂(图 6-10),少数软管甚至被流出的砂堵死,研究发现产生这一问题的原因有两点。其一,没有对钢丝透水软管的底部进行封堵,由于它刚度和直径较大,过水断面就变得比较大,土颗粒容易从软管底部进入;其二,在深厚软土下有一层粉细砂层,原设计打设深度为 32m,刚好打到这层当中,振动产生的超静孔隙水压力在消散时正好将该砂颗粒压入钢丝透水软管中,造成软管部分被堵塞,甚至个别管被堵死。尽管如此,钢丝透水软管在真空联合堆载加固中还是起到了良好的效果。这可从埋入软土中的孔隙水压力变化、分层沉降与地表沉降等的实测结果中看出。

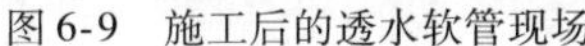

图 6-9 施工后的透水软管现场

图 6-10 部分软管中有砂流出

图 6-11 是在该试验区埋设的六个孔隙水压力测头在真空联合堆载预压的抽真空期间,由于抽真空所引起的软土地基中孔隙水压力的下降,形成负的超静孔隙水压力。可以看出,真空度从地表通过钢丝透水软管已传入地下软土地基深处,在 30m 深处也有及时的反应,说明钢丝透水软管传递真空度的效果还是很好。图 6-11 中最上一条曲线是真空度的过程线,2004 年 5 月 18 日 ~5 月 22 日,由于膜破、膜下真空度急剧降到 10kPa,所有孔隙水压力测头也及时有了反应,这充分显示出钢丝透水软管良好的传递特性,也说明其传递阻力是很小的,滞后性小。负超静孔隙水压力在软土地基中沿深度随时间的变化、是随时间延长负超静孔隙水压力增加。整个深度的负超静孔隙水压力平均值已达 50kPa 以上,最大值已达到 70kPa,也看到负超静孔隙水压力总的趋势是随深度增大逐渐减小,在到达 30m 粉细砂层处,真空度有较大衰减。

在仅抽真空的 30d 中,地表发生的平均沉降量为 456mm(不含施工沉降量),软土不同深度处的沉降量如图 6-12 所示。图 6-12 中 5 条线自上而下分别表示深度 3m、6m、9m、12m 和 15m 深处软土的沉降过程及沉降量的大小,可以看出各层土的沉降速率比较接近,抽真空初期沉降速率在地表下 3 ~ 15m 深处为 38 ~ 20.5mm/d,30d 的平均沉降速率在 11 ~ 14mm/d 之间,这是堆载预压所不能比拟的。

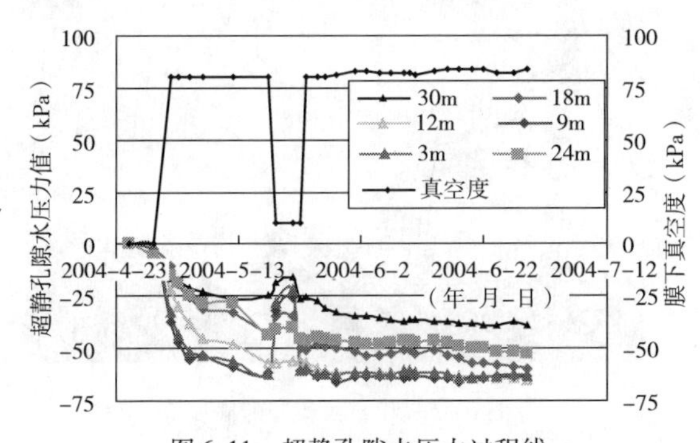

图 6-11 超静孔隙水压力过程线

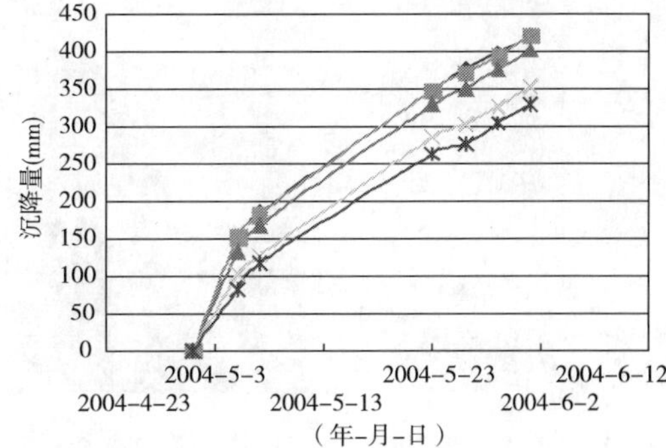

图 6-12 初期 30d 沉降过程测值

从以上可认为,钢丝透水软管作为一种新型的垂直排水通道是可行的,能取得良好的加固效果。

由于是国内第一次施作,因此尚缺乏经验,目前认为有两个方面需要改进和注意的。

第一,在钢丝透水软管施工中,由于对管最下端没有刻意去封堵,因此,在用激振式插板机施工时,软土中产生的巨大超静水压力将软土或软土层下的粉砂从软管底部压入钢丝透水软管中,有的可能堵塞部分长度的软管,有的会一直从地面管口冒出,如图6-10所示,这样就减小了钢丝透水软管的排水功能,造成软土固结速度减缓;在真空与路堤联合堆载作用下,沉降量会比同区域排水板地段要小些。这在今后的施工是要注意并给予解决的。

第二,软管上不太好弄上刻度,如何能方便的检测软管已打入软土中的深度,这是今后需要解决的另一问题,只有解决好这一问题,才有可能将这一新的垂直排水通道被工程及监理单位接收。

7)垂直排水通道的打设机械

打设袋装砂井和塑料排水板的机器设备可以相互通用。目前国内很少有定型产品,大部分是施工单位自己制造或改装而成的。主要有三大类,第一种是履带式单管或双管插板机。该机大都产于连云港地区,打设最大深度可达30~40m,有振动贯入和静力压入两种打入方式(图6-13)。由连云港盐业建筑机械厂生产的振动式插板机,其振动器电机功率为30kW,激振力为220kN,偏心块重45kg,由履带传动;由其生产的静力压入式插板机,自重为20t,电动机功率30kW,由120推土机的传动机构改装,通过链条传递压力将排水板压入地中。第二种是门架式插板机,行走靠铺设的轨道,也有单管和双管之分。天津、江苏、浙江等地施工单位都有制造生产,这种机器接地压力小,最大打设深度在25m左右,这种机器大都属于振动贯入式的,激振力在100~200kN(图6-14)。第三种是由挖掘机或吊机改装而成,一般每次只能施打一根,行走亦靠履带,施打范围是以机身为中心、以机臂为半径的区域,施打方式为静力压入或振动贯入,这种机器打设速度快、方便灵活、效率高(图6-15);同时该机无需供电,而前两种一般需工地供电或自备发电机发电,功率都在30~45kW之间;最大打设深度为20~25m。目前常用的一些典型的打设机器如图6-16~图6-19所示。另外,对土质极软、打设深度在10m以内的工地,也有一种轻型压入式插板机可以使用,其接地压力只有10kPa左右(图6-20)。

图6-13　履带式插板机

图6-14　门架式插板机

图6-15　挖掘机改装的插板机

现场施工具体采用那一种形式的机器,由现场的具体情况来决定,一般起关键作用的是打设深度、地基承载力(即机器的接地压力)和打设速度。打设当中出现回带现象较严重时,

可向管内灌注水来解决(图 6-21),而施打中严格控制淤泥进入管内是减少回带的根本措施。

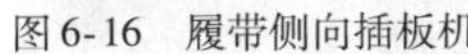

图 6-16　履带侧向插板机

图 6-17　桁架门架式插板机

图 6-18　起重机改装的插板机

图 6-19　吊机改装的插板机

图 6-20　超轻型插板机

图 6-21　向插管内灌水

6.2.3　水平排水系统——砂垫层

砂垫层主要起水平排水和传递真空度的双重作用。由于砂垫层上面有密封薄膜铺盖,一般它的厚度不需太厚。据作者的经验,场地平整得好,只要有 40cm 厚就能满足要求;若原地面上已先铺设了一层土工布(针刺无纺型的,规格 $200g/cm^2$ 即可)则砂垫层还可减至 30cm 厚,而且水平排水效果也会更好。至于如何组合使用,则要进行技术经济比较,在达到相同技术效果的前提下,分析采用何种方案比较经济,这对于那些缺少高质量砂的地区尤其要考虑的,同时也可以把施工速度的因素考虑进去。

砂垫层用砂与袋装砂井用砂要求雷同,对砂的含泥量要控制,一般不要大于5%,由于砂垫层用砂量大,也可以采用中粗偏细的洁净砂。在那些砂源十分匮乏的地区,也可用洁净细碎石垫层代替砂垫层,细碎石的最大粒径一般小于 5mm,控制在 0.5 ~4mm 的范围内为宜,级配不要求好,渗透系数能达到 10^{-2}cm/s 量级为佳。由于碎石棱角锋利,抽真空时易戳破薄膜,所以应在细碎石垫层上加铺一层无纺土工布,以期保护薄膜,同时也能加强水平排水和传递真空度的能力。

砂垫层或细碎石垫层在铺设时,应将其中混有的铅丝、玻璃、其他锋利物等清除干净,对高出砂垫层的塑料排水板应予剪断或埋于砂垫层中。铺设时要厚度均匀,把滤管盖住,使垂直排水通道、滤管通过砂垫层真正联结起来,能形成一个通畅的排水系统和真空压力传递系统。

在砂源十分匮乏的地区,也可以用砂沟或钢丝透水软管(图6-22)或塑料盲沟材(图6-23)替代,具体做法可参阅文献[76]。近几年诞生的无砂垫层工艺,在本书后面第9章中再详细介绍。

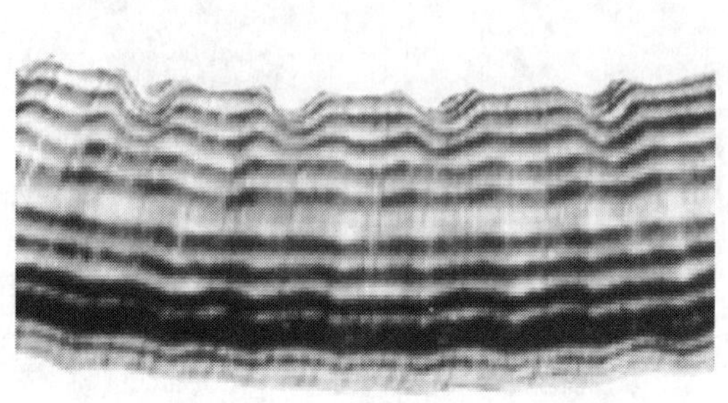

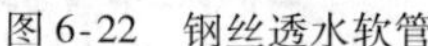
图6-22　钢丝透水软管

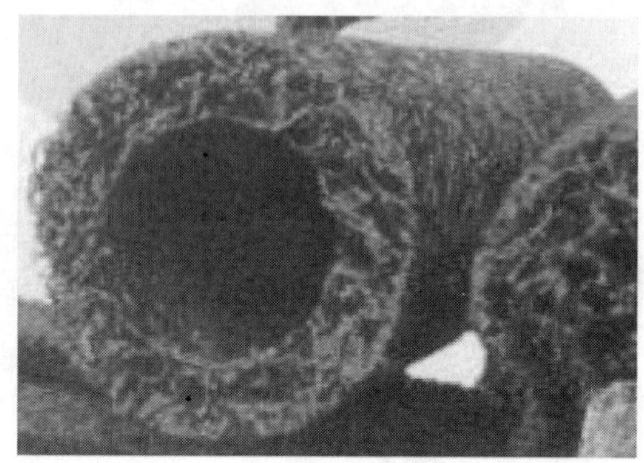

图6-23　塑料盲沟材

6.3　抽真空系统

抽真空系统包括主、滤管及其布置,主管的出膜装置,抽真空装置。下面分别加以叙述。

6.3.1　主、滤管及其布置

埋于砂垫层中的管道分主管和滤管(图6-24)(又叫支管)两种,其作用是传递真空压力和将从土中已排至砂垫层中的水,通过这两种管道输送到膜外抽真空装置的水箱内。它们的区别在于主管上没有孔洞和反滤材料的包裹;而滤管上分布有间距均匀的孔洞,并在管子外面包裹起反滤作用的材料,如针刺无纺土工布或尼龙纱布加棕榈皮等,目前有一些施工单位仅用滤管而不用主管,看起来是节约了材料、“增大”了吸水的面积,实际上并没有达到自己想要的效果。没有主管时,气、水流的方向不集中,真空度向远端传递的效率降低,使加固面积上的真空度分布不均匀,影响整体的加固效果。目前无主管的加固面积上,真空度大小相差都在10kPa左右,甚至达到20kPa;而在有主管的加固面积上,真空度分布较均匀,一般相差不到5kPa,加固区的沉降差亦小。

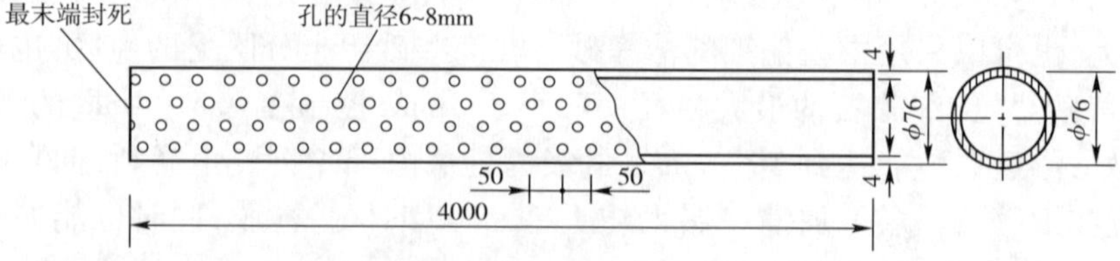

图6-24　滤管结构图(尺寸单位:mm)

主管和滤管的管材可以是钢管(图6-25)或PVC管(图6-26),目前较多的是使用后者。这种材料在水中不会锈蚀,重量轻,价格便宜,容易清洗,可重复使用,而且被针刺无纺土工布包裹后不会黏连；相比之下，钢管重量重，价格高，易受海水腐蚀，与针刺无纺土工布联合使用后会起反应、黏连于钢管上，难以剥离，不便再次使用，但是它的强度高，不易损坏。一般在一个工程中都统一用一种管材，它便于管理；也有主管用钢管、而滤管用 PVC 管的，如在马来西亚南北大通道的试验工程中。

图 6-25　钢管制成的滤管

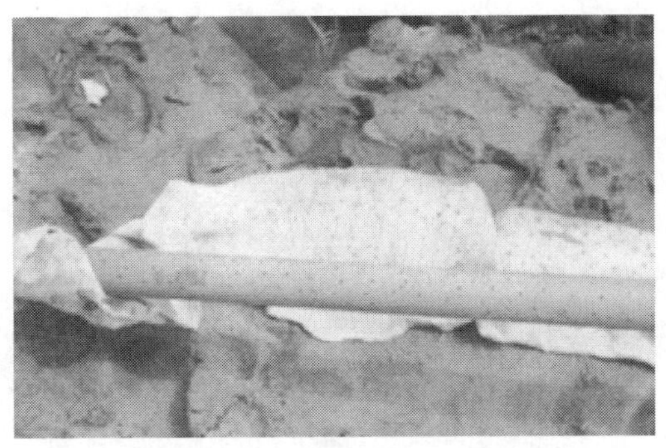

图 6-26　PVC 材质的滤管

所用的 PVC 管其规格大都是 3in（lin = 2.54cm）的，很少用 4in 管。主管、滤管一般直径相同，主要便于在施工现场连接。管壁厚度 3.5 ~ 4.0mm，要求能承受 400kPa 的压力，它的单根长度大多数为 4m 或 6m。当主管或滤管的每段设计长度超过 4m 长时，可用二通（图 6-27）或四通加以连接。在主管的端部当它与滤管连接时，应采用三通连接，如图 6-28 所示，二通和四通的构造见图 6-29 和图 6-30，图 6-31 为三通结构图。二通一般是用螺纹钢丝橡胶软管制成，长度在 300mm 左右，它的内径稍大于滤管和主管的外径；连接时如果间隙太大，则应在管壁上用布或其他材料加以衬垫，达到密封的目的，同时在连接处用 10 号或 12 号铅丝扎牢。主管与滤管之间是用三通或四通来连接的，三通和四通均用 3in 钢管制成。三通或四通与各管之间也是由二通来连接的。软胶管的连接使整个管路系统能较好地适应地面的不均匀变形情况。

图 6-27　二通连接细部

图 6-28　三通连接细部

滤管上的孔洞有圆孔和狭长条形孔，圆孔的直径为 6 ~ 8mm，孔距 40 ~ 50mm，间距为40 ~ 60mm。狭长条形孔的长度 120mm，宽度 10mm，排距大约 100mm，孔距 150mm。采用狭长条形孔的目的主要是扩大孔洞的总面积，但也要保证管子开孔后的整体强度和刚度。马来西亚南北大通道试验工程中采用的滤管如图 6-32 所示。滤管孔洞的开孔面积率应在 5% 以上,否则传递的阻力会比较大。目前在对吹填土加固时没用主管,所用的滤管是塑料螺纹软管(图6-33),其开孔率仅有1.24%,孔口上还分布不少毛刺(图6-34),极大地阻碍了真空度的传递,是加固效果不良的重要原因,将在后面第9章中详细分析。

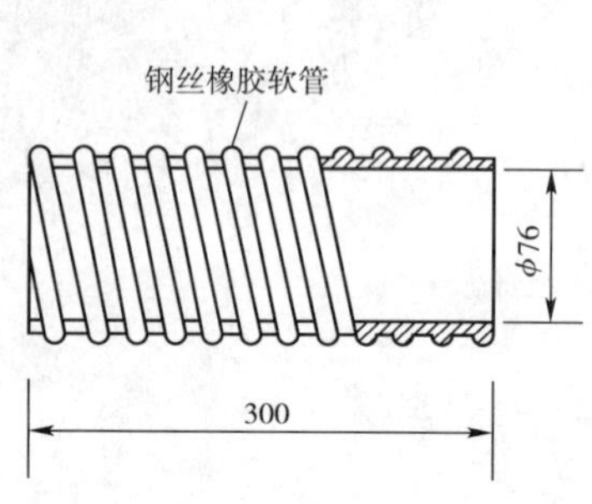

图6-29　二通构造图(尺寸单位:mm)

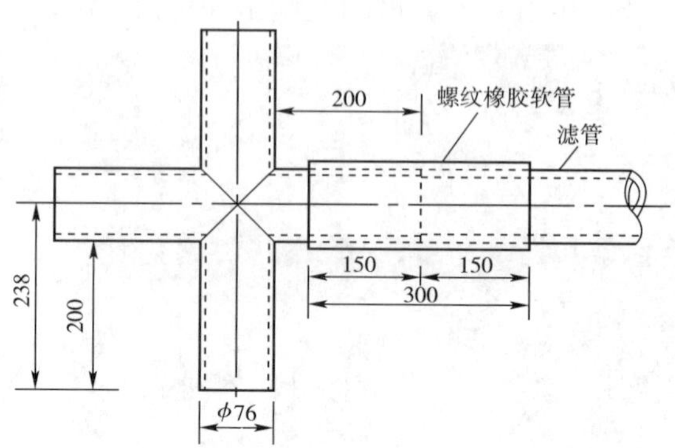

图6-30　四通构造图(尺寸单位:mm)

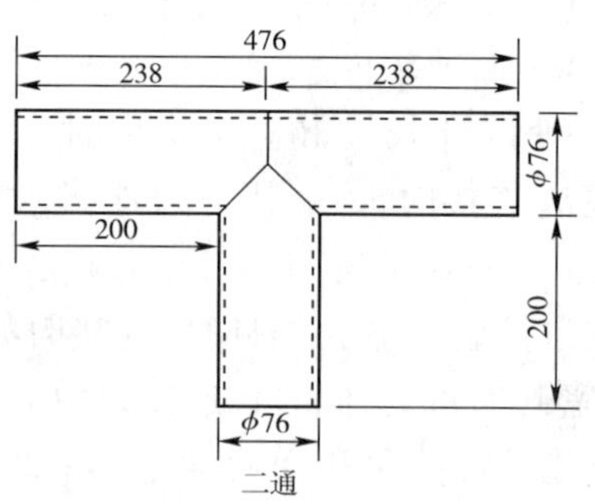

图6-31　三通结构图(尺寸单位:mm)

图6-32　马来西亚南北大通道用滤管

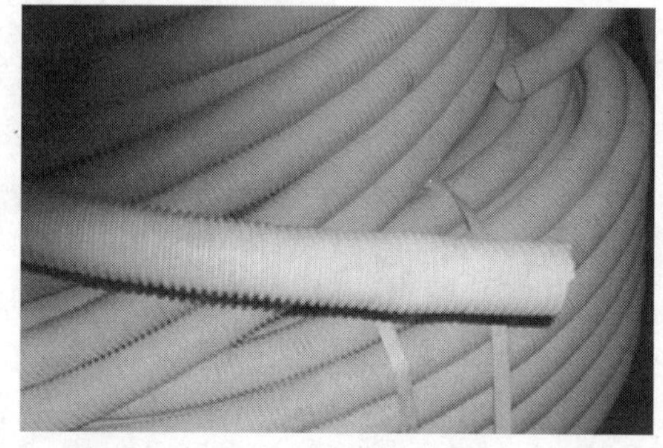

图6-33　塑料螺旋软滤管

图6-34　开孔率低、有毛刺的螺旋软滤管

现场铺设时,将滤管的末端用木塞或PVC圆板封死,然后再套上预先缝制好的反滤布套。注意反滤布一定要把滤管上的孔洞盖住,再用细绳把滤布套两端捆扎牢靠。

滤管外起反滤作用的滤布套是用针刺热黏无纺土工布缝制而成,该土工布的规格为250~300g/m^2,渗透系数k大于5×10^{-3}cm/s。在把滤管装入滤布套之前,要把主管和滤管

内外清洗干净,避免将砂、泥留在管内,因为泥沙被吸入泵体会损坏泵叶。一切安装结束后,将整个主、滤管埋入砂垫层中,而出膜装置的开口部分暂时用布包好,以防砂子进入管内。图6-35是由作者设计的某工地的主、滤管现场安装情况。

图6-35 主管滤管布置与安装

关于主管、滤管的布置方式什么样的形式最好,目前尚很少有人研究,作者以为主、滤管布置的好坏是会直接影响到抽真空的效率和地基加固的效果的。因为形成真空和排出地下水的过程是一个气、水流动的过程,该过程中会有各种阻力发生,如垂直排水通道、砂垫层中的阻力,在主、滤管中当然也会存在阻力,阻力的大小就与主、滤管的排列和布置形状有关,阻力的存在会消耗"真空度"。由于真空度在理论上是有一个极限值的,因此,最大限度地减少气、水流体在这些管路中的阻力,使气、水流动顺畅,就是在主、滤管布置中应该考虑的问题。当然布置中也得考虑加固区的形状和大小。表6-12中给出几种不同分岔形式,气、水流发生的局部能量损失的系数,从中可以看出,不同的主管、滤管连接形式,其能量损失相差是很大的,羽毛状滤管布置的能量损失系数为0.5,它仅仅是梳齿状滤管布置的1/3。

气、水流在主、滤管连接处的局部能量损失系数表 表6-12

名　称	简　图	局部能量损失系数	名　称	简　图	局部能量损失系数
斜分岔		0.05	斜分岔		3.0
	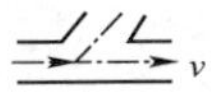	0.15	直角分岔	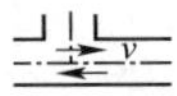	0.5
		0.5		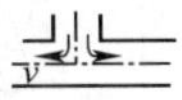	1.5

这些年来看到的布置方式如图6-36所示。在这些布置形式中,从连接产生的局部损失来看,以羽毛状的为最小。至于是每一个主、滤管系统与一台泵连接好,还是几台泵连在一起好,作者还没有定量比较过,但大多数情况都是各成体系的,以图6-36b)居多。也有在加固区内不设主管,全部做成滤管,并成循环系统。作者以为这样抽真空效率会差些,也会造成真空度分布的不均匀,如图6-36e)所示。

一般滤管的间距4~6m,主管的间距12~16m,当然,泵的台数再多的话,主管的间距可缩小到8~10m(这里主要指独立系统)。

6.3.2 主管的出膜装置

所谓"出膜装置"是指膜下的主管与膜外的抽真空装置相连接的一种装置。它的设置使整个膜内、膜外的抽真空系统形成一个有机整体,使管路系统连续、通畅,同时又不使薄膜漏气。具体的结构如图 6-37 所示,它是在主管的出口部位联结一个带有法兰盘的弯曲钢管,而该法兰盘上已焊有 4 个固定的螺杆。实施时先在膜内法兰盘上放置一个密封橡胶垫圈,将密封膜穿过固定的螺杆置于法兰盘上,再将膜外的垫圈和有 4 孔的膜外法兰盘(其上已焊有 65cm 长的一节弯管)置于膜上,加上螺栓拧紧。这样就形成了主管的出膜装置,再通过钢丝螺纹橡胶软管就把抽真空装置与膜下的管路系统联系起来,形成一个抽气系统。

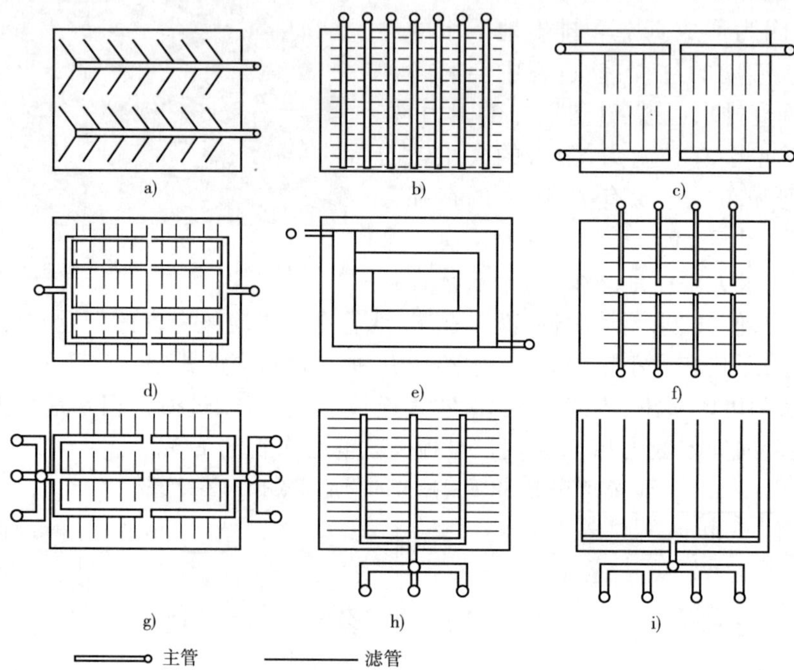

图 6-36 主管、滤管的几种布置形式

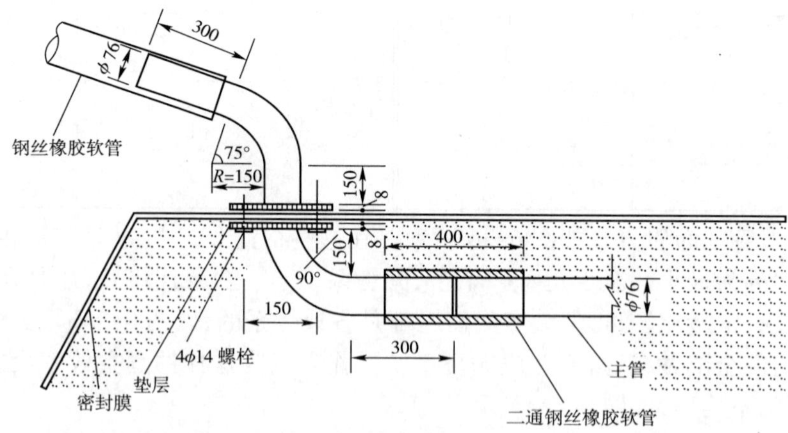

图 6-37 主管的出膜装置(尺寸单位:mm)

6.3.3 抽真空装置

抽真空装置一般由离心泵、射流喷嘴、循环水箱组成,如图 6-38 ~ 图 6-40 所示。

抽真空装置的好坏直接决定真空排水预压加固的成败。这一装置的成功应用是我国科技工作者对软基加固方法的突出贡献，也使这加固方法的国内水平遥遥领先于外国。我国研究的这一套装置与20世纪80年代以前国际上运用的设备有很大不同。

图6-38 由离心泵组成的抽真空装置

图6-39 由潜水泵组成的抽真空装置

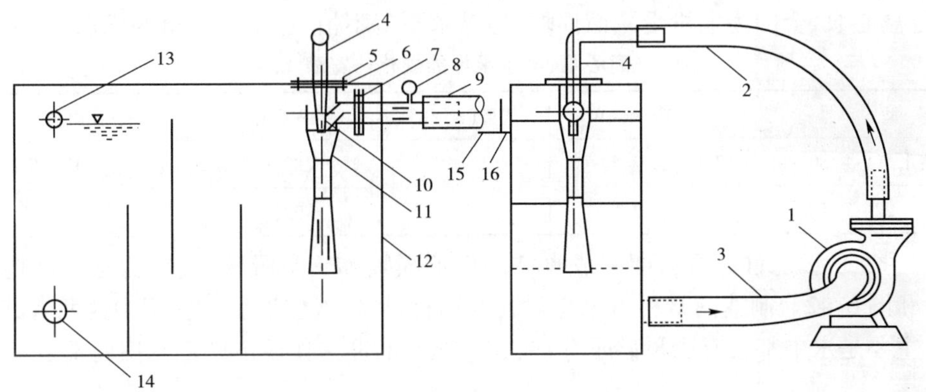

编　号	名　称	规　格	备　注	编　号	名　称	规　格	备　注
1	离心泵	3BA-9	7.5kW	9	连接橡胶软管	ϕ3in(76mm)	钢丝软管
2	钢丝软管	ϕ2.5in(64mm)		10	射流喷嘴		
3	钢丝软管	ϕ3in(76mm)		11	真空吸管		
4	连接钢管	ϕ2.5in(64mm)	带法兰盘	12	水箱		
5	连接螺栓	M16	6对	13	溢流口		
6	密封胶圈	厚度5mm	橡胶	14	出水口		与泵连接
7	连接螺栓	M16	6对	15	止回阀	ϕ3in(76mm)	一个
8	真空表	0～-760	mmHg	16	截止阀	ϕ3in(76mm)	一个

图6-40 抽真空装置工作原理图

在这以前，大部分都是运用功率很大的真空泵来抽气，而真空泵只能通过气体而不允许过水的，所以一旦膜下气被抽出，形成一定负压，土中水被吸出、进入真空泵之后，会造成泵的损坏，使泵用用停停或长时间不能工作（如第4章介绍的马来西亚南北大通道试验工程），为了解决这一问题，就不得不在膜出口与泵前之间加一个大大的罐子，上部抽气，下部积水、排水，称之为气、水分离器。气、水分离的目的通过这一装置是实现了，但耗费了大量能量，也就是说要加大真空泵的功率来进行补偿。日本学者藤森谦一也说过,在 500m^2 的面积上要形成 420mmHg 的真空度需要一台 20 马力的真空泵。若要达到 600mmHg 以上的真空度,那真空泵的功率要多大呢?若加固面积再大又如何办呢?因此这种方法就长期得不到发展应用,相比之下我国研制成功的抽真空装置效率就大大提高了,能耗也相当小。

我国研制的抽真空装置其工作原理如图 6-40 所示,先将水箱 12 装满水,开动离心泵 1,水箱中的水通过管 3、2、4 被泵打入喷嘴 10,这时水的压力、流速都很大,在喷射水流的带动下,在喷嘴 10 周围的真空吸管 11 内形成负压区,在橡胶管 9 内的气体随之被射流吸走,形成一定真空,由此逐步延伸到加固区内。从这里可以知道膜下负压产生的原理。

在整个装置中,第一,离心泵是国家定型产品,一般来说,技术问题不大,只要记住它是清水泵,使用时不要让水箱内的杂草、泥沙进入泵体内就可以了。它的规格如表 6-13 所示。目前也有用图 6-39 所示的深井潜水泵代替离心泵的,抽真空效果也很好,它是放入水箱中,整个水箱埋于地下,泵的冷却效果比较好,也能放在较低的位置,节省能量,提高泵的工作效率;同时潜水泵不怕雨淋,尤其在海边地带,一旦遇到风暴潮,大雨及海浪会淹没泵等装置,这时若是离心泵,会因为电机受淹而损坏,但潜水泵就不怕,这是它突出的优点。

离心泵、潜水泵性能规格一览表 表 6-13

型　　号	功率(kW)	流量(m^3/h)	扬程(m)	电压/电流(V/A)
IS 单级清水离心泵 80－65－160	7.5	50	32	380/15
WQ45－22－7.5 潜水泵	7.5	45	22	380/15.7

第二,抽真空装置的关键,即形成真空的射流喷嘴和真空吸管,其结构与细部构造详见图 6-41 和图 6-42。制造的材料可以是耐磨的钢材,铸铁或玻璃钢。使用中这两者磨损都相当严重,主要是水中都会有少量砂子存在,在高压水的冲击作用下产生摩擦而造成。

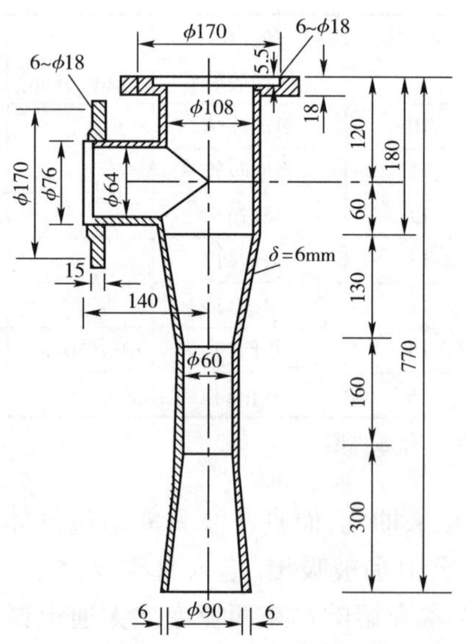

图 6-41　真空吸管结构(尺寸单位:mm)

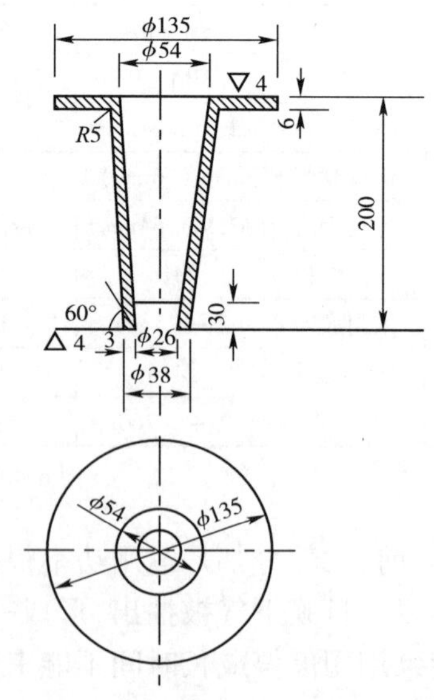

图 6-42　射流喷嘴结构(尺寸单位:mm)

由射流喷嘴与真空吸管所组成的抽真空装置，制造时主要保证射流嘴与吸管腔的同心度一致，这样形成的真空度才高，空载时真空压力一般应达到97kPa以上方可认为达到标准，否则，要从构件尺寸、安装上找原因，进行重新调试或调换构件。

循环水箱的结构尺寸如图6-43所示，其作用就是不断供水给离心泵，接受从加固场地抽出的水，当水量太多时，水会从溢流口13(图6-40)排出。

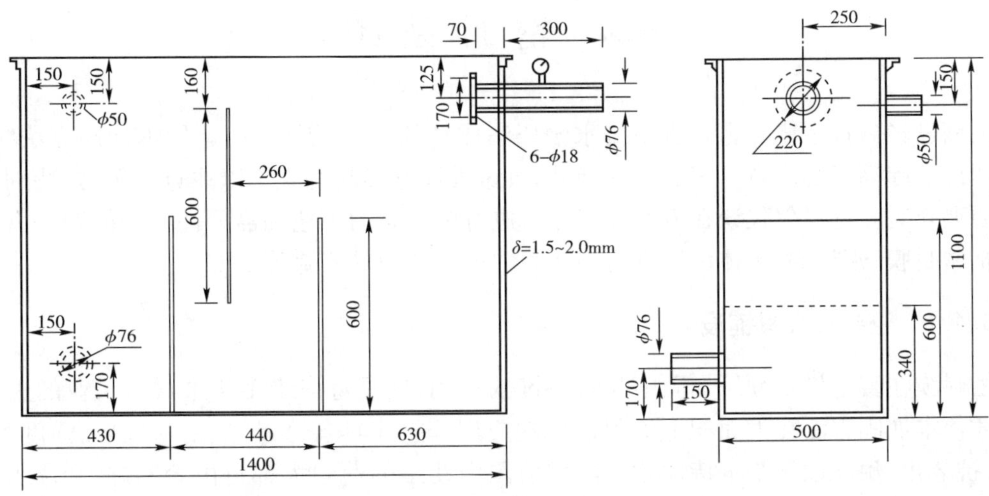

图6-43 循环水管结构图(尺寸单位:mm)

这一套装置在安装时可以与挖沟铺膜同时进行。在主管出膜装置安装完毕后，用钢丝橡胶软管把它与抽真空装置连接起来，连接的地方都是用10号铅丝扎牢，不能有漏气。最好在该软管的中段安设两个阀门，一个是止回阀，一个是截止阀。其规格都是3in(76mm)的。在靠抽真空装置一侧装截止阀，在靠主管出膜装置一侧装止回阀。工作期间截止阀是开启的，只有当抽真空装置检修时才将其关闭，以保证膜下真空度不致迅速下降。止回阀主要是抽真空装置在抽水时不致使水倒流，安装时注意止回阀内阀门的位置，不要装反或装歪了。另外，注意在抽真空装置的离心泵开动之前，在循环水箱内装满清洁水，并在橡胶管道内灌满水，在检查连接管道的几个部分有否漏水之后，再通电试机，着重看看装置在空载时真空压力能否达到97kPa以上。

整个抽真空装置的安装高程在允许的情况下应尽量降低，尤其是循环水箱，最好能使水箱高度的一半与膜面齐平，这样有利于膜下抽出的水的排出，节省能量；同时也有益于从溢流口流出的水顺畅地流到膜面之上、变成预压荷载。

在其他条件相同的情况下，抽真空装置的多少决定了膜下真空度的高低，到底一块面积上设置多少套抽真空装置，这与设计要求达到的膜下真空度有关。按照以往的经验，对加固对象是淤泥质土和淤泥来说，要在膜下达到80kPa的真空度，平均在每800~1000m^2的面积上安装一套抽真空装置就可以了；若要在膜下达到90kPa以上的真空度，那平均每套抽真空装置只能担负500~600m^2的面积了。当然，膜下真空度的大小，不仅仅与抽真空装置的多少有关，还与整个加固场地的密封和土层的透气性密切相关。加固场地的密封包括所选用的密封膜的好坏，有时候密封膜不好，抽真空装置的功能被白白消耗，无畏地浪费许多电能,所以在这方面要做经济比较,看看是选便宜的薄膜合算,还是增加抽真空装置合算。作者也曾在平均每1000m^{2}的面积上用一套抽真空装置,就使膜下真空度达到90kPa。因此,要提高膜下真空度需要采取综合措施的,搞好整个加固场地的密封也是至关重要的。

6.4 密封系统

前面已经叙述了密封也是真空排水预压法成功的关键,因此,在运用本加固方法时,密封问题应引起高度的注意。当然,这一问题自做设计方案起就应予以注意和考虑,特别是在做地质调查时。这里仅仅谈在方案确定之后进行施工时的工艺和需要注意的问题。密封系统包括密封膜、密封沟、土体深层密封和加固中地表开裂的密封等诸方面。

6.4.1 密封膜及其铺设

密封膜在真空排水预压加固中起着关键的作用,也是近三十多年来材料工业的进步与发展才使本加固方法在大面积上能得以成功应用。它应具备重量轻、密封性好、强度大、韧性好、抗老化、耐腐蚀等基本特性才行。目前国内使用的薄膜大都是由聚乙烯(PE)或聚氯乙烯(PVC)制成。这两种薄膜现在虽然已分别有了国家标准,如《土工合成材料　聚乙烯土工膜》(GB/T 17643—2011)和《土工合成材料　聚氯乙烯土工膜》(GB/T 17688—1999)(具体标准详见附录所列),但是这两个标准中所列的薄膜最小厚度都大大超过真空预压工程中所需要的厚度,在真空预压工程中一般有0.12～0.14mm厚就可以了,然而在标准GB/T 17643—2011中最小厚度为0.50mm,在《土工合成材料　聚氯乙烯土工膜》(GB/T 17688—1999)标准中最小也有0.30mm厚。因此,作者认为最好能制订一个针对真空排水预压法加固软基的密封膜产品标准为好,免得设计人员设计时依据不一。表6-14就是某工程中设计提出的密封膜的具体技术指标,实际上,表中所列指标与目前的产品标准已有了不少差别,比如直角撕裂强度已不再用压强单位来表示,此外对薄膜的渗透性、透气性和耐静水压力都有了具体要求。另外,目前对产品指标的测定方法和依据的规定各单位也不一样,这就造成同一个产品不同的单位测量的结果不同,厂家出示的数据与用户测定的不同,用户测定的达不到设计提出的要求等,归结起来,还是由于真空排水预压法的密封膜没有一个统一的产品标准和相应的测试方法造成的。表6-15列出的就是同一块聚氯乙烯薄膜,按不同的方法标准测试所得到的结果,可以看出它们有着不小的差距,因而在具体使用时就存在不少矛盾,设计、监理、业主和承包商之间很难统一,影响了工期。作者建议的产品标准和相应的测试方法也列在表6-15中,供设计者和制订标准时参考。对聚乙烯密封膜也可做一些研究,为以后制订标准作准备。

2009年,交通运输部颁布的《真空预压加固软土地基技术规程》(JTS 147-2—2009)中4.4.1条对密封膜的标准提出了具体规定,但遗憾的是,其中最关键的渗透性指标未列其中,密封膜是起密封作用的,这种关键指标的疏忽是不应该的。其余指标也列入表6-15中,可以看出标准没有多少变化。

某设计提出的密封膜技术要求 表 6-14

项目	厚度	拉伸强度		纵、横向断裂伸长率	直角撕裂强度(纵向)	低温伸长率(纵、横向)	微孔	门幅
		纵向	横向					
单位	mm	MPa		%	MPa	%	个/m^2	mm
标准	0.14±0.02	≥18.5	≥16.5	≥220	≥4.0	20~45	≤10	1200±20

对 PVC 密封膜主要技术指标按不同测试方法得到的结果和作者建议的技术标准 表 6-15

指标提出者	厚　　度	拉伸强度		纵、横向断裂伸长率	直角撕裂强度(纵、横向)	渗透系数	检　测	
		纵向	横向				方法	拉伸速率
单位	mm	MPa		%	N/mm	cm/s		mm/min
设计提出的	0.12~0.14	≥18.5	≥16.5	≥220	≥4.0MPa	—	没注明	没注明
GB/T 17688—1999	≥0.3	≥15	≥13	≥220/200	≥40	≤10^{-11}	GB/T 13022(Ⅰ) QB/T 1130—1991 GB/T 17642—1998	250±25
JTS 147-2—2009	0.12~0.16	≥18.5	≥16.5	≥220	≥40	缺失	没注明	没注明
厂家的	0.12~0.14	24.2	23.3	280/302	59/63	1.6×10^{-12}	GB/T 13022(Ⅰ) QB/T 1130—1991 GB/T 17642—1998	250±25
		试样为 10mm 宽						
测试 1	0.12~0.14	17.5	15.6	200/180	102/94	1.8×10^{-12}	SL/T 235—1999 QB/T 1130—1991 SL/T 235—1999	20
		试样为 50mm 宽						
测试 2	0.12~0.14	22.1	20.0	160/204	102/94	1.8×10^{-12}	GB/T 1040 QB/T 1130—1991 SL/T 235—1999	100
		试样为 6mm 宽						
测试 3	0.12~0.14	23.9	21.3	227/221	102/94	1.8×10^{-12}	GB/T 1040 QB/T 1130—1991 SL/T 235—1999	50
		试样为 6mm 宽						
建议的指标	0.12~0.14	≥18	≥18	≥200	≥80	≤10^{-11}	SL 235—2012 QB/T 1130—1991 SL 235—2012	20
		试样为 6mm 宽						

很少看到国外在加固中使用的薄膜的实例，只看到马来西亚南北大通道试验工程中所用的一种，现列出供读者比较参考，如表 6-16 所示。

马来西亚南北大通道试验工程中所用的薄膜技术指标 表 6-16

项目	厚　　度		最小拉伸强度	最小黏结强度	断裂伸长率		撕裂强度		最大挥发损耗		高温时最大收缩率
单位	mm		MPa	MPa	%		N/mm		%		%
指标	0.20~0.39	0.40~0.76	14.0	11.2	250	300	62	35	1.0	0.7	5.0
说明	膜面用	主管出膜处	—	—	膜面用	主管出膜处	膜面用	主管出膜处	膜面用	主管出膜处	—

现场所用薄膜一般在工厂预先进行加工,将条状的薄膜通过热黏的方法拼接成大块的。现在工厂的黏结工艺都能满足施工的要求,拼接处强度高、气密性好,能拼成几千平方米的一块。在加固面积较大时,如大于 10000m^2,可将其先拼成 2 ~ 3 块,留下几道缝在现场用 PVC 胶黏结,如图 6-44 和图 6-45 所示。

密封膜在铺设时应注意以下几点:

(1)膜的大小在加工时应考虑埋入密封沟的部分,留有足够的余地。

(2)为保证密封效果,一般用砂垫层作水平排水层时,密封膜得铺两层;若用小碎石作水平排水层时,可在小碎石垫层上先铺一层针刺无纺土工布(250g/m^2 即可),然后再铺上塑料薄膜,见图 6-46,土工布搭接稍大一些,要有 20cm 宽,以防漏垫。

(3)铺设时,膜不宜拉得太紧,每边比图纸尺寸要放出几米。铺设时一般自一边开始,几层一道依顺序同时由近及远进行铺设,见图 6-46。

(4)现场粘贴时应保持黏结部位的清洁,粘贴时要自上而下沿粘缝后退进行,在缝下垫一块 2m 长的条形木板,上胶后要用力压紧;然后将木板抽出后移,依次沿缝向后进行黏结;注意刚黏结的部位不能马上受力。

图 6-44 20000m^2 的密封膜

图 6-45 在膜面用胶水补膜的孔洞

(5)膜在埋入密封沟时,注意膜不要被石头,草、树根等戳破,注意其完整性。

图 6-46 膜下垫一层针刺无纺布

(6)在膜上放置沉降标时,应在标下垫一层土工布或软草席或一些小块密封膜,注意放平压重,以防戳破薄膜。

(7)膜铺好后进行抽气时千万别急于将抽出的水放到膜上,而应在头几天派专人穿布底鞋或软底鞋在膜上进行地毯式的寻查,以便发现膜破的地方能及时进行黏补。一般在抽气后膜就被紧贴于砂垫层上,开头几天里砂垫层是由一个松散不稳定结构变到一个相对稳定结构的过程。在这一过程中,砂垫层里的尖利物有可能将薄膜戳破,打设的排水板有可能露出顶破薄膜,砂垫层在有的地方可能发生局部塌陷、造成该处有一较大的孔洞,也会使薄膜撕破等。也就是说,在这一过程中是薄膜适应砂垫层变形的过程,所以常会发生破膜的情况,是应及时加以检查和修补的,薄膜上一开始就覆水,也就难以进行该项工作了;另外,膜上本身的砂眼也是漏气的渠道,也应逐一检查、发现后用小块薄膜将其粘贴补好,这也需要在覆水前进行。作者有这样的经验,一旦膜上有小孔漏气时,人在其附近能听到一种风鸣哨声,稍细心一点是不难发现它们的。若这些小眼不堵,时间长了会变大,膜上的覆水亦会进入砂垫层中,一旦数量较多就会降低加固效果。所以说头几天在膜上进行检查是一项十分必要的工作,千万不能看成多余和马虎行事,是一项事半功倍的工作。若抽气后发现薄膜铺设得松紧很不均匀,亦可停抽进行适当调整,但是这种调整是很有限的,重要的还是在埋入密封沟前调整好整个膜的松紧度。

这里再澄清一个说法,就是在膜上全面覆水能密封的说法。这种说法从理论上就站不住脚的,同时对真空排水预压法的机理也认识不甚清楚。在抽气时膜内外是有压差的,压力是膜外大于膜内,膜上的水是液体,它是根本不能承受剪切应力的,在压差下,水会很容易地由孔洞进入膜内,随着抽气的进行,这一过程也自始至终在进行,直到膜面上的水被吸干。即使膜上有源源不断的水供应,膜上的水吸不完,但进入膜内的水到砂垫层中再进入滤管,再由泵抽出,如此往复循环,按照能量最小原理,真空压力就在这儿发挥作用,进入土体中的就少了许多,这是在消耗膜下真空度和泵的能量,于加固没有益处,必然影响加固效果,从这里可以看到水是不能起密封作用的。

(8)当采取堆载或自载预压与真空排水预压联合加固时,要等膜上全面进行过检查、密封性有了保证之后才能进行;而且此时得在膜上先铺上保护薄膜的材料,如土工布或软草席等,才能进行堆载。最好是先进行真空排水预压一段时间后再进行联合加固,当然这也得看设计方案了。

6.4.2 密封沟

加固区周边的密封方式有好几种,如挖密封沟将膜埋于沟中;也有直接用脚踩膜(用于很软的刚吹填土加固中)等方式,但大多数工程中使用的仍是挖密封沟,如图 6-47 所示。这里简略介绍于下。

密封沟是指在加固区四周挖一定深度用于埋设密封膜的沟槽,其典型断面如图 6-47 所示。沟的深度在 1.2 ~ 1.5m 之间。当被加固土的表层黏粒含量较高、渗透性较差时,可以取较小值,沟可挖浅一些;反之,沟要挖深一些。沟的宽度主要视挖掘方式和铺膜决定,如用机器挖掘沟是可以挖得窄一些,但也得方便人工铺膜的操作才行。一般最小为 60cm;若是人工挖掘密封沟最小宽度得 70cm。

挖沟时要注意土层中的植物根系和动物的孔洞,若发现有孔洞,则沟的深度相应得挖深一些,以避开孔洞。这些孔洞往往是漏气的通道,作者在舟山的工程中,有一块场地由于沟挖得不够深,动、植物孔洞把内外连通,造成抽真空时大量漏气,膜下真空度长时间上不去,后经反复寻找原因,最终发现沟内存有纵横交错的芦苇根系腐烂所形成的孔洞和海边小螃蟹、贝壳动物在土中活动形成的孔洞,这些都形成漏气的通道,是大量漏气的原因所在。之后,将

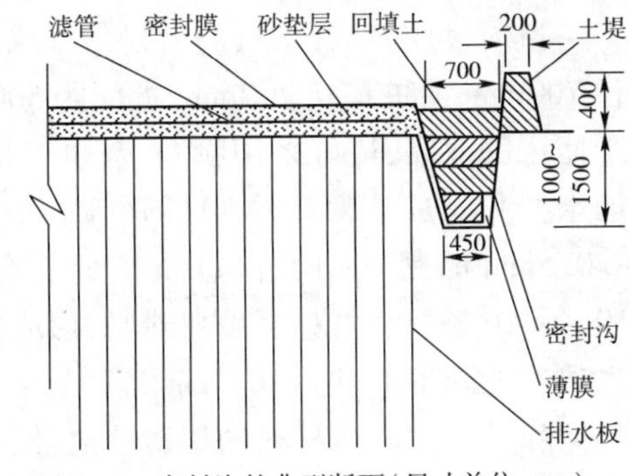

图 6-47 密封沟的典型断面(尺寸单位:mm)

沟重新挖深至1.2~1.4m,该深度处已超出上述孔洞所在的范围,泥土间无明显的孔隙,把膜也重新进行了埋铺,工程费了大劲,再次抽气5d后,真空度就很快上去了,达到80kPa。一般动、植物的孔洞深度也是有规律的,只要留心不难发现。沿海小动物(如跳鱼一类)的孔洞一般不超过1.2m深。

沟挖好后将膜放入沟中,应注意将膜贴于沟的内壁,并将膜放至沟底,然后分层回填。尤其注意第一层的填筑,一定要用土把膜压好,使膜能紧贴沟壁和沟底,在每一层填土上给予压实,最后将剩余的土在沟边堆成挡水的小堤,为膜上以后覆水创造条件。这当中要特别留心在有真空度测头和孔压测头导线引出的地方,既要密封好,又不能将导线弄断或弄破皮。

密封沟工作量虽不大,但它直接关系到密封效果的好坏,由于该项工作具有隐蔽性,所以有了问题也不易查出,因此,应认真、细致、严格地去做好这一工作。

6.4.3 土层深部的密封

当被加固的地层表面以下不太深(一般3~5m)的地方,有一层厚度不大(如2~3m)的透水层或强透水层(如粉细砂或砂层)存在,在运用真空排水预压法进行加固表层或透水层下的软土层时,就应考虑对该透水层进行密封处理。前面介绍的第4章中,就是因为没有对该层进行处理,导致加固效果甚微,获得事倍功半的结果。

对该透水层的密封处理目前一般有以下几种方法:

钢板桩法,以钢板切断透水层在水平方向上的联系,有时在钢板桩周围再灌注一些黏土液或膨润土液。

灌浆法,即在加固区四周按一定间距打设灌浆孔,压力灌注黏土浆或水泥黏土浆,以充填透水层颗粒间的孔隙,希望形成挡水帷幕,封堵透水层在水平方向上的渗透路径。

深层搅拌法,也是在加固区四周打一圈黏土搅拌桩或水泥黏土搅拌桩,桩体互相搭接,形成隔水帷幕,把透水层切断,以保证加固区的气密性。

当然也还有其他一些方法,如高压旋喷法等,所用这些方法的一个基本目的就是切断透水层在水平方向上的联系,把加固区内外部分分隔开来。工程经验表明,一般用黏土形成的帷幕的渗透系数达到10^{-6}cm/s以下时,能够隔断水平透水、透气层。有时帷幕的渗透系数达到10^{-5}cm/s以下时,也能密封住,要看原透水层的颗粒组成。对较细颗粒组成的透水层,如细砂或粉细砂要求的含泥量较大。

目前,对深部透水层的密封主要采取的是泥浆搅拌墙法。泥浆搅拌桩机采用双轴的,桩径700mm,两桩搭接200mm,桩间距500mm,桩长一般深入透水层下的不透水层中50cm。对于使用的泥浆,最好采用膨润土,也可用淤泥。泥浆一般由粒径小于0.075mm的黏土颗粒、加水拌和而成。对于中粗砂透水层,当用泥浆搅拌墙施工后,砂层中的含泥量(即小于0.075mm的黏土颗粒占总质量的百分比)大于25%时,基本能使砂层的渗透系数降到10^{-5}~10^{-6}cm/s。对于粉细砂层,形成的搅拌墙中含泥量要达到30%以上,形成的帷幕渗透系数才能降到10^{-5}~10^{-6}cm/s。

除了考虑墙体材料的渗透性之外,还需考虑墙的抗渗能力,即考虑墙在内外压力差作用下的抗渗能力。随着抽真空地进行,墙内外区域的大气压力差越来越大,影响深度也逐渐加大，帷幕外的气、水压力大于帷幕内的气、水压力，于是就会发生帷幕外气、水向帷幕内的渗流，压差越大，流速势越大。当加固使帷幕内地水位下降较大时，这种压力势引起的渗流将更加显著，会不断带走泥浆搅拌墙内的一些细小颗粒，使墙的结构组成逐渐发生变化，形成一些渗流通道，随之墙的渗透性会逐渐变大，最后可能发生渗透变形破坏（管涌），导致墙的密封失效，将影响到整个加固区的加固效果。因此要研究密封墙的抗渗能力，解决该问题的途径有两条，一是加大渗径长度，即加大密封墙的厚度，加长气、水的渗径长度，加大能量消耗，减小水力坡降，降低逸出的风险；二是提高墙体的结构强度，增大墙体材料的黏聚力，使墙体的细小颗粒不易被"冲走"，保持墙体结构的整体性、完整性，发挥墙的整体抗渗性能，例如，可以在搅拌泥浆中加少量的水泥，增大颗粒间的黏结力。因此在做密封墙设计时要考虑上述问题，并在做一定的计算后确定。目前的经验是在大面积区域内实施真空预压加固时，对于渗透性较大的透水层，如中粗砂层的密封，最外围的密封墙厚度要达到1.2m，也就是设计成两排淤泥搅拌桩，在区域内、因分块隔档而设置的密封墙可以是一排，厚度50cm。

对分块隔挡的淤泥搅拌密封墙施工技术，即共用密封墙的施工技术，现介绍中交四航工程研究院的做法[54]。相邻区块真空预压密封墙为两区块共用，由于区块之间真空预压不是同时施工，不可避免的这一块施工会产生对另一块的影响，同时也存在共用角点的密封问题。分块加固区的共用角点的处理如图6-48所示，即在这一块淤泥搅拌墙施工时需向下一区块多打出2m，以便下一区块搅拌墙连接施工和预埋密封膜。对于共用搅拌墙，为了解决相邻区块不同时铺膜、搅拌墙固结对下一区块铺膜的影响，在上一区块压膜或踩膜时，同时将下一区块的密封膜3～5m压（踩）入共用墙内，当下一区块大面积铺膜后，再与预埋膜在现场用专用胶水黏合，见图6-49。为了避免相邻两块抽真空时，使搅拌墙表层发生沉陷、形成空洞，导致共用密封膜拉裂，因此在铺膜的过程中，先将3～4m宽的土工布压入搅拌墙内，防止泥浆颗粒在真空作用下流失，再踩入密封膜，并在相邻区块密封膜间填塞泥包袋，高出顶面20cm，顶部采用密封膜黏结封堵，可以防止共用密封墙承受双向侧向向各自加固区移动而开裂（拉裂）的问题。

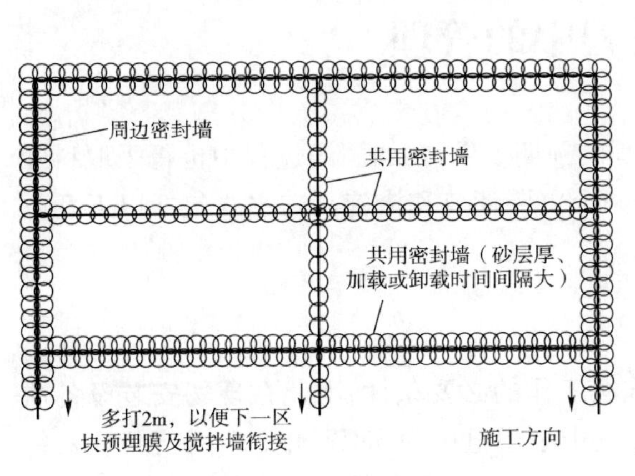

图6-48　共用角点密封墙处理

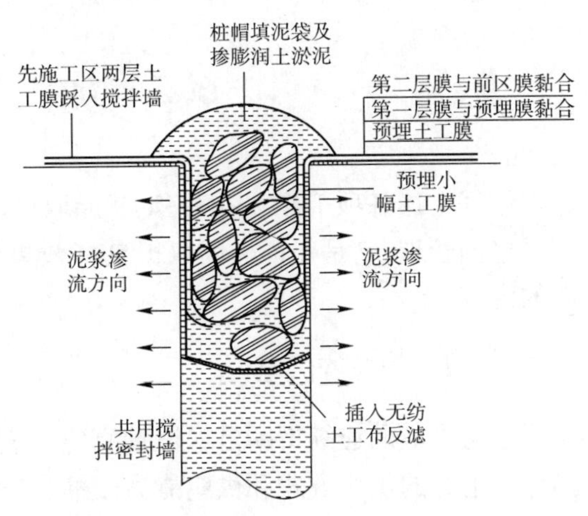

图6-49　共用密封墙细部构造

以上方法各有千秋，这里只是提一下，具体哪种方法是最有效的，其技术经济比最优，具体问题要具体分析,可参阅其他有关资料与书籍。

6.4.4 加固过程中对地表裂缝的处理

运用真空排水预压法对软土地基加固时,加固区外的土层是向着加固区移动的,原理在前面已叙述过。土体移动会使地表产生一些裂缝(图6-50),这些裂缝随加固过程的进行,一是裂缝宽度不断扩大并向下延伸,二是裂缝逐渐由加固区边缘向外发展,以致形成多条裂缝。裂缝的形状大致成弧状,如图6-51和图6-52所示,一圈一圈的。裂缝离加固区边界中部距离稍大,而汇集在加固区角点周围。这些裂缝发展到一定深度也会成为漏气的通道,使膜下真空度降低,因此也必须采取措施予以密封,一般的做法是发现有漏气时,将拌制一定稠度的黏土浆倒灌到裂缝中,泥浆会在重力和真空吸力的作用下向裂缝深处钻进,泥浆会慢慢充填于裂缝中,堵住裂缝达到密封的效果。

加固中裂缝一般在较软的土中发育得厉害,土越软,则越易产生,而且条数会越多。这是由于土软、抗拉强度低,土体就容易被拉开裂。

图6-50 加固中地表出现的裂缝

图6-51 地表出现的环形裂缝

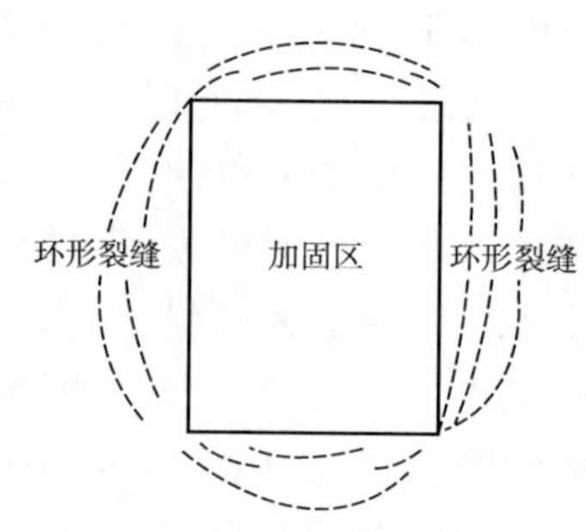

图6-52 加固中地面出现的环形裂缝

6.5 加固过程中的管理

做好上述各项工作,并不一定就能取得加固的预期效果,在加固的过程中也得采取科学而严格的管理,它是保证加固取得良好效果的一个重要环节和措施。它主要包括以下几方面的内容。

6.5.1 可靠的供电

电力供应的连续不断是保证抽真空装置连续工作的必要条件,因此在现场安装设备前要弄清电源的供应方式和供应能力。抽真空系统中泵用电压为380V,电的频率是50Hz,每台泵的功率为7.5kW,每套系统中装一个继电保护装置。在有条件的地方能考虑双回路供电方式最好;若没有条件时,适当配置一些柴油发电机,以备网电停电时用,虽不能支持全部的抽真空系统工作,起码能在一块加固场地上有几台泵在工作,可以维持真空度不致下降太

快。若不是用网电，而是用柴油机发电，则应密切注意柴油发电机的工作性状，加强值班、监督和维护，尽量确保其能长时间运转。第11章介绍的实例[11-1]就是没有备用供电设施，工程停电使抽真空停止11h之久，膜下真空度大幅下降，再加之没有控制填土速率，导致路堤发生滑坡失稳的重大事故，使150m长的路堤完全报废。

当然在现场，加强对安全用电的管理也是十分重要的，防止漏电、保证人身安全，减少线损，提高效率。

6.5.2 保证密封效果

随着加固过程的进行，地基将发生连续不断的变形，它包括垂直和水平两个方向上的变形，因此，在加固区周围的地方及覆盖于加固区上的薄膜等都会出现这样那样的情况；如地面产生裂缝，膜被拉破或被砂垫层中的异物顶破，或在加固区中的出膜装置附近、在分层沉降管附近、在量测地下水位管附近的膜都有可能被拉破；这些都会引起漏气，导致真空度下降，管理中就是随时注视这些情况的出现，并及时采取相应的措施予以补救，保证加固区的密封效果。现场人员随时注意水箱内的水温，若水温过高，应更换一些冷水降温，假如还是无效，说明喷嘴磨损加大，效率降低，应更换喷嘴。

6.5.3 建立严格的值班制度

现场中自抽真空开始就必须进行连续不断的值班，一天24h都得有人在，他们除对上述情况进行检查、注视和处理之外，还应对现场的原型观测如真空度、沉降、水平位移、孔隙水压力等的变化也得做好详细记录，对工地上发生的一切正常和异常情况也要做好详细记录。每个工地应设计一些专门的表格，值班人员应如实填写，以备日后查找问题，尤其是在分析加固效果时，这些资料有时是很有用处的。

7　施工监测与加固效果检验

7.1　施工监测的目的

一般在任何一个加固现场都得采取一些措施对加固当中出现的各种情况进行过程监测，真空排水预压也不例外。笼统地说，监测的目的有两个方面，其一是希望能及时发现加固过程当中出现的问题，以便及时解决它；其二是作为施工过程的控制，就是说根据监测的数据，了解工程的进展和加固的效果，以判断加固工程是否达到了预期的目的，从而决定加固工程的中止及后续工程开始的时间。诚然，判断加固效果还可以进行事后现场检验，但这种方法的不足是一旦发现问题，则不能再立刻进行继续加固；所以，施工过程中的监测是很重要的。当然，除上述两个基本目的之外，现场监测的资料还可以为工程设计提供依据，验证与指导施工设计的进行，也可以为理论研究提供详实的佐证。

在真空排水预压加固中，它的荷载是靠降低膜下的大气压力来实现的，而该“荷载”与常规堆载排水预压法中的实物荷载相比具有很大的不同。真空荷载具有很大的“可变性”，也就是说，一旦密封出现问题，或电力供应临时出现故障、供电中断，膜下真空度马上会发生变化，所以不容易保持稳定，荷载会随时发生变化。荷载的变化必然会影响到加固效果，不是沉降速率减缓、沉降量减小，就是加固历时延长。因此，在本法中，对真空度的监测就是必不可少的观测项目，它有助于发现问题，以便能及时解决问题。

加固中对地基发生的垂直向变形和水平向变形的监测也是十分重要的，加固中何时达到了设计的要求，加固能否停止，这也得靠对沉降等观测资料的分析研究之后予以确定。而沉降速率与沉降量的大小往往是判断加固中止与否的决定因素。另外，土体沉降与侧向变形对周围建筑物有否影响、影响范围及程度的大小也是要从观测资料的分析中才能知道。

此外，还有地下水位、超静孔隙水压力等项目的监测，它们对设计、施工都起着很大的作用，这将在以后的章节中加以详述。所以说，施工监测是加固过程中不可缺少的一个重要环节。

7.2　施工监测的内容与手段

对采取真空排水预压加固的工程项目，监测内容主要包括膜下真空度、膜面沉降、负超

静孔隙水压力、深层水平位移与深部分层沉降，对于研究的项目还可增加垂直排水通道、淤泥层不同深度的真空度及地下水位观测等内容。

对在本地区首次采用真空排水预压法进行加固的工程，或是准备大量采用此法而进行的先导性工程，或是准备做深入研究的工程项目，其监测的内容和项目可以多设置一些；这一方面对设计的优化有益，可以为设计、研究提供更准确的资料；再就是为后续的工程施工提供在实施上和管理上的经验。在那些有施工经验的地区，监测项目可以少设置一些，但有些也是必不可少的。下面分别简单介绍这些监测内容和相应的手段。

7.2.1 膜下真空度的监测

膜下真空度的监测是一个必须进行的项目，真空度是真空排水预压法中荷载的标志，它的大小、恒定是加固取得效果的重要标志，软土中有效应力的增长、软土压缩的发生、强度的增长都源自真空荷载的存在，都与真空度的大小和稳定密切相关。膜下真空度的量测有助于了解膜下真空压力的大小，以及随时间的变化情况，可以得到真空荷载随时间的变化过程线，需要在膜下安装真空度测头。

量测膜下真空度的传感器结构如图7-1所示。它由一个测头、外边用起反滤作用的针刺无纺土工布或棕榈皮包裹，用直径6mm的PVC透明软管将测头与真空表连接组成，见图7-2。软管的长度视埋设位置到量测地点的距离确定，中间不能有接头。软管的出膜方式有两种：一种是在测头埋设处将PVC软管直接穿过密封膜引至膜外，再与真空表相接，这种方式一定要注意管子与膜之间的密封，否则这儿就成为漏气的通道，再就是当膜随地面下沉时，若管子与膜的变形不一致、那膜很容易被拉破，这种方式要求铺膜和测头埋设同步进行，这样一来，测头位置往往难以准确确定；另一种则是常用的方式，如图7-3所示，这种方式要注意在软管跨过密封沟时，不要被折、不能绞起，更防止被回填土弄断，要保证管子通畅；据以往的经验，在管子末端与真空表连接处常会漏气，而且不易被发现。当现场抽气开始后，若发现别的表都有反应，而某一表没有反应时，这有可能是表与PVC软管连接处漏气，这时可在管子与真空表连接处挤上一些703硅橡胶加以密封。由于外界大气压大于管内压力，所以703硅橡胶容易钻进两者的缝隙并将其堵住。一般在接表时，可以用一个专用小模具将PVC软管端部烫成一个小法兰，在上面涂一点703硅橡胶再将真空表螺栓拧紧，一般是不易漏气的。真空表应放正，不要斜放或倒装了，这些都会影响读数的正确性。真空表可以安装在室外，也可集中装于室内。在室外的表要置于牢固的杆或架子上，距地面应有一定的高度，便于保护和读数（图7-4和图7-5）。

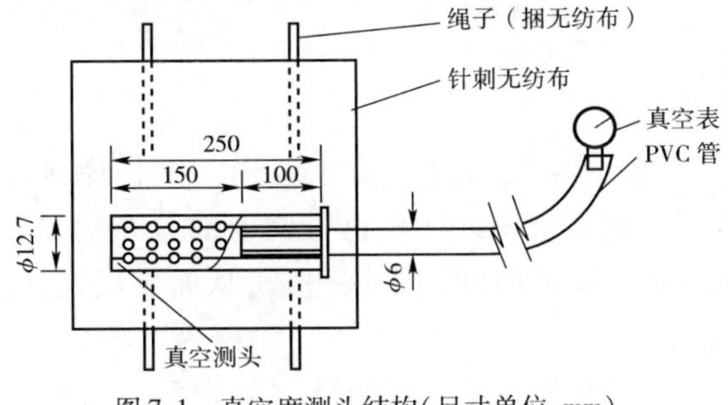

图7-1 真空度测头结构（尺寸单位：mm）

图7-2 真空度测头

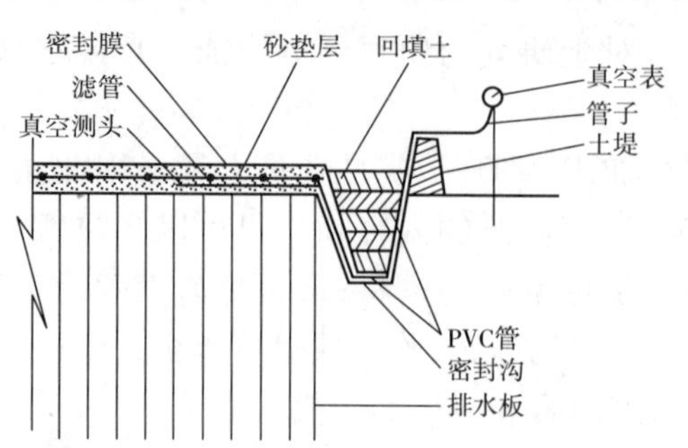

图 7-3　真空度测头过沟埋设示意

图 7-4　现场进行真空度监测

在一块加固面积上,膜下真空度测头最少放置五个,四个角上和中心各放一个。若面积较大,则一般平均每 600 ~ 800m² 放置一个。

图 7-5　现场真空度测头布置

抽气开始的头几天,每隔 2h 测读一次,以便能准确地测出真空压力的上升过程和有利于检查密封情况;当真空压力达到设计要求之后,可每 4 ~ 6h 测读一次,夜里也得测读,并且每次都要做好记录,最后绘制成膜下真空度的时间过程线。

随着真空排水预压法加固软土技术的普及,掌握该技术的队伍也越来越多,市场竞争也越来越激烈,工程中发现有些队伍不诚信,在施工时对真空度的监测存在弄虚作假的情况,有以下表现。一是真空表的初始读数就是 60kPa 或更多,而不是零,稍一抽气就到了 80kPa 以上,给人造成假象——膜下真空度很快就达到设计要求,实际上是没有达到。检查的方法很简单,在现场把表拿下来,检查表的初读数是否为零。二是真空度测头的埋设位置,按要求应该埋在二根滤管中间的砂垫层中,施工队埋在紧靠滤管的砂垫层中、甚至直接放入滤管中,造成测值不真实,结果偏大。三是测头布局不合理,靠中部多、边缘少,不能全面反映加固区的真实情况,也不能知道边缘与中部的差距。

再有一个问题是,真空度的监测似乎是施工单位的事,目前许多第三方监测单位一般都不监测膜下真空度,或直接用施工单位的资料,这是不对的。第三方监测单位虽然监测了膜面沉降、超静孔隙水压力等,但要知道,这些量的发生都是因真空度的存在而产生的,因此对真空度过程的监测是十分重要的,是第三方监测任务中第一位的任务,是分析其他监测资料所不能缺少的信息,也是监督施工单位是否达到设计要求的重要依据,怎么能不监测呢?更不能用施工单位的资料。

7.2.2　垂直排水通道与淤泥中真空度量测

进行这一内容监测的目的有两个,其一,了解真空度沿垂直排水通道中的传递规律,了解真空度在垂直排水通道中的传递损失,从而判断真空荷载在垂直方向上的分布情况、影响深度,判断有效加固深度;其二,了解在淤泥中真空度随时间的发展过程,从而可以判断淤泥的加固效果,判断淤泥土的固结程度。

设在 t 时刻垂直排水通道中深度为 H_1 的真空度测头量测到的真空度为 V_1,而同时刻同深度淤泥中的真空度值为 Z_1；那么，$U_{t1}=Z_1/V_1$，就可以表示在 t 时刻 H_1 深度土体的固结程度。当 Z_1/V_1 越小时，说明该深度处垂直排水通道与淤泥中真空度相差越大，则土体固结程度就低；当 Z_1/V_1 较大时，越接近 1.0，则说明垂直排水通道中与淤泥中真空度越接近，使土体孔隙中的气、水产生流动的压力梯度就越小，就越难流动，则土体固结越接近完成；当它们两者相等时，压力梯度为零，固结也就终止。所以它们的比值可以反映土体深处的固结程度，这对判断加固效果是很有帮助的。

若在 t 时刻在垂直排水通道的另一深度 H_2 处，由于受传递阻力的影响，其量测到的真空度 V_2 不一定与 V_1 相等，此时，测出的淤泥中同深度的真空度 Z_2 也不一定等于 Z_1，但 Z_2/V_2 的比值却可能与 Z_1/V_1 相近或相同。虽然它们的比值比较接近，但是它们是在不同的真空压力水平下达到的，这对分析不同深度的加固效果亦是有益的。

t 时刻垂直排水通道中自深度 H_1 到 H_2 处，真空度从 V_1 变到 V_2，这种变化能反映真空度在垂直排水通道中的传递损失（沿程损失），可用 $(V_1-V_2)/(H_2-H_1)$ 表示。淤泥中同此。

在预埋真空度测头时，对垂直排水通道而言，有袋装砂井和塑料排水板两种，它们都要事先将测头预置于垂直排水通道内。首先，按预先定好的深度在垂直排水通道上量好距离，可以是一个测头置于一根垂直排水通道内，也可以是几个测头同置于一根垂直排水通道的不同深度处。预置时，注意不要把编织袋或土工膜弄破，连接测头的软管在垂直排水通道内要理顺，然后小心地从打设机具套管顶部自上往下放，放到孔口后再小心地将其打入地下。

在淤泥中预埋真空度测头时，一定要注意两点。第一，在平面位置上，淤泥中测头一定要处于垂直排水通道平面布置的几何形心上，对等边三角形布置的垂直排水通道来说，测头处于等边三角形的重心处，对正方形布置的要设在对角线的交叉点上。第二，在垂直方向上，埋设时要尽可能地使埋设钻杆处于铅垂线上，并且在深度上要尽量与垂直排水通道中的相应测头深度一致。因此，埋设前地面孔口高程与经过换算的钻杆长度都要测量得准确才行。只有满足这两点，用淤泥中真空度与垂直排水通道中真空度的比值来判断淤泥的固结程度才比较真实和有实际意义。

另外，对淤泥中真空度测头的埋设方式，一般先钻孔到离设计高程 30～50cm 时停止，然后用恰当的方式将测头放到孔底，再将测头压入淤泥中的设计位置。此时，注意不要将软管拉断或与测头脱离，也要保护测头外的土工布或其他反滤层。最后，用泥球（用带有膨胀性的泥土预先制成，晾干后备用）将钻孔封死。一般一个钻孔只能放置一个淤泥测头，不能在一个钻孔的不同深度分别放置淤泥测头，这是由埋设方法所决定的。否则量测结果是会有误差的，严重时会发生整个钻孔串通的情况，即不同深度的量测值会相同，或没有太多差别。

这两种监测目前做的都不太多，一是技术要求比较高，操作难度大；二是有些测试技术还不太过关，测试结果不太理想，尚需深入研究简便易行的方法。

7.2.3 负超静孔隙水压力量测

在堆载排水预压加固软土地基当中，一般都要在不同深度埋设一些孔隙水压力测头，主要是用来控制填土速率，判断加固土体的整体稳定性；同时，还可根据测出的孔隙水压力随时间的变化过程线,反算土层的固结系数,从而推算该点不同时间的固结度;进而推算土体加固中强度的增长,以确定下一级施加荷载的大小和时刻;最终亦可判定被加固土体的加固效果和加固的终止时刻。

在真空排水预压加固中,由于加固时不需要分级加荷,土体在加荷过程当中也不会出现稳定问题,所以,埋于淤泥土中的孔隙水压力测头的目的就不是控制加荷速率的问题,而是了解土体中有效应力发展变化的情况与过程,这是因为在真空排水预压中产生的超静孔隙水压力不是正的超静水压力,而是负的超静水压力,即是比原静水位还要低的部分。加固中土体的总应力并没有增加,所以量测到的负超静水压力就是增加的有效应力。通过量测,可以知道土体中有效应力随时间的变化过程,也可知道土体中强度增长的情况,同时,也可利用测到的资料作沉降计算和反推土层的固结系数,求得土层的固结度。

在真空排水预压中所用的孔隙水压力计不能用双管式的孔隙水压力仪,因为它们不能适应负压的工作状态。一般目前采用的都是钢弦式孔隙水压力计,见图7-6,它与堆载排水预压法中采用的孔隙水压力计在外形上都是一样的。

在选择钢弦式孔隙水压力计时,量程尽量不要太大,一般在纯真空排水预压加固(没有堆载)的情况下,量程为100~400kPa就够了。因为在理论上真空荷载最大就是100kPa,它相当于10m水深,因此当埋深小于10m时,可用量程100kPa的测头,并且要能量测负压的测头,因为当埋深只有几米时,在抽真空后孔隙水压力绝对值有可能是负值,而埋深为10~20m时,可用200kPa量程的测头,对于埋深大于20m的,可用300~400kPa量程的测头。之所以要这样选择,主要是希望在满足量测范围要求的前提下,取得最大的灵敏度。测头选择好以后,要进行负压和正压情况下的标定,测出测头的初始读数(初始频率),推算出测头的灵敏度系数,并检查测头工作的线性状况及重复性状如何。

建议的埋设位置在平面上应是垂直排水通道间距的几何形心上,在深度上与垂直排水通道中真空度测头的埋设深度相对应,这样便于比较所测得的各种数据。埋设方法最好采用先成孔,将钻孔钻到设计埋深高程之上50cm处,再用压入的方式通过钻杆将测头压到设计高程。在进行这一程序之前,有以下几点要特别注意。

(1)测头上的透水石事前要在水中煮沸40min,以排出透水石中的气泡。

(2)经水煮沸过的透水石冷却后要一直放在该水中,并且要在水中(注意不要与空气接触)装到测头上,此后在进入钻孔前也一直放在水中,并再次量测测头的初值,见图7-6。

(3)如果钻孔中水不满的话,则在钻孔中灌满水至地表,将测头在容器里装入有水的塑料袋中,之后从水中迅速连袋取出放入孔中,测头进入孔中水下后,将塑料袋撕破扔掉,此时再测读测头初读数,并与原测值进行比较。测好后慢慢用钻杆将测头送入孔底,再次测读孔压读数(备查埋深准确与否)。接着将测头压至埋设高程(注意孔口高程和杆长都得事先量测好和计算好,在杆上做好记号,否则埋设的高程是不准确的),赶快量测测头的读数,一般它应等于或大于静水压力值。然后用事先准备好的泥球把钻孔封死。这一过程是很关键与重要的。

(4)此后,在铺膜抽气前,每天对埋设在不同深度的测头进行量测,测值稳定后,将埋设测头处的深度与测头测到的孔隙水压力(即测头反应的地下水位高度)两者绘成相关关系图,如图7-7所示,从图7-7可以判断测头埋设的位置与测头的工作状态是否正常与准确。图7-7是作者在连云港碱厂进行真空排水预压加固时,于埋设孔压测头后、抽气前待测头测值稳定后绘成的关系图,可以看到,测头所处深度的地下静水位高度与量测到的孔隙水压力值基本上呈直线关系。这是检查孔隙水压力测头埋设质量好坏的一个综合体现。当地下水位与地面齐平时,埋深与孔隙水压力之间应是通过坐标原点的一条直线,当地下水位低于地面时,两者之间是一条不通过坐标原点的直线。

图7-6 钢弦式孔隙水压力计

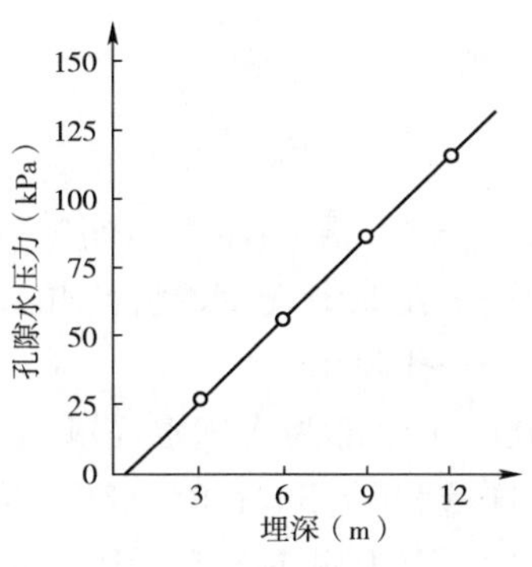

图7-7 孔压与埋深关系图

目前孔隙水压力计的标定与埋设有以下几个问题。

(1)目前孔隙水压力计都是从厂家买来使用,对测头的初始频率和灵敏度系数都是按厂家提供的值使用。目前的厂家大多是一些乡镇企业发展起来的,工艺原始,材料粗劣,产品档次较低,性能不稳定。测头质量难以保证,因此,购回后,最好要根据项目使用情况进行再次标定。在真空预压项目中,对小量程的测头(埋深10m之内的)还需进行负压标定。在缺乏标定设备时,可按图7-8进行简单的测试。即将测头放入装有大于1m深的水中,用频率仪测定各测头反映的水深,如果测试结果测出的水深与实际管中的水深一致,那厂家提供的初始频率和灵敏度系数还可以用,如果出入过大,那这个测头就不能用。作者有过这样的经历,三个测头放入水中,一个测出水深1m,一个是0.8m,一个是0.6m,可见产品质量差到何种程度,如不检测一下,都埋于地下,测试结果是不可能真实可靠的。再有一个情况就是测头埋于地下几天后就测不出数值,大部分是测头引出的电缆线处密封不好,发生漏水,绝缘没有保证。事先将测头放入水中几天,对检查绝缘有点好处,最好是在一定水压下检查才可靠,因此,测头在使用前,进行压力标定是十分重要的程序。

图7-8 孔压计的简单测试

(2)多个测头埋于一个孔中,常常测头之间封堵不好、互相串通,测到的不是软土中出现的超静孔隙水压力,而是地下静水位压力。

(3)埋设前测头上的透水石没有经过煮沸排气,埋设时也没有隔气入水,造成测值不准,一般测值偏小。为什么要煮沸排气,可以看下面的分析。

从土力学原理知道饱和土体在不排水条件下的孔隙压力是由其体积变化的趋势引起

的。以学者斯开普顿(Skempton)为代表的应力理论认为孔隙压力与周围压力和偏应力的关系为:

$$\Delta u = B \cdot \Delta\sigma_3 + A \cdot (\Delta\sigma_1 - \Delta\sigma_3)$$

对于饱和土,孔隙压力系数 $B=1$,它是一个表征土样受到各向相等的压力 $\Delta\sigma_3$ 作用下,引起孔隙水压力增长程度的参数。

斯开普顿(Skempton)给出式(7-1):

$$\Delta u_3 = B \cdot \Delta\sigma_3$$

$$B = \frac{1}{1 + n\dfrac{K_S}{K_W}} \tag{7-1}$$

式中:K_S——土骨架的体积压缩模量;

K_W——孔隙中气、水混合物的体积压缩模量;

n——孔隙率。

当孔隙中全部为无气水充满时,K_W 约为 2×10^6kPa,而 K_S 一般在 $10^3\sim10^4$kPa 之间,所以,在土样饱和时,$B=1.0$。此时,施加的各向均等的侧压力 $\Delta\sigma_3$ 就全部转化为孔隙水压力 Δu_3 的增长;当土样不饱和、孔隙中含有一些气体时,K_W 大大降低(当饱和度 $S_r=0.99$ 时,K_W 降到与 K_S 同一数量级[77]),B 也就小于 1,则施加的 $\Delta\sigma_3$ 就不能完全转变成孔隙水压力 Δu_3 的增长。这就是说,当透水石中有气泡时,透水石孔隙中没被无气水充满,透水石中水的饱和度就将降低,气、水混合物的体积压缩模量就将大大降低,孔隙压力系数 B 也就小于 1,加荷后软土中产生超静孔隙水压力就不能全部传递给测头的承压膜,造成测量出的超静孔隙水压力偏小,会造成误判,给稳定判断带来危险。

(4)在埋设孔压测头时,用一块针刺无纺布包在透水石上,以防透水石堵塞,其实这是多余的。透水石本身在淤泥里是不会被堵塞的,它的结构与颗粒大小具有反淤堵的功能。相反包了无纺布后改变了测头周围介质(泥土)的原有状态,变得比较疏松,而且还会夹带许多空气进入测头周围的泥土和孔隙水中,使测头周围孔隙水变成非饱和状态。当土中产生的超静孔隙水压力传到土工布周围后,超静孔压因遇到非饱和的孔隙水使超静孔隙压力下降,造成测头承压膜测出的超静孔隙水压力偏小。

(5)目前在埋设孔隙水压力计时,有的用砂袋将测头绑于其中,如图 7-9 所示,然后将装有测头的砂袋下沉到钻孔内,回填砂土或泥块,再继续放入第二只砂袋于孔中(图 7-10),依此放入多个。这种埋设违反了监测中的"真实性原则",原来孔压测头应埋在原状淤泥当中,埋设时应最大限度地保持测头周围的状态与原状淤泥一致。在测头周围的介质应是渗透性很差的淤泥,一旦淤泥受到荷载作用发生超静孔隙水压力时,测头能准确反映出泥中产生的超静孔压,测值应是原状淤泥受荷的真实反映。现在,在测头周围的不是淤泥,而是渗透性很好的砂,当渗透性很差的淤泥中产生的超静孔隙水压力,传到渗透性很好的砂袋里时,会立即发生孔隙水压力的消散,导致孔隙水压力降低,此时由测头测出的孔隙水压力变小,没有真实地反映淤泥在荷载作用下孔隙水压力的变化。另外,这种埋设方式,在砂袋中会掺杂很多空气,使测头周围的孔隙水变成非饱和状态,也会使测值偏低。在堆载预压加固或真空联合堆载预压加固中会造成误判,给施工安全带来危险。另外,一孔多个测头如此埋设难以将它们之间隔断、密封好，会造成孔压上下串通，不能正确反映不同性质土层中超静孔压的实际变化。

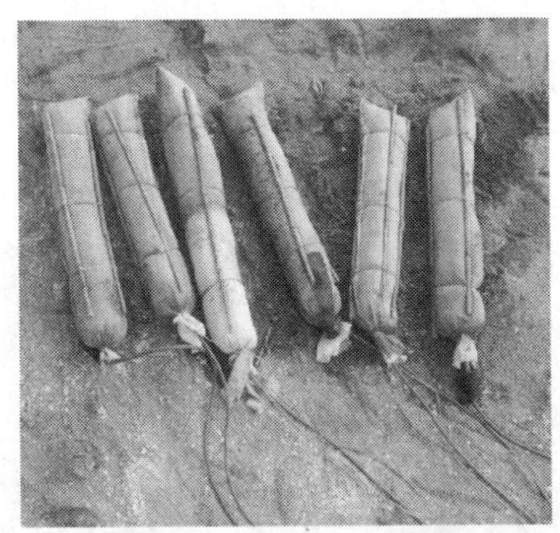
图 7-9　砂袋包裹的孔压计

图 7-10　包裹的孔压计放入孔中

7.2.4　膜表面沉降观测

表面沉降观测一般分施工沉降观测和抽气膜面沉降观测。施工沉降主要指打设垂直排水通道、铺设砂垫层、安装滤管等引起的沉降量，对这部分沉降可先在加固场地预埋几个沉降板，测出它的初读数，然后在完成上述施工后再进行测量，从而可以得到施工沉降量。由于沉降板在上述施工时一不小心会被碰到，所以在施工中对预埋的沉降板应妥善加以保护，做上醒目的标记，同时场地上可多设几点，取其平均值会使得测量结果相对可靠些。

沉降板一般由一块面积 20cm × 20cm、厚度为 5mm 左右的铁板做成，铁板上面中央焊上一个小铁钉，以供测量放塔尺所用。铁板下焊接有两个长约 25cm 的“耳朵”，埋设时，将“耳朵”插入地下，防止铁板移动。

抽气膜面沉降观测是在铺好的薄膜上、预先放置一些沉降标来完成的。每 500 ~ 800m^2 放置一个，施放位置最好能比较均匀，以便测得的沉降量的平均值能较真实地反映实际情况，因此，沉降标在加固区的边缘、中心及中间部分都得有。另外，在加固区外，在距加固区的不同距离上也放几个沉降标，以了解加固对其外围的影响程度和影响范围；尤其在邻近加固区还存在已建好的建筑物的情况下。在加固面积相对较小的情况下，沉降标数量也可以每 200 ~ 300m^2 放置一个。

沉降标的基本结构形式如图 7-11 和图 7-12 所示。其材质以钢的较好，整体结构要求平稳，具有一定的抗风能力，能经受风吹雨打的考验。放置时其底座下要垫一些软的材料，如麻袋、土工布或编织布一类，以防弄破薄膜。沉降标下的砂垫层应尽量密实、平整。在沿海或风大的地区，还要在底座上放置一些压重，增加其稳定性。对于沉降标标杆上的刻度尺，在放置时应对准以后量测时架水准仪的方向；应事先对刻度尺的量程范围进行估计，按照估计的加固沉降量来选定尺子的长度和标杆的高度。这一点与常规堆载排水预压法加固中是不同的，在堆载排水预压中沉降标的量测是由测工将水准尺架于杆顶来进行的，而且随着填土的不断上升，沉降杆要接长，由于测站可以变换，测量人员始终便于操作。而在真空排水预压加固中，一般膜上要覆水，尤其是覆水较深时，测量人员不易走到膜上去放水准尺，而且在沉降量较大情况下，杆长就要准备很长，杆周围没有东西护住，将水准尺放在沉降杆顶上进行测量,沉降杆晃动就会较大,水准尺也不易放稳,影响量测精度;再就是量测人员每天上去对膜的保护也不利,所以,一般将刻度尺事先焊接在沉降杆上,最好是用不锈钢尺或烤瓷刻度尺。考虑通视条件,在加固区外边固定1~3个观测平台,每次将水准仪架于此进行观测(图7-13)。当然得在距加固区较远的地方设立一个基本不受加固影响的后视点。对后视点高程得经常复核,以保证量测精度。

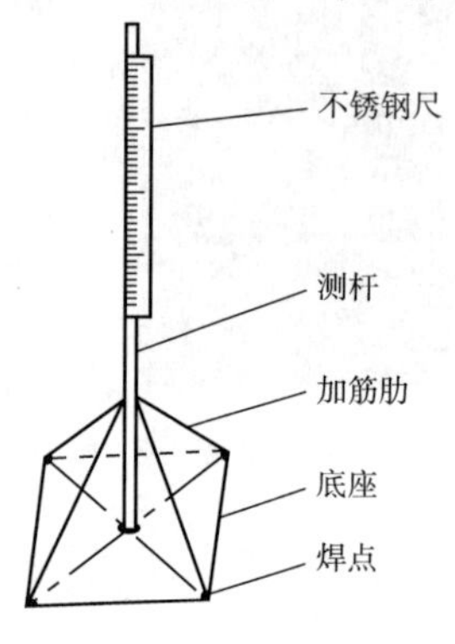

图7-11　沉降标结构图

图7-12　膜面上的沉降标

膜面沉降初值观测要在沉降标放后、抽气以前进行,若此后仍有几天没有抽气,那最好每天都测一次,以便复核;在抽气开始后刚进行的几小时就得进行量测,因为会发现此时沉降量很大,但这些量测值中有相当一部分可能是砂垫层中因砂粒结构调整、膜被拉紧等原因造成的,有可能不是地基真正的沉降。所以多量测几次初值、测准初值会有利于对这部分情况的判断。

图7-13　沉降观测平台

另外,在中止施工沉降观测、到膜面沉降观测开始的这段时间是观测中止的一个短暂时段,是由施工原因造成的。但客观上,在垂直排水通道打设以后、砂垫层、滤管等铺就好情况下,在这段短暂时间里还是会发生一点沉降的,对该部分如何估计,在现场主要靠对具体情况的分析判断了。当然,若加固区此时已埋好了深层沉降观测装置,那对这一部分是可以做出一些相对准确的估计的。

加固区一旦开始抽真空,那膜面沉降测量也就正式开始,而且自始至终不能停。抽真空初期一般每天测量一次,等沉降量发展到一定程度,如沉降速率小于2.0mm/d时,可2~3d测一次;若沉降速率减缓到1.0mm/d及以下时,可3~5d测一次。测量的频度还与量测的精度有关,若量测精度只能准确读到±1.0mm/d,那在沉降速率接近1.0mm/d时,每天进行测量,其量测结果与量测误差同处在一个量级,其结果是没有意义的。只有3~5d测一次,量测结果才较可靠。测量时希望能建立三等水准进行量测,读数能准确到±1.0mm/d。测量时,若发现量测结果有异常情况,一般第二天应进行补测并检查,找出异常发生的原因,及时加以纠正。

在加固结束、停止抽真空时,要进行膜面回弹观测,一般连续进行几天,直到垂直排水通道及淤泥中真空度接近零时为止，图 7-14 为当年连云港碱厂真空预压加固时观测的回弹曲线。若膜面上有覆水，则可在停止抽气的同时放水卸荷，同步观测回弹情况；亦可先停止抽气，进行回弹量测，之后再放水进行回弹观测，以了解它们各自产生的回弹量。当然膜上覆水较浅，仅几十厘米时，则没有必要这样做，可以节省一点时间。

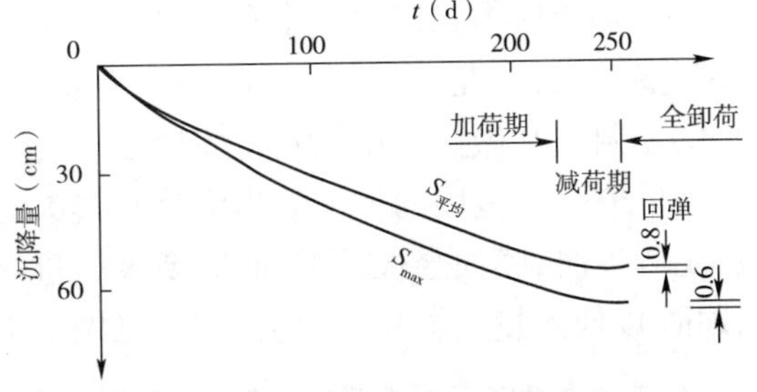

图 7-14 停抽回弹量观测曲线

除此之外，回弹观测结束之后，还可以将膜面人为划成方格网，进行膜面整个区域表面沉降变形的量测，如图 7-15 所示（加固前先得进行网格初值的量测），绘出等沉线（图7-16）。它可以帮助我们进一步分析、判断加固效果。

沉降观测目前在观测技术上没有多大问题，都比较成熟。问题主要存在于沉降标的布设上，由于在分析观测结果时，常常用各个沉降标的算术平均值来表征加固效果。算术平均值的大小就与沉降标的布设位置有关，同样数量的沉降标，由于摆放位置的不同，所得平均沉降量会有差别。靠加固区边缘摆放的沉降标相对较多时，表征加固沉降的平均值就会显得较小；反之，平均沉降量就会较大，加固效果就会显示的较好。特别当加固面积较大时，这种差别会更加明显，给判断加固效果带来一定影响。为了克服这种人为引起的误差，在监测前对沉降标的布设应尽量做到均衡，一是每个沉降标代表的面积基本一样，二是注意摆放在加固区中部的沉降标数量与加固区边缘沉降标数量基本相等（对取算术平均值而言）。以作者的经验，加固区边缘的概念常指距加固区边界 5 ~ 8m 的地带，其余可视为加固区的中部，目前一般沉降标布置的数量偏边缘较多。

图 7-15 加固后进行膜面等沉线测量

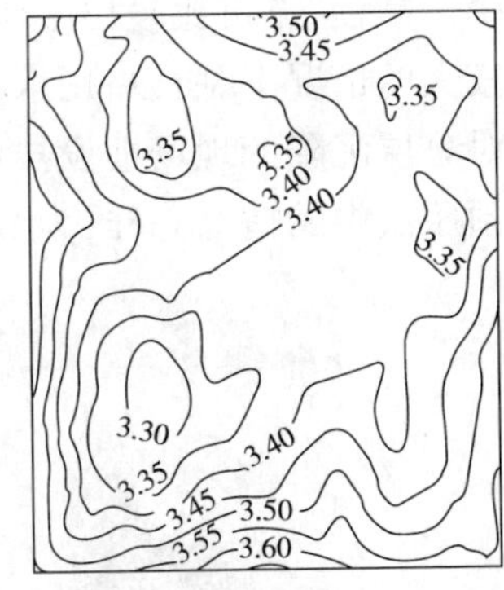

图 7-16 加固后膜面等沉线图

7.2.5 土层深部沉降观测

土体深层沉降就是在加固区内（一般位于中央）钻一个深孔，在孔内土体的不同深度上埋置一些测量环。如图 7-17 所示，在加固过程当中，土体发生压缩沉降，这些钢环也随着一起下降，当我们在不同时间测量时，就可以得到不同深度的土层在加固过程中的沉降过程曲线。也可从中了解到各土层的压缩情况，可以判断加固达到的有效深度及各个深度土层的固结程度，也可以为沉降计算的研究以及设计提供验证的资料。

作为膜面沉降观测的补充,在每一次加固中不一定都要设立该观测项目。在需要深入了解加固效果和做一定的研究时,或在本地区尚未有成功经验的情况下,可以设立该观测项目。由于该观测项目具有一定的难度,埋设工作不容易做好,加上所需费用较大,因此,一般在一个加固区内只设立一个观测孔。与堆载排水预压法不同,该观测所用沉降管也是需要穿过膜面的,因此,也存在一个膜面沉降管周围的密封问题,所以在设置时一定要做好出膜口的密封。其做法是用胶水将膜紧贴于管壁,贴时留有一定的富余,以便让膜面随加固的进行而能有一定范围的伸缩。当沉降量过大时,由于沉降管一般不随土层沉降而下沉,所以到一定程度时,膜面会被拉裂,此时要及时进行修补。在管周围一般做一个小围堰并搭一个小栈桥,以便测量人员易于上去量测,见图 7-18 和图 7-19。

图 7-17　深层沉降观测用的钢制测量环

图 7-18　现场进行深层沉降测量

量测时也得每次用水准仪量测管口高程,将钢环式沉降仪(图 7-20)量测的相对数据换算成统一高程,方可比较出土层沉降的变化。由于管口高程一般变化较小,尤其在管子入土深度较大的情况下,所以,用水准仪来量测管口高程,精度是能满足要求的。

对分层沉降的现场埋设技术和钢环式沉降仪(图 7-20)的使用方法及注意事项与堆载排水预压法中的情况一样,为节省篇幅,这儿不再赘述。

图 7-19　沉降管出膜处的密封

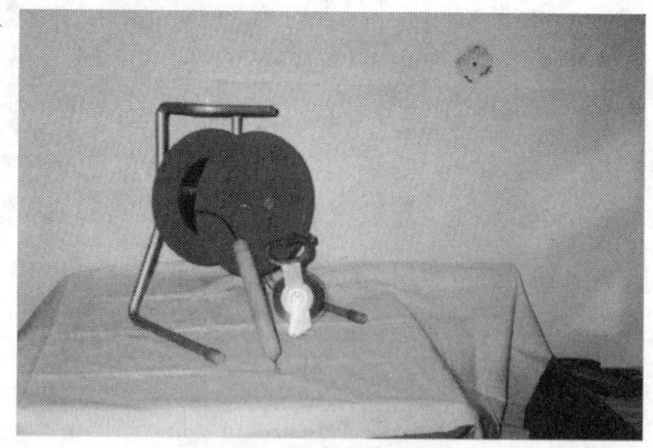

图 7-20　钢环式沉降仪

除上述钻一个孔、在孔内土层中埋设若干个钢环、然后用沉降仪来量测土层深部沉降的方法之外;也可用一组机械式沉降标、分别埋于不同深度的土层上来量测土体的深层沉降,如图 7-21 所示。观测时就如同观测膜面沉降标一样。其好处是量测人员不必每次进入加固区内在水上、膜面上进行量测，其缺点是对每一根沉降标都存在出膜的密封问题，而且要经常留心观测膜面的密封情况。

这种机械式的分层沉降标是先用钻机钻孔，钻到某一土层界面之上，将沉降标标杆与套管(杆下带有一个底座)放入孔中，注意杆与套管之间应有空隙，杆应活动自如，再用泥球将套管与孔壁间间隙回填到地面。对杆质量的控制应尽量与被测土层顶面所受的压力相当，以保证测量结果的真实性。

本观测项目目前最大的问题是埋设技术不合适和磁环的材料有问题。由于埋设技术不过关，磁环材料有问题，使测量结果常常表现出在软土加固中会出现泥土的“拉伸”情况和环的重叠现象，也就是上层土经过加固的下沉量小于下层土的下沉量，这明显是违背客观规律的，是观测数据明显不可靠的表现。出现这一情况的原因主要是在埋设时环不能牢牢的坎入周围的泥土中，导致土层在压缩时，环不能随土层一道向下位移，或上下环由于没坎入土中而下落重叠在一起。导致环重叠现象的原因是环上的三片钢爪太软(图7-22和图7-23)，根本没有弹性，用手指轻轻一弯就变形，三爪埋设前在地面收紧后、到地下已产生塑性变形，三爪根本张不开，无法插入泥土中。

图7-21　机械式分层沉降标

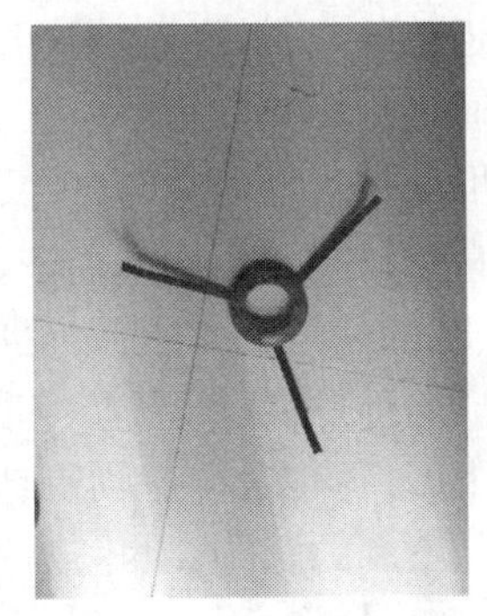

图7-22　钢爪极软的磁环

此外，目前埋设时都将沉降环穿成一串，形成“冰糖葫芦”状，几个或十几个环同时放入钻孔中，然后用力一拉拴好的绳子，若将这十几个环一下子都坎入到钻孔的孔壁泥土中，事实上是做不到的，一方面因磁环脚的材料太软使之不可能牢固的坎入到孔壁的泥土中；另一方面各环之间本应有足够的泥土充填，将环分隔于不同高程的土层中，经穿成一串后就无法做到这一点，因为用于分隔磁环与不同高程的泥球是在这些环都放入钻孔之后再放入的，操作程序的错误使之变得事与愿违。正确的做法应是一个环一个环的放入、埋设，在泥球分隔到预定高程之后，再进行第二个环的埋设，依次埋设到钻孔的最上边。

现在已出现一种新型的深层沉降仪(南京水利科学研究院研制)，如图7-24所示，与原有沉降仪最主要的不同在于磁环和沉降管结构的改进。在该磁环的上下两端焊有弹性十足的三片钢爪，埋设时将环爪先收紧，当放置在钻孔中设定的位置时，在地面将预先拴紧的线绳拉断，环上的钢片迅即弹起，由于钢片弹性很大，钢爪牢牢地坎入孔壁的泥土中，将环固定在孔壁的泥土中，从而使环的埋设变得方便、准确。第二，沉降管不再用回收旧PVC原料制成，改用ABS材料，大大提高管的强度和韧性，在管的接头上有了新的改进，使管的连接方便，接好的管子平顺光滑，十分方便环的埋设，并大大增大了加固中环的上下移动范围，特别适合软土的深层沉降监测。

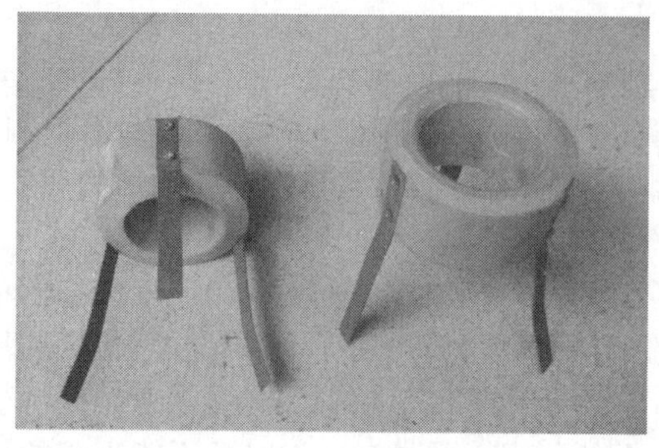

图7-23　弹性极差的三片"钢爪"

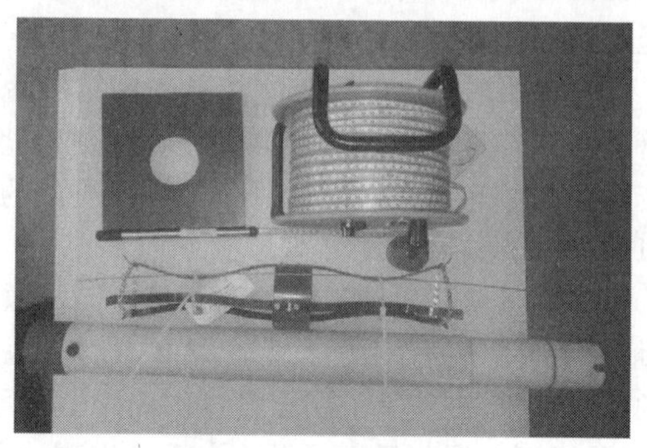

图7-24　新型深层沉降仪

7.2.6　土层深部水平位移观测

本项监测主要是量测土体在加固过程当中的侧向(水平)位移情况,主要是了解土体侧向移动对邻近建筑物的影响,确定真空预压加固的影响范围及了解所采取的保护措施的有效性;另外也可通过土体侧向移动量的大小了解加固的有效深度、影响深度以及对土体垂直变形的影响。在堆载排水预压中,它主要是作为控制加荷速率、保证堆载能安全进行的一种监测手段。而在真空排水预压加固当中,被加固地基不存在稳定问题,地基土的侧向变形是朝向加固区的,呈收缩的趋势,这种收缩变形的结果会在加固区周围出现一些环状裂缝,从靠近加固区边缘处逐渐向外发展(图7-25和图7-26)。此外,真空排水预压的加固也会使邻近地区的地下水位有所下降,这也会引起周围地表面的垂直与水平变位,所有这些对加固区邻近的已有建筑物均会产生不利的影响,因此,监测加固区外土体的侧向位移变化情况就很有必要了。

图7-25　加固区周围出现的裂缝

图7-26　加固中周边出现环状裂缝

一般土体水平位移监测位置设在加固区长边的中轴线上,距离加固区边缘大于5m。如设一个水平位移观测孔则可在5~8m之间;如设两个观测孔则可布置在5m及8~15m之间一个,具体位置要看被加固土体的软硬。对含水率高的土、影响范围要大一些。根据多项工程的测试结果,真空预压加固对周围建筑物不产生损坏性影响的安全范围可定为40m,在《真空预压加固软土地基技术规程》(JTS 147-2—2009)中,规定不宜小于20m,但可能偏小。

量测土体深部水平位移的仪器目前用得较多的是国产活动应变式测斜仪(图7-27)和进口活动伺服加速度式测斜仪。这里着重介绍一下活动应变式测斜仪的使用及需注意的问题。

用测斜仪来观测不同深度土体的侧向变形，其原理是借助于仪器来测量仪器自身轴线（即测斜管轴线）与铅垂线间夹角的变化，由此再通过计算得到土层深度各点水平位移的大小。量测测斜管轴线与铅垂线间的夹角是在测斜仪内进行的，测斜管的横断面见图7-28，该管是经专门模具热拉成型得到，内壁有两对互相垂直的凹槽，作为测斜仪滑轮行走的导向槽。圆管每节长4m，各节间用特制的连接管连接。连接时槽口要对好，不能错位，而且槽口间要平顺光滑，不能在连接部位形成台阶，如果有错台应锉光打磨平顺，让测斜仪滑轮自由通过。测斜管的材质有铝质、高压聚乙烯或聚氯乙烯等。一般在软黏土地基加固中，包括堆载排水预压和真空排水预压在内，从测量的原理可以知道，土体的侧向变形是借助埋于土体中测斜管的变形来量测的。因此，从理论上讲，埋于土体中测斜管应与土体的变形一致，量测的结果才能真正反映土体的水平位移状况。由于测斜管的弹模（刚度）往往比土体大许多，因此，要完全做到这一点一般是不容易的，尤其是在极其软弱的土层中。而堆载排水预压和真空排水预压法的加固对象往往是极其软弱的淤泥或淤泥质土，所以，在测斜管的管材选择上，应尽量选弹模小、柔韧性好的材料。高压聚乙烯就是一种较好的管材，但因为价格和生产批量等原因已很少有单位采用（设计也未硬性要求），现在大部分是用聚氯乙烯料制成的，这种管子在软黏土中刚度太大，土体变形大的地方量测值会偏小，变形小的地方会使测值偏大。用此硬管材测出的软土位移值来预测土体的稳定性，是不安全的。

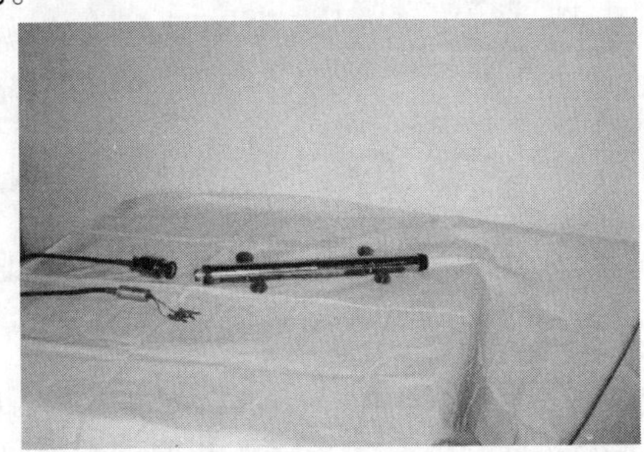

图7-27 国产活动式测斜仪

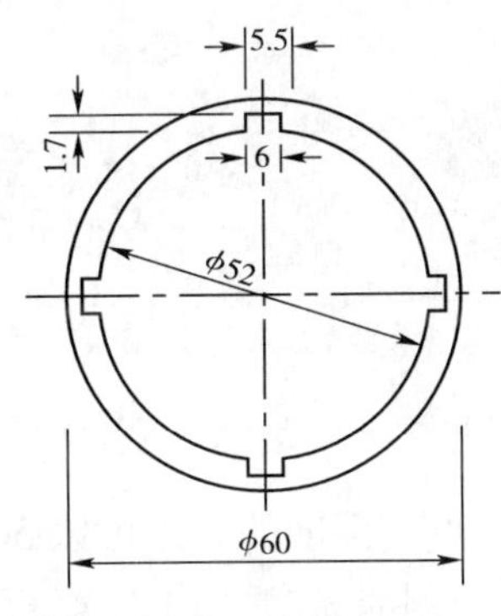

图7-28 测斜管断面图

活动应变式测斜仪目前有25cm长和50cm长的两种。在软黏土地基加固中，由于侧向变形量较大，管子弯曲得厉害，应采用较短的，它能较好地适应地基的变形情况。关于活动应变式测斜仪和测斜管的技术性能如表7-1所示。

活动应变式测斜仪技术性能 表7-1

<table>
<tr><th>仪器部件</th><th colspan="2">测头</th><th colspan="2">测斜管</th></tr>
<tr><td rowspan="6">技术性能</td><td>量程</td><td>±5°～±10°</td><td>材质</td><td>高压聚乙烯连续挤压成型圆管</td></tr>
<tr><td>最小分辨率</td><td>30″～40″</td><td rowspan="2">弹性模量</td><td rowspan="2">150MPa</td></tr>
<tr><td>非线性</td><td><1°%F·S</td></tr>
<tr><td>重复性</td><td><0.2%F·S</td><td colspan="2" rowspan="3">每节管长4m，两端面中心十字形槽转角不大于3°；两对导向槽的基础面的不平行度之差不大于2°</td></tr>
<tr><td>输出横向影响</td><td>≤0.3F·S%/1°</td></tr>
<tr><td>湿度影响</td><td>1～3με/10℃</td></tr>
</table>

续上表

仪器部件	测头	测斜管
外形尺寸	直径×导轮间距 $\phi30\times250$mm $\phi30\times500$mm	外径×壁厚 $\phi60\times4$mm $\phi64\times6$mm

测斜管埋设时采用钻孔法,孔深应使管子下端埋入基本不受加固影响的土层中(指该层土在加固中发生的压缩量很小),以建立一个基本固定不动的嵌固点。钻孔要求垂直,倾斜度应控制在1°以内。测斜管在送入孔中之前要先在地面接好,然后一次放入(图7-29),放入时要注意将管子一个方向的凹槽与加固区的边缘保持垂直,以便能测到可能产生的最大位移。管子放入孔中时,可能地下水的浮力会使管子上升及扭曲,所以要用钻杆将管子吊直并沉入孔底,然后在管子与孔的周围进行回填,回填料可用细砂或与测斜管周围土层相似的土质进行回填(图7-30)。回填时应尽量密实,使测斜管与孔内回填料和土层紧密结合,埋设完成后要静置一段时间方可正式测量。一般在加固前多测几次,用以检查测点测值的稳定性。以上这些都是为了找准加固前土体侧向变形的初始值。

图7-29 埋设预先接好的测斜管

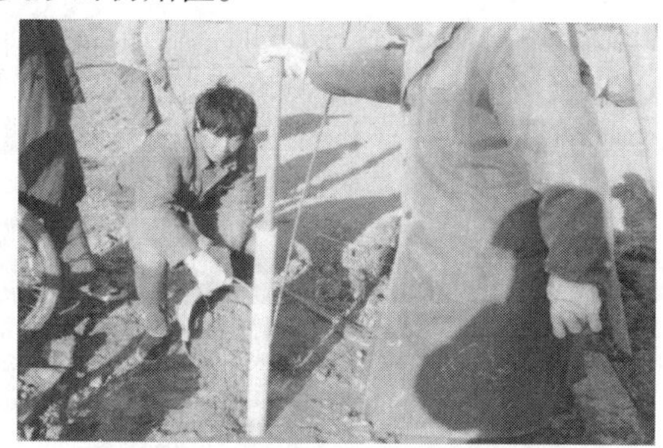
图7-30 钻杆调直正在埋设的测斜管

管内测点沿深度的间距可以50cm设一个。量测有两种方式,一种是测头上除电缆线以外,还有一根测绳,在测绳上定好标尺,以管口为准,自下而上逐点量测,见图7-31;另一种是在制作电缆时,在电缆内加了一根钢丝,只要在电缆上做上标记就可量测,省去了测绳,见图7-32。无论哪种方式量测,都得在正、反两个方向上进行量测,而且每个方向上要进行两次测读才行。这一方面是检查数据的重复性如何,另一方面是消除仪器的量测误差。

图7-31 用配有测绳的测斜仪量测

图7-32 按电缆上刻度测量

由于量测要求得到的是地基土层不同深度的侧向位移量，而测斜仪每次测量到的是土体相对于铅直方向上的变化量，即角度的变化量（图7-33），因钻孔、埋设等原因，不可能将钻孔钻得笔直，所以测斜管在土中的初始量测值就不可能与铅垂线重合，因此，加固中土体水平位移的量测值要减去初值，这一点也是要加以注意的。

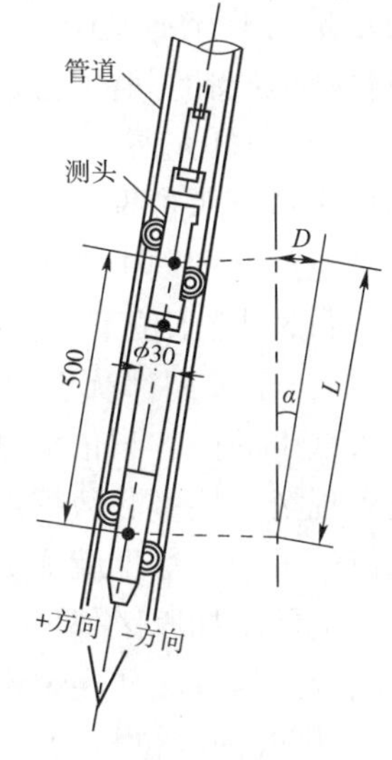

图7-33 水平位移的计算关系（尺寸单位：mm）

随着国力的增强和改革开放步伐的加快，不少国外仪器供应商进入到国内市场，给国内带来许多新的信息和多样化、多功能的仪器设备，一般来说，由于他们的研发和使用历史比较长，现场监测仪器设备的质量好、精度高、性能稳定，但价格较高。在一般的工程项目中使用较少，只有在一些重点工程或国际工程中使用。进口测斜仪有加拿大、美国、英国、瑞士等国生产的，共同点是仪器的核心部分都是由加速度计测量测斜管的倾角，能量测较大的倾角（±53°～±75°）。配备的读数仪数据采集功能强，储存量大，具备多种数据处理功能（如绘图），接口适应面广。有的已配备无线传输系统，为监测自动化的实施奠定基础。所有国外测斜仪其测量的基本原理都与图7-33所示相同，它们都要求埋设的测斜管垂直度不大于3°，这是我们使用中常常被忽略的。详细可参考各厂家的介绍。

目前国内水平位移监测中的主要问题有两方面，一是测斜管的管底埋深不够深，造成在量测时管底也发生移动，使得测出的土体水平位移量比实际发生的土体水平位移要小，给监测预报带来错误的判断，这是很危险的。另一方面是测斜管管材太硬，在软土和超软土的水平位移监测中，测出的水平位移量也比软土实际发生的水平位移量要小，会给工程安危的判断带来错误，同样是危险的。

7.2.7 地下水位观测

真空排水预压加固软黏土地基时进行地下水位观测有两种情况：其一，观测孔设在加固区外，主要了解加固当中加固区对周围地下水位的影响；其二，观测孔设在加固区内膜下，以了解加固区内地下水位的变化规律，为分析加固效果、设计计算提供资料，并为深入研究加固机理提供详实数据。

真空预压加固区内地下水位在加固过程中是上升、还是下降、还是保持不动，长期以来就争执不停，说法各异。朱建才[56]认为膜下水位在抽真空的初始阶段下降较快（实际上认为真空预压中地下水位是下降的），在堆载阶段有所上升，真空与堆载联合阶段逐渐下降到基本稳定的状态，形成一个稳定的渗流场（实际上认为是在负、正压作用下水位下降与上升的平衡，没有说明总体上地下水位是下降还是上升）。明经平博士[57]认为真空预压加固中地下水位不会下降，真空预压的效果只是真空度转化为有效应力的作用效果，不存在真空和降水的双重作用效果（该结论是在有刚性侧限条件下取得的，没反映现场的边界实际状况）。龚晓楠院士[58]等提出真空预压过程中持续的抽气抽水将使地基中的地下水位下降，直到预压地基周围的补充水和排出水达到一个动态平衡为止（笔者认为这一结论是正确的，地下水位总的应是下降的。龚晓楠院士考虑了加固区内外水量的交换,达到动态平衡为止。笔者认为水量的补充不仅仅来自加固区周围的边界,还来自于加固区内土体不断地固结压密排水,特别是随着时间的延续,深部软土不断固结压密的排水,因此这种动态平衡是不断被打破、又被新的补充所平衡,水位是在这种平衡中不断的下降)。胡珩[59]经过室内试验得出真空预压中地下水位保持不变的结论(还不清楚具体的试验条件)。李宁等[60]通过室内试验,得出真空预压加固中地下水位下降的结论,提出地下水位下降值与土的渗透系数密切相关,渗透系数越小,水位下降值越大(笔者同意加固中地下水位下降这一结论,尚需现场实测值的支撑)。学者们都认识到地下水位在真空预压加固过程中的变化是研究真空预压加固机理不可缺少的内容与依据,所以学者才如此重视这一课题。上述代表性的研究成果基本没有得到现场直接量测数据的支持,因此,都还没有一个说法被大家完全接受。这使得研究地下水位的量测方法也就成为另一个重要的课题。

真空预压加固区外地下水位的量测孔埋设和观测要求与常规堆载预压加固时的相同。而加固区内的量测孔在埋设和观测方面与常规有原则上的不同,首先观测管管口不能穿出膜外,否则管内水位与大气相通,这时测量结果反映的就不是膜下被加固土体的负压状态下的水位,而是大气状态下的地下水位。所以,应该将管口埋于膜下,并将管口密封,使管内水位能反映土体中该深度的负压状态。在平面位置上,该地下水位观测孔不能与打设的垂直排水通道重合,因为垂直排水通道内的水位不是膜下土中真正的地下水位。由此可以看出,在量测上就不能用常规的水位计测量,尽管不少人对此做了研究,但至今还没有一种简便易行的测量手段。有的采用浮筒式,有的采用开膜迅速量测,有的量测孔隙压力配上真空度数据计算等,但都不方便和准确。发展电测的方式是一条出路,笔者建议具体方法可以用金属钽丝通过量测其电容的变化来量测,或是用其他金属丝的电阻变化来反映。

7.2.8 监测资料的整理和应用

现场监测资料的整理要满足三条原则。

第一是适时性原则。即及时监测及时整理,资料的整理要紧紧跟随着工程的进行,不能测后一放,等待日后整理、分析。要把工程中出现的异常变化和关键时刻及时的整理、展示出来,资料要及时为真空预压的工程质量和工程安全服务。

第二是真实性原则。即所有资料都应如实保存和展示,真实地反映真空预压全过程中软土经受的荷载大小、产生的有效应力与压缩和侧向变形的发生、发展。

第三是相关性原则。资料的整理不能单一化,不能就事论事。目前很多监测报告就像摆地摊一样,依孔隙水压力、地表沉降、水平位移等一样一样的罗列,在这些资料的展示中只有一种曲线,如沉降、孔压曲线,根本看不到与之相关、决定其变化的真空度过程线。要知道真空预压加固过程中,负超静孔隙水压力的产生、地表沉降的出现都是由于真空度的存在,它们的起伏、变化都与真空度的变化分不开。在分析负超静孔隙水压力、地表沉降的变化时,首先就得关注真空度的变化,孤立地整理孔压等资料是找不到问题出现的真正原因。因此,在整理孔压、沉降、水平位移等资料时,一定将荷载也一同绘上,要满足它们之间的相关关系。

真空预压加固中监测资料对工程而言,主要用于以下几种问题的分析与判断。

第一,推算加固发生的最终沉降量及沉降速率的发展趋势和工后沉降量大小。

第二，推算地基深层软土的压缩程度及工后沉降的主要层位。

第三，判断被加固地基的固结程度。

第四，推算地基强度的增长和具有的承载力。

第五，判断真空预压加固软土地基对邻近建筑物的影响程度和影响范围。

第六，了解地下水位降低对周围建筑物的影响。

当然，监测资料还有多种用途，可用于停抽标准的研究，可用于加固机理的深入研究，可用于设计计算方法的论证等，关键就看实施者如何发掘监测资料的功用。

7.3 加固效果的检验

加固的目的主要是增加土体的强度、提高建筑物的稳定性和减小建筑物使用期的沉降量，加固效果的检验也是围绕这几方面来进行，一般来说有以下几项内容。

7.3.1 钻孔取土的室内试验分析

在加固区的同一地点，于加固前、后分别钻孔取土，在室内，对土样进行试验分析，测定土性的变化，从而进行比较。测定的项目主要有含水率、密度、孔隙比、压缩性指标等。

由于真空排水预压的加固对象一般是软弱的淤泥或淤泥质黏土，其天然含水率很高而且强度很低，所以钻孔取样时，应尽量避免扰动土样，并应采用薄壁取土器来取土，以保证取土质量。

在对以上项目的试验分析中，可以了解到土体加固前后物理力学性的变化大小，可以间接知道土体强度与压缩性的改善程度。其中，含水率、孔隙比和十字板强度的变化比较灵敏，压缩性次之，密度变化不十分灵敏。

目前，在现场取土的问题上，用真空预压方法在加固一些极软弱淤泥土或吹填土后，现场不用钻机，而用人工，不用薄壁取土器而用一根铁管来取土（图7-34），这是不正确的，取土深度也只有50cm，再深也没有能力了（人没有那么大的力气）。取上来的土扰动很大，也是用非常规手段将泥从管内推出，根本不能做密度和力学试验，只能做含水率、颗分和液、塑限。钻孔取土质量好坏关系到室内试验成果的准确性，关系到能否如实反映加固效果，关系到提供给工程决策的依据是否可靠，也关系到为科研提供资料的真实性，还是应该按国家规范要求去做，用正规的钻机（图7-35）、用国家定型生产的薄壁取土器取土。

图7-34 不正确的取土方式

图7-35 用钻机取土

7.3.2 现场十字板剪切试验

对软黏土强度来说,现场十字板剪切试验是一项比较能灵敏反映软土强度的测试手段,它能比较准确直观地反映土体强度的变化,是判断土体强度增长最常用的方法,在比较软弱的地基上可用轻便式十字板剪力仪测定(图7-36),在真空排水预压加固中应为必做项目。

一般测试时沿深度每米做一个测点,可以得到自地面向下沿深度的十字板强度变化曲线,加固前后就有两条曲线(图7-37),从而可以比较加固的效果。若要以此推算整个加固地层的承载力时,可取整个深度十字板强度的小值平均值来计算。即先将上、下十字板强度取算术平均值,然后将小于等于平均值的数据再行平均,以此乘以3.14来推算整个地层的平均允许承载力。之所以这样推算是基于地基承载力计算公式和以往的经验,多项工程的实践告诉我们推算结果基本合理,稍偏于安全。

图7-36 轻便电测十字板剪力仪

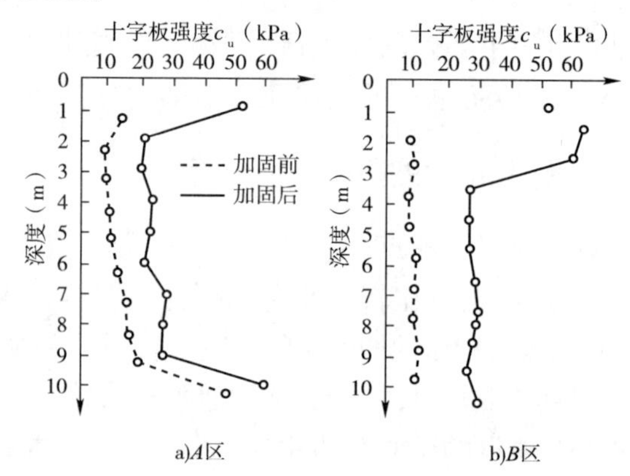

图7-37 加固前后十字板强度比较

7.3.3 现场大型平板载荷试验

目前,一般真空预压加固工程都要求施做平板载荷试验,荷载板的面积基本为0.5m²,从土力学理论的应力分布规律(等应力线)可知,荷载板的有效影响深度仅是板宽度的2倍左右,也就是试验结果反映的是自荷载板面向下1.5m深软土的承载力,不能反映整个加固深度软土的强度状况,而且载荷试验费时、费工、费钱,所以建议非必要、可不做,但一定要做十字板剪切检验,它能准确反映软土强度的变化。

在有可能或研究需要的情况下,可以做一下平板载荷试验,但面积不能太小,平板面积可以是1.0m×1.0m或2.0m×2.0m或3.0m×3.0m(图7-38,是3m×3.0m)。可以直接了解土层上部地基承载力的增长情况,该项试验对那些上部结构面积较大的情况比较合适,如污水池、沉淀池等。

施作试验的具体要求可参见有关专门规定,但加荷应采用慢速法。在运用载荷试验曲线推求地基承载力时,方法也有多种,可参见相关文献。但按作者的经验,最好同时用几个不同的方法对得到的资料进行分析,推求地基的承载力。这些结果会有差异,可在这些结果中选择比较接近的几个数值进行综合比较分析,最终确定,可能是比较可靠的办法。如果由荷载曲线(俗称$P-S$曲线)按荷载板宽度来推算地基承载力时,建议以0.012~0.015倍荷载板宽度来查找较为合适,若按 0.02 倍板宽来推求,那么,得到的值会偏大,其结果可能偏于危险。图 7-39 是用增量法推求的地基承载力,即在各级荷载下,板的下沉增量与荷载增量比值绘出试验曲线,以第一个拐点所对应的荷载作为地基承载力。

图 7-38 3.0m×3.0m 的大型载荷试验

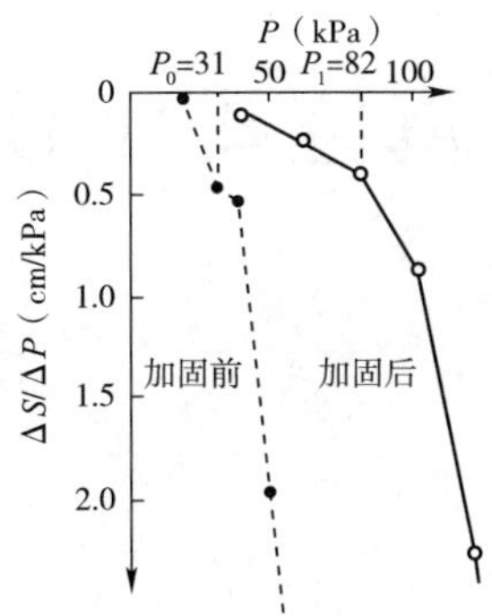

图 7-39 增量法判定地基承载力

8　真空排水预压法与其他方法的联合应用

8.1　概　　述

10 年来，真空预压技术在国内外得到广泛的应用和飞速的发展，真空预压技术已被大量应用于各领域、各行业建筑物的软土地基处理中。从单一的使用真空荷载加固软基发展到广泛与堆载联合进行加固，还创造性地与强夯法联合加固；从原本主要解决软基的稳定问题变成深厚软基工后沉降控制的有力手段；从较多用于处理大于 20m 厚淤泥层的加固，发展到对厚度近 40m 的淤泥质土，取得良好的加固效果；从国内的软土加固延伸到国外承包工程的软基处理；从主要用于沿海多年沉积的淤泥、淤泥质土扩展到用于新近吹填的疏浚土。真空预压加固技术运用的 10 年来，得到突飞猛进的发展。本章从真空预压法与其他方法的联合应用、真空预压法功能的提高和使用范围的扩大几方面阐述这种发展。

任何一个加固方法都有它的长处和短处，都不是万能的，有它的适用范围。如何扬长避短、取长补短都是一个设计者和研究人员应该考虑的。作者于 1986 年在文献[4]中就提出开展联合加固技术的研究，也是基于这样一个出发点。

从前面的叙述中已经了解到，真空排水预压法在加固软黏土地基方面有它不少独特的优点，如加固中不存在地基的稳定问题、工期短、造价低等；然而也有它的不足，如它施加的荷载最大只有 100kPa，这往往也就需要用其他方法来弥补；可是从其他一些加固方法来看，也常常要运用真空排水预压法的特长来对其进行补充，如作为超载或在极软的地基上先进行真空排水预压法的处理等。特别在高速公路建设中，将真空荷载作为路堤自载预压方案中的超载是有特别效果的；另外，在海淤土上，先用真空排水预压法对软土进行加固，之后再打预制桩等都解决了原有加固方法的不足（本书第 4 章 4.3 节）。正因为如此，目前真空排水预压加固软基的方法正越来越广泛地与其他加固方法联合使用，以解决工程中的一些特殊问题。本章只是列举了一些代表性的工程实例，相信以后还会涌现出更多更好的联合加固方法来。

在运用真空排水预压法对软弱地基进行联合加固时，作者认为要考虑以下使用原则，否则联合加固可能意义不大。这些原则是：

（1）在技术上能发挥本法的长处。具体说就是发挥真空排水预压法加荷快、加荷过程中无需担心地基会发生失稳的长处，以及能在超软弱地基上进行施工的特点。

(2)在经济上尽量做到造价低、费用省。本法的长处主要表现在施加荷载时不是真正的实物,而是利用了取之不尽的"大气"作荷载,对那些缺乏荷载的地区和加、卸载困难的工程,在经济上可能就显得比较突出。

(3)在施工时间上能突出快速高效。本法省去了堆荷、卸荷的时间,省去了等待土体强度增长后再继续加荷的时间,荷载可以一次到位,这对加快施工速度是十分有利的。

按照这些原则目前已实施过的联合加固方法有以下四种:与振冲碎石桩法的联合加固;与堆载排水预压法的联合加固;与自载预压法的联合加固;与强夯法的联合加固。

8.2 真空排水预压法与振冲碎石桩的联合加固

真空排水预压与振冲碎石桩这两种加固方法是两种性质不同的加固软土地基的方法。前者属排水固结的方法,它是在不改变土体内部成分,通过降低土体含水率,提高土体内部的密度而达到改良软土的目的的,它可以在很软的地基上进行施工、加固;而后者本质上是在原有土体内添加坚硬的碎石,同时置换掉一部分原有的软弱土层并形成柱体,与原有土体组成复合地基,从而达到对原有软弱地基进行改良的目的。后者要实现这一目的,必须是改良后土体中的碎石桩能与原有的土体共同工作,两者是相辅相成、相互支持、相互依赖的,只有如此,加固后的地基才可能具有较高的承载力。也就是说,在软弱地层中的碎石桩要发挥作用,那碎石桩桩体周围必须要有软土作很好的依托,这就要求软土有一定的强度才能使碎石桩桩体发挥核心与中坚作用。所以,一般在采用碎石桩加固软土地基时,要求地基的天然十字板强度达到20kPa以上,否则,加固可能会达不到预期的效果。

本文介绍的实例是在天津新港地区,它的软土层未经加固时,含水率为40%~58%,6~8m厚,其无侧限抗压强度仅为12~23kPa,甚至更低,碎石桩的成桩性较差,因此不能直接采用碎石桩这一加固方法。但是采用真空排水预压法加固是可行的,可惜预压荷载较小,仅为80kPa左右,加固后地基的承载力只能达到100kPa左右,不能满足使用荷载150kPa的要求,因此,在这种情况下,采用了真空排水预压法与碎石桩联合加固的方法,两者在技术上可以互相取长补短。在采用了联合加固的处理方法以后,最终使地基的承载力达到200kPa,达到了预期的要求。下面介绍这一工程实例。

天然未处理地层分为六层,它们依次为:

(1)表层为3m厚的新近填土,属亚黏土,呈软塑状态,含水率为43%~47%,无侧限抗压强度q_u=33kPa。

(2)第二层为约2.5m厚的吹填土,属于海底淤泥土,因极软未取到土样。

(3)第三层为约2.5m厚的淤泥与淤泥质亚黏土互层,呈流塑状态,含水率为40%~58%,无侧限抗压强度q_u=12.4~23.2kPa。

(4)第四层为约4m厚的淤泥,呈流塑状态,含水率为58%,无侧限抗压强度q_u=32.6~35kPa。

(5)第五层为约2.5m厚的淤泥质黏土,呈软塑状态,含水率为44%。

(6)第六层为约3m厚的亚黏土层,呈中塑状态,再往下为较密实的亚砂土层。

沿深度土层性质变化见柱状图8-1。

试验场地先进行真空预压加固,然后再进行碎石桩加固处理。真空预压加固时膜下真空度为600mmHg左右,经排水预压加固后,原土体强度有了较大幅度的提高。十字板强度现场检测结果列于表8-1中。表中数值都按小值平均来取值的,可惜只检测到11m深处。

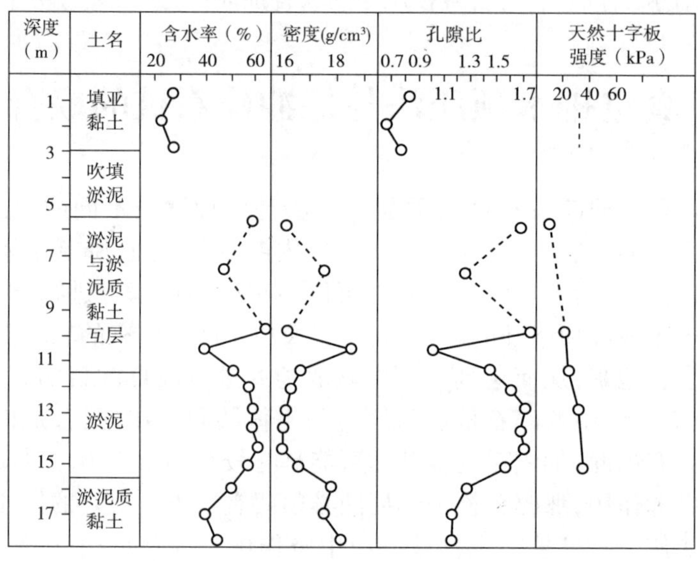

图8-1 土层物理力学性质柱状图

真空排水预压加固后土体强度的变化 表8-1

土名	深度(m)	十字板强度(kPa)		强度增加值(kPa)	强度增长率(%)
		加固前	加固后		
回填土	0~2	33	60	27	82
吹填淤泥	2~5	11	26	15	136
淤泥与淤泥质亚黏土互层	5~11	23.2	60	36.8	158
强度的加权平均值		21.7	45.3	23.6	108.8

在经真空预压加固过的场地中取10m×10m的试验区,以1.3m×1.3m正方形的间距打设碎石桩,桩体分别插入到原来的袋装砂井间隙中,共有64根碎石桩,置换率为0.297,所有的桩位见图8-2。

施工结束后在现场做了两组大型载荷试验,大型载荷试验平面布置见图8-3,试验参数见表8-2。

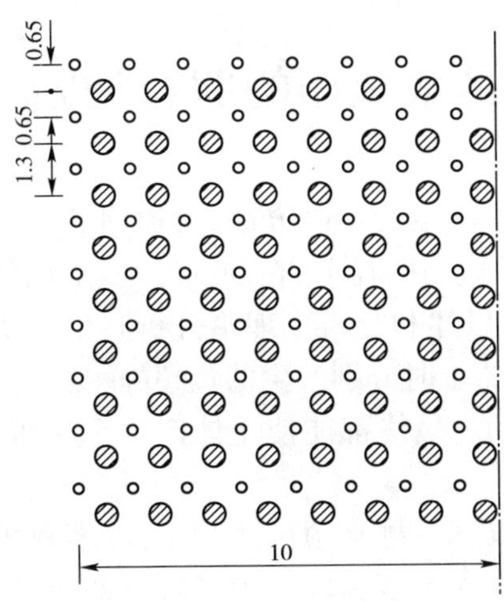

图 8-2 碎石桩桩位布置图(尺寸单位:m)

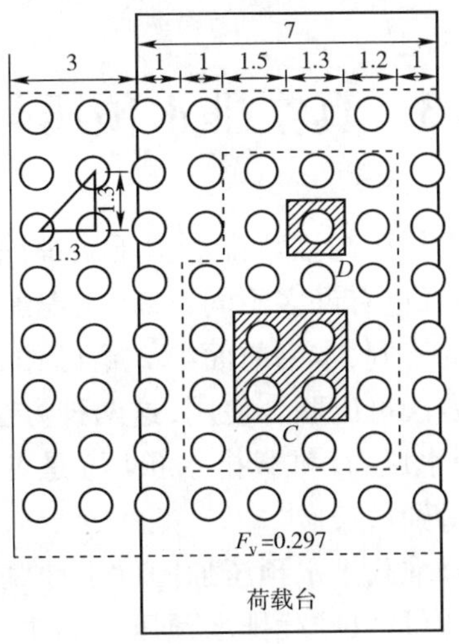

图 8-3 大型载荷试验平面布置图(尺寸单位:m)

大型载荷试验参数

表 8-2

碎石桩置换率(%)	试验组编号	荷载板尺寸(m^2)	碎石桩长度(m)	荷载板下桩根数
29.7	*C*	2.6×2.6	10	4
	D	1.3×1.3	10	1

大型载荷试验采用千斤顶加荷,在荷载台上堆放混凝土预制件,作为千斤顶的反力,沉降量用游标卡尺固定在支架上量测。荷载分级施加,沉降稳定标准为 0.25mm/h,每隔 0.5h 测读一次沉降量。

试验结果将应力 P 与沉降量 S 绘成相关曲线,如图 8-4 所示。限于现场条件试验均未达到极限荷载,曲线都未出现明显的转折点,参照振冲法的经验,对黏性土地基可以取沉降量 $S=0.02B$(板宽)对应的荷载作为复合地基的允许承载力[R]。

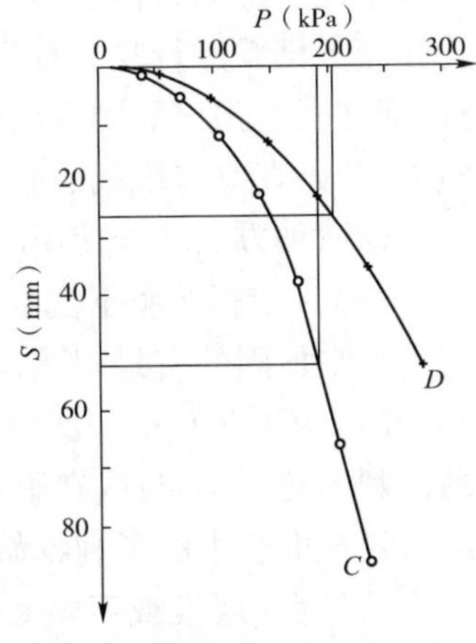

图 8-4 大型载荷试验的 $P-S$ 曲线

大型载荷试验结果如表 8-3 所示。

试验场地的天然地基许可承载力约为 60kPa,经过真空排水预压加固后地基许可承载力达到 130kPa,再联合碎石桩加固,地基的许可承载力达到 200kPa,超过了地基承载力要达到 150kPa 的要求。显然,真空预压联合碎石桩加固达到了预期的目的。与混凝土桩相比,其加固费用可节省 1/3。

大型载荷试验结果

表 8-3

试验组编号	*C*(2.6m×2.6m)	*D*(1.3m×1.3m)
$S=0.02B$(mm)	52	26
允许承载力[R](kPa)	194	210

8.3 真空排水预压与堆载排水预压的联合加固

真空排水预压与堆载排水预压法都同属于排水固结的加固方法,其加固的基本原理是相同的,但两者也有许多不同,如在实现加固效果的应力路径上、在加固特征、加固特点等诸方面有很大的不同,本书前面第2章已作了详尽的叙述和分析。理论分析和生产实践都已证明这两种方法可以联合使用,这两种方法在加固软土时分别产生的负超静水压力(真空预压)和正超静水压力(堆载排水预压)是可以叠加的。最终都能使土体产生垂直压缩变形,使土体强度得到增长。

真空联合堆载排水预压加固软土地基可以是以真空排水预压法为主,以堆载排水预压法为辅;也可以是以堆载排水预压法为主,以真空排水预压为辅。为了区分两者,作者在本书里把前者称为真空排水预压与堆载排水预压的联合加固;而把后者称为真空排水预压与自载预压的联合加固。对这一点将在下节中加以介绍。

本节介绍的真空排水预压与堆载预压的联合加固,主要指在运用真空预压加固软基时,常常觉得真空能提供的加固荷载有限,还不满足使用荷载的要求,当要求的加固荷载超过80kPa或90kPa时,那么就可以辅以堆载预压来加以补充,这样一来,地基的加固就能达到要求。这些堆载也许不要再行移走,或者要移走、量也很小,这在经济上就比较合理。

在实施真空排水预压与堆载预压的联合加固时,其施工顺序可以是先在加固场地上进行真空预压加固,直到在真空荷载下沉降变形速率缓慢、被加固的土体有一定的强度之后,再在膜上堆载进行联合加固,如文献[40]介绍的就属于这一种;也可以是两者基本同步进行,即在真空预压加固后的半个月、膜下真空度稳定了并达到设计要求时,进行堆载预压的施工,开始真空与堆载的联合加固。

这两种方法联合使用时,在施工上要注意以下几方面:

(1)一定得等膜下真空度稳定,并达到了设计要求之后才能进行堆载施工,否则,一旦出现了真空加固的密封问题,堆载上去之后就难以处理了。

(2)为了防止第一次堆载过程将密封膜弄破,在堆载前最好在膜下和膜上分别铺一层热黏针刺无纺土工布;或在膜下铺一层热黏针刺无纺布,在膜上铺机织土工布或编织土工布,以防膜被堆载中的尖利物戳破。

(3)第一层堆载不要太厚,最好在50cm左右,先进行人工摊铺,再用机械由近向远逐步推进。需要压实的,逐步由轻到重进行多遍碾压。

(4)堆载时要注意保护膜面上的沉降观测标杆,并在堆载前进行一次测量,以记好堆载前沉降曲线的起点,便于日后对加固效果进行分析。

(5)当堆载中使用的荷载是用水来形成的情况,对在加固区四周的围堰要做好密封与加固,避免溃堰发生。浙江省一污水处理厂的堆载就是用3~4m的膜面覆水来实现的,这种方式加、卸载容易,费用相对也低。然而,在联合加固中曾出现溃堤,膜上覆水一下全泄光的现象。这对加固效果对周围村庄的安全也是一种威胁,施工中一定得十分小心,随时要注意加固中的动态,发现情况及时进行处理。

(6)在一些特殊的地方(如桥头高填土)采用联合加固时,要密切注意对已有构筑物的影响,有条件时能设置一些现场监测手段加强对已有构筑物的监视,以避免一些意外事故发生。在江苏一工程中,由于对真空排水预压会引起加固区外地基土向加固区内移动的程度估计不足,加上又没有设立相应的监测手段,致使加固区边缘的已做好的灌注桩向加固区倾斜达十多厘米,最后采取降低膜下真空度及施加反压措施也不能使桩复位,不得已在新选的地方重新打设灌注桩。

下面介绍三个国内做过的工程实例。

【实例 8-1】 天津新港四港池后方堆场[40]

真空排水预压加固软土地基只能达到相当于 80kPa 左右堆载预压的加固效果,但在天津港区矿石码头堆场要求加固后的地基承载力达到 130kPa,因此就萌发了联合加固的设想。于 1985 年 4 月在港区已进行过真空排水预压处理的地方,选取了 $46.5m \times 54m = 2511m^2$ 的一块面积做真空联合堆载的加固试验。试验场地的地质情况为:

表层是 1m 左右的人工填土,其下有约 2m 厚的人工吹填土,再往下为天然沉积层,具体详见表 8-4。

地基土的物理力学性质 表 8-4

土名	层厚(m)	γ (g/cm^3)	w (%)	e	I_p (%)	I_L (%)	固结快剪	
							φ(°)	c(kPa)
亚黏土	2	1.96	43	0.97	12	2.17	26	11
淤泥夹淤泥质(亚)黏土	3.8	1.60	59(53~62)	1.72	24	1.56	18.5	2
淤泥质黏土夹(亚)黏土	5	1.76	44(34~49)	1.24	18	1.37	13	10
淤泥	4.6	1.67	53(37~56)	1.52	24	1.30	14	5

试验方案要求膜下真空度达到 600mmHg,相当于 80kPa 的荷载,堆载为 3.05m 高的山皮土,相当于 55kPa 的荷载。加固区内设置 3 台射流泵,其中 1 台备用,垂直排水通道为直径 7cm 的袋装砂井,正方形排列,间距 1.5m,长度 10m,在密封膜与堆载之间采取了保护密封膜的措施。

该场地已先行经真空排水预压加固,经过 78d 的抽真空,区内最大沉降量达到 77.7cm,含袋装砂井等施工沉降量 17.4cm。加固后间歇了 4 个月,所以在联合加固前先再抽真空,把已发生的地面回弹压缩到原来的高程,并且在膜下真空度恢复到 600mmHg 时,才施加第一级荷载,开始了真空与堆载的联合加固。25d 后施加第二级荷载,经过 73d 后终止加固,总的堆载时间为 98d。加荷过程如表 8-5 和图 8-5 所示。

堆载加荷过程 表 8-5

加荷级数	荷载(kPa)	加荷时间(d)	间歇时间(d)
第一级	30	8	17
第二级	25	13	60

经过联合加固,总历时 176d,总沉降量达到 131.2cm,其中,由堆载产生的沉降量达 53.5cm。砂井范围内土体固结度达到 86%;土的物理性质与土的强度都发生了很大的变化,具体如图 8-6、图 8-7 和表 8-6 所示。

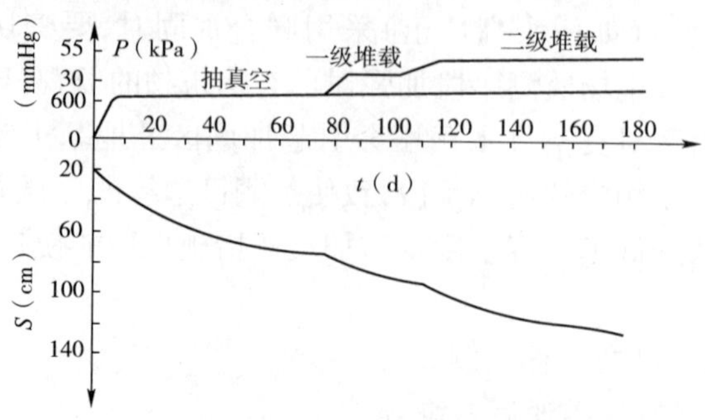

图 8-5 真空联合堆载加荷与沉降关系过程线

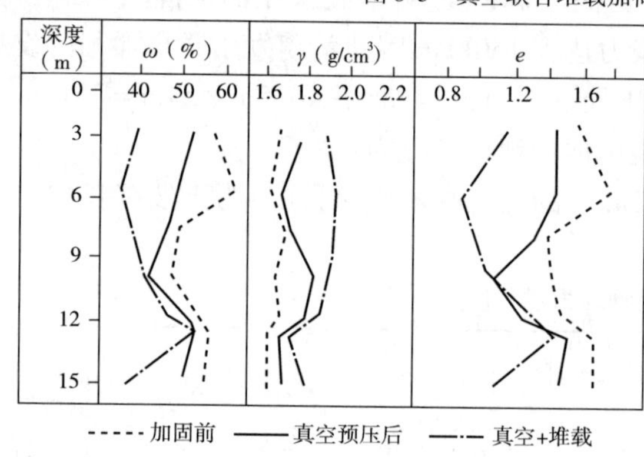

图 8-6 加固前后土性沿深度的变化

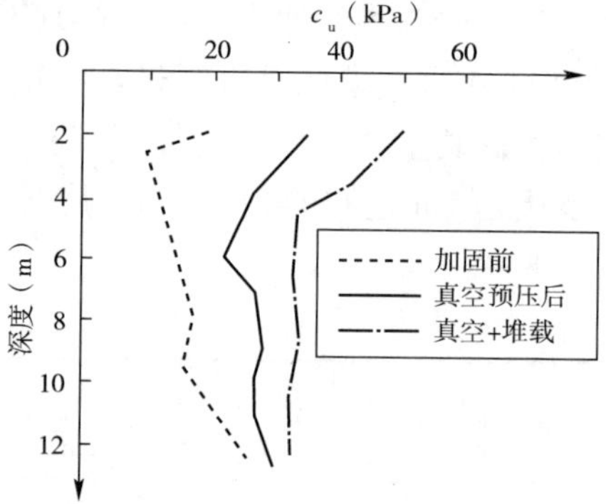

图 8-7 加固前后十字板强度沿深度的变化

加固前后土层十字板强度增长情况 表 8-6

深度(m)	加固前(kPa)(1)	真空预压后(kPa)(2)	真空+堆载(kPa)(3)	[(2)-(1)]/(1)(%)(4)	[(3)-(1)]/(1)(%)(5)	[(3)-(2)]/(2)(%)(6)
2.0~5.8	12	28	40	133	233	43
5.8~10.0	15	27	36	80	140	33
10.0~15.0	23	28	33	22	43	18

大型载荷试验的结果如图 8-8 所示,按 $S=0.02B$(荷载板板宽)在 $P-S$ 曲线上查得允许承载力[R]为 200kPa 和 250kPa(表 8-7)。作者按图 8-8 中(荷载板宽为 2.6m×2.6m 的试验)的数据、以 $P-\Delta S/\Delta P$ 关系来绘制曲线,结果如图 8-9 所示,可以清楚地看到,曲线有两个拐点。曲线的第一拐点对应的荷载应为允许承载力,即 130kPa。这几种分析方法都证明试验达到了预期的效果。

加固前后静载荷试验推算的允许承载力 表 8-7

<table>
<tr><td rowspan="3">项　目</td><td colspan="3">荷载板面积</td></tr>
<tr><td colspan="2">0.5m²</td><td>6.76m²</td></tr>
<tr><td>真空预压前</td><td>真空+堆载预压后</td><td>真空+堆载预压后</td></tr>
<tr><td>允许承载力(kPa)</td><td>74</td><td>250</td><td>200</td></tr>
</table>

上述是我国第一个将真空预压与堆载排水预压联合应用的工程实例,试验取得了成功;

除在技术上、工艺上产生了良好的效果，而且在经济上与真空联合碎石桩及单纯堆载排水预压法相比也是经济的。按当时天津地区的价格计算，比前者相比节省57%，与后者相比降低16%。

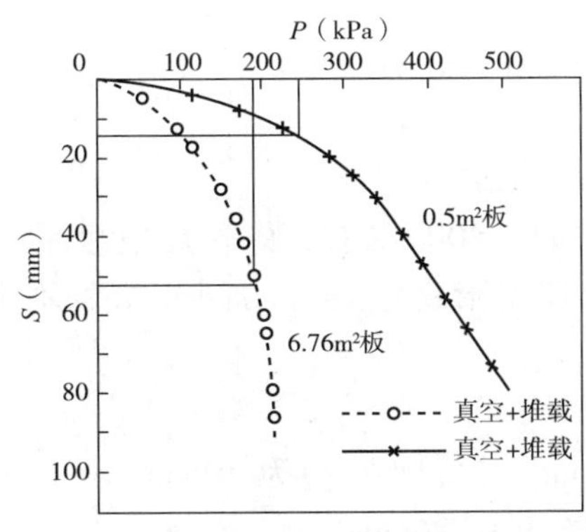

图8-8　真空联合堆载加固后大型载荷试验曲线

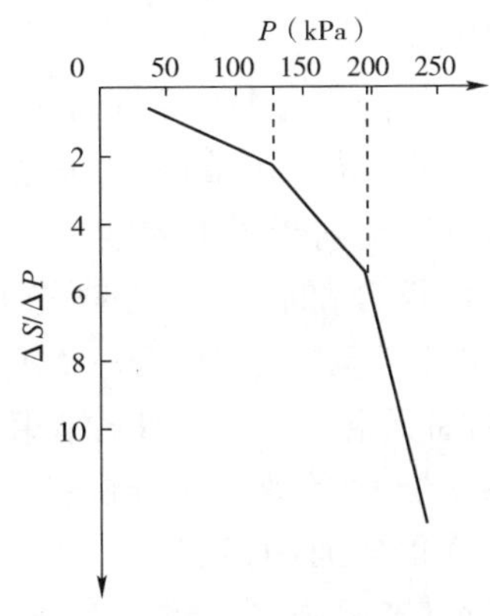

图8-9　$P-\Delta S/\Delta P$ 关系曲线

上述实例是典型的先真空排水预压，在真空预压取得相当效果后，再进行真空与堆载的联合加固，这就是常说的分段实施。这对于天然地基相当软弱的地区是合适的，但在一般地区可能没有必要，因为这样一来加固的时间可能太长，联合的优势就不能充分发挥出来。

【实例8-2】　上港十四区真空联合堆载预压加固软基的试验研究[44]

整个试验工程包括四个试验区：超载预压试验区、砂井堆载预压试验区、砂井强夯试验区和真空联合堆载预压试验区，是在1986～1987年实施的。试验要求经过加固后，地基承载力大于120kPa，施工沉降量达到60cm或固结度超过70%，工期控制为120～150d。因此，光进行真空排水预压加固可能达不到要求，必须辅以堆载预压来协助，所以产生第四个试验方案——真空排水预压与堆载预压的联合加固。

本试验区面积为30m×30m＝900m²，该地区为第四纪全新世沉积层，大致层次如下：

（1）表层（+3.25～0m）为灰黄亚黏土，呈流塑状态，中等压缩性。

（2）0～-4.0m为灰色轻亚黏土、夹粉砂薄层，属软塑状态，中等压缩性。

（3）-4.0～-9.0m为灰色淤泥质黏土及亚黏土，属流塑状态，高压缩性，层内夹有薄层粉砂。

（4）-9.0～-21.0m为灰色淤泥质黏土及黏土，属流塑状态，高压缩性。

（5）-21.0～-29.0m为灰色亚黏土，中等压缩性，属软塑状态。

可见软土层埋藏还是较深的，自地表向下共有32m左右。

施工概况：

（1）垂直排水通道为袋装砂井，直径7cm，井距1.5m，长度25m，这在当时是打设得较深的袋装砂井。试验中，为了减少真空度在砂井中的传递阻力，于每根袋装砂井中插入一根聚氯乙烯软管，软管上下端1.5m范围内开了些小孔，并包上滤网。在上部将砂袋与软管一并埋入砂垫层中，主要是加强真空度向砂井底部的传递。

（2）水平排水通道是50cm的砂垫层。

(3)加固区四周密封沟深为0.8~1.0m。

(4)砂垫层中主管直径为4in(101.6mm),真空支管为3in(76.2mm)。壁上钻孔,外包棕皮滤网。主管、支管连接用四通柔性连接,以适应地基变形。支管间距为6m,布置见图8-10。

(5)加固区用两台射流泵抽真空,密封膜为聚氯乙烯压延膜,共三层。

(6)联合加固中的堆载采用等于40kPa的堆土来实现。

(7)堆土前于膜上先铺一层聚丙烯编织布加以保护。

(8)联合加固时,也是先真空排水预压加固40d左右,膜下真空度希望维持在600mmHg,实际只达到530~570mmHg,待地面沉降变形稳定后,再加40kPa的堆土荷载,同时继续抽真空100d,至加固结束。

联合加固的效果与分析:

(1)联合加固后,膜上最大沉降量为666mm,卸荷回弹量为10mm。沉降过程线见图8-11。考虑施工沉降量130mm后,则最大沉降量达796mm。

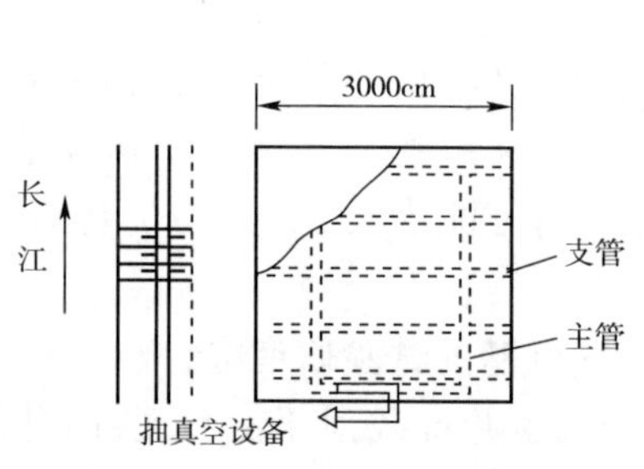

图8-10　主管、支管布置简图

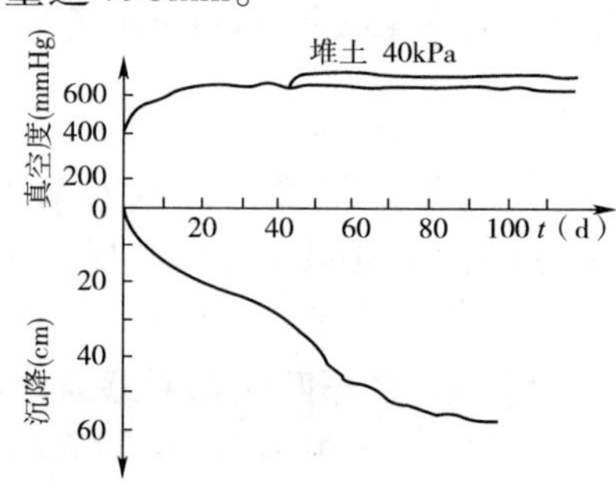

图8-11　加荷与沉降时程线

(2)分层沉降量测结果表明,地面下11.6m深处沉降达320mm;从地面到11.6m深的范围内压缩量为230mm,占该处总沉降量的41.8%,11.6m以下压缩量的58.2%。

(3)膜下砂垫层中的真空度维持在530~570mmHg,涨潮期间膜下真空度有短时间的下降情况,常下降到420~450mmHg,而此时两台射流泵出水口都有大量的水流出,流量约1L/s。主要是试验区一靠长江,二是地层中水平粉砂夹层层理发育,涨潮时渗透压力加大,江水沿粉砂夹层渗入试验区,造成加固区有丰富的水量补充,所以真空度为此消耗较大,膜下真空度明显降低(与前面第4章4.8节实例有相似之处)。

(4)由于袋装砂井中插有PVC软管,所以真空度沿深度的变化规律与常规有所不同(图8-12),是呈马鞍形变化,砂井底部的真空度比中部要高。作者认为,这也是一个减少真空度传递损失、增加底部土体固结应力的好办法,对提高深层加固效果是一个良好的措施。这也是为什么该试验区在地表11.6m以下的土层有较大压缩量的原因。

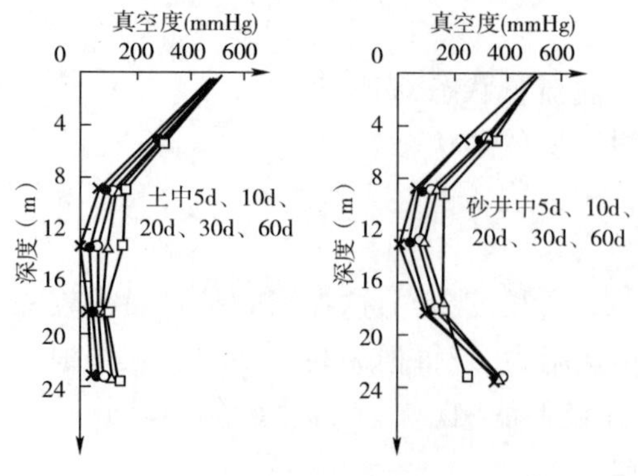

图8-12　真空度沿深度的变化情况

(5)孔隙水压力量测结果表明,联合加固中地面以下 19m 深处产生 3.36kPa 的负超静孔隙水压力(总荷载为 105kPa),而同样深度处堆载砂井预压试验区(120kPa 的堆载)产生 4.12kPa正的超静水压力,二者相差 7.48kPa。后者要经过长时间的消散才逐渐转化为有效固结压力,但是前者在形成负的超静孔隙水压力时即成为土体的固结应力,因此,它的产生使土体的固结速度要快于后者。

(6)在联合加固中,加固区外地基总的侧向变形也是向着加固区发展的,在距加固区边缘 2.5m 和 5m 处,最大值分别为 60mm 和 30mm。显然这比一般真空预压加固时发生的侧向位移要小,这主要是被堆土荷载引起的向加固区外的侧向变形抵消了一部分所致。与常规堆载排水预压法加固相比,它总的侧向变形是朝着相反方向的,所以根本无需考虑地基在加荷过程中的失稳问题和控制加荷的速率,充分显现了两者联合加固的优越性。

(7)静力触探试验结果表明加固后土体的强度有了较大的增长,如表 8-8 所示。

(8)与堆载砂井预压法的对比分析中可以看出,真空排水预压中的加荷时间比用堆载加荷在工期上要缩短 1/3,而联合加固的总费用比常规堆载排水预压法省 24.7%。

加固前后地基静力触探试验的结果 表 8-8

层次	高程(m)	土层名称	试验阶段				增加值		增长率	
			加固前		加固后		q_c(kPa)	f_c(kPa)	q_c(%)	f_c(%)
			q_c(kPa)	f_c(kPa)	q_c(kPa)	f_c(kPa)				
1	+3.25 ~0	亚黏土	1200	10	2300	30	1100	20	91.7	100
2	0 ~ -4.0	轻亚黏土	1400	24	3000	25	1600	10	114.3	42
3	-4.0 ~ -9.0	淤泥质黏土及亚黏土	40	25	100	25	60	0	150	0
4	-9.0 ~ -21.0	淤泥质黏土及亚黏土	40	8	50	8	10	0	25	0
5	-21 ~ -29.0	亚黏土	900	19	1000	21	100	2	1.1	10.5

【实例 8-3】 汕头多杂泊位码头后方集装箱堆场的地基处理工程[45]

该工程与前面两个例子有所不同,泊位后方堆场属集装箱堆场,设计荷载仅为 60kPa;按道理单用真空排水预压法加固就可以了,但该处地质勘探资料表明,地层下部有深达 25m 左右的软土,在其上另有新近吹填的 3 ~ 6m 的细砂层和刚回填的 1.0m 中粗砂(高程达到 +3.0m)。它们本身比较松散,同时,对下卧层来说也是一个荷载,计算表明沉降量较大。而地基下沉后堆场还得继续填土,使地面维持在 +4.0m 高程,这样一来还得有几米的填土荷载。所以设计考虑在采用真空排水预压法加固的同时,也配以堆载预压,以期在沉降相对稳定时,以堆载材料作为回填料留在原地,这样既实现了减少堆场在使用期有过大的沉降量的问题,又使地面达到便于使用的设计高程。应该说这是一个在技术上相当合理、经济上十分低廉的方案。也反映了设计者对加固方法的本质有深刻的理解和显示了其熟练的运用技巧。现予介绍如后。

工程地质概况如表 8-9 和图 8-13 所示。

设计提出的加固要求:

(1)淤泥层平均固结度不小于 85%。

(2)经加固处理后地面高程为4.0m。

(3)堆场使用荷载为60kPa。

加固场地土层的物理力学特性　　表8-9

土层名称	层底高程(m)	物理力学指标			
		w(%)	γ(kN/m^3)	e	c_u(kPa)
粗砂—细砂	层顶+3.0 -1.2~-2.9	—	—	—	—
表层淤泥	-8.6~-10.4	76.5	15.4	2.04	6.5
下层淤泥	-18.3~-20.4	63.8	16.1	1.72	11.8
淤泥质亚黏土	平均-23.4 -18.5~-25.7	47.2	16.8	1.33	15.5

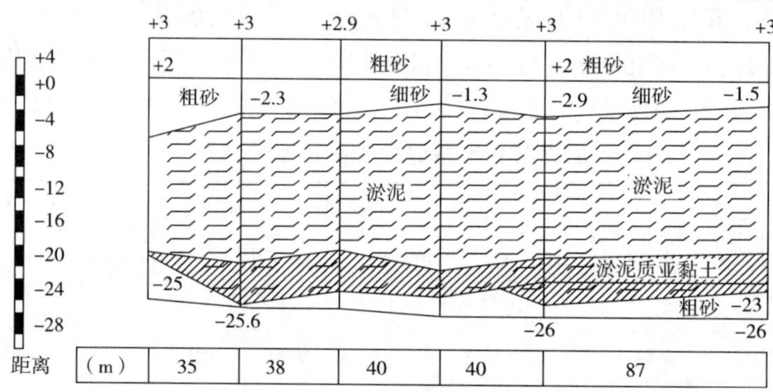

图8-13　加固前工程地质剖面图

联合加固的具体实施情况:

(1)将场地分为Ⅰ、Ⅱ两区,其面积分别为27793.2m^{2}和29454.8m^2。

(2)在联合加固方案中,首先对地层上部4~12.5m厚的细砂层及中粗砂层做了垂直密封处理,即在加固区范围外,采用搅拌黏土密封墙对该砂层做了密封隔断,以保证真空预压过程中加固区内真空度能维持在较高水平。黏土密封墙厚1.2m,伸至其下的淤泥层,黏土密封墙渗透系数达到10^{-6}cm/s以下。实践证明,该措施达到了预期的效果,膜下真空度达到80kPa以上,该施工工艺是成功的。

(3)加固区内按正方形布置打设了间距1.0m、深度不大于25m的B型塑料排水板,打设深度控制在淤泥质亚黏土层底高程以上1.5m(高程-21.9m)处。这样做是因为该淤泥质土层下有强透水的中粗砂层存在,塑料排水板打设在该层之上1.5m处,它既维持了真空度不易向强透水的中粗砂层中扩散,又保证了淤泥质土层有一定的加固效果。现场监测结果如图8-14所示,可以看出,在整个塑料排水板深度范围的土层内,从表层淤泥(-1.0m)到排水板底层-21.9m以上各测点的真空度在71.6~87.6kPa范围内;而排水板底部以下1.2m处的真空度只有21.7kPa,这一工程措施保证

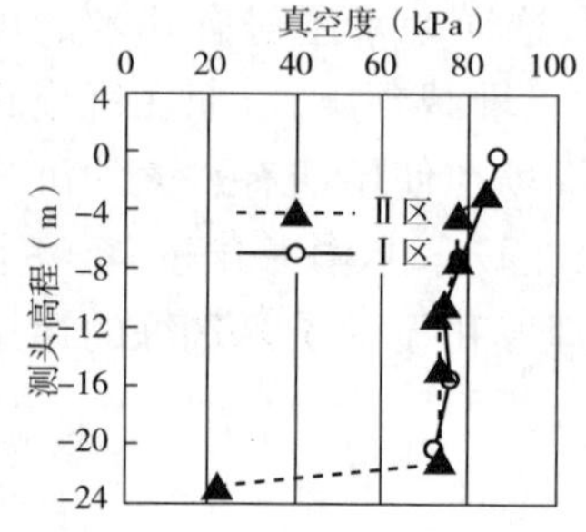

图8-14　真空度沿深度的分布曲线

了加固深度内有较高的真空度，它是该工程的又一显著特点。

(4)联合加固的加载是先进行真空预压，试抽气 10 ~ 15d 膜下真空度达到 80kPa 以上，证明垂直密封达到预期效果。此后连续抽气直到 70d 左右，再进行堆载施工。对Ⅰ区堆载达 4.5m，Ⅱ区达 4.3m。联合加固持续 100 ~ 110d。总共加固耗时，Ⅰ区 167d，Ⅱ区 185d。

联合加固的效果：

(1)加固区发生了明显的沉降，地层平均固结度都大于 85%，达到了设计要求，如表 8-10和图 8-15 所示。

加固发生的沉降量及固结度　　表 8-10

区　域	①	②	③	④ =②/③	⑤ =③-②	⑥ =①+②
	施工沉降量 (cm)	联合加固沉降 (cm)	推算最终沉降量 (cm)	固结度 (%)	残余沉降量 (cm)	总沉降量 (cm)
Ⅰ区	149	184	205.2	89.7	21.2	333
Ⅱ区	178	162	186	87.1	24	340

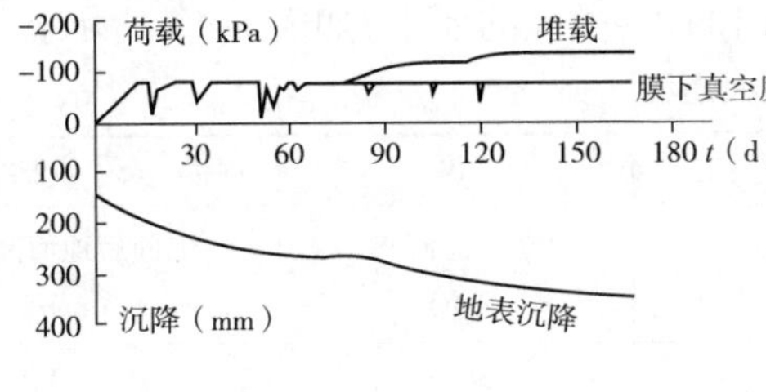

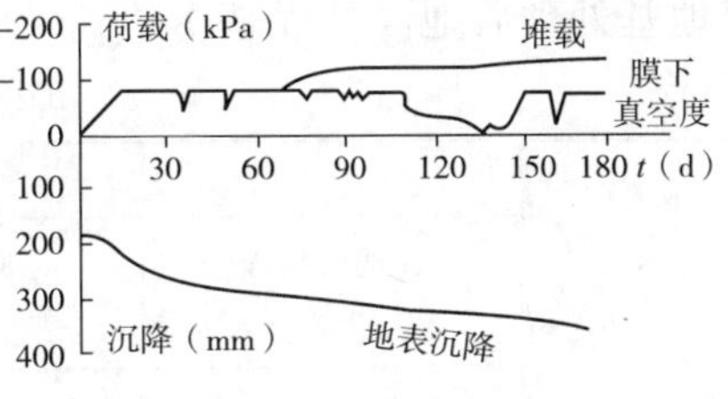

图 8-15　预压荷载与地表沉降时程曲线

按分层沉降观测资料分析各土层固结度，结果如表 8-11 和表 8-12 所示。分析结果表明加固范围内各土层固结度均达到要求。

Ⅰ区各土层固结度一览表　　表 8-11

土层名称	土层范围	最终沉降量 (cm)	实测沉降 (cm)	固结度 (%)	残余沉降 (cm)
回填砂	+1.0 ~ -3.8	29.7	28.6	96.3	1.1
淤泥	-3.8 ~ -6.2	43.4	39.0	89.9	4.4
	-6.2 ~ -9.0	38.1	35.0	91.9	3.1
	-9.0 ~ -12.4	39.0	34.8	89.2	4.2
	-12.4 ~ -14.9	30.6	28.2	92.2	2.4
	-14.9 ~ -17.9	20.3	18.9	93.1	1.4
	-17.9 ~ -20.4	8.7	7.7	88.5	1.0
淤泥质亚黏土	-20.4 ~ -21.9	6.0	5.3	88.3	0.7
	-21.9 ~ 层底	3.0	1.1	36.7	1.9
累计		218.8	198.6	90.8	20.2

Ⅱ区各土层固结度一览表 表 8-12

土层名称	土层范围	最终沉降量(cm)	实测沉降(cm)	固结度(%)	残余沉降(cm)
回填砂	+2.9 ~ -1.2	19.8	19.0	96.0	0.8
淤泥	-1.2 ~ -3.2	11.8	10.6	89.8	1.1
	-3.2 ~ -5.9	38.0	33.9	89.2	3.7
	-5.9 ~ -8.2	26.4	23.5	89.0	2.6
	-8.2 ~ -10.6	22.4	20.0	89.3	2.1
	-10.6 ~ -13.3	23.2	20.8	89.7	2.2
	-13.3 ~ -16.1	21.1	19.0	90.0	1.9
淤泥质亚黏土	-16.1 ~ -21.9	47.1	40.8	86.6	5.5
累计		209.8	187.6	89.4	19.8

(2)地基处理后地面高程基本达到设计提出的 +4.0m 的要求,如表 8-13 所示。

加固后地面高程 表 8-13

区域	①	②	③	④=①+②-③
	原地面高程(m)	堆载厚度(m)	地面总沉降(m)	加固后地面高程(m)
Ⅰ区	+3.0	4.5	3.33	+4.17
Ⅱ区	+3.0	4.3	3.40	+3.9

(3)加固前后土性发生了较大变化,见表 8-14,原属淤泥的变为淤泥质土,原为淤泥质亚黏土的变为亚黏土。

加固前后土的物理力学指标(平均值)对比表 表 8-14

项目	淤泥层[表层~(-18.3~-20.4m)]				淤泥质亚黏土层(-18.5~-23.4m)		
	表层~-10.0m		-10.0m 以下		表层~-21.9m		-21.9m 以下
	加固前	加固后	加固前	加固后	加固前	加固后	加固后
含水率(%)	76.5	50.9	63.8	48.6	47.2	31.3	36.3
天然重度(kN/m^3)	15.4	16.9	16.1	16.8	16.8	18.1	18
孔隙比	2.04	1.4	1.72	1.34	1.33	1.01	1.02
液性指数	2.3	1.22	1.79	1.17	2.04	1.44	1.69
压缩系数(MPa^{-1})	1.56	0.89	1.53	0.85	0.65	0.4	0.48
地基承载力(kPa)	—	163	—	189	—	160	167

(4)加固后土层的十字板强度有了大幅度的提高,如表 8-15 所示。地基的综合承载力亦有了明显的增长,完全达到了设计提出的要求。

加固前后土层十字板强度的变化对比　　表 8-15

土层范围			表层～-5.0m	-5.0～-10.0m	-10.0～-15.5m	-15.5～-18.0	-18.0～-21.5m
加固前	平均值	kPa	<4	11.2	22	32.3	—
	范围		2.5～4.8	5.6～15.3	16.9～28.3	20.6～40.8	
加固后	平均值	kPa	52.1	54.2	61.2	64.7	91
	范围		49.1～66.1	39.5～68.3	49.5～79.5	59.1～75.7	86.4～96.7
增长率(%)			1202.5	383.9	178.2	100.3	—

该工程的加固效果充分表明了真空联合堆载排水预压法可以用来加固大于25m的深层地基。

8.4 真空排水预压法与自载预压法的联合应用

自载排水预压与堆载排水预压在本质上和实施工艺上基本都是一样的。在这儿将两者分为自载或堆载预压主要是指在与真空预压法联合应用时，把自载(自身质量)当作是联合加固中的主要荷载，而把真空压力当作超载来对待，这是一；其二，自载是利用构筑物自身的重量作为荷载来对地基实施加固的，它不能被移走。而堆载排水预压中的堆载在这里纯粹被看作是实施地基加固的荷载，加固结束后大部分情况是要移走或部分要移走的。所以本书为了加以区别，特别对这两种情况采用不同名称加以叙述。

真空排水预压法与自载预压的联合应用，目前较典型的工程就是对建在软基上的高速公路路基的加固处理中。在软基上、尤其是在深厚软弱地基上修建高速公路，其面临的主要问题有两个方面：一是工后沉降量过大的问题，二是采用堆载或自载排水预压法施工、工期过长的问题。

在高速公路设计与施工时，虽然对桥头和路堤的工后沉降量目前都有明确的要求，对于前者要求小于10cm，对于后者要求小于30cm。但在这些地区的建造过程中，一般自载预压的方法往往是难以做到的。这一方面是因为沉降量的估算本身就不易准确，所以工后沉降量也就不易控制准确；二是自载预压时预压期的控制往往是在没有施加路面荷载的情况确定的，因此，当铺上了路面之后，路堤在路面荷载的作用下又会产生新的沉降量，这往往就会超出对工后沉降量的要求。有的地方为此对路堤或桥头采取了等载预压的措施，就是用与路面荷载相当的堆载(常常是用与路堤一样的材料)先对地基进行预压，等到了一定时期，将此堆载去掉再修建路面，这就有一个重新移弃这部分堆载的问题，受环保或费用的影响往往难找到弃渣场，这也是施工中常常遇到的问题，因此，工后沉降量过大的问题在软弱地基路段是常常存在的。

第二个面临的问题是采用堆载或自载排水预压法在软弱地基上施工时，始终得考虑路堤的稳定，因此，必须分级加载，而且加载后要稳定一段时间，以待地基的强度有所增长，以满足路堤不断填筑的需要，因而施工速度就不能太快，导致工期过长。否则就容易在施工中产生滑坡或导致软土侧向变形过大、土体固结达不到要求。该方法的实质是以时间来换取路堤施工的稳定与安全。如果在自载预压的前提下再辅以真空预压进行联合加固，那么这两方面的问题就容易得到解决,最终能使工后沉降量控制在要求的范围以内,而施工工期能大大缩短,同时也基本上无需担心路堤在施工中会有稳定与安全问题。

自载预压与真空预压的联合加固实际上是在对路堤地基实施超载预压加固,超载部分就由真空荷载来代替,该荷载施加方便、迅速,其最大荷载可达 80 ~ 90kPa,相当于 4 ~ 5m 的填土荷载,大大超过路面荷载(一般不超过 30kPa)和一般的超载(2m 左右的填土),这不仅实现了等载预压加固,而且还真正起到了超载预压加固的作用。

真空排水预压联合自载预压在对高速公路路基进行加固时,一般先在软弱地基上按真空排水预压法的施工程序进行施工,即依次进行铺设砂垫层、打设垂直排水通道、铺设主滤管、安装抽真空装置、铺密封膜等工序,在经试抽真空并确认没有漏气发生时,就可进行路堤的逐层填筑施工。施工时第一层填土要十分小心,千万不能把密封膜和膜上的保护层(如经纬编织土工布或针刺无纺土工布)弄破,膜下最好也能铺一层针刺无纺土工布加以保护。第一层填土可适当厚些,建议铺设 40 ~ 50cm,铺设时尽量找平,铺完碾压后不要急于铺第二层,观察一下膜下真空度的变化,以检查有否漏气。没有异常情况发生,则可一面抽气,一面像高速公路路堤正常施工一样,30cm 一层一层往上连续铺筑碾压,这才能充分发挥这两种方法联合加固的长处,会使施工时间大大缩短,地基的侧向变形大大减小,地基的稳定性和固结效果都会增强和提高。

然而,在一些地区常常是先较长一段时间抽真空,如 60d 或更多天后再进行填土筑堤,作者认为这段时间一般有 10 ~ 20d 就足够了,若太长了,则体现不出联合加固的优点来了,具体要多少时间,可以估算一下。一般填到接近地基土的临界高度时要注意一下后续如何填筑,事前要进行一下估算,这是很有必要的。

这两种方法的联合应用实例在前面已经介绍了马来西亚高速公路试验堤的修建,它是一个较好的工程实例。国内近年也做了不少工作,下面再介绍一个实例。

【实例 8-4】 京珠高速广珠段中山新隆桥前后过渡段的建造[46]

该段路长 159m,宽约 50m,加固面积近 8000m^2,设计填筑的路堤约 5m 高。当时因某些原因,工期离要求已延后 4 个多月,为了赶上工期,设计与施工单位采用真空排水预压与自载预压相结合的加固方法加固地基,最终不仅加固达到设计要求,而且工期也弥补上来,保证了全线路按时贯通、投入运营。这是真空预压与自载预压联合加固软土地基运用得比较成功的一个实例,由于它的成功运用,工程中的难题得以顺利解决。详细介绍如下。

路基土层的地质概况:

地质勘探资料表明,该路段自上而下由以下几层组成。

第一层,人工填土,吹填而成,厚为 0 ~ 2.5m,局部鱼塘部位较厚;由粉砂、细砂组成,含少量细碎贝壳,夹少量淤泥。

第二层,耕植土,厚 0.5 ~ 1.3m,松散,含植物根系。

第三层,淤泥混砂,饱和,软塑—流塑,富含有机质,局部夹粉砂,该层含水率高,孔隙比大,压缩性高,强度低,是地基加固的主要对象。

第四层,粉土或砂混淤泥,厚 3.5 ~ 7.5m,底板埋深一般在 7.5m,最大为 10.5m;饱和,砂为粉细砂,该层渗透性较好,$k = 10^{-3} \sim 10^{-4}$cm/s。

第五层,淤泥或淤泥夹砂层,该层层厚大,大于 10m;饱和,流塑—软塑,强度低,该层土

也具有含水率高,孔隙比大,压缩性高,强度低等特点,也是加固的主要对象。

第六层,淤泥质黏土层,饱和,软塑状,含大量贝壳及腐殖质,黏滑,分布均匀,钻探未钻穿,应该说这也是一层需处理的对象,对路堤的后期沉降会有较大的影响。

淤泥软土的土工试验综合成果如表 8-16 所示。

淤泥软土的物理力学指标 表 8-16

项目	基本物理指标				抗剪强度指标				压缩试验				
					快剪		有效应力						
	含水率	天然密度	孔隙比	饱和度	黏聚力	摩擦角	黏聚力	摩擦角	固结系数	渗透系数	固结系数	渗透系数	压缩系数
									$C_{v50-100}$	k_{50-100}	$C_{v100-200}$	$k_{100-200}$	$a_{v100-200}$
	%	g/cm^3		%	kPa	°	kPa	°	$\times 10^{-3}$ cm/s^2	$\times 10^{-7}$ cm/s	$\times 10^{-3}$ cm/s^2	$\times 10^{-7}$ cm/s	MPa^{-1}
最大值	83.8	1.85	2.11	100	12	11.6	19	30.2	3.47	2.63	2.81	1.87	2.61
最小值	56.3	1.48	1.41	94.3	1	1.4	4	21.5	0.20	0.16	0.58	0.38	1.06
平均	65.5	1.60	1.76	98.5	8.17	3.12	10.3	28.4	1.41	1.22	1.10	0.94	1.73

施工简况:

(1)1998 年 7 月开工,场地打设了深度为 20m、间距 1.3m,直径为 7cm、呈梅花形布置的袋装砂井,作为垂直排水通道;表层铺设厚度为 70cm 的中粗砂垫层,作为水平排水通道。

(2)在加固区外采取淤泥搅拌墙及垂直插塑等密封技术,对第四层粉土及砂混淤泥进行封堵,以保证加固区内有较高的真空度水平;加固区四周搅拌墙深一般 7m,局部达到 10m,垂直插塑一般深度为 5m。实践证明这两项技术起到了效果,在试抽时膜下真空度一天内达到 80kPa,而停抽一天后真空度才损失 2kPa。

(3)膜上铺设了 40 号扁丝机织土工布,以保护密封膜不被刺破,土工布抗拉强度达到 40kN/m 以上。

(4)抽真空装置安排 12 台套,其中 2 台套为备用,平均每台套担负 800m² 面积,滤管间距为 6m。

(5)路堤填筑是用吹填的方式实现的。在抽真空开始、膜下真空度达到 80kPa 以后的 30d 才开始进行路堤填筑的。填筑共分五次完成:第一次 1.2m,第二次 1.6 ~ 1.8m,第三次 1.0m,第四次 0.5m,第五次 0.5m;累计达 5m 厚。填筑总共历时 67d,此后两者联合加固又历时 124d 完成加固。实际的加载历时曲线见图 8-16,联合加固的典型断面如图8-17所示。

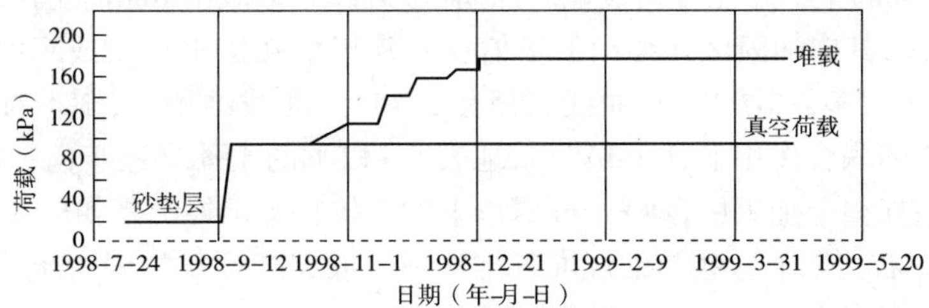

图 8-16 实际的加载历时曲线

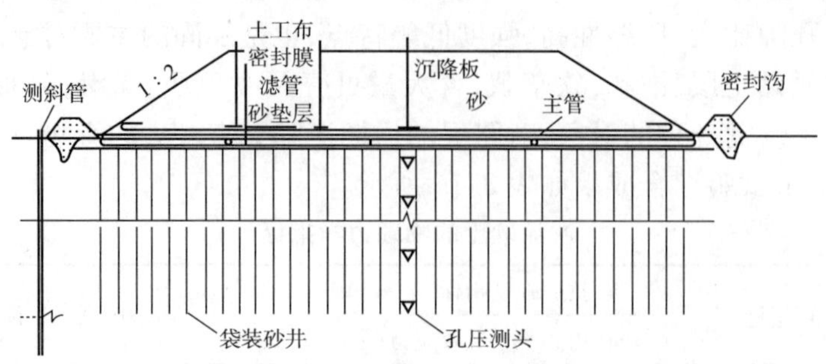

图 8-17　联合加固的典型断面图

联合加固的效果与分析：

加固现场设置了真空度、地表沉降、水平位移和孔隙水压力等观测项目，观测结果表明加固取得较好的效果。

(1)加固中最大沉降速率达到 72mm/d，发生在抽真空的初期；在联合加固中，于每次加载的前几天沉降速率为 40～50mm/d；远远超出规范要求的沉降速率宜控制在 20mm/d 以下的标准。整个填筑过程中路堤始终是稳定的，没有出现任何失稳的征兆。路中心点平均沉降达 277.5cm，估计固结度达到 90% 左右，基本满足工后沉降量小于 30cm 的要求。典型断面的荷载—沉降曲线见图 8-18。

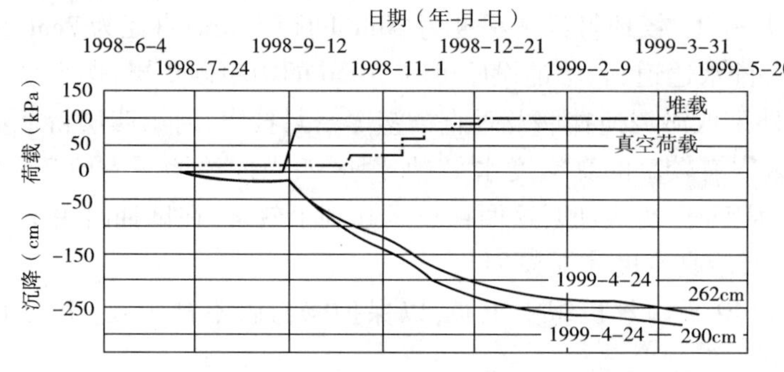

图 8-18　典型断面的荷载—沉降曲线

(2)水平位移的观测结果如图 8-19 所示。图中，第①条曲线是从抽真空开始到吹填加载前一天的观测值，可以看到，整个土体自上而下都是朝向加固区内移动的，最大值发生在管口，达 25cm，此时抽真空也才刚刚开始一个月。吹填工作历经 67d，分五次进行，累计共吹填 5m 厚。在此过程中，地表以下 5m 的土体开始向加固区外移动，直到吹填荷载大于真空荷载时，地表下 5m 的土体才比较明显地向加固区外移动，地表下 8m 的土层移至加固区外，最大值也仅为 5cm，其向加固区外移动的量值比起常规堆载排水预压或超载预压加固中土体的水平位移要小很多，如图 8-19 曲线③所示；当吹填加载结束后，随着抽真空的不断进行，在堆载与真空的联合作用下，120d 以后，地表 5m 以下的土体又逐步向加固区内移动，到达曲线④的位置；在整个加固中，地表 5m 深以上的土体自始至终都是朝向加固区内移动的，最大达到 70cm 左右。以上这些与常规堆载排水预压或超载预压加固中土体的水平位移规律是不同的，与常规真空排水预压也有所不同。

(3)孔隙水压力的观测结果如图 8-20 所示。资料表明，抽真空一开始孔隙水压力就

开始下降，形成负的超静水压力，在地面以下 9m 范围内的测头孔隙水压力值下降较快、较大。在吹填加载期间，每加一级荷载，各个测头的孔隙水压力值均明显地出现一个短暂的孔压增大过程，随后很快便稳定，孔隙水压力增加幅度一般都不大。在吹填加载 5m 的整个过程中，孔隙水压力最大累计上升也只在 30kPa 左右，发生在埋深 18m 的测头处，其余也只在 10 ~ 20kPa 之间，而且所有测头读数都未超出孔压初时的稳定值；这都是由于在加固区内始终存在着稳定的真空压力的原因。由真空压力产生的负超静水压力抵消了相当一部分因堆载引起的正超静水压力，致使地基土层在加荷过程中始终处于低水平的超静水压力状态或负超静水压力状态，因此，在连续吹填加荷过程中，地基能始终处于稳定状态，而不会出现滑坡和失稳现象。由此也就大大缩短了堆荷和维持堆荷稳定的时间，缩短了工期。该工程因此比常规堆载排水预压法工期提前 4 个月以上，按期完成施工。另外，该量测结果也显示了吹填加荷速率还能加快，还有潜力可挖。因为不同深度测点一致都反映出吹填加荷后，孔隙水压力累计值都未超出初始静水位的状态，总体上处于负超静水压力状态，所以加载过程中土体的强度没有降低，就是加载中局部产生的正超静水压力值亦很小，没有超过累计负的超静水压力值。

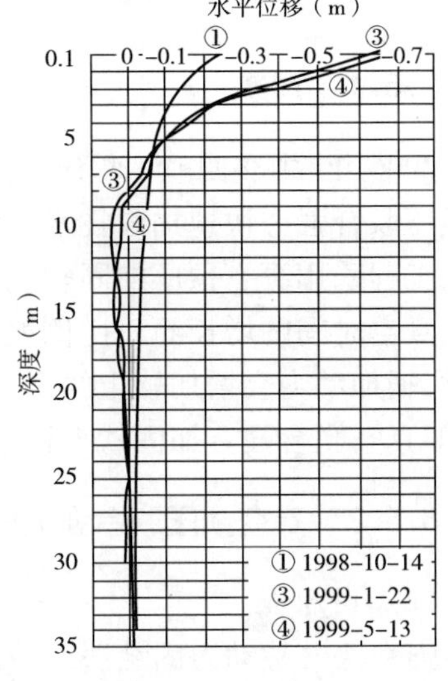

图 8-19　加固中土体的水平位移变化情况

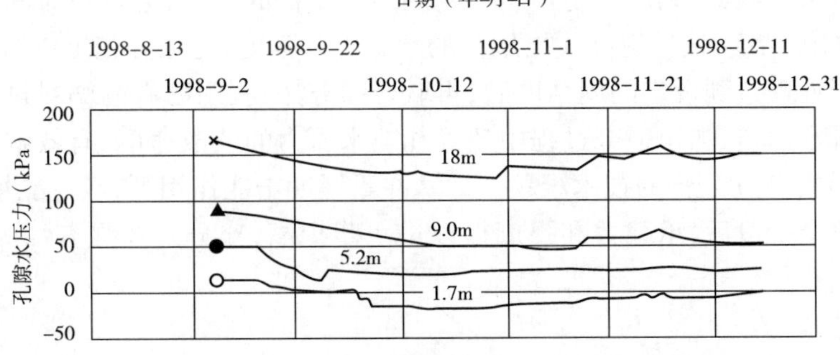

图 8-20　加固中孔隙水压力时间过程线

作者的看法：

本工程实例通过运用真空排水预压与自载预压的联合加固，很好地解决了在珠江三角洲广泛分布的软土地区建造高速公路时存在的两大难题：一是解决了加快施工速度、保证高路堤填筑过程中的稳定问题，可使工期提前 4 ~6 个月；二是较好地运用真空荷载作为超载，解决了工后沉降量过大的问题；此外，在施工结束后不存在卸除超载的问题，也就是说不存在寻求弃土场地和处理因弃土带来的环保问题。

在软弱土层地区，尤其是在深厚软弱土层地区建造高速公路，真空排水预压与自载预压相结合的联合加固方法是一经济而有效的地基处理方法。

8.5 真空联合强夯加固软土地基技术

8.5.1 背景

2006年,中交四航工程研究院有限公司提出静动结合的软土地基快速加固技术——真空预压联合强夯快速加固技术,并已经成功申请专利[54]。该技术主要针对目前大量的围海造陆工程采用真空预压加固软土地基,前期沉降较大,后期沉降缓慢,而工程费用基本上是随抽真空时间的增长而正比例增长的特点。根据室内试验的结果,在采用真空预压加固软土时,辅加动力会增加软土的渗透性,能加速软土的排水固结,从而提出动静结合的加固思路,即真空联合强夯加固软土技术。

8.5.2 真空预压联合强夯快速加固技术

1)加固原理

强夯法又称动力固结法。一般适用于非饱和土或砂性土,其特点是经过强大夯击能的作用可以快速形成一个硬壳层,施工工期短,表层加固效果好,但加固深度有限,加固饱和软土时容易形成"橡皮土"。而真空排水预压则属于静力排水固结,其特点是能加固比较深厚的软土,不会出现地基的失稳问题,加、卸荷方便快速,加固效果前期显著,后期缓慢,达到80%以上固结度所花费时间比较长。两个方法具有明显的互补性,将它们的优点结合起来,会取得更好的效果。因此,利用真空预压初期固结速率快的优点,通过短时间的真空预压达到50%～70%的固结度,快速提高浅层地基的承载力和强度,为强夯施工创造必要的施工条件。在真空预压处理达到设定的固结度后,再联合强夯法,利用已有的塑料排水板和砂垫层所形成的良好排水通道,加快强夯过程中超静孔隙水压力的消散速度,有效解决强夯过程极易在软弱土中形成"橡皮土"的技术难题。地基在重锤冲击能作用下,经过能量转换、固结压密和触变固化三个阶段后,承载力和强度得以进一步提高,充分发挥强夯加固地基快速、经济、高效的优势。

2)施工工艺

首先对软土地基进行真空预压处理30～70d(预估值),地基达到期望的固结度50%～70%后,真空预压卸载并揭除密封膜,然后进行强夯加固处理。一般强夯的能级比较低,为1000～3000kN·m,对软土以大间距、低能级、渐加密、多遍数的原则实施处理。具体的施工工艺参数要在现场进行试验后确定,根据试夯结果确定夯击遍数。加固中要设置孔隙水压力监测,以超静孔隙水压力消散80%以上时再进行下一遍夯。

8.5.3 工程应用实例

【实例8-5】 东莞南玻工程软基处理工程[54]

该工程地层自上而下由第四系冲填土层(Q_{ml})、耕植土层(Q_{pd})、海陆相交互沉积层(Q_{mc})、风化残积土层(Q_{el})及侏罗系基岩(J)组成。主要软弱层是淤泥、淤泥质土层,层厚

0.60～13.80m，平均4.99m。饱和，呈流塑—软塑状。土层基本特性如表8-17所示。粉质黏土层之下依次为粉细砂、中粗砂、砾砂层等。

土层分布与基本特性　　表8-17

土层名	层厚/平均厚度(m)	平均含水率(%)	平均孔隙比	平均压缩系数 a_{v1-2}(MPa^{-1})	压缩模量(MPa)	(平均)标贯击数(击)
冲填土	1.00～5.20/2.75	—	—	—	—	1～6
耕植土	0.50～2.80/1.07	—	—	—	—	2～5
淤泥、淤泥质土	0.60～13.80/4.99	71.3	1.935	1.801	2.01	1.6
粉质黏土	0.30～7.60/2.92	24.9	0.714	0.297	6.02	5.7

采用插板+真空预压+强夯处理方法，工艺流程如图8-21所示。塑料排水板按1.1m间距，正三角形布置，平均打设深度15.7m。真空预压结束后，进行强夯施工。共进行两遍点夯，1遍普夯。点夯以4m间距正方形布置，2遍夯点错开分布使得夯能均匀分布，夯击能量1500～2500kN·m，每点夯击2～6击，根据试夯确定夯击次数。第一遍夯击完成后立即进行夯坑整平，由于有排水板和砂垫层，超静孔压很快得到消散，待超静孔压基本消散再按照第一遍夯的顺序进行第二遍夯。普夯以0.75倍夯锤直径作为夯点间距，夯击能量1000kN·m。通过真空预压联合强夯处理，该场地取得了较好的加固效果，加固后的表层地基承载力大于100kPa，满足设计要求。

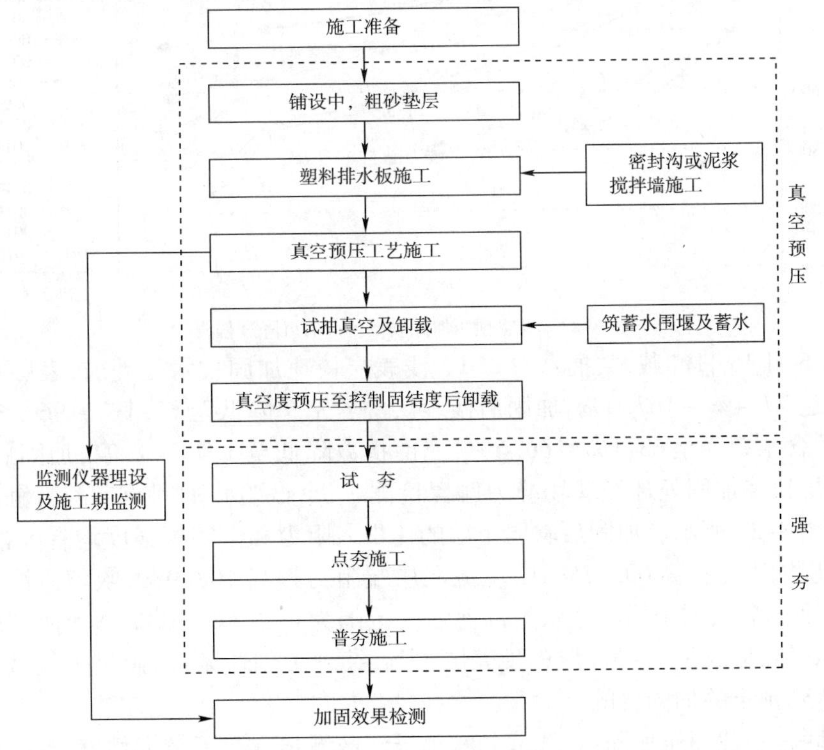

图8-21　真空预压联合强夯快速加固技术施工工艺流程图

【实例8-6】　厦门港海沧港区14～19号　泊位后方围埝软基处理试验工程[54]

原场地为滩涂地基，水域开阔，水深0.0～8.0m不等，原泥面高程为2.17～-3.29m，由北向南微倾,地基承载力低,陆域形成吹填施工主要是在原泥面上吹填浮泥或细砂,陆域形成的软弱地基分为吹砂区和吹泥区,其中吹砂区约为25万m^2,吹泥区约为55万m^2,均需进行软基处理。该工程吹泥区表层为浮泥—淤泥,层厚达0~11.3m,属于超软弱土,含水率达70%~167%,淤泥的渗透系数较低(4.67×10^{-7}cm/s),压缩性大,平均压缩系数为$1.62MPa^{-1}$,强度与承载力极低;吹填土以下软土层为原状淤泥层,含砂量达5%~15%,有机质含量约为5%,含水率为44.5%~65.8%,标贯击数为1~3击。

吹泥区塑料排水板按1.0m×1.0m正方形布置,插设深度为4.5m,外露0.7~1.0m。于2007年5月21日开始浅表层快速加固处理——抽真空加固,于2007年5月24日膜下真空度基本达到了70kPa以上,以后的真空度稳定在68~84kPa之间。吹泥区浅表层快速加固期间平均沉降为0.929m(含插短板期沉降0.19m),其中,最大沉降量为1.215m,最小沉降量为0.629m,如图8-22所示。随着抽真空进行,地表沉降速率逐渐减小,卸载前平均沉降速率为11.8mm/d,由于受膜上铺设砂垫层加载的影响,2007年6月12~15日的平均沉降速率有所增大。

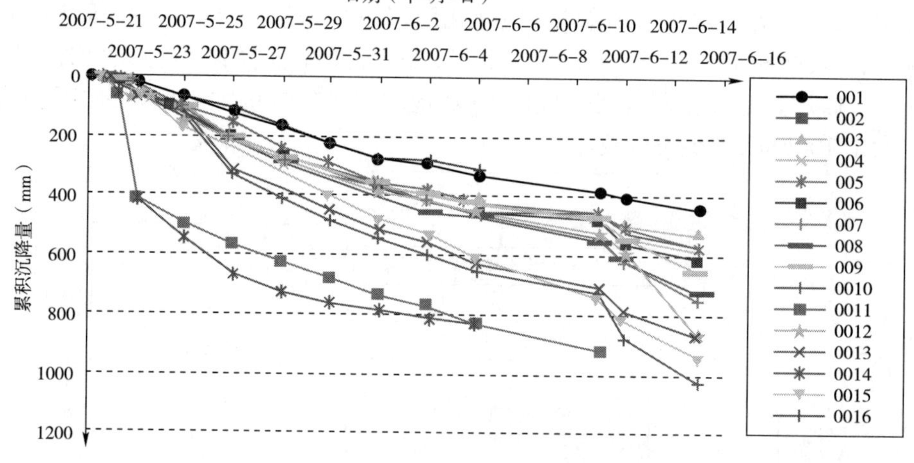

图8-22 真空预压加固表层各点的沉降过程线

2007年6月15日卸载,共抽真空25d。浅表层快速加固技术处理前,表层0~6m范围内含水率高达77.4%~167.0%,加固后浅表层的含水率降低至63.1%~96.7%,其中0~3m范围内的含水率降至63.1%~66.6%,液性指数降低至1.49~1.94,加固后成为淤泥。吹泥区浅表层快速加固处理经现场静力触探检测,三个试验孔加固前后静力触探比贯入阻力曲线图如图8-23所示。加固后软弱土层的比贯入阻力和十字板强度均有大幅度提高,其中吹填浮泥层端阻力提高605.7%,吹填流泥层端阻力提高108.9%,吹填淤泥层端阻力提高11.7%。加固后软弱土层的原状土抗剪强度范围为0.2~26.3kPa,平均值为7.9kPa,为加固前的9.8倍,形成了1~3m厚的硬壳层,为后续施工创造条件,满足了机械设备行走的需要,基本达到预定的加固目的。

经真空联合水载预压加固后,浅部的吹填浮泥区域强度有了较大幅度提高,但局部区域端阻力仍为312~374kPa。考虑到真空预压后,软土层的地下水位较低和孔隙水压力也处于较低水平,而且软土层之上铺设有水平排水垫层,软土层已插设塑料排水板,排水通道较好。

为了对表层约12m范围内的软土层进行二次加固,进行了能级1000~1500kN·m的强夯施工。

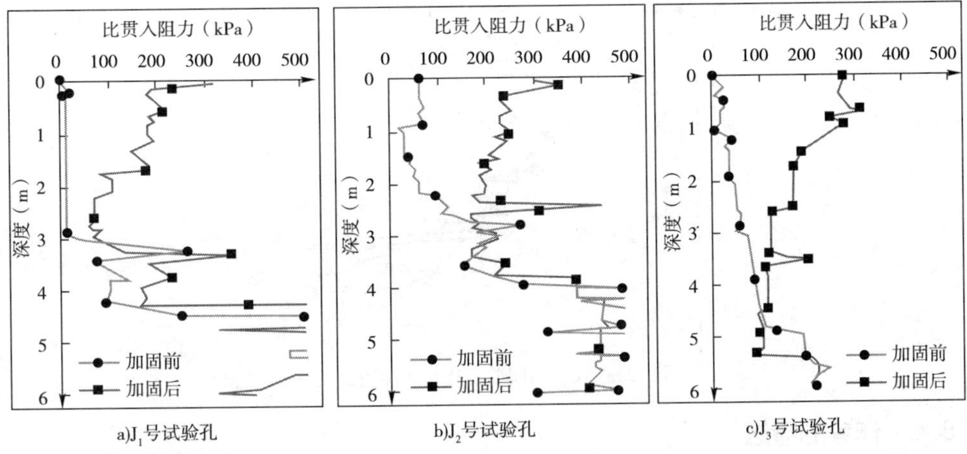

a)J_1号试验孔　b)J_2号试验孔　c)J_3号试验孔

图8-23　吹泥区真空加固前后静力触探对比曲线

强夯的施工参数为两遍点夯加一遍满夯,夯点间距为5.5m,间隔时间以超静孔压消散至80%以上为控制标准。在工程实施中,距夯点1m处沿深度3.5m、6m、7m、8.5m、9.5m、11m、13m、15m分孔埋设孔隙水压力计,其孔压增量随时间变化曲线见图8-24。强夯强大的冲击荷载引起的超静孔隙水压力最高达46.5kPa(在埋深7m处),影响深度可达13m,在强夯作用后超静孔隙水压力在3d左右即可降低至80%以上,在4~5d后便可降低至强夯前的孔压水平。夯击作用能有效快速使孔隙水压力叠加、增长,而施插的塑料排水板通道可使软黏土的超静孔隙水压力快速消散。通过孔隙水压力增消变化,软土的有效强度得以增长,从而达到预期加固效果,避免了"橡皮土"现象。

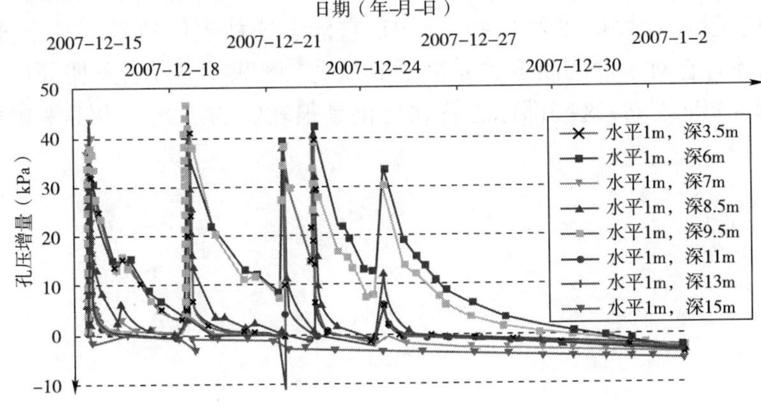

图8-24　强夯期间超静孔压变化曲线

强夯加固期间总沉降量为79~112mm(不含堆载砂部分沉降),平均为96mm,强夯弥补真空预压区域的不足,也可以消除一部分工后沉降。

强夯加固后在0~10m范围内土的比贯入阻力有一定的提高,特别是原吹泥区浮泥—淤泥层的比贯入阻力有较大的提高,局部软弱夹层由原来的300kPa左右增强至近500kPa;原状淤泥土增加到500kPa以上(图8-25),加固效果显现。

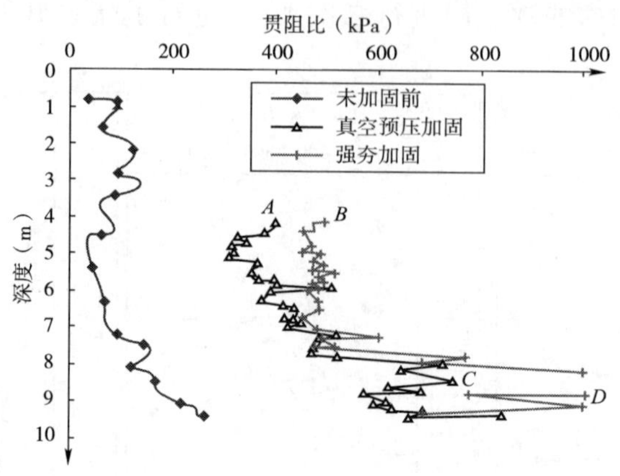

图 8-25　软土加固前后比贯入阻力的变化

8.5.4　作者的看法

(1)真空预压法与强夯法组合加固技术的思路是可取的,单独实施预压法的时间一般较长,而且后期效果慢,组合加固能改善这一状况。对工期要求紧、表层承载力要求高、工后沉降标准不高、土质条件合适的工程是可以考虑采用的。

(2)所谓合适的土质条件,作者认为被加固土层不能太差,含水率不能太高,土体不能太软弱,不然,加固后也很难达到立即应用的程度,尤其是难以满足对工后沉降有较高要求的工程。初始含水率超过100%的超软土,如果只要求加固到人能立、车能行,能为二次处理创造施工条件,或达到卖地要求的话,用这样联合加固方法是可以的。但若在处理后的地基上直接建造建筑物,可能会有不少问题,主要是工后变形会很大。从上面的案例看出,沉降主要是真空预压完成的,强夯消除的沉降不大,只有10cm左右;真空预压后土体的含水率还处在60% ~95%的范围,液性指数为1.49 ~1.94,它标志这种土依然是一种十分软弱的土,就是经过强夯再加固,它对土性的改变也是微乎其微的。实测表明,强夯加固后土体的比贯入阻力也只达到500kPa左右,这些都标志着软土仍是很软弱的。此外也得考虑联合强夯加固的经济性。

9 真空预压加固技术在新领域中的应用

我国沿海地区人口密集，人均耕地面积甚少，随着改革开放的不断深化，沿海地区建设规模迅速扩大，沿海经济高速发展，建设用地越来越紧张，发展与土地的矛盾日益突出。为了解决沿海经济高速发展所需的用地问题，近年来，厦门港、天津港、连云港、广州、珠海以及深圳等地进行了大量的围海造陆工程。造陆的主要手段由过去的挖山填海、破坏环境变成今天的用疏浚淤泥、淤泥质土造陆。疏浚土经水力吹填至预先围好的区域内，其静置后的含水率都在100%左右，根本无承载力可言，人不能立、车更不能行。吹填土以下往往也广泛分布着深厚的软黏土土层，土层也具有含水率高、压缩性大、强度及承载力低等特点。过去的办法是将这些吹填土经风吹日晒2～3年后，具备人、车能在吹填层上行走、具备施工条件时，才开始对其处理。显然这是不能满足飞速发展的沿海经济的需要。浅表层加固技术[55]就是在这种形势下诞生的，它是真空预压加固技术的发展和延伸。浅表层加固技术的核心技术还是真空预压技术。

真空预压加固软土技术不仅广泛应用于水运、公路、铁路、机场、堆场的加固，而且也被运用于水利工程上，本章将介绍用于平原水库库底防渗膜的排气技术。

9.1 真空联合堆载预压用于控制深厚软基工后沉降

真空联合堆载预压法早在20世纪80年代后期就已经研究成功，加固机理、加固效果都被人们证实和接受，由于是两种方法的联合加固，限于当时国家的经济能力，不能普遍展开应用。譬如高速公路的软基加固使用真空与路堤的联合加固是很合适的方案（作者在文献[4]提及过），但在当时国家财力不够的条件下，只能实施堆载预压加固，第一位是解决路堤施工中的稳定问题，工后沉降只能放在第二位考虑。直到国家实力增强，对建筑物地基的要求由稳定控制逐渐转到工后沉降控制上以后，真空与堆载预压的联合加固才普遍得到应用。10年来，其发展有以下特点：第一，真空联合堆载预压法得到空前的应用。比较典型的就是高速公路的软基处理，20世纪80～90年代，比较著名的高速公路，如京津塘、沪宁、广深、杭甬、同三线宁波段等软基处理基本上用的是堆载预压法，而20世纪90年代后期到21世纪这10年，大量应用了真空联合堆载预压方法进行处理，如杭州湾大桥南岸连接线、东部沿海大通道、江苏淮盐、宁波绕城、广东江珠等高速。除此之外，在堆场、码头等也大量使用真空联合堆载预压法加固软基。第二，这个方法不仅在应用规模上有了前所未有的扩大，而且在加固处理深度上也比以往有很大增加，从过去一般处理深度在20m左右，到今天已突破

35m,使人们对真空预压的加固能力有了新的认识,使真空预压技术有了更大的应用空间。第三,真空预压联合堆载加固公路深厚软基,实际上是在对深厚软基实施超载预压加固。实践已经证明它对消除工后沉降比常规堆载预压有更好的效果,成为建筑物软基工后沉降控制的有效手段。这三方面就是真空联合堆载预压10年来发展的显著特征。为了说明该方法的进步与效果,下面以杭州湾跨海大桥南岸接线工程[49,50]为例,介绍路基深厚软基使用真空与堆载预压法的联合加固来控制工后沉降的效果。

9.1.1 工程概况与地质条件

杭州湾跨海大桥南岸接线高速公路路线全长57.4km。软基里程约40km,占全路长的70%左右,软基路线长。大桥南岸接线高速公路的软基有深、厚特点,软土厚度大部分为25~35m、部分达到40m。因此,软土地基的处理是这条高速公路建设中的一个突出问题,路基对下卧层影响深度大,地基处理难度大。深、厚软土地基加固技术的正确应用和工后沉降量的有效控制是造好这条路的关键。真空联合堆载预压法被选为处理深厚软基的主要方法。并设立了试验段,取得了预期效果,实测数据表明真空联合堆载预压法是减小路堤工后沉降的有效方法之一。

试验研究路段位于慈溪境内的慈北冲积平原地带和宁波江北区的姚江冲积平原区,分别代表本路两种不同的地层类型。慈北沉积平原区被划分为四个工程地质亚层,其中三个是软弱土层,自地表向下分别为:②$_1$ 层:亚黏土(Q_4^{3+m}),浅层为耕植土,上部褐黄色,下部灰黄色,大部分为软塑状,少数为可塑状,厚度普遍偏小;②$_2$ 层:淤泥质亚砂土(Q_4^{3+m}),该层灰色,呈流塑状,饱和;③$_1$ 层:淤泥质亚黏土(Q_4^{2+m}),灰色,深灰色,呈流塑状,饱和,本层厚度大;③$_2$ 亚黏土层或⑤$_2$ 细砂、粉砂层。

姚江冲积平原区划分为两个工程地质亚层,其中一个是软弱土层,自地表向下分别为:③$_1$ 层:淤泥质亚黏土(Q_4^{2+m}),灰色,深灰色,呈流塑状,饱和,本层直接露于地表,厚度沿路纵向起伏变化较大,从12m变化到26m,其物理力学性质是试验段中最差的;另一个是③$_2$ 层:亚黏土。

研究段落土层的层厚及埋深情况如表9-1所示。

真空堆载重点观测断面软土分层厚度及顶板埋深[49] 表9-1

断面代号		N4	N5	N6	N12	N13	S3
断面里程号		K118+800	K118+880	K118+980	K119+700	K119+757	K134+550
加固方法		真空+堆载(C板)	真空+堆载(F板)	真空+堆载(C板)	真空+堆载(C板)	真空+堆载(软管)	真空+堆载(C板)
土名	土层代号	地层的分层厚度/板顶埋深(m)					
亚黏土	②$_1$	2.0/0	2.5/0	2.2/0	2.0/0	2.0/0	—
淤泥质亚砂土	②$_2$	10.8/2	10.8/2.5	7.4/2.2	7.0/2.0	7.0/2.0	—
淤泥质亚黏土	③$_1$	24.7/12.8	25.8/13.3	29.4/10.6	20.7/9.0	20.3/9.0	14.2/0
亚黏土	③$_2$	2.6/37.5	1.0/39.0	—	—	—	9.9/14.2
粉(细)砂	⑤$_2$	—	—	—	10.4/29.7	10.8/29.3	—

慈溪与江北除了在土层厚度上有差异之外,同一层土在指标上也有不小的差异,表9-2

和表9-3分别列出了慈溪与江北的土性指标。

慈溪段各土层加固前主要物理力学指标 表9-2

土层名	土层代号	含水率	湿密度	孔隙比	液限	塑性指数	液性指数	压缩系数	压缩指数	回弹指数	固结系数（$\times10^{-3}$）	渗透系数（$\times10^{-6}$）	灵敏度
		w	ρ	e	w_L	I_p	I_L	a_v	C_c	C_s	C_v	k_{20}	S_t
		%	g/cm^3	—	%	—	—	MPa^{-1}	—	—	cm^2/s	cm/s	—
亚黏土	②$_1$	30.8	1.90	0.874	33.6	12.8	0.79	0.35	0.193	0.015	7.21	—	8.7
淤泥质亚砂土	②$_2$	38.1	1.83	1.037	30.4	9.7	1.82	0.46	0.227	0.018	8.50	6.24	11.7
淤泥质亚黏土	③$_1$	41.9	1.79	1.165	36.2	13.8	1.44	0.54	0.413	0.032	5.78	0.56	11.4
亚黏土	③$_2$	32.9	1.88	0.930	30.8	11.5	1.26	0.29	0.20	0.018	7.50	4.03	10.0
粉（细）砂	⑤$_2$	30.1	1.88	0.868	—	—	—	0.18	—	—	34.3	715	—

江北段各土层加固前主要物理力学指标 表9-3

土层名	土层代号	含水率	湿密度	孔隙比	液限	塑性指数	液性指数	压缩系数	压缩指数	回弹指数	固结系数（$\times10^{-3}$）	渗透系数（$\times10^{-6}$）	灵敏度
		w	ρ	e	w_L	I_p	I_L	a_v	C_c	C_s	C_v	k_{20}	S_t
		%	g/cm^3	—	%	—	—	MPa^{-1}	—	—	cm^2/s	cm/s	—
淤泥质亚黏土	③$_1$	45.2	1.77	1.254	36.9	15.4	1.54	1.30	0.436	0.030	2.19	2.09	6.1
亚黏土	③$_2$	28.3	1.92	0.827	33.9	14.2	0.74	0.22	0.205	0.012	7.33	4.75	8.1

比较慈溪与江北③$_1$和③$_2$层土的指标，可以看出，江北的③$_1$层在含水率、孔隙比、液性指数、压缩系数和固结系数上都比慈溪段要差很多，特别是压缩性，相差一倍以上；而江北的③$_2$层在上述各指标上比慈溪要好一些。

9.1.2 垂直排水通道

真空预压加固软基要取得良好效果，一定要设置较好的垂直和水平排水通道，其中，排水板的通水量是一个重要指标，主要是为了减少真空度的传递阻力、增大真空度的传递深度，使深厚软基能得到有效加固。否则加固不会取得显著效果，而且加固深度也会受限，对工后沉降的控制不利。因此，采用了高性能可测深C型排水板和钢丝透水软管[52]。

表9-4是工程中采用的高性能可测深C型排水板的检测指标。表中也列出相应的设计值和交通部部颁标准，可以看出较大地满足了设计要求，并大大超出《水运工程塑料排水板应用技术规程》(JTS 206-1—2009)标准中C型板指标，特别在滤膜指标和复合体的通水量、抗拉强度等主要指标上，超出都在一倍以上，使排水板能很好地适应海边施工的恶劣环境和减少真空度传递损失的要求。排水板芯板完全使用了聚丙烯新料，排水板所用滤膜有进口长丝滤膜和这几年国内新研制出的国产长丝滤膜，实践证明它们都有良好的性能，能适应深厚软基加固工程的需要。

高性能可测深 C 型排水板设计与检测值 表 9-4

试验项目		单位	JTS 206-1—2009C 型板	设计值	检测平均值	试样数	变异系数
排水板	单位长度质量	g/m	—	—	108	8	0.010
	厚度	mm	≥4.5	≥4.5	4.5	10	0.011
	宽度	mm	100 ± 2	100 ± 2	100.2	10	0.003
	复合体抗拉强度	kN/10cm	≥1.5	2.3	3.11	6	0.031
	复合体伸长率	%	—	—	1.7	6	0.094
	纵向通水量	cm^3/s	≥40	≥65	97.6	2	—
滤膜	单位面积质量	g/m^2	—	—	131	10	0.028
	厚度	mm	—	—	0.34	10	0.022
	纵向干样抗拉强度	N/20cm	≥600	≥800	1052	6	0.074
	横向湿样抗拉强度	N/20cm	≥500	≥1000	1399	6	0.031
	渗透系数 k_{20}	cm/s	$\geq 5.010^{-4}$	$\geq 5.0 \times 10^{-3}$	7.98×10^{-3}	4	—
	等效孔径 O_{95}	mm	<0.075	<0.100	0.088	3	—

工程废弃了国产短纤维浸渍无纺布滤膜排水板,原因是其质地很不均匀,黏合短纤维的黏合剂为水融性的,水稳性差,滤膜浸水后强度大大降低,且耐久性也差。工程中采用了可测深排水板,它对排水板打设深度的控制、深厚软基加固取得良好效果起到了重要作用。

9.1.3 加固效果与分析

在试验的 6 个段落中,有一个是桥头路段,一个是通道路段,其余是一般路段。设计路堤平均填高在 3.5 ~4.5m 之间,处理深度最大达 35m。排水板间距除桥头地段为 1.0m 外,其余都是 1.2m,三角形布置。

6 个段落的实施结果见表 9-5 所列。

真空联合堆载处理的 6 个段落地表沉降量 表 9-5

段落	地点	施工沉降量(m)	填筑、预压期沉降量(m)	做基层前地基总沉降量(m)	路堤实际总填筑厚度(m)
N4	慈溪	0.542	1.351	1.893	5.768
N5	慈溪	0.616	1.442	2.058	5.614
N6	慈溪	0.608	1.200	1.808	4.649
N12	慈溪	0.178	1.442	1.620	5.349
N13	慈溪	0.197	1.282	1.479	4.674
S3	江北	0.348	1.972	2.320	5.602

高速公路施工中是以高程来控制的,预压过程中地基的沉降是在不断发生、发展的,只有当预压沉降量稳定后,此时路堤填筑高程等于或超过路面设计高程时,才实现了有效等载预压或有效超载预压加固。将真空预压与路堤荷载联合使用时,可以实现有效超载预压加固。超载预压加固对工后沉降的控制将优于堆载预压法。该试验中的 6 个段落都是属于有效超载预压,各段落的超载比大小如表 9-6 所示。这是真空联合堆载预压法在高速公路软基处理当中的一个优势。

排水预压路段有效超载比与超载当量厚度

表 9-6

段落	路面设计高程(m)	设计路堤厚度(m)	设计路堤顶高程(m)	停真空、卸载前路堤高程(m)	有效超载比	超载厚度(m)
N4	6.865	4.579	6.115	6.161	1.501	2.296
N5	6.543	4.303	5.793	5.796	1.524	2.253
N6	5.938	3.542	5.188	5.237	1.649	2.299
N12	6.505	4.519	5.755	5.715	1.489	2.210
N13	5.979	3.991	5.229	5.183	1.552	2.204
S3	5.683	4.103	4.933	4.862	1.531	2.179

从表 9-6 中可以看出,真空联合路堤预压方案都属于有效超载预压,有效超载比在 1.5 上下,均值为 1.541,超载当量厚度在 2.2m 左右。

地表沉降是加固效果最直接的反映。图 9-1 为一个重点观测断面的真空荷载、填土及地表沉降过程曲线,其他段落也有相似的结果。

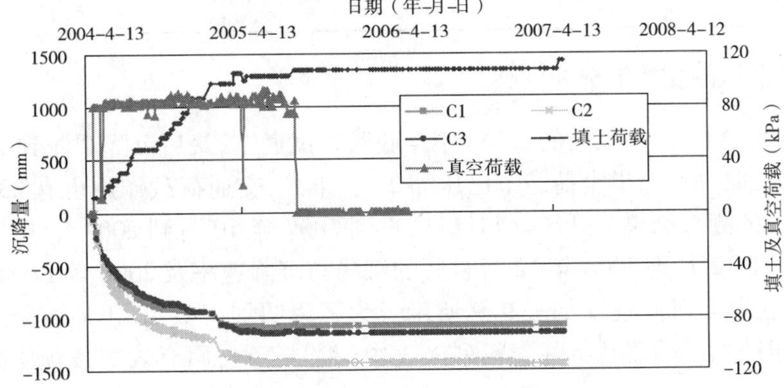

图 9-1 N12 段落 K119 + 700 观测断面地表沉降变化过程曲线

从图 9-1 中看,沉降曲线在后期已非常平缓,应该说路堤沉降已趋于稳定。真空卸载前 3 个月里的沉降速率情况见表 9-7。能够看出其收敛速度还是很快的,在停抽前第二个月里,除江北段外,沉降速率都已降到 5mm/月上下,在停抽前第一个月里,沉降速率都降到 2 ~ 3mm/月。它是在联合预压条件下得到的,也就是说是在超载预压条件下得到的,实际路堤荷载没有这么大,应该说上述条件的满足是一个充分条件的满足。

6 个段落在真空卸载前 3 个月内的路堤中心沉降速率

表 9-7

段　落	沉降速率(mm/月)		
	停抽前的第三个月	停抽前的第二个月	停抽前的第一个月
N4	—	5.0	2.0
N5	15.6(当月内填土 0.464m)	4.7	2.5
N6	18.0(当月有三次填土)	7.0	3.0
N12	11.0	6.0	3.3
N13	14.0	4.0	2.0
S3	69.0	42.0	14.0

各段落分层沉降测值列于表 9-8 中。

从表9-8中看出,经过真空联合堆载预压后,真空超载预压所产生的压缩量51%~67%以上发生在③$_1$层,平均57.9%;而②$_1$层和②$_2$层产生的压缩量之和为12%~23%。说明真空超载预压对深部软土加固产生良好的效果,对工后沉降控制将起到关键作用。

6个段落被加固土层到真空卸载时的压缩情况 表9-8

段落	到停抽前的压缩量(mm)				压缩量占总沉降量的百分比(%)			
	②$_1$层	②$_2$层	③$_1$层	③$_2$层及以下	②$_1$层	②$_2$层	③$_1$层	③$_2$层及以下
N4	57	253	730	283	4.3	19.1	55.2	21.4
N5	78	137	952	248	5.5	9.7	67.3	17.5
N6	53	136	658	336	4.5	11.5	55.6	28.4
N12	76	114	1235	—	4.7	7.1	60.3	—
N13	54	137	1084	—	3.7	9.3	51.2	—
平均	—	—	—	289	3.6	11.3	57.9	22.4
S3	—	—	1357	515	—	—	61.1	23.2

9.1.4 工后沉降量控制分析[50]

路面是2007年10月中完成的,2007年年底开始试通车,最后沉降观测到2009年11月月底。也就是说,路基在路堤全荷载下已压缩25个半月,交通荷载作用也有23个月。将这两年的3个阶段的测量结果分开统计与计算,得到2007年10月到2007年12月的沉降量、沉降速率,2007年12月到2008年12月月底的沉降与沉降速率及2008年12月月底到2009年11月月底的沉降与沉降速率如表9-9所示。为了说明加固效果、工后沉降的发展情况,也将用堆载预压法加固的路基沉降资料列入表中(编号N14,属有效等载预压处理)。从该表中可以看出:

7个段落3阶段路中心沉降与沉降速率 表9-9

段落	路中心最大沉降(mm)				阶段沉降量(mm)			平均沉降速率(mm/月)		
	2007年10月13日	2007年12月25日	2008年12月31日	2009年11月30日	2007年10月到12月月底	2008年12个月	2009年11个月	2007年第四季度	2008年全年	2009年11个月
0	1	2	4	5	6=2-1	7=4-2	8=5-4	9=6/2.4	10=7/12.2	11=8/11
N4	1900	1907	1924	1929	7	17	5	2.92	1.39	0.45
N5	2067	2075	2100	2103	8	25	3	3.33	2.05	0.27
N6	1814	1815	1836	1840	1	21	4	0.42	1.72	0.36
N12	1639	1645	1663	1666	6	18	3	2.50	1.48	0.27
N13	1489	1491	1507	1507	2	16	0	0.83	1.31	0
平均								2.00	1.59	0.27
N14	1103	1105	1139	1145	2	34	6	0.83	2.79	0.55
S3	2363	2383	2455	2477	20	56	22	8.33	5.90	2.00

(1)经真空超载预压处理后,各段落总的趋势是随时间的延长,沉降速率逐渐减小,通车阶段要小于前面未通车阶段,只有N6段落在2007年12月月底前的数值有些反常,也许是测量上的原因造成。从真空联合堆载预压加固的5个段落平均值看,还是正常的。这5个

段落沉降速率已经很小，在通车第二年里都降到0.5mm/月以下，而且第二年的衰减幅度比通车第一年有较大的减小。

（2）N14堆载预压段落沉降速率在通车第一年大于前面未通车阶段，主要是通车后路堤经受的荷载变大，除车辆重量外，还有动荷载的作用，因此，沉降速率变大。通车后的沉降速率比真空联合堆载段均值要大43%，这主要是N14段土体受荷后压缩是在压缩主枝上发展，而N4～N13段土体是在再压缩主枝上发展，其沉降量要小很多。这里看出超载预压对消除工后沉降的作用是很大的。尽管该段通车第二年沉降速率有较大幅度的下降，但沉降速率仍然是真空联合堆载预压段的一倍。

（3）江北区的S3段沉降速率在通车第一年还很大，达到近6mm/月，是慈溪段均值的3.7倍，但第二年降幅显著，沉降速率已降到2mm/月，沉降稳定也指日可待。

为了进一步了解各段落工后沉降量的大小，运用曲线拟合法做了推算，推算模型用的是双曲线。在预压荷载不变的情况下，软土地基的沉降曲线可以认为满足双曲线的变化规律，见式(9-1)。

$$S_t = S_\alpha + \frac{t - t_\alpha}{\alpha + \beta(t - t_\alpha)} \tag{9-1}$$

式中：S_t——t时刻的沉降量；

S_α——双曲线起点t_α时的沉降量；

α、β——待定的系数；

其余各符号的意义见图9-2。

可以将式(9-1)的非线性表达式变成一元线性形式，利用测得的数据，按最小二乘法可以求出系数α、β，从而推求出到该级荷载为止的最终沉降量S_∞，详见前面第3章。

按照式(9-1)，推算出N4～N14及S3各段落的最终沉降量，如表9-10所示。从推算的工后沉降量看，自通车到目前为止，7个段落的工后沉降量都能满足规范对桥头、通道和一般路段的要求。

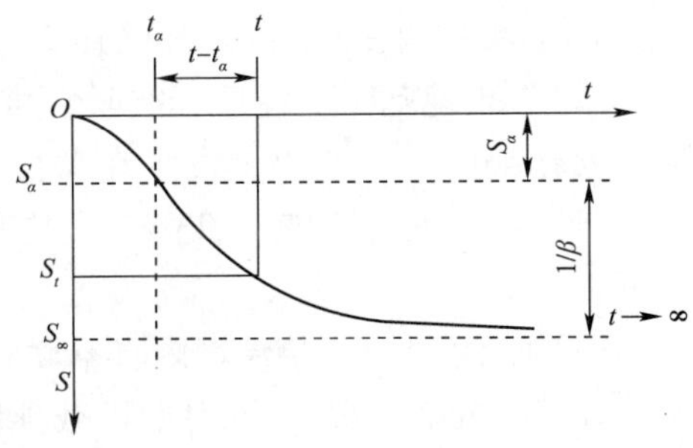

图9-2 运用双曲线法推求最终沉降量

7个段落按双曲线拟合的路中心最终沉降量 表9-10

段落	路段性质	路堤总厚度	施工沉降量	路中心沉降量		估计的工后沉降量	沉降发生值/拟合值
				2008－12－31	拟合的最终值		
	—	m	mm	mm	mm	mm	%
N4	桥头	5.768	542	1924	1954.4	30.4	98.4
N5	一般	5.614	616	2100	2156.3	56.3	97.4
N6	一般	4.649	608	1836	1900.2	64.2	96.6
N12	一般	5.349	178	1663	1684.8	21.8	98.7
N13	通道	4.674	197	1507	1533.5	26.5	98.3
N14	一般	4.370	282	1139	1213.7	74.7	93.8
S3	一般	5.602	348	2455	2597.2	142.2	94.5

目前,对慈溪境真空联合堆载预压路段来说,沉降完成的比例都在97%以上;而堆载预压段只有94%。江北境真空联合堆载预压段落仅达到95%,工后沉降会比慈溪境的大一些,但也满足一般路段要求。

9.1.5 超载预压对工后沉降的影响

从对真空联合堆载预压和等载预压处理软土地基的分析中看到,两者都取得了预期的加固效果,加固深厚软基都取得了成功。但真空联合堆载的效果要好于等载预压,主要表现在,一是通车运行两年期间,超载预压路段的沉降速率要小于等载预压路段,减小幅度达到100%;二是到2008年12月月底以后,所剩工后沉降量前者要小于后者,仅仅是后者的53%;三是前者沉降的收敛幅度大于后者,到2008年12月月底,前者已发生的沉降量达到总沉降量的98.7%,而后者仅达到93.8%;四是土分析资料反映剩余沉降主要发生在$③_1$层,但真空堆载预压路段比等载预压路段要小得多,超载预压路段压缩性降低20.8%,而等载预压路段仅降低8.2%,也就是说,超载预压使深部$③_1$层软土压缩性的改变幅度比等载预压路段要大得多。因此,超载预压比等载预压能更有效地控制路堤工后沉降。

9.1.6 结论

(1)采用真空联合堆载预压法并以高性能可测深C型塑料排水板为垂直排水通道加固高速公路35m厚软基取得了成功。经过真空与路堤联合的超载预压加固,在真空停止前1个月的沉降速率除江北段外都已达2~3mm/月,沉降速率已经很小,路堤沉降已经稳定。

(2)软土地基土层经过真空联合堆载预压后(到真空卸载时),真空超载预压所产生的压缩量有55%~67%以上发生在深部的$③_1$层,平均值为58%;而浅层$②_1$层和$②_2$层产生的压缩量之和仅为12%~23%,平均值为15%。在慈溪段$③_1$层,每米压缩率平均达到36.9mm/m。

(3)通车两年来,慈溪境内真空联合堆载预压段落的沉降速率均值已降到0.27mm/月,预示着工后沉降量很小;同时期堆载预压段沉降速率却为0.55mm/月,比真空段大一倍。

(4)用实测沉降曲线拟合的结果表明,工后沉降都能满足规范要求;沉降完成的比例对慈溪境真空联合堆载预压路段来说都在97%以上,而堆载预压段落只有94%。江北境真空联合堆载预压段达到95%,工后沉降会比慈溪真空段稍大。

真空联合堆载预压对路基实施的是有效超载预压加固。真空超载预压比等载预压能更有效地控制路堤的工后沉降,是一项有效控制路堤工后沉降的加固方法。

9.2 真空预压法用于加固新近吹填的超软弱土

9.2.1 引言

真空预压法用于加固新近吹填的超软弱土是国内沿海地区近几年广泛使用的一项技术,对沿海经济的飞速发展做出了巨大贡献。

我国东部沿海地区经济发达，人口稠密，人均占地面积少，土地资源相对匮乏，它常常制约着地区经济建设的发展。新中国成立以来，吹填造陆便不断地进行着，缓解着用地紧张的矛盾。近二三十年，改革开放使国家的经济建设获得空前未有的发展，这当中有相当多的土地是经吹填造陆形成，仅广东珠江口等地区，20 世纪 80 年代以来围海造陆达 2 万 hm^2。天津为满足沿海港口建设及工业用地的需要，规划以后 10 年要围海造地近 $500km^2$，全国在辽宁的大连，江苏的连云港、盐城、南通，上海，浙江的宁波、温州，福建的厦门、泉州，广东的珠江口一带及湛江等省市都有造地的需求。初期人们开山填海，形成陆地，随着时间的推移，这个方法被逐渐停止，它有悖于环境保护。之后人们在滩涂上筑堤围地，将海中或入海口疏浚的淤泥吹入其中，让其高出水面。经过自然晾晒、风干、具有一定强度后再加固处理予以使用，这一过程短的需要 2 ~ 3 年，长的则要 4 ~ 5 年。这种等待、被动造陆的方法已严重阻碍沿海经济的发展，不适应沿海地区兴建港口、码头和工业区、增进各地区与国际的交流的需要，不能满足今天国民经济飞速发展的需要。近 10 年来，对吹填软土快速加固技术的研究迅速展开，现在已取得阶段性成果，从真空预压技术衍生出的浅表层加固超软土技术就是一项典型成果。它利用疏浚航道、码头前沿的弃土吹填造陆，一方面很好地解决了沿海开发的用地需求，另一方面保护了海洋环境，实现了人与海洋的和谐相处，促进沿海地区经济建设的可持续发展。

中交四航工程研究院有限公司自 2006 年以来，针对水运工程飞速发展的需要，开发了浅表层快速加固技术，他们申请了 5 项发明专利、4 项实用新型专利和两项国家级工法，形成一整套完整的施工技术，使原本不能加固的新近吹填的超软土（含水率 100% 左右）变得能够加固，在短时间内解决了吹填土上走人、行车的问题，为后续运用常规方法继续加固、处理提供了可能与条件。该方法的诞生给此类地基的处理提供了一个新的思路和办法，在大量围海造陆工程相继开工的情况下，该方法和思路对地基处理技术的发展将会产生积极的影响。

浅表层快速加固技术是指对新近吹填的超软弱土（图 9-3 和图 9-4），在利用预压法加固之前，先对浅表层超软弱土（主要指新吹填软土）进行加固处理，使浅层形成一个硬壳层以供施工机械运行，满足后续铺设砂垫层以及塑料排水板插设施工的需要，因为吹填土以下往往广泛分布着深厚的软黏土层，它为后续加固创造良好条件。中交四航研究院有限公司首先在厦门港海沧港区 14 ~ 19 号泊位围埝软基处理试验工程中取得成功，获得了显著加固效果，浅层形成了 1 ~ 3m 厚的硬壳层，为工程节约了宝贵工期[54]。目前，浅表层快速加固技术已经应用到天津、连云港、温州、珠三角等地围海造陆软基处理工程中。

图 9-3　新近吹填土实景

图 9-4　新吹填的超软土

对吹填疏浚土形成的陆域,用的方法虽然叫浅表层快速加固法,但该法的核心技术仍然是真空预压法。浅表层快速加固方法仍然和真空预压法一样有三个系统,即排水系统、密封系统和抽真空(加压)系统。该方法的基本原理也与真空预压一样,同样也具备真空预压的加固特征,即同真空预压法加固软土一样,无需堆载材料,可以在短期内一次性将荷载加上去而不会失稳,也不会对环境造成污染等一样。但是,在三个系统的细节上仍然是有创新的,使真空预压法更能适应它的特定加固对象——像水一样的超软土,扩大了真空预压法的应用范围。

9.2.2 吹填土与疏浚土

吹填土与疏浚土属于超软弱土,其含水率都在100%以上,基本没有强度。吹填土是为围海造陆将海底的泥土(可能是淤泥、淤泥质土或细砂)用水力的方式形成泥水混合物,该泥水混合物一般称为吹填土;疏浚土是为了加深、加宽原有河道、码头前沿或海上航道时,清除出来的土。以前疏浚土大部分是远抛至外海指定的抛填区,如今,为了减少对海洋的污染,变废为宝,送到吹填区造陆。

围海造陆就是事先将一定海域或潮间带用围堤将其围住,与海域隔开。造陆时将其周围海底的土(可能是砂,可能是淤泥)通过绞吸或其他设备,把海底土变成泥水混合的流体,送入事先筑好的围堤内(图9-5),形成新的陆地(图9-6)。目前国内大量的围海造陆工程都是在淤积的滩涂地基上吹填淤泥或中细砂形成的。用这种水力吹填工艺形成的陆地,上部软土的含水率很大,往往高达100%以上,呈流动状态,它们的强度和承载力一开始几乎为零,人与机器设备是根本不能直接上去的。

图9-5 水力吹填工艺造陆

图9-6 刚形成的吹填区

在这些吹填区的下面往往也广泛分布着深厚的软黏土层,一般为淤泥质土或淤泥,它们也都呈现含水率高、压缩性大、强度及承载力低的特点,也不能满足生产建设的需要,同样需要处理,因此,在这些吹填区域不仅要处理上部刚吹填的超软土,也需要加固其下部原始的软土。在一些开发区或保税区,一般只加固上部浅层的吹填土、疏浚土,厚度一般3~6m,让其达到能走人行车的条件,待土地出让后,由购买方根据自己的需要,对场地再进行加固,连下部软土一道处理。于是就把对吹填区域软土的加固分成两次来实施,其中对上部吹填土、疏浚土的加固就叫做浅表层加固。

9.2.3 浅表层快速加固软土技术

真空排水预压法属于排水预压法大类，它与堆载排水预压的区别在文献[10]中有详细叙述。其中，最大的特点是加荷可以一次加到 80kPa 而无需分级施加，加荷速度快；第二个特点是真空加载预压时地基的侧向变形是向着加固区内的，而不是向着加固区外，地基不存在失稳的问题。吹填土的强度极低，承受不了常规堆载预压法的预压荷载，加固当中地基的安全问题随时出现，要取得一定的加固效果那是非常困难的。而真空排水预压法正好能弥补常规堆载预压法的不足。对真空排水预压法来说，加固时土中有效应力的增加在大小主应力方向都为 $\Delta\sigma'$，应力圆仅发生移动，而圆的大小、即半径并不发生变化，土体中剪应力并没有增大(图 9-7)，在 p'-q 平面上(图 9-8)的有效应力路径是从 k_0 线上 H 点出发而平行于 p'轴的直线。无论 $\Delta\sigma'$增大多少，都不会与 k_f 线相遇，因此，加固中不会出现地基失稳的情形，也就没有必要分级加荷，这就是工程实践中一次可将“真空荷载”提高到很高的缘故。

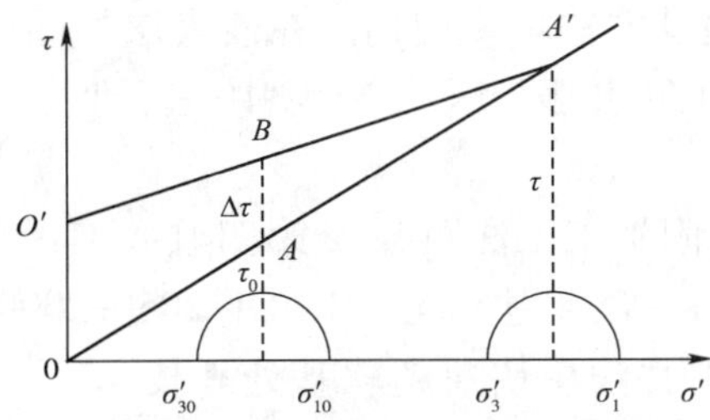

图 9-7 真空预压加固时应力圆的水平移动

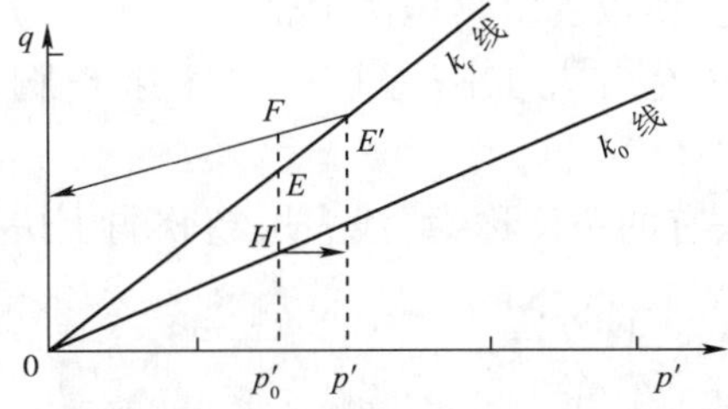

图 9-8 真空预压加固软基的应力路径

浅表层加固工法正是利用了真空排水预压法的这两个特点，它的核心技术是真空排水预压法的技术。浅表层加固工法也是设立三个系统，即排水系统、加荷系统和密封系统，它们基本上都是真空预压法中的三个系统，但在排水系统方面做了较大改进，使之更适合吹填土的特点。浅表层加固工法与真空预压法不同之处在于：

排水系统已不完全是真空排水预压法中用的排水系统，特别在水平排水系统上做了较大改进。由于吹填土含水率高，强度极低，原来的水平排水系统——砂垫层太重，吹填土本身承受不了，砂一堆上就会沉入泥中，被淤泥淹没，砂子堆不上去，形不成连续的一层。就是在堆砂以前先铺一层加筋土工布，人也难以上去操作，面积很大，拉砂的车也上不去，无法将砂送到指定的地点，于是发明了无砂垫层。把以砂垫层为主的水平排水垫层改为无砂垫层，以轻质的编织布和无纺土工布及土工格栅(或三维土工排水网)为主、加上由螺纹软管制成的滤管和主管形成膜下的水平排水系统(图 9-9 和图 9-10)，以此替代原有的砂垫层水平排水系统。这样使水平排水系统的重量大大减轻，而排水的功能并没有减弱，它适应吹填土强度极低的特点。塑料排水板按间距大小缠绕(绑扎)在螺纹滤管上，构成垂直排水通道与水平排水垫层的连接(图 9-9)，有别于真空预压法中排水板插入砂垫层中的连接方式。塑料排水板由人工插入吹填土中，能满足吹填土加固深度的需要，排水板与滤管的连接有滤管单侧绑扎一根排水板或滤管两侧各绑扎一根排水板两种方式。

图9-9　铺设完成的水平排水系统

图9-10　针刺无纺土工布铺设

在加荷系统上用的抽真空设备与真空预压法相同,只是在设备系统下面垫上高密度水平泡沫板,以支撑设备的重量,并保证设备随地基沉降而同步下沉。

密封系统所用密封膜一般也是二层,只是膜边缘埋入密封沟的方法与常规真空预压法有所不同。在吹填地基上由于土质极软,呈流动状,一般很难开挖成规则的密封沟,挖了也不能成型,所以真空预压法中密封膜在边缘的埋设方法不能使用。在浅表层加固中常常是在设计位置由人工脚踩(工人身穿齐胸高的防水服)压入淤泥中—行业中称为"踩膜"(图9-11)。

图9-11　踩膜

该法有的单位称为"浅表层超软弱土快速加固施工工法"(中交第四航务工程有限公司董志良等,工法编号GJEJGF 205—2008)[79],有的称为"浅层快速超软基处理技术"[80],有的称为"真空吸水浅层软土加固法"[81],有的称为"改性真空预压法"[82],名称不同,但实质和主要工艺都基本一样。

浅表层快速加固机理实质上与真空预压法相同,在加固区地面利用真空泵抽真空,在大气压力作用下,通过塑料排水板在超软弱土浅表层内形成压差(通常可达80kPa以上),土体在压差作用下,孔隙水压力逐渐降低,降低的孔隙水压力转变为土体的有效应力,在有效应力的作用下,饱和土体受到固结压缩、孔隙水逐渐排出,土体强度得到增强,这就是浅表层快速加固处理技术的原理。

9.2.4　浅表层快速加固软土技术的施工工艺

浅表层快速加固技术与真空预压法的加固机理是相同的,但两种方法的对象有显著不同,因此,施工工艺也有显著的差异。浅表层快速加固技术的目的,一般仅仅需要形成足够强度的上部硬壳层,满足后续施工要求就可以,这也决定了浅表层快速加固技术与真空预压法加固的目标有一定差异。

2006年中交四航工程研究院有限公司开发新型浅表层快速加固方法[79]。该加固系统由密封膜、排水垫层、抽真空滤管、排水板或袋装砂井、格栅层等构成。浅表层的具体结构如

图 9-12 所示，其剖面结构如图 9-13 所示，主要环节如图 9-14～图 9-19 所示。

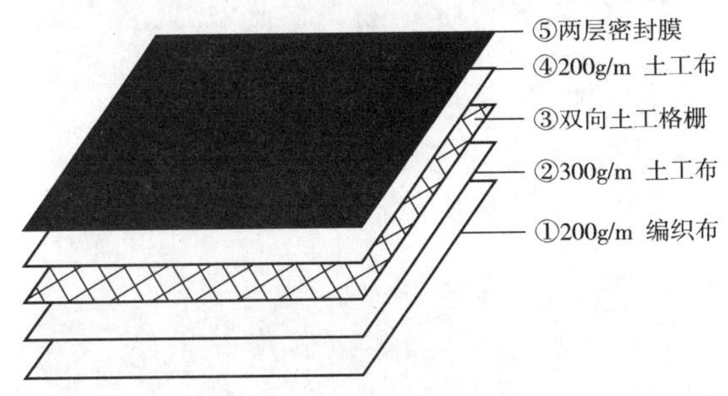

图 9-12 浅表层结构示意图

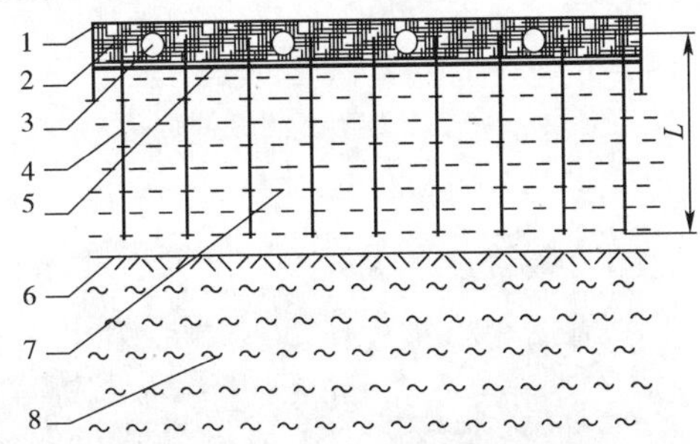

图 9-13 浅表层快速加固系统

1-密封膜；2-排水垫层；3-抽真空滤管；4-竖向排水井；5-格栅层；6-基底；7-超软弱土；8-软弱下卧层

在运用浅表层加固技术时，要想取得理想的加固效果，最重要的是避免吹填区上层浮泥堵塞排水系统，减小真空度传递的阻力，保证真空度能有效地作用于吹填土，特别需要注意以下几点：

(1)铺设底层编织布是整个施工工艺中的第一道关键工序，其作用除了为后续工序提供必要的施工作业面和分散上部的施工荷载外，更为重要的是将水平排水系统与其下浮泥隔开。因此，底层编织布铺设应尽量平整，避免人工插板或搬运材料时造成破口处严重冒泥。铺设方法如图 9-15 所示。

图 9-14 吹填土上搭移动浮桥

图 9-15 铺设编织布

图 9-16 人工插排水板

图 9-17 铺设密封膜

图 9-18 埋设监测仪器

图 9-19 抽真空

(2)在陆上预先将裁剪好长度的排水板头外裹无纺土工布与软式透水滤管绑扎连接(图 9-20),主要是防止人工插板后从破口处冒出的泥浆包裹排水板头与滤管的连接处,影响真空度的传递。保证滤管与排水板的连通性,确保滤管中的真空度能有效地传递到排水板,同时也可减少材料搬运次数和取消现场绑扎工序,尽可能降低冒浆程度。此外,为了防止抽真空开始后排水板中负压会将板底的流泥吸入板槽,从而堵塞排水通道,所以板底需用塑料胶带封口(图 9-21)。

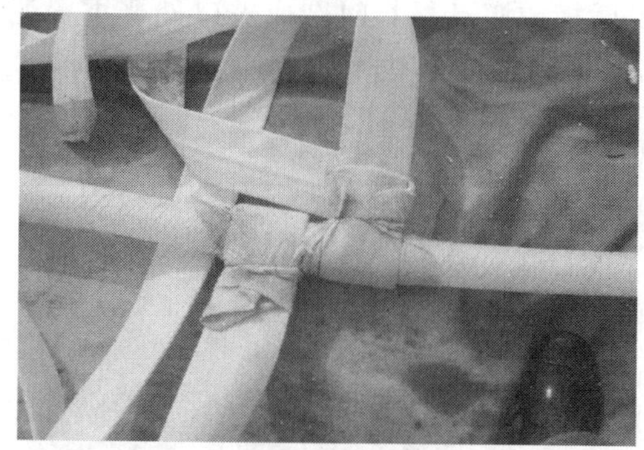
图 9-20 陆上预绑管

图 9-21 排水板板底封口

(3)新近吹填场地土体软弱,采用人工方式插设排水短板(图 9-16),插设深度视吹填区泥浆厚度确定,大都在 3 ~ 5m 之间,再深则人工比较吃力,效率、质量难以保证。排水板间距 0.7 ~ 1.0m,不用传统的重型插板机械。此外,由于无法铺设排水砂垫层,所以铺设上下两层无纺土工布代替砂垫层作为排水垫层,同时与已连为一体的排水板和滤管,共同组成无砂垫层排水系统(图 9-22 和图 9-23),提高排水效率,这是浅表层加固技术的核心和创新所在。

(4)在施工现场,土工材料都是分块铺设的,底层编织布需用手提缝纫机缝合成整体,接缝要严密,防止泥浆从接缝处冒出。而无纺土工布采用同样方式进行缝合,土工格栅则用塑料扎带或尼龙绳搭接绑扎成整体,如此可增强表面抗剪和抗拉能力,有效扩散上部荷载作用力。

浅表层加固中所用密封膜与常规真空预压相同,一般铺设两层厚 0.12 ~ 0.16mm 的密封膜;按 1200m^2/台布设 7.5kW 射流泵一台;有些项目浅层加固与堆载相结合,堆载一般由吹填砂完成,大约抽真空 30d 左右开始吹填砂层,吹填砂期间抽真空不能停,以保证地基的稳定性。吹填砂尽量做到厚度均匀,每层不要太厚,防止淤泥包的形成。

图 9-22 人工插板后的排水板和滤管连接情况

图 9-23 铺设无纺土工布

9.2.5 工程案例

【实例 9-1】 天津某软基处理工程

本例摘自文献[55],该文献将浅表层加固超软基技术介绍得很全面、详细、具体,对了解此工法很有帮助,故将该文献基本内容收入本章,稍加修改介绍于后。读者也可对其监测资料、工程效果做出自己的判断与分析。

工程位于天津滨海新区临港工业区内,新近吹填淤泥厚度 6 ~ 8m,浅层土体含水率在 90% ~170% 之间,呈浮泥—流泥状,基本无承载力和强度。采用浅层超软土加固技术处理面积约 11.8 万 m^2,分为 5 个区,如图 9-24 所示。2009 年 3 月 31 日开始抽真空,2009 年 5 月 4 日开始吹填砂垫层。

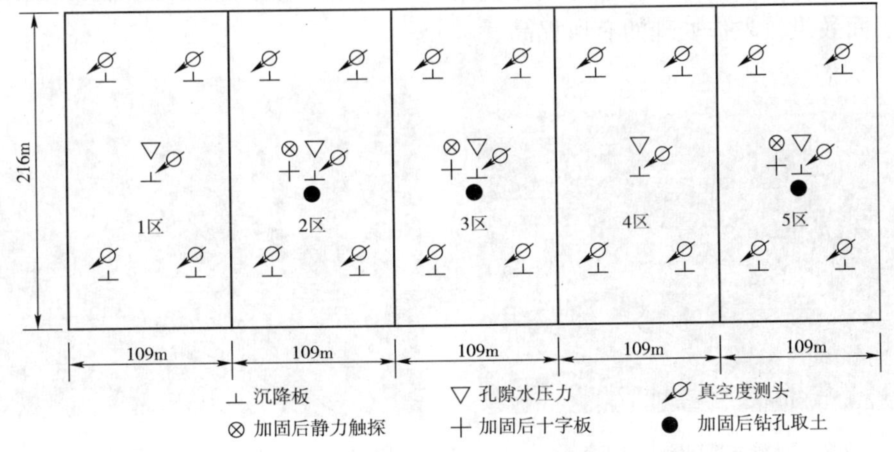

图 9-24 加固分区与监测检测平面布置图

1) 浅表层快速加固处理的基本工艺

(1) 场地为新吹填区,吹填完成约两个月,排水板深度 4.5m,塑料排水板间距 0.8m,排水板底端用透明胶带密封,防止浮泥从底端倒吸入排水板中影响排水性能。

(2) 铺设 300g/m^2 针刺无纺布。无纺布可起到一定的水平排水垫层作用,有利于地表形成硬壳层。

(3)滤管用直径为 ϕ64mm 长条透水管,环刚度不小于 15kN/m^2。

(4)抽真空时间为 30 ~ 40d。

(5)刚开始,在插设排水板前没有铺设无纺布作为水平排水垫层,而是直接在编织布上进行人工插设排水板,施工期间出现冒浆现象。局部区域加固效果不理想,两滤管间膜面成弧面隆起,无加固迹象。经开膜检测表明,后铺无纺布吸附有大量的泥颗粒(图 9-25),滤管被已初步加固的淤泥包裹,厚度为 1 ~ 2cm,如图 9-26 所示,真空度传递受阻。由于施工在地表造成的扰动,引起局部位置冒浆较多,而且部分无纺布绑扎脱开,排水板头与滤管绑扎脱开,影响了加固效果。

图 9-25　膜下无纺布吸附有大量的淤泥

图 9-26　滤管被淤泥包裹

为避免后面的加固区出现类似的问题,对已插设塑料排水板并布设管路的区域、在滤管底下铺垫一块 1.0m 宽的无纺布条,如图 9-27 所示,并铺设水平排水板(图 9-28),提高横向排水效果。实践表明,这种方法可有效避免出现局部加固效果差的现象,而且在相同抽真空时间下,加固效果较未作处理的有所提高。

图 9-27　滤管底部铺垫无纺布条

图 9-28　铺设水平排水板

上述的改进为浅表层快速加固取得效果提供了有效的保障。浅表层抽真空约 3d 后,膜下真空度(两滤管中间)可达到 70kPa 以上,正常维护期间,真空度基本维持在 80kPa,浅表层快速处理时间达 34d 后,地表基本形成了一硬壳层。

为检验浅层超软土加固效果,对各区膜下真空度、地表沉降和孔隙水压力进行监测,孔压计埋设深度分别为 1m、3m、5m。卸载前,根据现场踏勘情况判断加固效果,选取具有代表

性的2区、3区、5区场地中央分别进行两组静力触探试验、十字板剪切试验和钻孔取土,一组紧邻排水板,测试所形成"土柱"的土体物理力学指标;一组设置在正方形布置排水板形心处,测试"板间土"体力学指标。图9-24为监测检测平面布置图。

2)监测检测成果分析

(1)膜下真空度

2009年3月31日开始抽真空,3d内滤管内真空度达到60~70kPa,膜下真空度逐渐升至35~45kPa,此时开泵率为1/3。以后7d内随着剩余射流泵的逐步开启,滤管内真空度快速上升,并稳定维持至80~90kPa之间,各区滤管内真空度差别不大。与此同时,大量滤管出现因环刚度不足而被压扁、压裂现象,但未完全闭合,仍可传递真空度和排水。相对而言,膜下真空度增长缓慢,最终趋于50~75kPa,低于滤管内真空度15~30kPa,其中,4区、5区膜下真空度最高,平均为69.4kPa,3区由于局部冒浆较为严重,膜下真空度最低,平均只有53.5kPa,1区、2区介于中间,平均约为62kPa。上述现象说明,两层无纺土工布可以代替砂垫层用来传递真空度和排水,但效果不如后者,同时,施工过程中应尽量避免严重冒浆,以免造成排水系统淤堵。

(2)地表沉降

各区平均地表沉降随时间的变化曲线如图9-29所示。从图中可以看出,在浅层真空预压34d内,各区沉降速率很快,平均维持在1.5cm/d左右,沉降与时间基本呈线性关系,无趋于稳定的迹象。各区最终沉降量以3区最小,为45.8cm,5区为最大,达到60.4cm,加固效果明显。

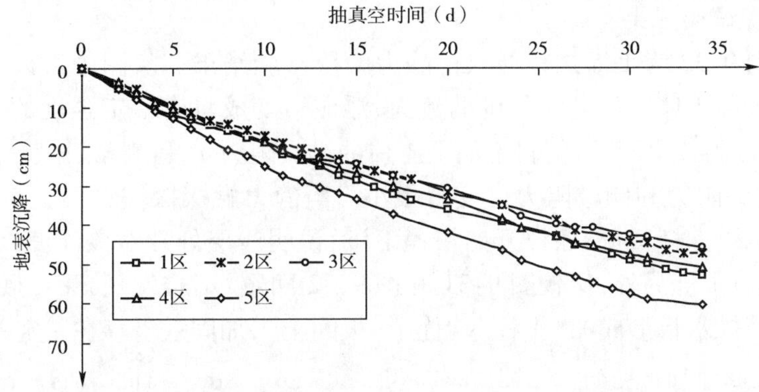

图9-29 各区平均地表沉降随时间变化曲线

(3)负超静孔压变化规律

受吹填土和吹填工艺等多方面因素影响,大面积吹填时土颗粒在场地空间上和位置上分布呈明显的不均匀性,所以各区孔压消散规律既有相同之处,又存在较大的差异。以具有代表性且不同的1区(2区和5区与其相似)和4区(3区与其相似)实测负超静孔压随时间变化曲线(图9-30)为例加以分析。

从图9-30中可以看出,虽然浅层处理排水板插设深度仅有4.5m,但抽真空34d内土体中的负超静孔压值却很小,最大值1区3.0m埋深处的为19.1kPa,而各区1.0m埋深处的负超静孔压值则只有2.0~8.0kPa。由于新近吹填淤泥处于欠固结状态,土体中的正超静孔隙水压力很大,抽真空前初始孔隙水压力实测结果证明了这一点,深度越深,正超静孔隙水压力越大,所以大部分负超静孔压值被抵消,也有一部分来自地下水位下降引起的静水压力的降低值。

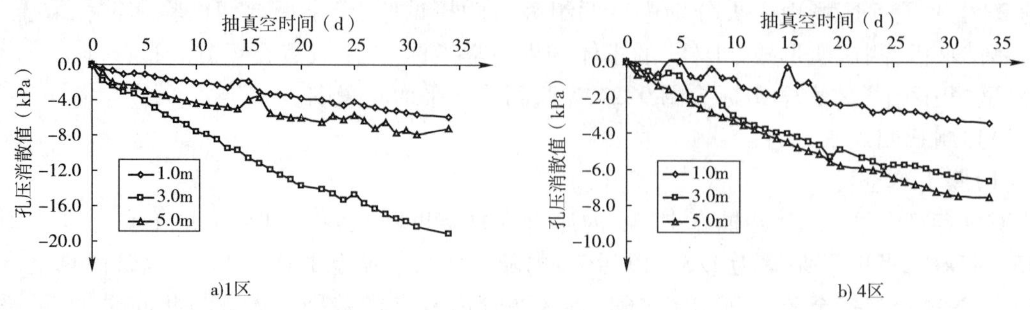

图 9-30　负超静孔压随时间变化曲线

与常规真空预压相比,浅层真空预压不仅负超静孔压值偏小,而且上部(1.0m 埋深)负超静孔压值小于下部的(3.0m 埋深),这与常规真空预压孔压消散规律不同。出现这种现象主要有两方面原因:

①如前所述,以两层无纺土工布代替砂垫层虽然可作为排水垫层,但其传递真空度效果不如后者,同时,插板冒浆会堵塞排水系统,一定程度上也会影响了真空度的传递。

②由于水力分选原因,上部土层颗粒极细,颗粒间连接很弱,尚未形成具有强度的土骨架结构,土颗粒随水流动性强,所以在浅层抽真空负压差作用下,细颗粒随水向排水板周围聚集形成"土柱",从而包裹排水板,"土柱"极低的渗透性严重阻碍真空度向周围土体的传递,而下部土层颗粒较粗,结构性相对较好,有利于真空度的传递和负超静孔压的形成。

(4)静力触探试验成果

图 9-31 和图 9-32 为手摇式轻型双桥静力触探试验结果。从图中可以看出,吹填淤泥经浅层处理后,表层土体已从毫无强度的流泥、浮泥转变成具有一定强度的硬壳层,厚度在 15 ~ 30cm 之间,加固效果明显,但自上而下土体的锥尖阻力 q_c 和侧摩阻力 f_s 衰减很快,硬壳层以下土体的锥尖阻力和侧摩阻力已变得很小。当静力触探探杆贯入至 0.8 ~ 1.0m 深度处,土体已无法承受探杆重量,探杆开始快速下沉,说明浅层处理对该深度以下土体强度和承载力提高作用有限。另外,比较图 9-31 和图 9-32 两图,不难发现,无论硬壳层厚度还是强度指标值,围绕排水板形成的"土柱"均优于"板间土",加固效果存在一定差异。

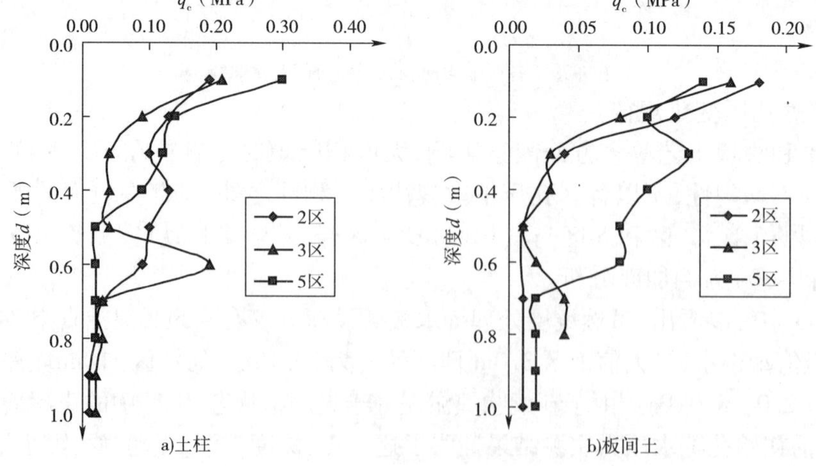

图 9-31　锥尖阻力 q_c 随深度的变化曲线

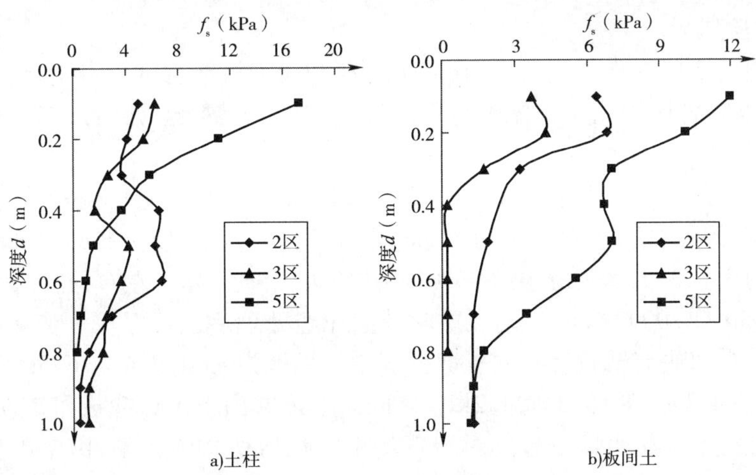

图 9-32 侧摩阻力 f_s 随深度的变化曲线

根据《工程地质手册》,选取经验公式 $f_0=112p_s+5$ 估算地基承载力,其中,f_0 为地基承载力,p_s 为比贯入阻力,p_s 与锥尖阻力 q_c 和侧摩阻力 f_s 的理论关系式为 $p_s=q_c+6.4f_s$,经计算,20cm 厚硬壳层平均地基承载力 $f_0=27.3\text{kPa}$。虽然硬壳层承载力值不高,但水平铺设的数层土工织物和土工格栅可增强表面抗剪和抗拉能力,两者共同作用能有效扩大上部荷载传递范围,即将上部荷载传递到硬壳层更大面积的淤泥上,所以两者相辅相成,缺一不可。

(5)十字板剪切试验成果

处理前的浅层吹填淤泥含水率极高,呈浮泥—流泥状,其抗剪强度近乎于零。为检验浅层处理后吹填淤泥抗剪强度的增长情况,现场采用电测式十字板剪切仪进行试验,十字板抗剪强度随深度变化曲线如图 9-33 所示。从图中可以看出,处理后吹填淤泥表层形成厚度约 20cm 的硬壳层,十字板抗剪强度 c_u 范围为 4.0 ~9.0kPa,其下淤泥抗剪强度仍较低,而排水板周围土体的加固效果明显好于板间土,以上分析结果与静力触探试验结果基本一致。此外,5 区"土柱"位置深度 15cm、30cm、45cm 处原状土的抗剪强度 c_u 分别为 8.8kPa、8.4kPa、6.9kPa,而相对应重塑土的抗剪强度 c_u' 分别为 3.1kPa、2.7kPa、2.5kPa,则土体灵敏度约为 2.9,属中等灵敏土,说明处理后的浅层吹填淤泥结构性较强,受扰动后强度会降低很多。因此,后续砂垫层应分层吹填,第一层吹填厚度控制在 20 ~30cm,尽量避免对下卧土体的扰动。

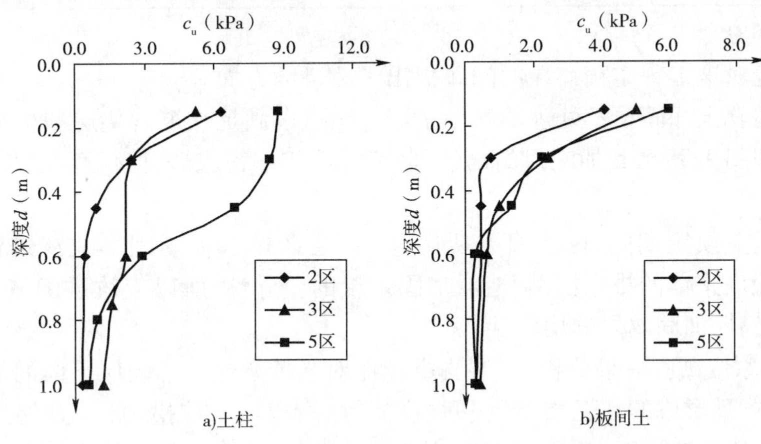

图 9-33 十字板抗剪强度 c_u 随深度变化曲线图

(6)土工试验成果

为进一步检验浅层处理加固效果,在静力触探和十字板剪切试验点附近,利用 ϕ10cm × 30cm 薄壁取土器对各区硬壳层土体进行人工取样,然后开展土工试验,其物理力学指标详见表 9-11。

从表 9-11 中可以看出,由于硬壳层以下土体很软弱,除 5 区土柱位置外,其余人工取样均未装满取土器,即硬壳层厚度未达到 30cm,土样高度一般在 15 ~ 25cm 之间,这与现场原位试验结果相吻合。含水率从最初的 90% ~170% 大幅降至 48% 左右,孔隙比约为 1.36,而液性指数在 0.950 ~1.009 之间,说明浅层吹填淤泥经处理后已从浮泥—流泥状态转变为软塑—流塑状态。直剪快剪试验得到的抗剪强度指标黏聚力 c_q 为 9.6 ~16.5kPa,内摩擦角 φ_q 很小,而无侧限抗压强度在 14.2 ~24.2kPa 之间。上述室内土工试验成果表明,经浅层处理后吹填淤泥物理力学性质明显改善。对比现场十字板剪切试验成果,由室内剪切试验得到的抗剪强度均大于前者,这主要是由于在现场试验过程中,难免会对硬壳层土体产生扰动,造成强度降低。

各区硬壳层土体物理力学指标表　　表 9-11

分　区			2 区		3 区		5 区	
取样位置			土柱	板间土	土柱	板间土	土柱	板间土
土样高度		(cm)	25	20	20	15	35	20
含水率		(%)	47.3	48.4	49.0	48.2	47.6	48.1
孔隙比		—	1.310	1.340	1.391	1.392	1.355	1.376
液性指数		—	1.018	1.022	0.950	1.009	0.982	1.013
渗透系数	k_v	$\times 10^{-8}$cm/s	1.46	1.00	1.67	1.09	1.00	1.43
	k_h	$\times 10^{-8}$cm/s	1.51	1.00	1.47	1.23	1.00	1.17
直剪快剪	c_q	kPa	10.3	9.6	16.5	15.5	15.0	10.5
	φ_q	°	1.8	2.0	1.7	2.1	2.5	1.6
无侧限		kPa	14.2	14.4	24.2	16.4	22.7	15.6
灵敏度		—	2.35	2.04	1.59	1.99	2.08	2.43

3)存在问题分析

论文作者也对该工程实践存在的问题提出了改进的方向。

经过浅层超软土加固技术处理的吹填淤泥完全可以满足吹填砂垫层和机械插板的施工要求(图 9-34 和图 9-35),其加固目的已达到,工程应用取得成功,但仍存在以下问题需要进一步分析研究。

(1)浅层真空预压期间,由于真空吸力作用,会在排水板周围形成渗透性极低的"土柱",严重阻碍板间土体的排水固结,造成加固效果的差异性,所以应改进工艺,避免"土柱"的过早形成,以确保加固效果的均匀性。

(2)从现场原位试验成果分析,浅层真空预压对吹填淤泥上部表层土体的加固效果要明显好于下部土体,且形成的硬壳层厚度和强度有限,所以应采取措施优化现有排水系统,增大浅层真空预压的有效加固深度,进一步提高加固效果,为后续高质量地完成吹填砂垫层和

机械插板工序创造更好更安全的场地条件。

(3)目前浅层超软土加固技术工程应用尚处于探索阶段,对其加固效果评价以及卸载时间判断完全依赖个人经验,因此,非常有必要建立浅层超软土加固技术效果评价体系和卸载标准。

(4)浅层超软土加固技术属于真空预压法的拓展应用,但其加固机理不完全等同于传统真空预压加固机理。后者是使土体在负压差作用下产生排水固结,可以采用经典的巴隆砂井地基固结理论和比奥固结理论进行分析和计算,而本技术首先是土中自由水的排出,与此同时,浅层吹填淤泥毫无强度的絮凝结构开始重新排列组合,逐渐形成具有一定强度的土骨架结构,之后才是传统意义的排水固结,所以两者存在本质的不同。因此,浅层超软土加固技术的加固机理和计算理论值得深入探讨。

图9-34　在处理后场地上吹填砂垫层

图9-35　在处理后场地上进行机械插板施工

4) 结论

论文详细介绍了浅层超软土加固技术的研发背景、加固目的、技术方案、工艺要点以及工程应用,并通过大量试验成果分析其加固效果以及存在的问题,得出如下主要结论:

(1)浅层超软土加固技术的加固目的在于大幅降低浅层土体含水率,并使其表层形成一层具有一定强度和厚度的硬壳层,从而满足吹填砂垫层以及机械插板所需要的承载力条件,进而进行二次深层真空预压处理。

(2)以两层无纺土工布代替砂垫层作为排水垫层,同时,与已连为一体的排水板和滤管,共同组成无砂垫层排水系统,这是该技术的核心内容,而采取各种措施防止冒浆淤堵排水系统是关键。

(3)工程实践表明,经过浅层超软土加固处理,吹填淤泥表层会形成具有一定强度和厚度的硬壳层,加之水平铺设的数层土工织物和土工格栅,两者共同作用,能将上部荷载传递到硬壳层更大面积的淤泥上,完全可以满足吹填砂垫层和机械插板的施工要求,同时该技术具有成本低、工期短、工艺简单等特点。

(4)该技术在天津滨海新区工程应用尚处于探索阶段,仍存在诸如改进工艺、优化排水系统、缺乏加固机理分析和计算理论等问题。

9.2.6　作者的看法

(1)浅表层加固超软基技术是真空预压法的延伸和拓展,该技术对解决刚吹填的超软土有很好的加固作用,无砂垫层技术的发明是一项关键创新,不仅解决了在如水一般的吹填土上的施工困难,而且从土力学角度讲,大大减少了吹填土内产生的正超静孔隙水压力,方便施工,冒浆大大减少,为加固取得效果奠定良好基础。

(2)浅表层加固技术的出现,使原本不能立刻实施的加固(一般要晾晒几年)变为可能,同时也给人们提供了一种新的地基处理思路。就是改变了原来上层吹填土与下层天然沉积软土一定要同时加固处理的思路,变一次处理为分阶段处理的思路。

(3)浅表层加固超软土技术目前还需要提高,正如文献[55]所说,加固后硬壳层厚度薄、形成的强度低。他们分析了一些原因,但著者认为关键是真空度的传递效率,目前的滤管尺寸和结构、与排水板的接头方式等都会引起真空度传递中产生很大的损失。应从管道流体力学角度去研究解决真空度的损失问题。真空度损耗大就难以传递到排水板的深部,另外加固时间短(仅34d),不可能形成较高的固结度,强度不可能大,浅表层加固同样要服从有效应力原理。目前,土体达到的强度与加筋布和格栅联合作用如能满足后续工程施工的需要,就应该是可以的,它是一种过渡措施,对加固的更高要求可以留给后续施工来实现。

(4)浅表层加固中超软吹填土出现“土柱”现象是必然的,是加固原理所决定的,想通过减小排水板间距消灭“土柱”是不可能的(图9-36)。首先,超软土颗粒之间的联结是很弱的,特别是黏粒与胶粒都呈游离状态,在真空吸力作用下,不仅单元土体孔隙中自由水发生流动,而且土体颗粒也会随水流一起移动。再者孔隙中水体在真空吸力作用下发生的流动不满足达西定律的层流状态,因此,古典泰沙基固结理论在这儿是不适合应用的,水流呈紊流状态或是泥水混合流,特别是抽真空的初期,真空吸力大、土体密度低,更易形成这种状态,所以“土柱”形成就不可避免。文献[83]用泰沙基或比奥固结理论来分析“土柱”的形成,都是不对的,没有搞明白这两个理论的使用前提。

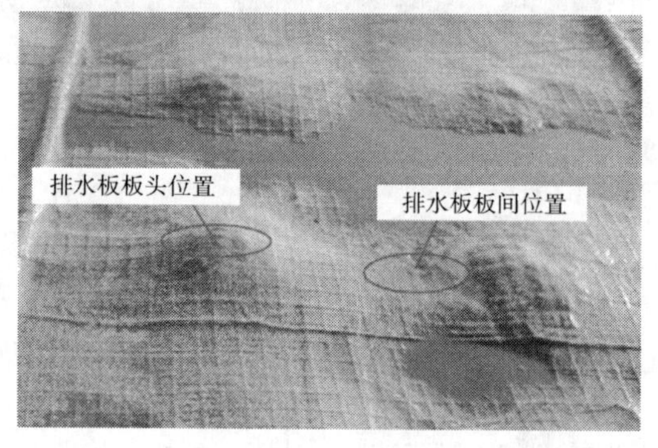

图9-36 浅表层加固中出现的“土柱”

(5)形成的“土柱”在上部比较明显,其深度应有一定范围,在深处“土柱”应不太显著。从图9-33看,“土柱”的深度在1m以内。这是由于吹填土颗粒不仅受真空吸力作用,同时还受重力作用,大而重的颗粒先行沉到下方,在吹填土下部粗颗粒集聚较多,渗透性会稍好,然而排水板下部吸力降低(传递阻力增大所致),形成的“土柱”就不会很明显。在“土柱”形成之后,特别在上部,排水板滤膜的渗透系数将逐渐不起作用,被“土柱”的渗透性取代。其渗透性极差。因此,在真空吸力不变的情况下,固结速率会大大降低,强度的提高会受到严重影响。

(6)人工吹填超软土与历史沉积的天然软土有本质上的区别,同样用真空预压的加固手段,但对两者来说其加固机理是有本质的不同,关键是它们的起始状态有很大差异。因此,要正确反映新近吹填土的固结规律,就必须建立新的固结理论,该理论一是要满足孔隙水处于紊流状态下的运动规律(不再是层流状态),二是不仅要反映孔隙水在土单元内的变化,而且要反映土颗粒在土单元内的移动和变化,这样的表达式才是合乎实际的。

9.3　抽真空技术用于解决平原水库库底密封膜防渗的气胀问题

前面介绍的真空预压技术大多数用于加固软土地基,目的在于提高软土的强度、增加地基的承载力和稳定性,或者在于减少建筑物的工后沉降。下面介绍的是利用真空形成的膜下负压原理来防止平原水库库底密封膜的气胀问题。平原水库的特点是面积大、水深浅,常常用于日或周调节,水库所在地区有时地基的渗透性较大、渗漏严重,为了防止水库漏水,过去常用黏土铺底防渗,需要到很远的地方寻找黏土,这往往是一件十分困难的事。如今有了质量较好的土工膜与复合土工膜材料,使防渗问题变得不那么困难。但实施中遇到新的问题,库底地下水位的上升或水库的渗漏,使库底原本非饱和土体内的气体聚集,压力增大,会顶托已铺设好的土工膜,使土工膜鼓胀,甚至顶破。为此,专家们想出各种方法,有用泥土压在膜上,增加抵抗上顶的气压;有在库底按一定间距建立排气砂(石)盲沟系统,当膜下气压较高时,希望通过该沟来释放气体压力以减轻对膜的鼓胀;有的在库区内按一定间距设置排气阀门,当膜下气压超过设定值时,阀门打开,实施放气减压等。这些方法实施后有一定的效果,但也存在一些问题,譬如,设置排气盲沟系统,实际上水库的渗漏(一定存在)使库底非饱和土内和砂石盲沟系统中产生"气阻"现象,使自动排气变得困难。2010 年 5 月,在一次济南大屯平原水库问题的专家咨询会上,"南水北调东线山东干线有限责任公司"和"济南大学"提出可利用抽真空的原理来解决膜下气胀问题的思路,即利用库底设立的盲沟网络系统,借助真空吸力促使砂石盲沟与土中的封闭气泡排出,达到消除气胀的目的,保证库底土工膜工作的可靠性。他们介绍了在南水北调东线德州武城平原水库进行的现场试验研究情况,在试验中验证了抽真空技术对消除膜下气胀的可行性和有效性,该结论得到与会专家的肯定。2011 年,他们又在现场做了新的试验研究,取得了可喜的成果。下面介绍的内容是由南水北调东线山东干线公司李志强研究员和济南大学李旺林教授提供的,笔者在文字和内容编排上作了整理,内容只择取了与抽真空技术有关的部分,其中,对资料中实测的等值线图因原文没有作细致的分析,笔者根据自己的理解写了具体的分析意见和看法。

9.3.1　背景资料

应用于水库水平防渗的土工膜普遍存在着气胀及气胀破坏的问题,图 9-37 为青海某水库初次蓄水后,库底密封膜因气胀而鼓起。当气压较大时,土工膜还会胀坏(图 9-38)。

工程实际应用的土工膜均为非完整膜。在有限深度的地下水位条件下,水库蓄水过程即是非完整膜渗漏过程。经土工膜下渗的漏水将与地下水位衔接并发生非恒定的膜下非饱和土水平渗流。渗流浸润线的扩展,导致膜下气体集结。当膜下集结的气体压力超过膜上荷载水平时,即产生土工膜气胀现象。当蓄水位不断抬高导致土工膜超过拉伸极限时,即产生土工膜的气胀破坏。

基于水平防渗土工膜的水下气胀机理,如果能消除膜下压力气体,将根本性的解决土工膜的气胀威胁。现有的膜下砂沟、软式透水管及排气阀做法,因非完整膜膜体渗漏的原因,导致排气系统出现“水阻”现象,并且成为水库渗漏的良好通道。

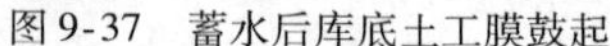
图 9-37 蓄水后库底土工膜鼓起

图 9-38 土工膜气胀后破坏

9.3.2 先期的小型现场试验研究

2010 年 5 月,课题组借鉴“真空预压技术”及国外类似技术,在聊城某工地,先进行了 $2500m^2$ 膜下抽真空、气胀防治工程技术试验研究。

试验区是 50m×50m 的正方形,边缘挖掘底宽 1.0m、边坡 1∶1、深度 3m 的排水沟槽。以控制地下水位处于 1.0~1.5m 埋深处。试验场地见图 9-39,试验场地布置见图 9-40,试验区剖面见图 9-41。

图 9-39 抽真空消除膜下气胀的试验场地

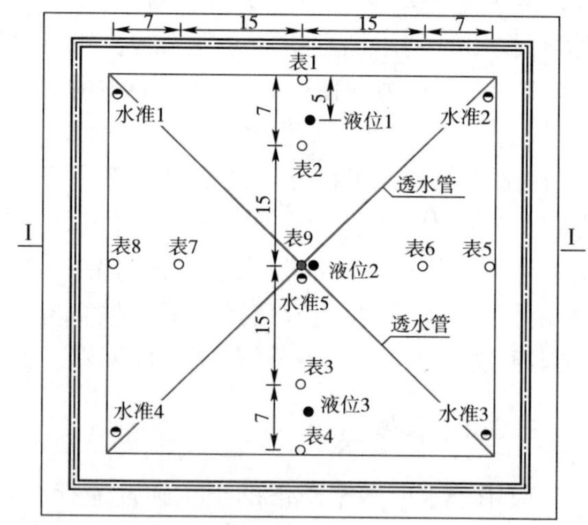

图 9-40 试验场地布置(尺寸单位:m)

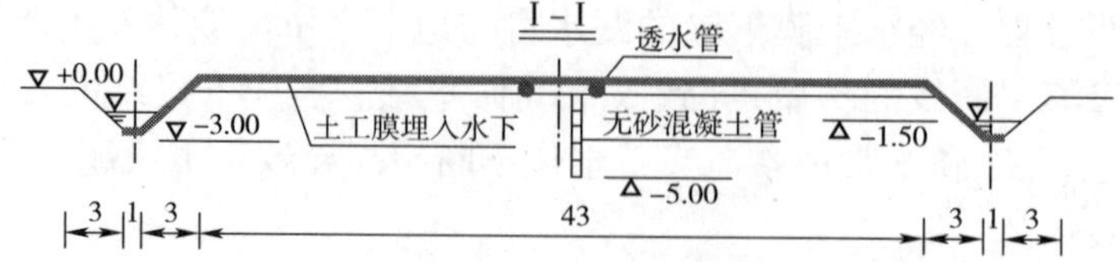

图 9-41 试验区剖面图(高程单位:m;尺寸单位:m)

图9-40中呈对角线布置的是该试验区内的两根排水砂盲沟和直径100mm的透水软管。

经过8h抽真空，膜下真空度不断上升，最大达到20kPa（膜的质量不是太好，有漏气发生），但从图9-42和图9-43的对比可以看出，密封膜已紧紧贴于测井周围，说明此处密封膜尚完整，而且湿润。抽气使膜下气体逐渐排出，“气阻”现象渐渐消失，膜内地下水位渐渐上升，对比图9-44和图9-45上面的“BD”部位，也可以明显看出这一点。监测表明地下水位上升1.0m左右。

图9-42　抽真空前测井1上膜松弛

图9-43　抽真空后膜紧贴于测井1上

图9-44　抽真空前场地BD部位

图9-45　抽真空后场地BD部位

通过本次试验得到如下认识：

（1）对膜下非饱和土施加真空，膜下真空度达到10～30kPa，即可有效提升地下水位、加快膜下非饱和土的饱和进程。

（2）对土工膜下非饱和土施加有限度真空，可有效降低膜下气胀压力水平，强制性排除膜下压力气体，消除气胀发生的条件，可预防气胀破坏的发生。

（3）施加有限度真空可有效克服现有的膜下砂沟、软式透水管及排气阀做法中出现的“水阻”现象。

（4）不易检查到的膜面漏洞会导致膜下真空度难以形成，利用抽真空可完成大面积土工膜的检测。在有微小漏洞的地方，抽真空时会出现悦耳的哨音，易于发现，便于及时人工补漏。

9.3.3　土工膜气胀问题大型现场试验研究

为进一步验证气胀机理；验证传统膜下排气系统的有效性；验证“膜下抽真空施工技术”

的有效性和可行性;验证利用自排气防渗材料解决水库土工膜防渗中的防渗、膜下排气及防渗材料衔接的可靠性;落实膜上最小覆盖厚度等,2011 年 10 月,研究小组开展了土工膜气胀问题大型现场综合试验研究。小组研究的内容比较多,这里着重介绍"膜下抽真空技术的有效性和可行性",其他的成果就不予介绍。

1)试验区概况

试验区位于大屯水库库区内中部,见图 9-46。

(1)试验区设计

试验场地为 83.5m×137.5m 长方形,分为 A、B 两区,形成两个库容为 2.3 万 m^3 左右的蓄水水库。坝高 4.85m,坝顶宽度 3m,坝内、外坡均为 1:1.5。坝基采用深 7m 的水泥土搅拌桩截渗(悬挂式),以减弱试验区外部水文地质条件的干扰。

A 区位于试验场地西部,用于模拟原大屯水库设计方案。铺设普通复合土工膜(二布一膜,规格分别为 150g/m^2 布、0.5mm 膜、150g/m^2 布),膜间采用焊接衔接;膜下设 0.3m × 0.3m 的排气砂沟,见图 9-47 中呈相互垂直的两条沟;膜下设置直径 100mm 呈对角线状的两条交叉软式透水管,软式透水管在区域中央相互贯通并与通往库外的排气管道互通衔接;膜上铺设 0.4m 厚覆土。

试验场区布置见图 9-47。

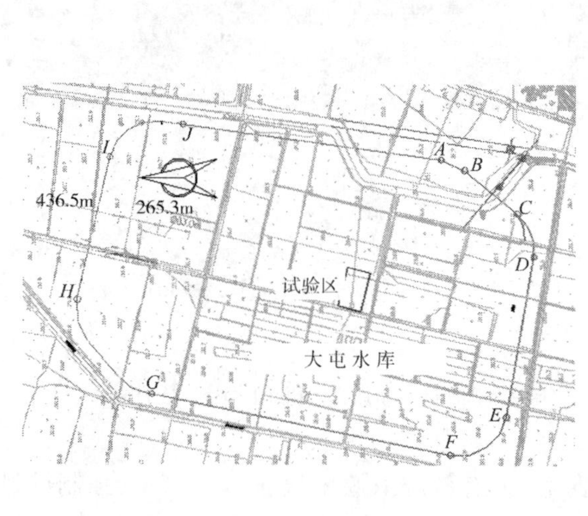

图 9-46 试验区位置图

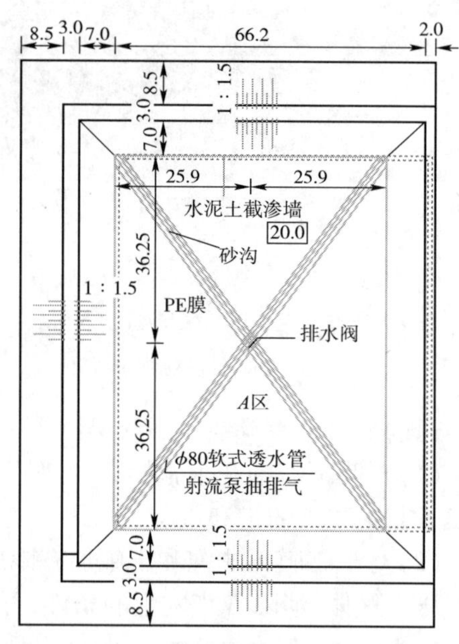

图 9-47 试验场区布置(尺寸单位:m)

(2)监测设备

为了解库区膜下土中水、气压力变化情况,在膜下土中表层及 1.5m 深处,分别布设 21 只孔隙气压力计(表层)和 21 只孔隙水压力计(距表面 1.5m 深)(图 9-48)。实现数据自动采集,采样最小周期 0.5s。为观测库区水面现象,共布置 7 台摄像机,并实现整个试验过程的全程自动监视。

为观测库水位的变化,布置两台超声波液位计,并配以监视摄像头,实现库水位变化的

自动采集与保存。

为了解库区水面蒸发和记录库区降雨情况，在水库坝顶设置两个降雨蒸发观测装置。

研究中考虑的因素还是比较周全的。

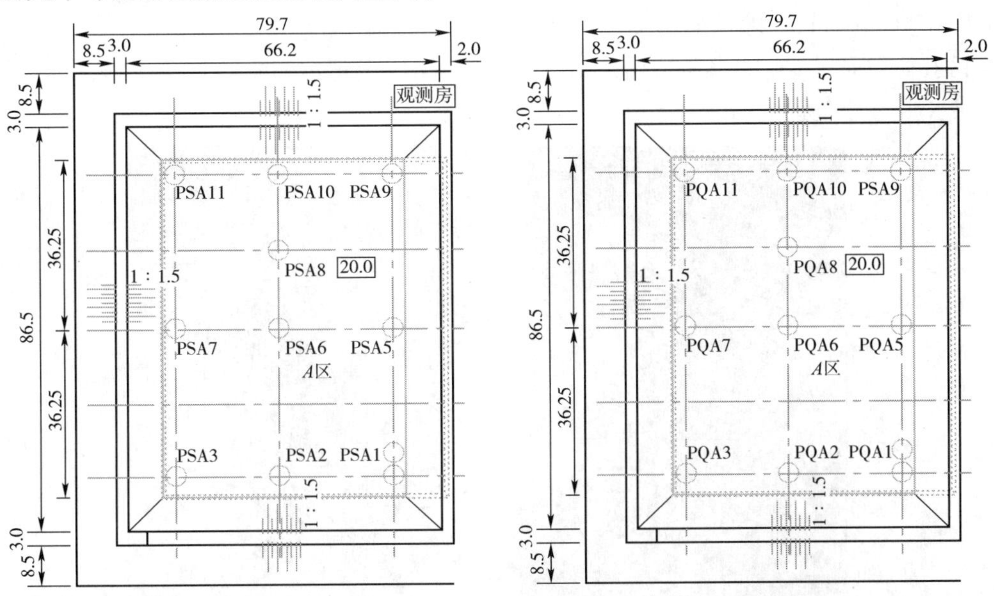

图 9-48 孔隙气(PQA)、水(PSA)压力计布置图(尺寸单位:m)

(3)试验蓄水方案

水库库底高程 20.0m，采用两级逐级蓄水方案。两级蓄水水深分别为 2.0m 和 4.0m，两级蓄水间隔时间不低于 48h。

2)试验结果

(1)水位监测成果

水库蓄水采用两级逐级蓄水方案。*A* 库蓄水过程线见图 9-49(图中水位过程线起止时间为 2011 年 10 月 29 日至 2011 年 11 月 15 日 9 时)。库水位高程单位为米(m)。

大约经过 44h，*A* 库水位蓄至 22.0m 高程，水深达到 2.015m，以后静水观测 40h，又继续蓄水，经过 38h 左右，库内水位升至 24.0m，水深达到 4.006m，之后静水观测 79h，开始降水，水深降至 3.13m，继续静水观测。

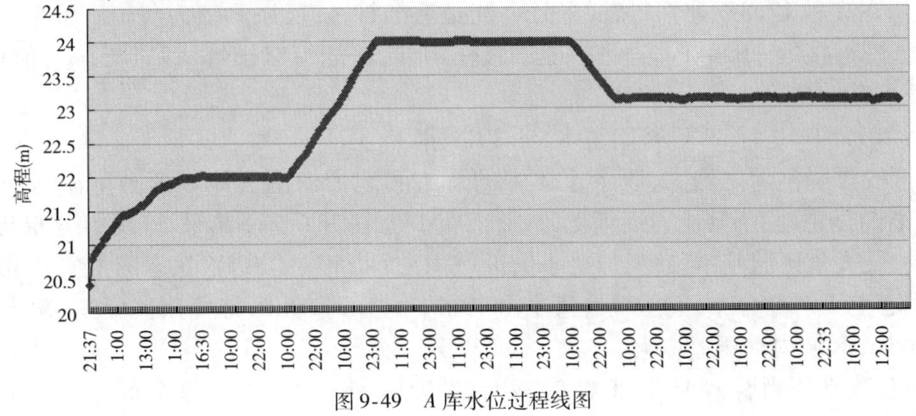

图 9-49 *A* 库水位过程线图

试验开始时,库区周围地下水位为18.5m(2011年10月29日10时),在水库充水初期,由于库区取土用水,库区周围地下水位随之下降为17.8m(2011年11月1日)。随后库区充水改用外水,库区周围地下水位基本稳定在17.7m(2011年11月7日10时)。

(2)孔隙气压力、孔隙水压力监测成果

*A*区孔隙气压力、孔隙水压力监测成果见*A*区孔压等值线,图9-50是蓄水第一天气压力、孔隙水压力分布状况图。

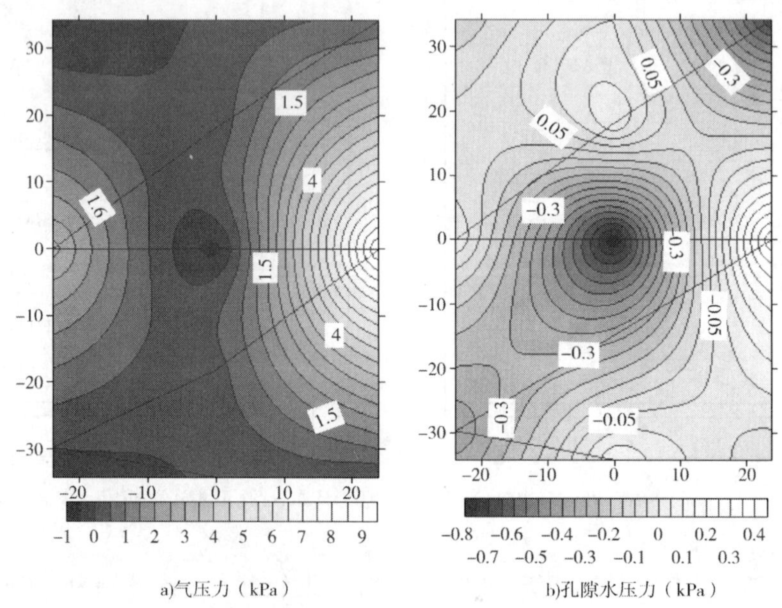

图9-50 *A*区蓄水第一天气压力、孔隙水压力等值线图(2011-10-30 20:00)

监测结果表明:

①从图9-50可以看出,膜下气压力、孔隙水压力起初分布是不均衡的,库内大片区域气压力都在2.0kPa以内;膜下最大气压值在10kPa左右,位于库区右边缘中心处;最小值为0kPa(或-1kPa),在排气管口附近;以排气管口为中心呈有规律的渐变递增趋势分布。

图9-50b)是1.5m深处(高程18.5m)水压力分布图,土中所测孔隙水压力值很小,绝对值都不到1kPa,最大、最小值之差在2.0kPa以内,大片区域呈现为负值,说明地下水位较低(资料显示在高程17.8m处),1.5m深处可能是毛细管区,所以测值为负值。整个区域在排气管口处最低,接近-0.8kPa,这里除毛细管作用外,可能管口排气(该处气压力值最低)也导致负压上升。

②从2011年10月29日开始蓄水,到2011年11月1日,库水深增至2.0m,库内水压力增大,库区的渗漏也随之加大,膜下土体中的非饱和地带中的气体逐渐被下渗水包围,“气阻”现象渐渐显现,膜下气压力逐渐上升。图9-51也表明了这一结果,气压力分布与初始时明显不同,最大值区域基本没变,但最小值区域上移(指相对于初始状态图上),不再以排气管口为中心上下对称分布;气压最大值也由10kPa上升到20kPa,比初期增大一倍,最小值仍保持为0kPa,区域内气压差增大。

土中孔隙水压力普遍上升,但数值不大,最大值5kPa左右,大部分区域孔压值由负转

正，数值很小，预示地下水位有少许上升；最小值仍在管口附近，仍呈现为负值。

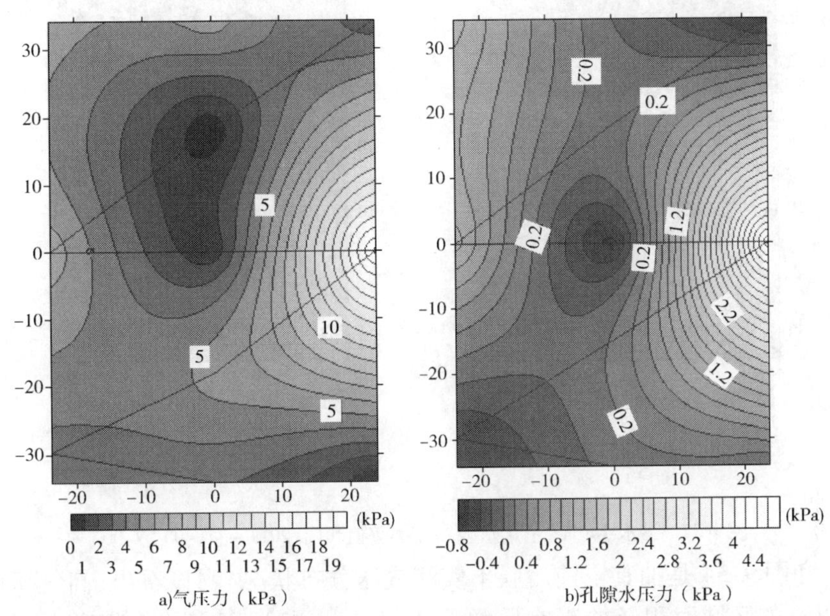

a)气压力（kPa）　　b)孔隙水压力（kPa）

图 9-51　蓄水 2m 气压力、水压力等值线图(2011 - 11 - 01 15:00)

③2011 年 11 月 5 日，所测气压与水压分布如图 9-52 所示。库内水深达到 4m，资料显示膜下所测气压力更大，最大值达到 30kPa 以上，而且分布面积较前有了扩展，低压力区已缩到左上部四分之一区域里，膜下气压差更大。这说明膜下设置的砂沟、钢丝透水软管的排气效果不明显，导致气压一直处于上升状态。气压的上升一方面是“气阻”导致砂沟、透水软管排气不畅，另一方面是库内水荷载引起地下超静孔隙压力增大，导致水位上升，非饱和区减小，气压增大。在水压力测试结果中可以看到，最大水压力值已增大到 11kPa 左右，最大值的位置正好与气压最大值的平面位置重合，而水压力较低的区域与气压力较小区域基本一致。说明膜下气压的分布和大小与水压力的分布是有关联的。该测试结果更加说明膜下埋设的砂沟和透水软管不能起到自动排气的作用，排气效果是很不理想的。

以上试验观测表明：*A* 区 PE 膜防渗体的膜下未发生排气过程；PE 膜下排气砂沟、软式透水管及直通库外的通气管，对膜下气体分布未产生明显影响，仅中心部位的通气管引出点局部气压较低。这说明，现行的膜下排气系统受膜体渗漏影响而产生的“水阻”现象十分突出。经过对通气管施加较小的真空度，未改变膜下气体压力分布，可以据此判断，现行的排气系统无力自动排气。

(3) PE 土工膜膜下抽真空试验

A 区膜下气、水压力观测表明，膜下排气砂沟、软式透水管及直通库外的通气管，对膜下孔隙气压力分布影响不大，未能有效排除膜下压力气体。经 5.5kW 真空泵抽真空，膜下气压力未明显变化。为验证膜下排气系统“水阻”效应及针对膜下施加真空对膜下气压分布的影响，*A* 区于 2011 年 11 月 14 日 9:35 ~ 18:00，采用 7.5kW 真空泵，通过预置的通气管对 *A* 区中心点实施抽真空试验。

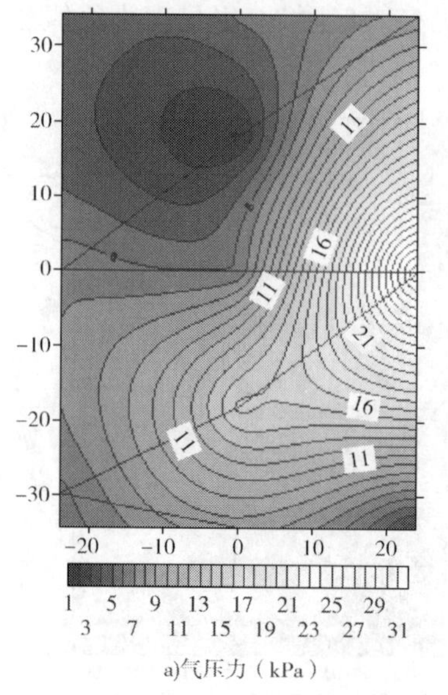

a)气压力（kPa）

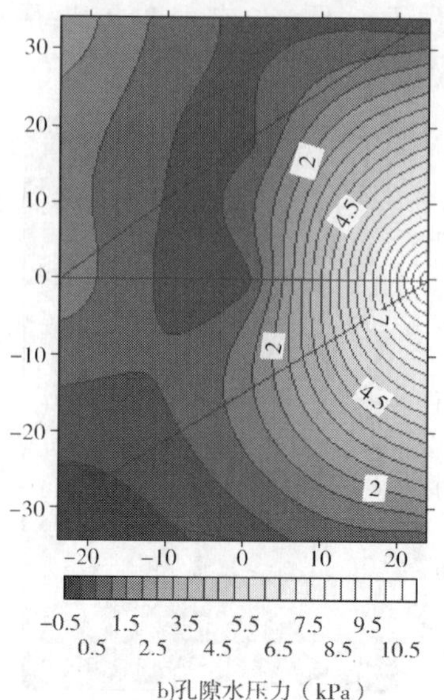

b)孔隙水压力（kPa）

图 9-52 蓄水 4m 气(左)、水(右)压力等值线图(2011－11－05 07:00)

图 9-53 和图 9-54 是抽真空前后膜下实测气压分布状况，明显看出，高气压区域大幅度减少，9kPa 以下的区域面积经抽真空后增大两倍，气压接近于零的面积增大两倍以上。抽真空的减压作用明显，能有效解决膜下气胀问题。

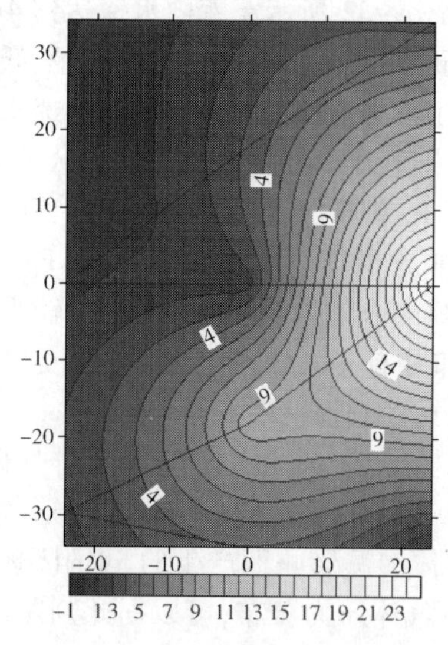

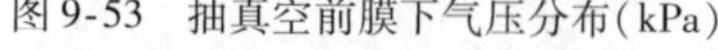

图 9-53 抽真空前膜下气压分布(kPa)

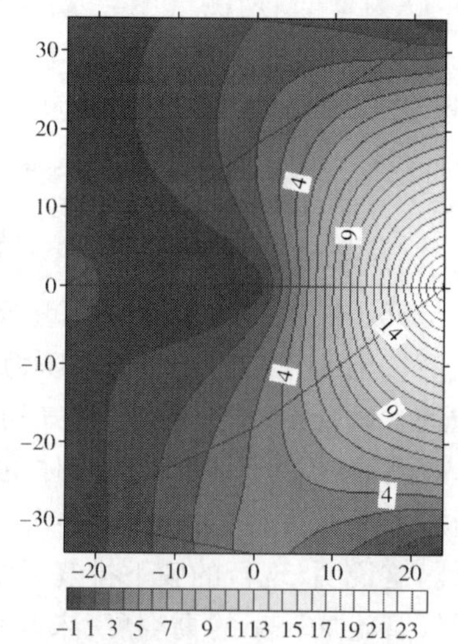

图 9-54 抽真空 7.5h 后气压分布(kPa)

9.3.4 作者的看法

作者认为抽真空技术运用于解决水利上平原水库库底防渗密封膜的气胀问题是一个好方法，有很高的实用价值。对保护膜的完整性有极大好处，使密封膜在铺底前就可以在工厂加工成大块的，在现场只要黏结几条缝就可以了，大大减少库底的渗漏，而且在铺设时可以利用真空技术在膜下形成低真空，检查膜的完整性，发现破损及时修补，也大大减轻水库蓄

水后因漏水产生的气胀。

现场试验已有定性结论，但管路布置与泵的安装还可以优化，改变砂沟和透水软管的布置形式以及改透水软管为 PVC 滤管，使滤管系统工作寿命更长，也会使抽真空时的传递阻力大大降低，抽真空的效率将大大提高，膜下气压降低的时间更短，而每台泵的控制面积能更大、效果会更好。还可以研究自动开启射流泵的抽真空技术，设置气压传感器，当膜下气压达到一定数值，射流泵能自动开启工作，使"膜下抽真空施工技术"真正成为解决土工膜气胀问题的实用技术。

9.4　真空预压法用于一次性加固新吹填超软土和深部软土

前面第 9.2 节介绍的浅表层加固超软土技术只用于加固新近吹填的超软弱土，一般用于加固吹填 3 ~ 6m 厚的工况。这种技术是一种过渡性措施，对于那些已围垦好，急着吹填形成陆地，加固只要求满足五通一平，等着卖地的情形是最合适不过了。因为通常也不知道谁要买地、用地，对地有什么具体要求，所以也无从考虑对吹填土和其下的软土进行处理及处理到什么程度。这时只要能提供为未来进行处理的交通条件与施工设备承载条件就可以了。但是有些工程一开始使用要求就是明确的，这时可有两种选择，一是分阶段加固，即先进行吹填土加固，待其上能走人、行车后，再同时进行浅层和深层的软基处理；二是一次性地将吹填土和深部的软土一同加固，该思路有它自己的特点和难度，也有它的优越性。下面就用一个 2012 年刚完成的工程实例说明其工艺和特点。该实例由施工方"深圳亚明土工器材有限公司"提供，由工程师李小雪撰稿完成，作者只进行局部修改与编排，并对有些地方提出一点分析与评论。

9.4.1　珠海港高栏港区南水作业区干散货码头后方料场地基处理工程

1）工程概况与施工工艺

该工程属粤裕丰钢厂预留地，做后方堆料场用，面积约 14.8 万 m^2，形状为长方形 530m × 279m，平均分成六小块处理，每块面积约为 24645m^2，真空预压处理深度为 25m，整个施工区域由航道疏浚物吹填形成，吹填厚度为 7.5m，原状海底淤泥厚度为 17.5m，疏浚物含水率 300% 以上，承载力为 0（图 9-55），吹淤高程为 +5.5m。要求处理后场地承载力达到 100kPa 以上。

图 9-55　如水一般刚吹填好的场地

处理方法：一次性用真空预压法加固完成上下两层超软土。

主要材料：国标 300g/m^2 编织土工布；6m 长、大头直径不小于 60mm 的毛竹；SPB－C 型塑料排水板;直径 60mm 螺旋波纹软式透水管;300g/m^2 无纺土工布;厚度 0.14mm PVC 聚氯乙烯薄膜。

施工工艺:施工顺序为铺设编织土工布→编织竹架→铺设编织土工布→人工上砂→打设塑料排水板→铺设真空滤管→铺设无纺土工布→开挖密封沟→铺设密封膜→架设真空泵。其步骤详细介绍如下。

(1)淤泥表面铺设土工布与编扎竹架同时进行。第一层编织土工布接缝宽度为 10cm,接缝不少于两道,铺设在竹架下方。竹架编扎成井字型,井架空隙大小约为 45cm×45cm,毛竹大小头对接,搭接长度必须大于 50cm,扎丝一定要扎牢。如搭接不好,在人工上砂时会出大面积拉裂现象。施工人员在淤泥上作业必须注意安全,详见图 9-56 和图 9-57。

图 9-56 在吹填土上铺设 300g/m^2 的编织布

图 9-57 在编织布上绑扎 45cm×45cm 的竹架

(2)竹架上方再人工铺设一层编织土工布(300g/m^2)。铺设基本无难度(图 9-58),施工人员注意安全即可。

(3)砂垫层厚度 1.3m。分两次铺设,第一层厚度 50~60cm,第二层层度 80~70cm。先将砂运至加固区边缘,然后装入农用拖拉机(图 9-59),由近及远铺设。在已铺好的砂垫层上铺设专用的薄钢板,形成运送通道,农用拖拉机在钢板上将砂运送到加固场地需要的位置(图 9-60)。采用机械运砂、人工摊铺。它的优点是机械质量较轻,安全性好,对已铺设好的竹架、编织布造成的损伤较小。缺点是运送距离超过 100m 时效率会大大降低。

图 9-58 在竹架上铺设第二层编织布

图 9-59 装载机将砂装载在农用拖拉机上

(4)上砂前一定要做好排水工作。首先要保证上砂机械主干道的排水,上砂主干道约 4m 宽,上第一层砂时,主要靠抽水机、潜水泵进行强排;上第二层时,可在上砂主干道两侧人工开挖明沟，将水引入明沟再进行强排。上砂时排水任务非常艰巨，要想尽一切方法保证场地内上砂主干道的通畅，上砂作业面形成一部分时，可在该区域内多开挖几道明沟，将该区域表面上的水尽可能的引入明沟再排出场外，见图 9-61。上砂时不建议在作业面上使用石粉铺设道路，它会对后期排水板的施工产生严重影响。

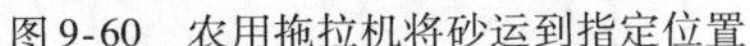

图 9-60　农用拖拉机将砂运到指定位置

图 9-61　尽可能将水引入明沟

(5)塑料排水板施工。采用 SPB－C 型，其技术指标为：板芯为原生料，宽度为 10cm，厚度不小于 4.5mm，每卷长度为 200m，纵向通水量不小于 $40cm^3/s$，滤膜渗透系数不小于 $5\times10^{-4}cm/s$，滤膜等效孔径小于 0.075mm，塑料排水板复合体抗拉强度不小于 1.5kN/10cm，滤膜干态抗拉强度不小于 30N/cm，滤膜湿态抗拉强度不小于 25N/cm。

排水板打设间距为 1.0m×1.0m，成正方形布置，打设深度为 25m。使用轨道式振动插板机，振动锤的电机功率为 22～30kW。该设备优点是质量轻，缺点是行动较慢，不易换位调向(图 9-62)。

由于工作面不是同时提供出来，使得多台设备同时在一小块区域内施工，结果导致场地大面积返淤情况出现，使插板机械常常无法施工(图 9-63)。笔者认为大面积上砂且厚度达到 1.3m 时，已使吹填土内产生较高的超静孔隙水压力，又加上多台插板机在一起工作，设备的质量和打设时的激振力，使吹填土内聚集更大的超静孔隙水压力，打设排水板时势必出现严重的返淤、冒浆现象。现场钢管一旦插入地基，泥浆常喷出 1m 多高，就是例证。

图 9-62　施工所用轨道式插板机

图 9-63　大面积返淤使插板机无法工作

(6)返淤的处理方法。可用大型泥浆泵将泥浆强排到场外或者放之晾晒，待泥浆处理完后再进行施工，但是效率比较低。插板机在石粉铺设的道路上施工时，返淤情况尤为严重，这就是为什么上砂时不主张用石粉铺路的原因。加强现场排水、疏干场地是处理返淤场地的主要措施(图9-64)。另外也可在砂垫层上开挖约40m×40m的网状排水明沟(用45型的小型挖掘机),将施工作业面上的水引入明沟排出场外,可有效地减少返淤对施工的影响(图9-65)

图9-64 加强现场排水是治理返淤的主要措施

图9-65 开挖排水明沟加大排水力度

(7)铺设真空滤管。滤管采用外径为60mm螺旋软式透水管(5m×15m网格布置)。正常情况下,将真空管埋设于砂垫层内约30cm以下即可。

但在场地上有部分区域无法清除位于砂垫层表面的淤泥(由打设排水板时返淤造成的),这时可将滤管铺在淤泥表面,用人工在淤泥表面(上铺一层编织布)插设较短的排水板(长度大多在2m以内),一头直接与滤管绕接,另一头用滤布包好、封住排水板底端,并用大型钉书机钉严,防止淤泥进入短板底部,之后再插入下部的砂垫层内(图9-66),这样就使滤管与下部未遭到污染的清洁砂垫层相连,该砂垫层又与插入深部的排水板相连,整个加荷系统与排水系统也就连成一体,加固渠道也就畅通了。一些成条状的淤泥带(不太宽),也可仿照此法多铺设一根滤管,用短排水板与下层清洁砂垫层相连,形成畅通的排水系统(图9-67)。这种做法可大大减轻因返淤造成处理砂垫层表层淤泥的困难。这种处理返淤的技术已被现场实践证明是卓有成效的。

图9-66 人工插设短板处理砂垫层上的返淤

图9-67 在淤泥条带区加多一根绑有短板的滤管处理局部返淤

(8)密封沟开挖。由于该施工场地无法用深层搅拌桩机械打设密封墙,工程采用45型小型挖掘机直接开挖密封沟,密封沟开挖宽度为2m,开挖至砂垫层下面的土工布,即挖深达到1.3m以上。开挖时一定要将砂垫层下的竹子清理干净。最下面一层土工布破开时一定要观察冒泥浆的情况,如果冒浆情况严重,可考虑先破开一部分,方法为间隔1.0m开一个小口,待抽一段真空后,再把剩余土工布全部破开(图9-68)。

(9)铺设三层厚度0.14mm的密封膜。密封膜满足《真空预压加固软土地基技术规程》(JTS 147-2—2009)的要求。

(10)安装抽真空系统。采用7.5kW离心泵与真空射流箱,每台射流系统控制面积为1000m^2,采取单侧布置方式(图9-69)。

图9-68 逐步、间隔的破开冒浆地段的编织布

图9-69 单侧布置的抽真空系统

(11)大面积抽真空。真空系统布置好后开始试抽,5d膜下真空压力全部达到80kPa以上,真空度稳定10d左右开始在膜上吹填砂(图9-70),开始实施真空与堆载的联合预压加固,第一层吹填砂厚度1.0m,最终吹填砂厚度要达到高程+6.0m。

图9-70 真空度稳定10d后开始向膜上吹砂

2)加固效果与分析

本工程前后经过近10个月施工,现场的加固工作已结束,目前正在实施加固后的效果检验,主要有十字板、取土试验分析及现场荷载试验,估计尚有一段时间结果才能全部出来,下面仅将一些现场监测结果分述于后。整个施工场地与监测布置见图9-71。

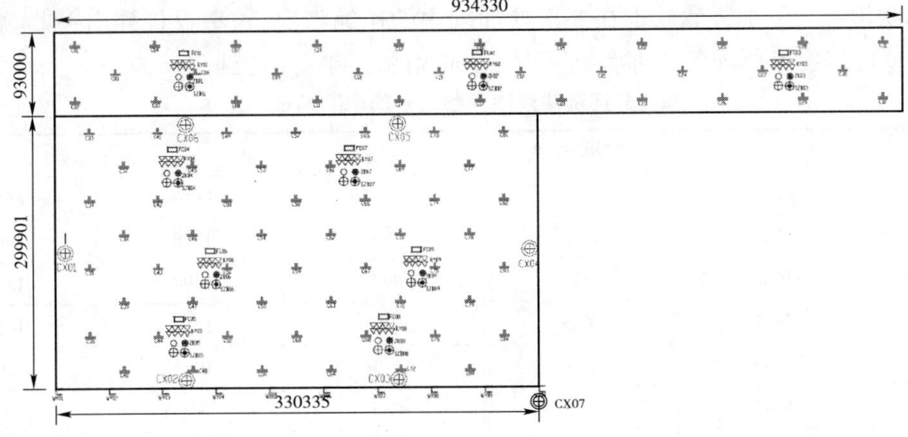

图9-71 施工平面及监测布置示意图(尺寸单位:mm)

(1)地表沉降

6 个区的平均沉降量数据见表 9-12,典型的沉降过程线如图 9-72 和图 9-73 所示。由于堆载时间偏后,真空时间偏短,到加固结束时,最后一周的平均沉降速率,对铁路装车线为 3.0mm/d,对后方料场地区为 4.31mm/d,应该说沉降尚未稳定。

各加固区沉降数据统计　　表 9-12

区　　域	铁路装车线	后方料场区					
		A 区	B 区	C 区	D 区	E 区	F 区
填砂平均沉降(mm)	354.5	269.0	222.3	240.5	374.6	335.3	403.9
打设排水板沉降(mm)	574.6	1375.9	1334.8	1130.2	599.9	842.3	1293.1
累计平均沉降量(mm)	2213.5	3837.6	3652.5	3669.8	3667.6	4135.9	3974.4
最后一周平均沉降速率(mm/d)	3.0	3.04	2.91	3.40	4.59	6.11	5.81

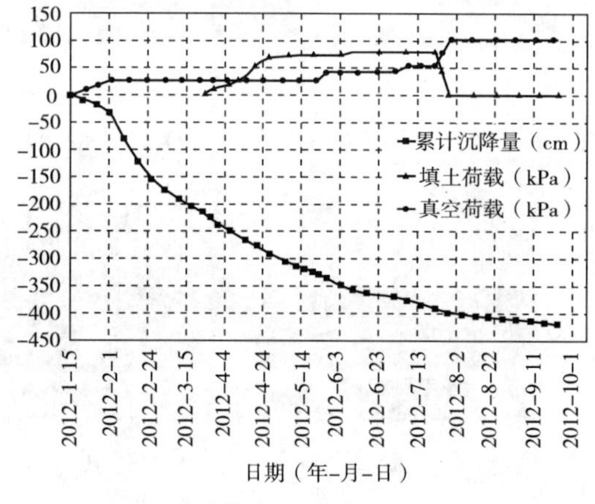

图 9-72　A 区典型沉降过程线

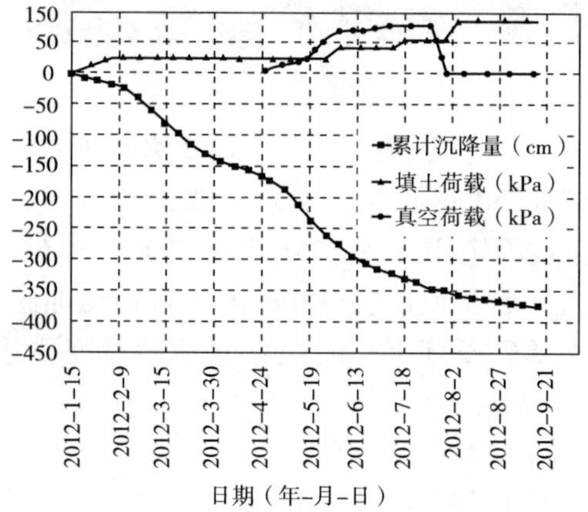

图 9-73　B 区典型沉降过程线

(2)分层沉降

由于提供的资料中没有各沉降环的埋设高程,因此无法算出各环之间的压缩量,也无从比较上部吹填土与下部天然软土在一次性加固中的压缩情况,这里仅仅列出一些测试结果(表 9-13),可以看出所埋各环都有沉降发生,加固的影响深度达到 25m 左右。

各孔分层沉降观测最终值资料(单位:mm)　　表 9-13

环　　号	铁路装车线			后方料场	
	FC01	FC02	FC03	FC08	FC09
1	1547	1286	1016	1978	1969
2	1483	1120	898	1494	1691
3	1401	972	830	1212	1423
4	1130	783	749	1085	1206
5	1042	585	636	874	953
6	656	480	482	781	874

续上表

环号	铁路装车线			后方料场	
	FC01	FC02	FC03	FC08	FC09
7	454	439	415	741	829
8	301	407	352	732	818
9	266	368	287	485	698
10	223	331	201	482	701
11	195	297	172	—	—

(3)水平位移

后方堆场加固区水平位移有两种情况,一种是软土水平位移一直向着加固区发展的,如图9-74所示;另一种是先向加固区外移动,而后再转向加固区内的,如图9-75所示。它们分别反应加固区周边不同的初始状况和真空负压的作用,两图都一致反映加固影响深度达到25m。

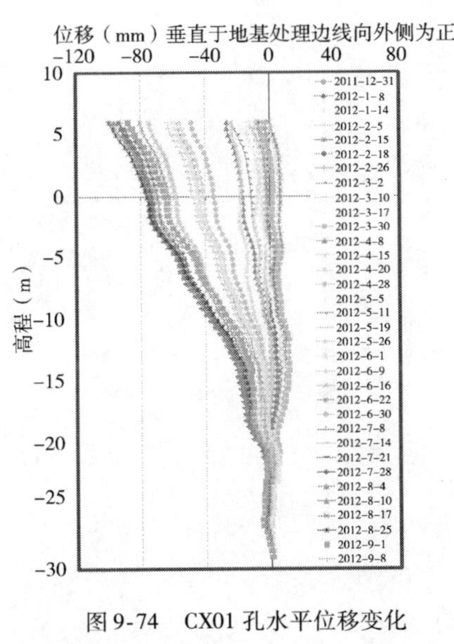

图9-74 CX01孔水平位移变化

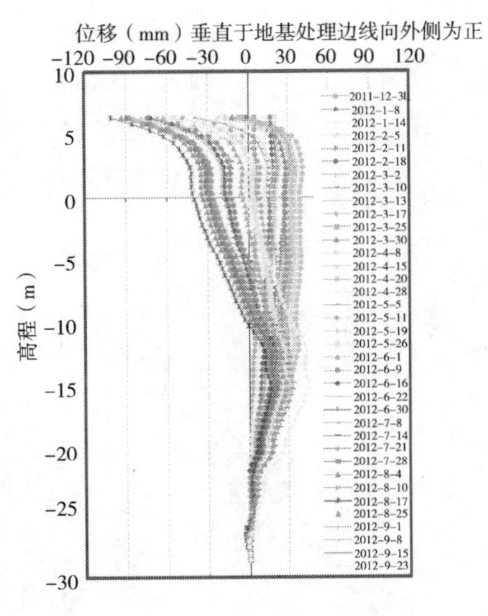

图9-75 CX02孔水平位移

9.4.2 作者的看法

一次性加固表层吹填土和下部天然软土的工法是一种创新。对有具体使用目标的工程是一种较好的选择,该工法的最大优点是成本较二次施工低,效果好于浅表层,时间也会短一些。如果在某些方面再加以改进,效果会更好。

从加固效果看,在地基25m的处理深度范围内,软土都得到较大的改善,从分层沉降和深层水平位移监测资料都可以看出,一次加固上部吹填土和下部淤泥软土是可行的。与浅表层方法仅加固上部吹填土的效果相比,浅表层法加固深度太小,仅几十厘米。两者从工艺上讲,最大的不同是浅表层法没有砂垫层,而一次加固工艺有一定厚度的砂垫层,其次还有水平管路和排水板的连接方式有所不同,这里充分看出排水砂垫层的作用和水平与垂直排水通道不同连接方式对传递阻力的大小的影响,浅表层法的传递阻力使真空度的传递效果大受影响,深部软土得不到很好的加固,加固深度受限。

作者认为本法介绍的工艺中,在铺设编织布、竹架后,在其上铺设一层厚度1.3m的砂垫层,砂垫层的好处是水平排水效果好,可分散插板机械的质量。但是它太重,加之竹架下沉变形,铺设后给编织布下的吹填土内部产生很大的超静孔隙水压力,造成插打排水板时严重冒浆,泥浆有时喷达1~2m高,污染了砂垫层,给排水板的施工也带来极大困难,尽管后来采取积极措施得以解决,但也付出代价,应引起注意。改善这一状况,作者认为可以减薄砂垫层的厚度,增大竹架的刚度;或者保留竹架、寻求无砂和有砂垫层的联合方案。

工程中介绍的处理淤泥包的方法是一个好方法,读者可以在类似工程中使用。

到加固结束时,还有很大的沉降速率,一般都超过3mm/d,有的甚至达5~6mm/d,这是比较大的,估计工后沉降还会较大,因此对工后沉降比较敏感的工程要慎重使用,或延长预压时间。对工后沉降要求不高的场地,如堆场等可以选用。

10 由真空预压技术衍生出的新方法

10年来，在原有真空预压技术的基础上，还发展与衍生出不少新技术，形成不少具体的工法，解决了生产实践中的不同问题。主要有低位真空预压加固技术、气压劈裂真空预压技术、真空立体降水技术等，这些技术的出现为真空预压加固软土技术的发展和完善做出了积极的贡献，极大地扩展了它的应用范围，丰富了它的内涵，增进了加固效果、降低了工程成本。下面对低位真空预压法、气压劈裂真空预压法做较详细的介绍。

10.1 低位真空预压法

10.1.1 概述

低位真空预压法是天津市水利科学研究所研究与开发出的一项加固吹填土的专项技术。1987年在从事农田暗管排水研究成果的基础上，发明了“吹填土真空预压快速疏干固结法”，并于1993年获得专利权。在此研究成果的基础上，将此专利技术与真空预压技术相结合，研究开发了适用于大面积吹填土造陆的软基快速固结加固新技术，即低位真空预压软土地基加固法，1997年获得国家专利，专利号是ZL9710065210。

自1993年该方法发明以来，在多项吹填造陆工程中得到应用，分别在我国的天津、上海、浙江、江苏、广东和福建等地区得到应用。具体项目包括：天津经济技术开发区148万m^2吹填造陆工程，天津市塘沽区、汉沽区大断面生态护坡海堤筑堤工程，浙江省宁波市东钱湖淤泥加固试验工程，广东省珠海市白蕉联围堤防加固工程，天津市永定新河淤背固堤示范工程，浙江省温州经济技术开发区滨海园区纬五路道路基础试验工程，浙江省湖州市东苕溪山塘大桥北塌方段软基处理工程，上海市白沙湾沿塘河开挖场地加固试验工程，浙江省温州民营经济科技产业基地滨海园区丁山垦区吹填及软基处理工程1标（图10-1），福建省厦门市象屿保税区二期软基处理工程A标段（图10-2），天津市临港工业区14标段软基加固工程（图10-3），天津市永定新河建闸软基处理工程（图10-4）等。

10.1.2 低位真空预压法的施工工艺[61]

低位真空预压软土加固法属于真空排水预压法。其施工工序是先在待加固地基上打设塑料排水板作垂直排水体，同时在待加固地基表面铺设水平管网作水平排水体，在管网及真空系统安装完成后，往水平排水体上吹填一定厚度的淤泥作为密封泥层，再用真空泵等设备抽真空在密封泥层层底形成负压,使待加固地基中的孔隙水在真空荷载的作用下顺排水板快速排出,使地基产生沉降,提高承载力,从而达到加固地基的目的。用淤泥作密封泥层,除了具有密封效果外,密封泥层在风吹日晒的蒸发作用及淤泥下管道的真空荷载作用下,也能达到一定的固结程度。

图 10-1 浙江省温州丁山垦区吹填及软基处理工程 1 标

图 10-2 厦门象屿保税区二期软基处理工程 A 标段

图 10-3 天津市临港工业区 14 标段软基加固工程

图 10-4 天津市永定新河建闸软基处理工程

低位真空预压软土地基加固法的基本工艺过程大致如下:

(1)在加固区围堤施工完成后,向围堤内吹填淤泥至设计高程。在吹填过程中,随着淤泥的自然沉降,淤泥中超饱和的自由水通过围堤上预设的溢流口排出。

(2)待吹填土表面自然风干后,铺设一层土工布和一层荆笆或竹笆,其上再加一层 20 ~ 30cm 厚的粉煤灰层或砂层。其目的一是使其具备一定承载能力,便利施工和进行插板及铺设水平管网等,二是为了施工安全,避免人身伤亡事故,三是通过铺设砂或粉煤灰层用来均匀传递真空负压,提高吹填土及软基的固结效果。按照设计的间距和深度进行垂直塑料排水板的插设,同时铺设水平管网。

(3)塑料排水板通常采用国产 SPB 型,板芯为聚乙烯导水板,外包土工布滤膜,标准截面尺寸为 100mm × 4mm。就天津市软土地基的一般特性而言,通常的插板间距为 1.1 ~ 1.3m,即加固软土的最大径向排水距离控制在 0.6m 左右。插板深度可为几米至十几米,视工程实际需要而定。水平管网包括支管和干管,支管采用内径为 60mm 的双波纹塑料滤水管,干管采用内径为 200mm 的双壁波纹管。支管壁外包缠一层土工布滤膜,以防泥沙颗粒

堵塞管道。插板与水平支管和干管相连构成立体排水系统,并与真空系统连接。

(4)真空系统由密封集水井、真空泵、监测仪表等组成,集水井内还安装一台潜水泵专供排水。

(5)完成管网及真空系统安装后,在水平管网上再吹填一层厚度为1.0~1.5m的淤泥层,作为真空封闭层。待其表面积水排干后,便可启动真空及排水泵进行连续约100d的真空预压加固。

从上述新技术工艺的施工过程中可以看出,与传统塑料排水板真空预压软土基加固技术相比,其不同点在于:一是改塑料膜下抽真空为吹填土下抽真空;二是改膜下砂层集水为水平管网集水;三是改射流泵抽气排水真空预压为密封集水井水气分离真空预压。

10.1.3 低位真空预压法加固软土地基的技术特点

按照文献[62]、文献[63]和文献[66]的介绍,低位真空预压法有以下特点。

(1)采用淤泥土代替密封膜作为真空密封层,能够达到与塑料密封膜同样的真空保护作用,节省材料,并能达到良好密封效果。

(2)表面淤泥土在风吹日晒的作用以及泥下管道真空力的作用下,泥封层本身还可以同时达到80%以上的固结度,固结后土的承载力可达到50kPa左右,能满足一般工程用地的要求。

(3)由于密封层下的软土地基在固结过程中会产生较大的固结沉降,固结加固后的泥封层便可弥补下沉的沉降量,减少了后期回填的工程量。这也是该技术的一大优点。

(4)现场实测在真空泵达到100kPa的真空压力时,大约10d之后,吹填土水平管网中的真空度便达到了50kPa,15d后,便达到80kPa以上,而且在长达约100d的真空预压过程中,一直维持在这一压力水平,即使在远离真空泵的管道末端,其真空压力也达到并维持在80kPa左右,说明管网中的压力传递均匀,压力损失很小。

(5)研究和工程实践证明,一套集水井真空预压系统可以控制的最佳单元面积,根据不同的插板深度,可达2.5万~4万m^2,而单元与单元之间无需隔离措施。为实现大面积一次性吹填造陆加固提供了可能性。工程造价低廉。

10.1.4 典型工程案例

【实例10-1】 天津临港工业区滩涂开发一期工程十四标段2号池软基加固工程加固场地[63]

加固工程位于临港工业区一期规划区域西北部,由北护岸围堰、子隔堰围成,西临八号排泥场,加固面积0.45km^2。待加固土层是新吹填的渤海湾淤泥,吹填土厚度3.0m左右。吹填土含水率在100%左右,流塑状。在吹填口附近力学性质较好,远离吹填口力学性质差。

1)加固要求

要求加固后场地固结度达到75%。验收标准为平板载荷试验所确定的地基平均承载力达到60kPa。

2)加固设计

根据加固要求,采用塑料排水板作为垂直排水通道,排水板规格为100mm×4mm,排水板打设深度2.8~3.2m,排水板正三角形布置,间距为0.9m。水平管网采用农用PVC排水暗管,支管(滤管)直径为65mm,间距为0.78m;主管直径为200mm,每个加固分区一条,其长度根据加固分区的面积设置,长为125m。设计泥封层下真空度为80kPa,泥封层的吹填厚度0.7m。根据塘沽区滩涂吹填淤泥的性质指标,计算真空预压时间为80d。估算竣工时的平均沉降量为70cm;两年内在60kPa荷载内的平均工后沉降量不大于14cm。估算加固后地基允许承载力大于60kPa。

3)施工

(1)施工概况

根据低位真空预压加固技术的技术要求和此工程的现状,将此工程划分为*A*、*B*、*C*、*D*共4个加固区,除*D*区外,每个加固区再划分为12个约1万m^2的加固分区(125m×80m),*D*区划分为11个加固分区(图10-5)。

施工主要包括:围堰、排水系统、观测系统、吹填、真空疏干、后期整型几个施工步骤。

首先进行围堰的施工。围堰指构筑临时围堰,临时围堰包括分隔子围堰和泥封层围堰。分隔子围堰为东西向穿过加固区域正中,将加固区平均分隔成两部分;泥封层围堰系土质围堰,环绕在加固区的四周。

其次是排水系统的施工。包括在待加固泥层表面铺设土工布、竹笆(荆芭),人工插设塑料排水板,布设水平真空管网系统,安装真空集水井。真空集水井布置在每个分区的角点上(图10-5),它与主管相接,而滤管按0.78m间距与主管相连,构成水平真空管网系统。并在此期间完成观测系统的布置。

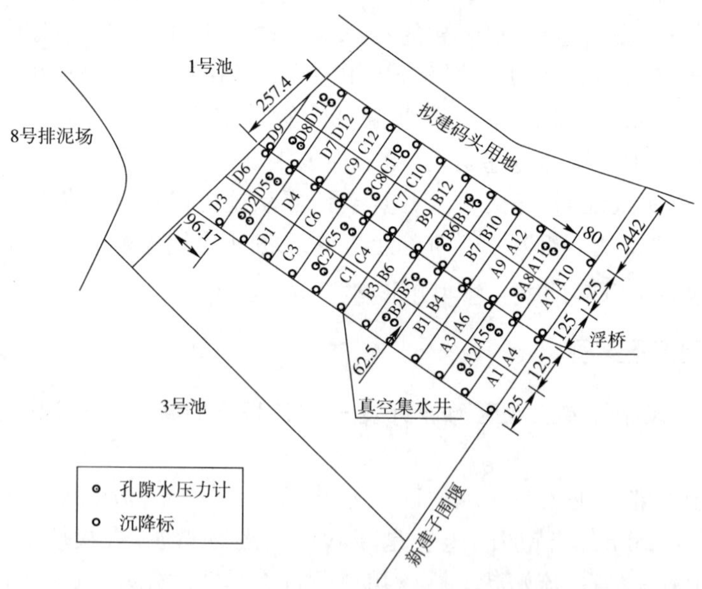

图10-5 加固分区与监测布置示意图(尺寸单位:m)

排水系统完成并经过检验后,进行密封泥层的吹填,泥封层结合航道清淤,取用附近海域滩涂淤泥,泥封层吹填由挖泥船完成。随后进行真空预压,对软土地基及上覆泥封层加固。

地基加固达到设计要求后,真空卸载,而后进行场地整型。

(2)观测项目

观测项目包括真空压力、地表沉降和超静孔隙水压力观测。加固区设置16个沉降标，如图10-5所示，(A、B、C、D每区4个)，它们设置在每个加固分区的正中间部位。加固区内埋置16组孔隙水压力计，每组设置两个孔隙水压力计。每组孔隙水压力计的平面位置也位于所埋加固分区的中间部位，孔隙水压力计的埋设位置在平面上位于塑料排水板布设形成的正三角形的形心上。每个加固分区中设置两个真空压力表。在缓冲罐上安装1个，另外1个安装在与主管末端相接的支管尾端。

4)加固效果与分析

(1)地基土沉降观测结果与分析

地基土层沉降由打设塑料排水板期间产生的沉降量和真空预压加固过程中产生的沉降量两部分组成。打设塑料排水板期间产生的平均沉降量为18.6cm。在真空预压期间，区内最大沉降量为99.8cm，最小沉降量为27.3cm，平均沉降量为62.9cm。4个加固分区A_2、B_2、C_5、D_5的沉降分析结果见表10-1。

推算的真空预压最终沉降量与剩余沉降量计算结果 表10-1

区号	A_2	B_2	C_5	D_5
推算的最终沉降量(mm)	854.7	798.9	888.6	462.6
发生的沉降量(mm)	812.0	719.0	782.0	421.0
推算固结度	0.95	0.90	0.88	0.91
剩余沉降量(mm)	42.7	79.9	106.6	41.6

注:原文表中沉降量单位是cm,有误,按文中前后表述和对该法的理解,应为mm。

(2)真空度监测

真空度监测是为了掌握加固区域内真空压力随位置和时间变化情况以及真空度损失情况，以便及时采取工程措施保证真空操作的正常进行。图10-6是A_2、B_2、C_5、D_5加固分区井上真空度曲线图。

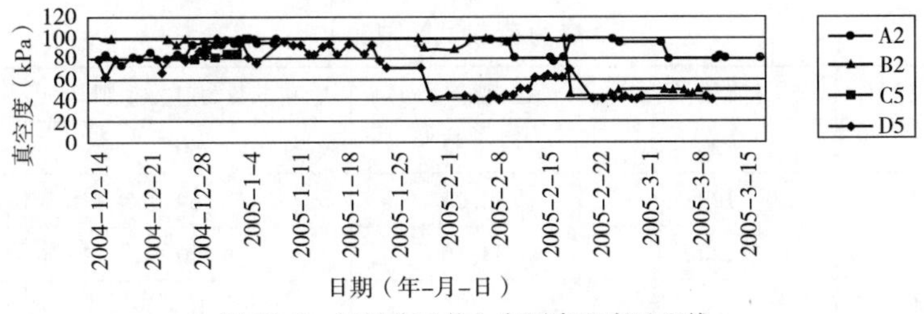

图10-6 加固分区井上实测真空度过程线

现场抽真空共计100d左右，从实测真空度过程线看，抽真空的前50d井上真空度保持的还好，但此后有两个分区的真空度值下降到40kPa左右，井上真空度只有这么大，传递到水平管路和排水板中就很小了，这是两个分区沉降量较小的主要原因。井上真空度相当于传统真空预压的泵后真空度，常规真空预压要求泵后真空度大于96kPa。

(3)孔隙水压力监测

选A_2、B_2、C_5、D_5加固分区里的4个孔隙水压力计进行分析，超静孔隙水压力随时间变化曲线如图10-7所示。从图10-7中可见，负超静孔隙水压力在加固过程中的增长规律一致，随着抽真空的进行，负超静孔压逐渐加大，后期趋向平稳。A_2、C_5区负超静孔压值较大，意味着土中有效应力增加大,因此,土的压缩变形量就较大,与沉降监测结果是一致的。

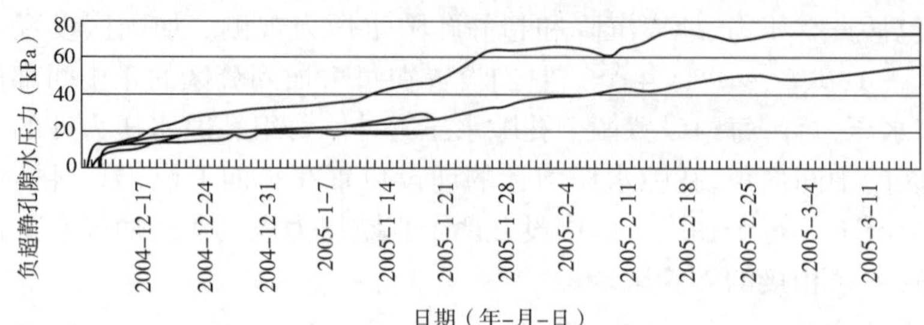

图 10-7　加固分区典型负超静孔隙水压力过程线

(4)加固后地基土强度检测分析

加固后对地基强度进行了检测,检测手段为静力触探、十字板剪切试验,其中,静力触探试验共检测 47 点,检测点均匀分布;十字板剪切试验共检测 7 点。检测结果表明地基承载力均大于 60kPa。检验结果见表 10-2。

静力触探检测结果(已换算成承载力 kPa)　　表 10-2

分区号	A_1	A_2	A_3	A_4	A_5	A_6	A_7	A_8	A_9	A_{10}	A_{11}	A_{12}
承载力	67.2	65.6	74.4	100	86.5	91.6	89.1	90.8	100.4	119.1	68	67.7
分区号	B_1	B_2	B_3	B_4	B_5	B_6	B_7	B_8	B_9	B_{10}	B_{11}	B_{12}
承载力	76.5	60.7	69.8	72.8	68	75.4	72.9	83.8	61.3	81.3	72.2	73.4
分区号	C_1	C_2	C_3	C_4	C_5	C_6	C_7	C_8	C_9	C_{10}	C_{11}	C_{12}
承载力	74.6	69.3	70.8	72.1	67.1	67.1	65	74.2	80	91.7	67.5	70.4
分区号	D_1	D_2	D_3	D_4	D_5	D_6	D_7	D_8	D_9	D_{10}	D_{11}	—
承载力	63.1	72.1	83	70.6	74.2	75.7	73.1	83.6	121.4	71.4	70.8	—

同时进行地基静力荷载试验。试验点选择 4 个,均匀分布在场地内。各点所测地基承载力基本值见表 10-3。

静力荷载试验成果　　表 10-3

序号	试验编号	最终荷载(kPa)	最终沉降(mm)	地基承载力基本值(kPa)	对应沉降(mm)
1	1	120	66.32	60	17.0
2	2	120	52.25	69	17.0
3	3	120	33.16	90	17.0
4	4	120	24.96	100	17.0

5)总结

本项工程是 2005 年实施的,是“低位真空预压软土地基加固技术”在软基加固、吹填造陆方面的一次成功应用,通过它的设计施工过程,可以得到以下经验:

(1)本工程的规模较大,一次加固面积为 46 万 m^2,并且工期紧张,人员组织安排是搞好本工程的关键。

(2)由于待加固软土地基是新吹填仅一个月的淤泥,在铺设土工布、竹笆(荆芭)及打设塑料排水板的过程中,淤泥出水比较严重,影响工程施工进度,所以在类似工程中要注意及时排水。

(3)对于低位真空预压软土地基技术,要求吹填的泥封层的颗粒要细,以保证泥封层的密封性,所以泥封层土源的选择很重要。

(4)在工程施工过程中,使用浮桥是本技术应用中的一次创新,在本工程设计施工中,采用浮桥将加固区从正中分开。浮桥的应用大大节约了建设资金,并且它具有可以回收并重复利用、工厂式加工预制、施工便捷快速等特点。浮桥的应用提高了分隔围堰的施工速度,也大大提高了后续工序的施工速度,同时以浮桥为依托,解决了加固区域中部难以设置集水井及真空泵的难题。浮桥的应用是一项成功的经验,在以后的大面积吹填造陆工程中可以推广使用。

(5)本次工程积累了利用低位真空预压加固技术对大面积淤泥进行加固的施工组织经验,为以后类似的工程奠定了基础。

【实例 10-2】 低位真空预压法在厦门象屿保税区软土地基上的应用[64、65]

【实例 10-1】是用低位真空预压法加固表面吹填土的例子,而厦门象屿保税区是用低位真空预压法,将上部新吹填土和下部原状淤泥层一道加固的实例,是该法应用的新尝试、新拓展。

1)工程概况

厦门象屿保税区二期工程位于厦门岛西北部铁路西站以西的海域滩涂地,北与高崎码头相接,南邻石湖山油库。东西宽约 0.9km,南北长约 2.0km。工程占地 1.1645km^2。原地貌为滨海潮间带滩涂,地势总体由东南向西北倾斜,坡度较平缓,天然地面高程为 -1.8 ~ 0.0m,海床均为淤泥质海滩,高潮时整个场地为海水淹没,低潮时大部分露出水面。建设单位在原抛填砂面上吹填 3m 左右的淤泥形成陆域。吹填淤泥和原地面下的海相沉积淤泥都难以满足使用要求,必须进行地基处理,设计采用低位真空预压法进行地基处理,将整个场地分为 A、B、C、D 共 4 块。为保证地基处理效果,首先在 A 标进行领先试验,为后续地块的施工积累第一手资料。A 标在该区域的东北面,靠避风坞东堤以东,占地约 20 万 m^2。设计的塑料排水板正三角形布置,间距为 0.9m,打穿淤泥层。

2)加固区地质条件

据《工程地质勘察报告》(1993 年),场地地层结构复杂,就其成因类型和岩性等可分为 17 个工程地质层,由上而下主要为:素填土、淤泥、砂、砂质黏土、淤泥质土、砂、残积黏性土、花岗岩和闪长粉岩脉。海相沉积的淤泥层分布于整个场地表面,层位稳定、厚度变化很大(2 ~ 23.65m),总体上自东南往西北厚度逐渐变大,淤泥底板逐渐变深,淤泥表层呈流塑状,上部 2 ~ 3m 常混有砂及含贝壳、贝壳碎片,往下土质渐纯,局部夹有腐木或薄层粉细砂,局部相变为淤泥质土,有机质含量为 0.21% ~ 0.72%。该淤泥层属全新海相沉积物,受沉积环境、物质成分及后期演化环境等的综合影响,场地淤泥具有以下五大特点。

(1)含水率高。平均为 66.7%,最大达 85.7%,土质很软弱。

(2)压缩性大。平均压缩系数为 1.86MPa^{-1},最大为 2.953MPa^{-1};平均孔隙比为 1.828,最大为 2.346。在淤泥上填土、加载后将出现较大沉降。

(3)透水性差。平均竖向渗透系数为 1.9×10^{-6}cm/s,相应的固结系数为 6.61×10^{-4}cm^2/s;平均水平向渗透系数为 3.1×10^{-6}cm/s,固结系数为 6.47×10^{-4}cm^2/s,淤泥固结时间较长。

(4)触变性强。灵敏度在 4 左右,最大达 11.9,属中高灵敏度土。因此,受扰动后,强度易降低、产生附加沉降和滑动现象。

(5)抗剪强度低。由十字板不排水剪切试验测得平均抗剪强度为 13.3kPa,上部 0 ~ 2.5m 范围平均值为 7kPa,最小的仅 1.6kPa。

综观以上特性,场地淤泥层是不能作为持力层,必须对淤泥层进行固结处理。

本次处理的场地自上而下土层分布情况如下:

(1)吹填淤泥,流塑状,层厚在 3m 左右,十字板强度小于 10kPa,是地基加固的主要对象。

(2)砂,厚 1 ~ 2m,在场地上的分布不均匀。

(3)原海相沉积淤泥,厚度变化大,为 2 ~ 10m,局部夹有腐木或薄层粉细砂,含水率大、压缩性高、渗透性差。也是地基加固的主要土层。

这就形成低位真空预压法一次性加固上、下两层软弱土的工况。

3)地基处理方法及原理

本工程采用低位真空预压加固软土地基法处理。以水平真空层为界,同时完成上部吹填土及下部软土地基加固,其加固原理如图 10-8 所示。下部软土地基加固机理与传统真空预压塑料板排水加固机理相同。

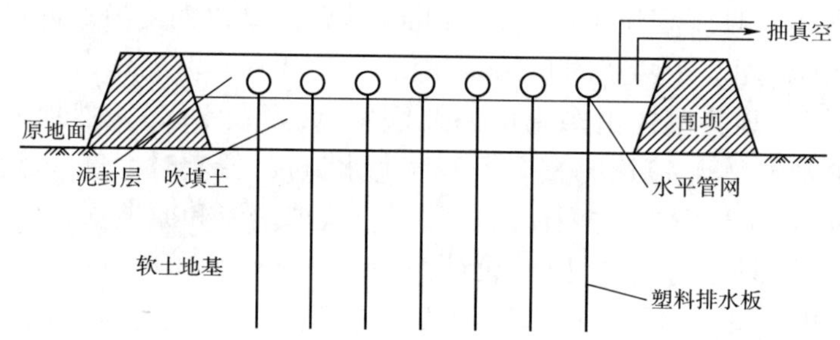

图 10-8 低位真空预压软土地基加固原理

低位真空软土地基加固法与传统膜下抽真空软土地基加固法的根本区别是:低位真空预压的压力层设在吹填土层的下部,在加固软土地基的同时也完成上部吹填土的加固。吹填土层加固后可弥补地基加固沉降引起的地面高程降低。同时该技术利用吹填土自身的封闭功能,可在吹填土层下连续获得 80kPa 以上高真空度,替代传统真空预压法用的密封膜,获得节能、省时、价廉的效果。

4)施工工艺

A 标真空预压面积大于 20 万 m^2,分 23 个加固区,各分区面积约 1 万 m^2。施工时先铺设一层 0.5m 厚的砂垫层;再打设塑料排水板,间距为 0.90m,梅花形布置,深度按打穿整个淤泥层的原则来控制;埋设主管和支管,连接排水板和支管,连接支管和干管,连接干管和集水井;安装真空设备,试抽真空。

由于在淤泥层中夹杂了一层砂层,影响了整个区域垂直方向的闭气性,必须在边界区域打设淤泥搅拌桩密封。采用双排淤泥搅拌桩,设计直径 700mm,两桩彼此搭接 0.2m,要求搅拌桩必须穿透砂层、并往下深入 0.5m。

5)监测仪器布置[65]

为了研究低位真空预压法的处理效果,分别沿深度布置了垂直排水通道真空度测头、淤泥真空度传感器、孔隙水压力计及分层沉降管和测斜管。仪器布置见图 10-9。

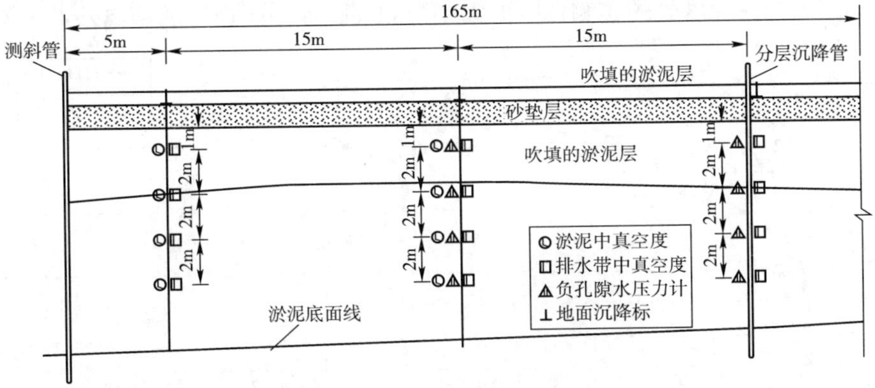

图 10-9 监测仪器布置示意图

6)监测资料分析[65]

(1)真空度

真空度包括密封层下真空度、垂直排水通道中真空度和淤泥中真空度。真空度的大小和平稳与否是取得加固效果好坏的关键。

①密封层下真空度。密封层下真空度是低位真空预压加固软土的荷载源,它的高低直接关系到真空预压的成败,因此,密封层下真空度的监测至关重要。在 A 地块的监测中,密封层下真空度随时间变化过程线见图 10-10。从图 10-10 中可以看出,抽真空历时 10d 密封层下真空度就达到 80kPa 以上。在整个抽真空过程中,真空度维持在 80kPa 以上的时间大致为 3 个月,最大真空度达 93kPa,说明密封效果尚佳。但也看出,在一些时候真空度不够稳定,尤其是加固初期,这说明淤泥密封技术还需改进与提高。

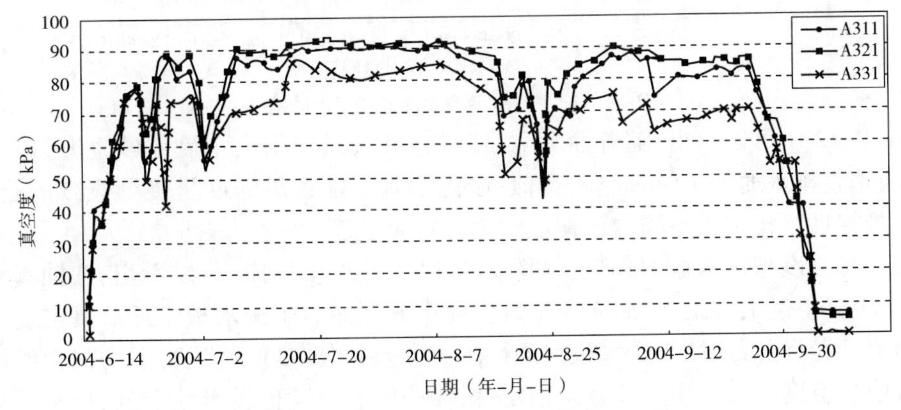

图 10-10 密封层下真空度随时间变化过程线

②垂直排水通道中真空度。排水板中真空度监测结果如图 10-11 所示。

从图 10-11 中可以看出,排水板中真空度沿深度逐渐衰减。其他每个位置(图 10-9)的最大真空度基本上也都发生在最上面一个测点(即密封层下位置),最下面的测点真空度最低,沿深度逐渐衰减,衰减程度与测点所处的位置有关,靠近加固区边界的要大一些,中间的两个监测断面的点稍小一些。随着时间的推移,上部的真空度变化不大,而下部的真空度逐渐上升。真空度的影响深度范围基本上为排水板深度范围,最大影响深度超过 11m,排水板深度范围内基本上都存在真空度。真空度测头离加固区边缘的距离分别为5m、20m、35m。当加固区边缘距离大于5m时,同一深度处的实测真空度大小与测头距加固区边缘的距离基本无关。

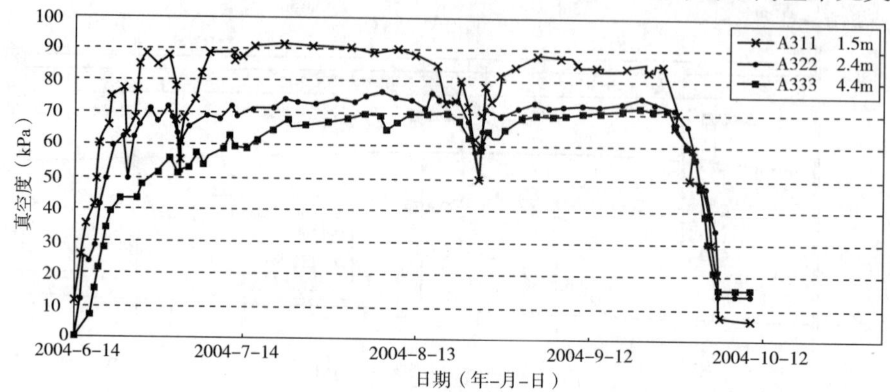

图10-11 排水板中真空度随时间变化过程线

③淤泥中真空度。图10-12为淤泥中真空度随时间变化过程线。

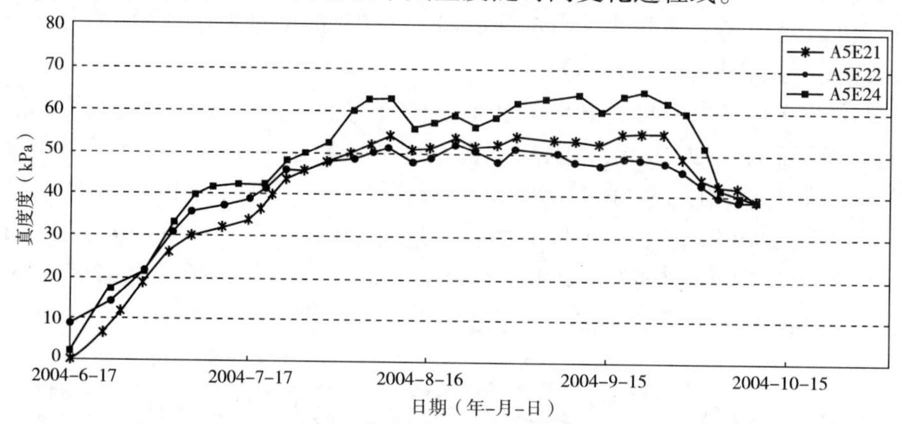

图10-12 淤泥中真空度随时间变化过程线

从图10-12中可以看出,随着抽真空时间的延续,淤泥中真空度不断上升,最大值达到65kPa。与垂直排水通道中的真空度类似,淤泥中真空度也沿深度呈逐渐衰减的趋势,表现出良好的规律性。排水板范围内淤泥层中都存在真空度。

淤泥中真空度与排水板中真空度(图10-11)上升规律相比,可以看出,在抽真空初始阶段,排水板中真空度上升迅速,而淤泥中真空度上升则滞后于排水板中的。真空度的传递需要克服阻力,而淤泥渗透性与排水板渗透性的巨大差异,就是产生这种阻力的根源所在。随着排水板中真空度的进一步上升直至稳定,淤泥中的真空度也缓慢地上升,排水板与淤泥中真空度的差距逐渐缩小,这表明淤泥的固结度在逐步增长。在抽真空这一时段,排水板中真空度基本维持在70kPa上下(处于淤泥中的位置),而淤泥中真空度基本徘徊在50~63kPa(与深度有关)之间,没有明显地继续上升态势,原因是抽真空加固没有延续下去。此时可初步判定淤泥的固结程度在70%~90%之间。停抽卸载后,排水板中真空度迅速下降,而淤泥中真空度则下降缓慢,这也是不同渗透性所致。

(2)孔隙水压力

在真空预压过程中,孔隙水压力的大小能反映真空度在淤泥中的传递情况。试验区典型超静孔隙水压力随时间的变化过程线见图 10-13。前期由于真空度不太正常，超静孔压变化不大。在真空度正常以后(2004 年 6 月 14 日)，埋深在 5m 以内的超静孔隙水压力迅速减小，达到 -80 ~ -60kPa，而埋深大于 5m 的超静孔隙水压力则随时间缓慢下降，抽真空结束时达到 -40kPa。出现这种现象的原因主要是由土层的透水性决定的，该区 5m 深度内从上至下由砂垫层、砂混吹填淤泥、砂层组成，故 5m 深度范围内土的透水性好，抽真空后，超静孔压能迅速下降；而 5m 以下为原天然淤泥层，透水性极差，该层的超静孔压随时间下降缓慢。

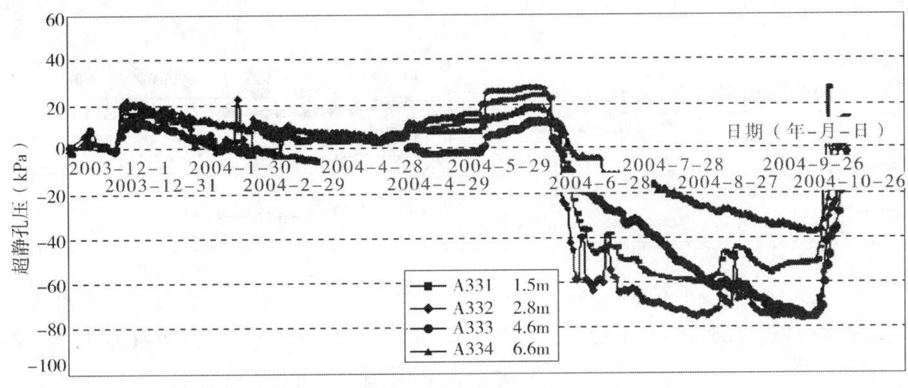

图 10-13 加固过程中超静孔隙压力过程线

(3)地表沉降

地表沉降过程线见图 10-14。前期由于密封原因，造成真空度异常，沉降量也较小。正常抽真空后，在初始阶段，沉降速率迅速增大，最大达 30mm/d。图 10-14 的沉降不包括前期施工沉降。能看到，地表沉降各点的差异还是比较大的，最大接近 80cm，最小仅 40cm 左右，相差有一倍。

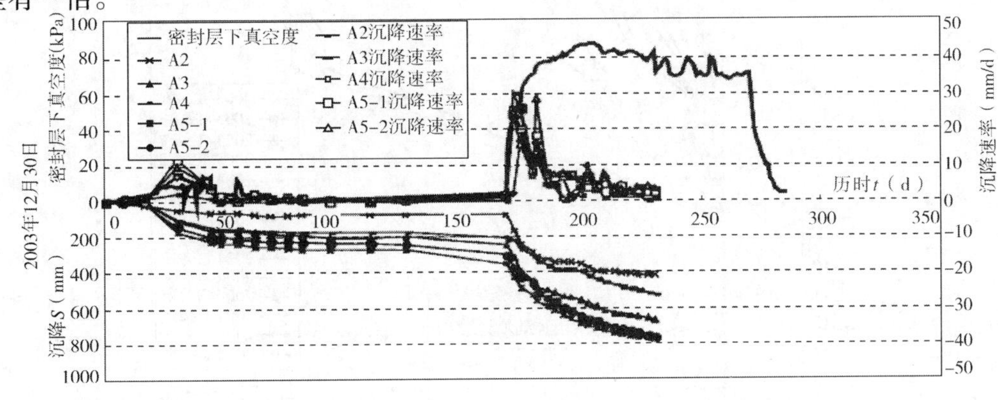

图 10-14 低位真空预压加固过程的沉降与沉降速率过程线

按文献[64]介绍，场地上设有三个沉降标，分别位于场地的南、中、北。所测沉降量分别为 0.77m、0.95m 和 1.33m，平均值达 1.02m。它与文献[65]，即图 10-14 所示的值有不少差异，估计相差在 30cm 以上。因此，监测结果相差不小，它对效果的评价会有很大影响。文献[64]还提到抽真空后期，沉降曲线已经趋于平稳，地面沉降速率已经小于 lmm/d，达到卸载要求。但从图 10-14 看,估计还达不到这个数值。

(4)分层沉降

分层沉降由预埋在不同深度的分层沉降环测得,不同深度测得的沉降值即为此深度以下土体发生的沉降。分层沉降过程线见图 10-15。

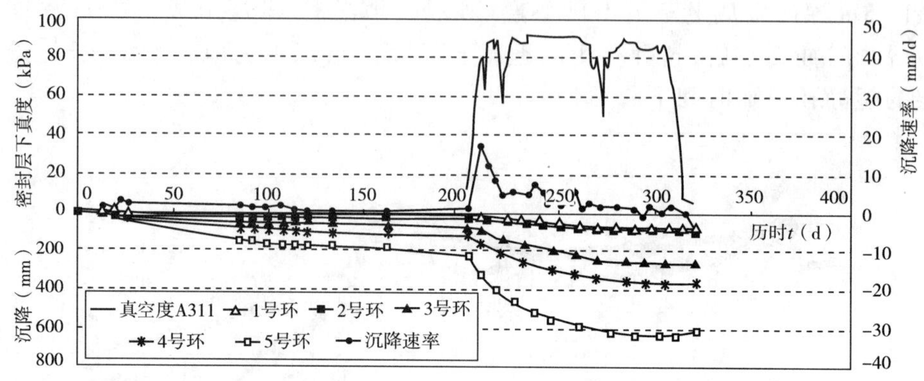

图 10-15 加固过程中所测分层沉降过程线

分层沉降资料显示吹填淤泥层压缩量占总沉降量的 58%,天然淤泥层压缩量占 26%,下卧层占 16%,可见,压缩量主要发生在吹填淤泥层中,天然淤泥层次之。

(5)水平位移

为了监测真空预压对周边环境的影响,在地基处理过程中进行了水平位移监测,水平位移过程线见图 10-16,由图 10-16 可见,在真空荷载的作用下,土体在向加固区位移,最大水平位移达 105mm,最大值发生在地表,影响深度达 10m,与真空度影响深度基本一致。

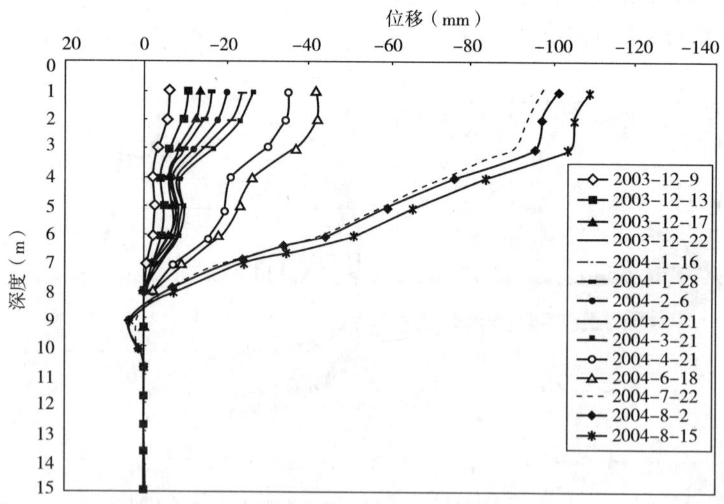

图 10-16 土体在加固过程中水平位移的变化

7)加固效果评价[65]

(1)工后沉降判断

根据沉降观测资料,用双曲线法对最终沉降进行推求,结果见表 10-4。

推求的最终沉降量、工后沉降与固结度　　表 10-4

项　　目	推求的最终沉降量(cm)	实测沉降量(cm)	工后沉降(cm)	固结度(%)
地表沉降	115.2	100.4	14.8	87.1

从表 10-4 中结果可以看出,在设计荷载下,工后沉降小于 20cm,固结度平均值达 87%,地基加固效果明显,达到设计要求。

(2)十字板强度

A 地块加固前后分别进行了现场十字板试验。图 10-17 为加固前后十字板强度随深度变化的对比曲线。十字板强度试验结果见表 10-5。

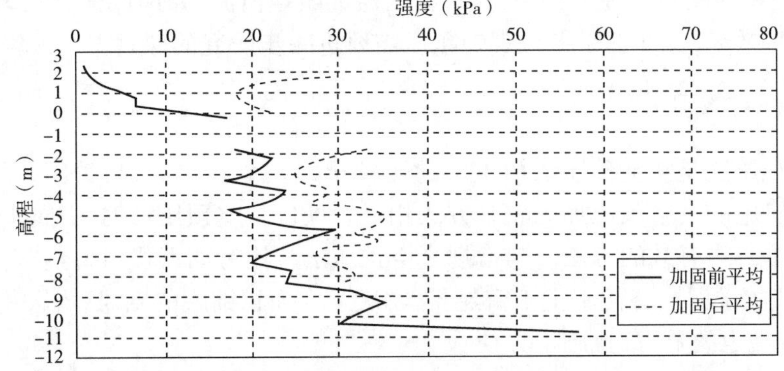

图 10-17　加固前后十字板试验结果对比曲线

从表 10-5 中可以看出,上部吹填淤泥的十字板强度增长明显,增长量达 18kPa,增长率接近 500%;下部天然淤泥的十字板强度也有一定增长,增长率达 30%,说明地基处理的效果是比较明显的,尤其是上部吹填淤泥。

加固前后十字板强度试验结果　　表 10-5

土　　层	加固前(kPa)	加固后(kPa)	强度增量(kPa)	增长率(%)
吹填淤泥	3.7	21.7	18.0	486
天然淤泥	21.5	28.0	2.5	30

(3)地表承载力

荷载试验是确定地基处理效果的方法之一。荷载试验按《建筑地基基础设计规范》(GB 50007—2002)的有关规定进行。荷载板面积为 1.50m × 1.50m,试验加荷方式为慢速维持荷载法,每级试验荷载增量为 36kN,最大试验荷载加至 360kN,换算成压强为 160kPa。试验结果表明,承载力特征值为 80kPa,达到了预期的加固效果。

8)结语

通过低位真空预压处理以后,地基土的强度有了明显提高,到达了设计要求,可以满足场地的后期使用要求,并得到以下结论。

(1)在真空荷载作用下,垂直排水通道和淤泥中的真空度随深度逐渐衰减,排水板深度范围内都存在真空度,地基加固结束时,地基的平均固结度达到 87%,工后沉降量小于 20cm。

(2)现场十字板强度试验表明,吹填淤泥层强度提高近 5 倍,下部天然淤泥层强度提高 30%,加固土层的强度得到了明显的提高。

(3)平板荷载试验结果表明,经加固后的地基,地基承载力特征值为 80kPa,达到了预期的加固效果,说明低位真空预压在该地区的首次大面积应用是成功的。

(4)通过低位真空预压,不仅利用了海里疏浚的淤泥,解决了淤泥的去处,而且避免了从其他地方取土,节约了堆载材料,大大降低了工程成本。

(5)由于场地淤泥厚度的不均匀性,导致场地的不均匀沉降比较明显,在整个加固过程中,对局部地区的管网产生了破坏,在一段时期影响了这些地区的真空度。发生情况后及时采取措施修复了管网,恢复了这些地区的真空度。本工程对将来在大面积地基处理中解决地基不均匀沉降引起的问题提供了宝贵的经验。

(6)在大面积的软基处理工程中,作为密封层的吹填淤泥,如何保证其均匀性、密封厚度及其本身的处理效果,这些都是低位真空预压需要进一步研究的课题。

10.1.5 作者的看法

低位真空预压法是真空预压法衍生出的比较早的一个新方法,与美国费城机场跑道和日本大阪南港实施的真空预压加固软基方法相近。低位真空预压法对用于刚刚吹填的超软弱土加固是一个行之有效的方法。与常规真空预压法相比有如下优、特点。

(1)用吹填的淤泥层替代了土工密封膜,解决了大面积铺膜的困难,省去挖、填密封沟的工序,对工程有一定的节省,且施工方便。

(2)将真空源由原处在表面砂垫层改到淤泥密封层和被加固吹填土之间,并用水平管网系统替代了砂垫层排水系统,大大减轻水平排水系统的重量,使之适合于超软吹填土的加固,应该是低位真空预压法的最大亮点,为后续其他人推出的若干种超软吹填土加固方法提供了借鉴。

(3)用真空集水井替代射流泵加荷系统,与美国费城机场跑道加固所用加荷系统基本一样,实施中所用加荷系统由两台 5.5kW 的真空泵和一台 2kW 的潜水泵组成,使一套加荷系统加固面积达到 1 万 m^2(据介绍,还可增大到 2.5 万 ~4 万 m^2),大大超出原真空预压加荷系统(7.5kW)每套只加固 1000m^2 的能力。从功率上讲,低位真空预压每千瓦承担的面积是常规真空预压的 5.8 倍,大大节省了能量、降低了造价。在大力提倡绿色经济、减少碳排量的今天,有着特别重要的意义。

低位真空预压法的基本原理仍然是真空预压原理,与真空预压法没有本质上的不同。都是利用降低土体孔隙中的孔隙压力、达到增加土体有效应力的目的。在低位真空预压法中也是需要三个系统,即加荷系统、排水系统和密封系统,三个系统缺一不可。很重要一点是,加荷仍然是利用在土体中形成负压,达到降低土体孔隙中孔隙压力的目的,使加荷过程中不产生剪应力,只有球应力的增加。只有这样,本法才能在超软弱土加固中大显身手,发挥作用。超软弱土在加固过程中发生向加固区内的位移和变形,这样才能保持被加固土体的稳定性,这就是真空预压法的根本特征和优势所在。

低位真空预压法运用也需要一定的条件,那就是需要有一套吹填设备系统,当加固土层表面的管网系统和监测仪器设置就绪时,就需要吹填设备给处理地基表面吹填淤泥密封层。当不能满足施工需要时,实施会有一定困难。密封层的吹填料在风吹日晒情况下会开裂,发生漏气,这也是施工中常发生的问题,也是导致该法至今尚未大量铺开应用的重要原因,需要继续研究相应的解决办法。

【实例10-1】的资料还不够全面，第一，对加固对象没有具体土性指标叙述，仅说含水率100%，如果初始含水率相同，而吹填泥中黏粒含量较高（如达到50%以上），吹填一个月后，其含水率也是会很高的，加固难度会较大。第二，在成果分析时缺乏交代，如表10-1中没有介绍实测的沉降量（表中数据是作者按他们推算的最终沉降量和固结度反求的），表10-1中最终沉降量是如何得到的，用什么方法求得的，没加以说明；固结度更是如此，没有说明。如果是由实测沉降曲线推求的最终沉降量，从真空度实测资料看，其中两个分区的真空度在加固50d后大幅度下降，由此产生的后期沉降不是在原设定荷载下发生的，用此曲线推求的最终沉降量也不是设计荷载下的沉降量，怎么能用于分析沉降和固结度呢？沉降量和固结度都是针对一定荷载的，若荷载不稳定，得到的最终沉降量是针对谁的呢，由此得到的固结度能说是在60kPa荷载下的吗？所以，固结度计算值偏高。第三，用静力触探值如何推求得到承载力的，荷载板试验的大小与承载力的取值标准等都需要交代。十字板检测也做了，但没有介绍成果，这也是遗漏，既然提到了，就应该展示。只有这样，一个好的技术才容易被别人接受、被别人理解，才容易得到推广。

10.2 气压劈裂真空预压法[67、68、69]

10.2.1 概述

真空预压法被广泛地应用于软基加固工程，取得了良好的经济效益和社会效益。工程实践表明，真空预压法具有造价低、易施工、荷载一次施加且无失稳问题，加固效果明显等优势。但是，利用真空预压法处理软土地基也存在以下局限性，一是受软土固结变形规律的制约，加固后期软土排水固结速率逐渐减缓，加固时间相对较长，长时间抽真空导致成本大量增加；二是真空度沿深度传递受各种因素影响会有衰减，传递损失常难以有效控制，导致一些深厚软土地基深部的加固效果不理想，处理深度有限。

针对真空预压法的应用现状，东南大学刘松玉教授领导的团队对该状况进行了深入的研究，于2005年提出“气压劈裂真空预压法加固软土地基操作方法”的专利（ZL200510038644.0）。首次提出利用气压劈裂技术，将深部软土劈裂，增加、扩大软土的排水通道，达到增大软土渗透性的目的，从而缩短软土的加固时间，增强加固效果，降低施工成本。

气压劈裂是指岩土体在高压气体作用下产生裂隙并发展的过程。早在20世纪80年代，在环境工程中就已采用气压劈裂技术在岩土体中形成裂隙，增加流体的流动通道，提高低渗透性土体的渗透性能。在地基处理领域，国内外一些学者已经注意到工程中的气压劈裂现象。刘松玉认识到粉喷桩施工中的气压劈裂作用，将其利用并转换为加快软土固结和消除施工残余气体的动力，发明了一种新的地基处理工法——排水粉喷桩复合地基工法。该工法已经在江苏省高速公路软土地基处理中得到了成功应用，具有明显的经济效益和社会效益。章定文进一步开展了气压劈裂室内模型试验和理论分析，论证了气压劈裂产生的裂隙能提供排水导气通道,加速土体的固结速率,并初步建立了土体气压劈裂准则。基于此,刘松玉教授提出将气压劈裂技术和传统真空预压法有机结合加固深厚软基的新方法,形成气压劈裂真空预压技术。

本节根据文献[68]和文献[69]的内容,从气压劈裂真空预压法的原理、施工工艺、现场试验和加固效果、设计方法等方面予以介绍。

10.2.2 气压劈裂真空预压法原理

气压劈裂真空预压法加固软基的原理如图 10-18 所示,即在常规真空预压法的基础上增加气压劈裂系统。除了在地表施加真空荷载外,还在土体内部间歇性施加高压气体。当高压气体压力超过某一临界值以后,土体发生劈裂,土体中产生大量裂隙,裂隙与预先打设的塑料排水板组成有效的排水导气网络,一方面可以提高真空荷载向深层土体的传递效率,有效克服真空荷载随深度衰减的局限性;另一方面可提高深部土体的渗透性、加速深部超静孔压的消散,加快土体固结,以缩短预压时间和有效控制工后沉降。

10.2.3 气压劈裂真空预压法的施工工艺

气压劈裂真空预压法是一种新型工艺,其基本思路是在常规真空预压的系统的基础上增加一套气压劈裂系统,因此,主要由两大部分组成,即真空预压系统和气压劈裂系统。该工法的施工工艺过程如下:平整场地;铺设砂垫层;打设塑料排水板和喷气管;埋设现场监测仪器;铺设喷气管路和抽真空管路;安装喷气设备,并试喷、检查,进行抽真空前的气压劈裂试施工;铺设砂垫层、无纺土工布;挖密封沟、铺密封膜;安装出膜装置,回填密封沟;地表沉降标移至膜上,试抽气、检查、正式喷气和抽真空;真空度稳定一段时间后,进行堆载或路堤填筑等其他项目施工。该工法的施工流程如图 10-19 所示。

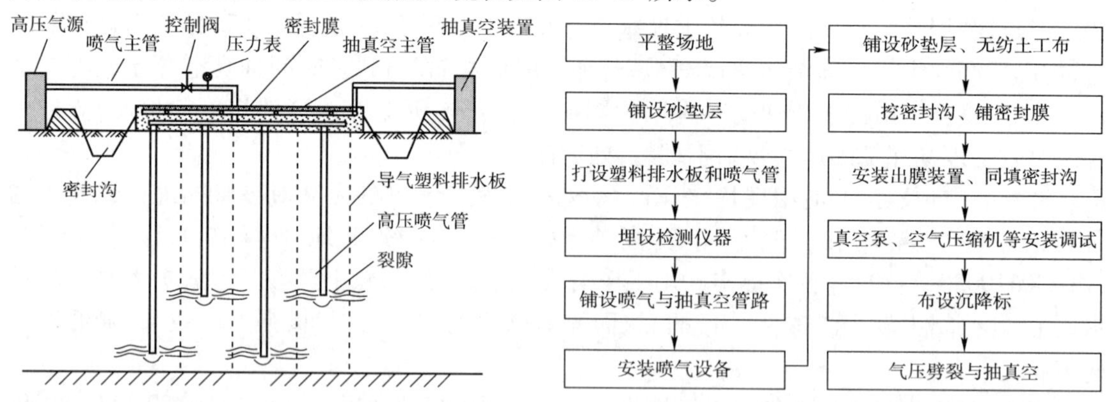

图 10-18 气压劈裂真空法预压加固软土原理示意图

图 10-19 气压劈裂真空法预压法施工流程图

10.2.4 气压劈裂真空预压法加固软土地基现场试验研究

1)试验工程地质概况

结合江苏省江海高速公路地基处理工程,选择 CK0 + 810 ~ CK0 + 887 段进行了现场试验研究。该段位于里下河沼积平原。场地典型 CPTU 测试曲线如图 10-20 所示。场地地层

自上而下为：

①层为素填土，灰色，松散，含较多植物根系，层底埋深为0.7～1.2m。

②$_1$层为粉质黏土，灰色，软塑，中等压缩性，含少量腐殖质，层底埋深为4.0～4.4m。

②$_2$层为黏土，灰色，软塑，高压缩性，含少量腐殖质，层底埋深为6.5～7.0m。

③层为黏土，灰色，软塑—硬塑，中等压缩性，含少量灰蓝色斑点，层底埋深为9.3～9.9m。

④层为粉质砂土，灰蓝灰色，夹亚黏土薄层，层底埋深为11.4～12.5m。

⑤层为淤泥质黏土，灰色，流塑，高孔隙比，高压缩性，含少量黑色有机质浸染，层底埋深为21～21.7m。

⑥层为黏土，灰绿色—灰黄色，硬塑，中偏低压缩性，含少量贝壳碎片及钙质结核，核径约20mm，局部含少量有机质浸染，未揭穿。

试验段土层②$_2$和土层⑤为软土层，其物理力学指标见表10-6。从表10-6中可以看出，土层②$_2$和土层⑤为软土，含水率高、孔隙比大、高压缩性、黏粒含量高、强度低。其中，⑤层软土位于地表下12～22m，其上覆有一层2～3m厚的粉质砂土。

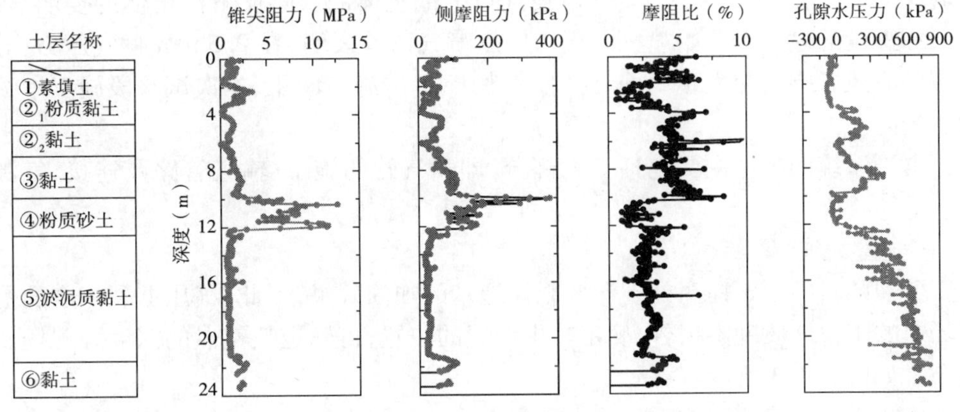

图10-20　场地CPTU测试典型结果

试验段软土层物理力学指标　　表10-6

层号	层厚(m)	重度 (kN/m³)	含水率 (%)	孔隙比	液限 (%)	塑限 (%)	固结快剪		压缩系数 (MPa⁻¹)	压缩模量 (MPa)	渗透系数 (10^{-7}cm/s)
							c_q(kPa)	φ_q(°)			
②$_2$	2.1～3.0	18.8	32.2	0.95	38.8	20	16.3	14.7	0.55	3.55	2.99
⑤	8.5～10.3	18.0	41.5	1.15	40.8	23.5	12.9	2.4	0.76	2.85	1.19

2）试验段布置与实施

现场试验段分为两个试验区，CK0+810～CK0+849段，采用气压劈裂真空预压法进行处理，处理长度为39m，宽度为40m，总面积1560m^2；CK0+849～CK0+887为对比试验段，采用常规真空预压法进行处理，处理长度为38m，宽度为47m，处理总面积1786m^2，如图10-21所示。

试验段塑料排水板按正三角形布置，间距1.2m，排水板打设深度23m，塑料排水板在砂垫层面上外露30cm，砂垫层厚度为40cm。劈裂真空法中的喷气管按正三角形布置，间距

4.8m,打设深度分别为14m、16m、18m和20m,外露60cm,平面布置形式如图10-22所示。

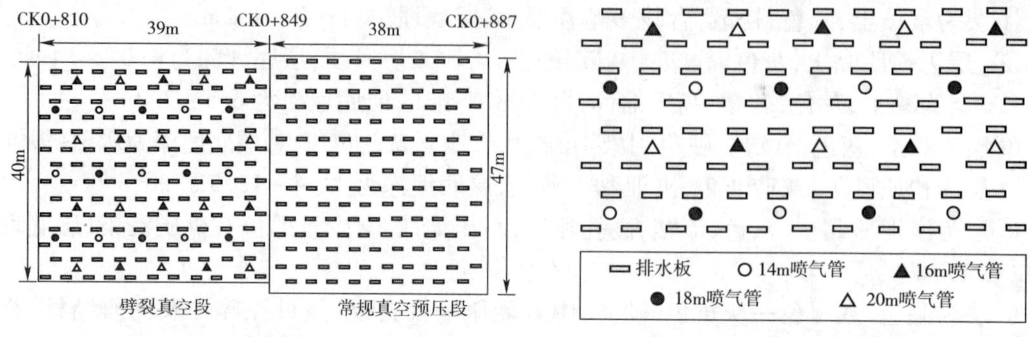

图10-21 试验段平面图

图10-22 喷气管与排水板平面布置示意图

通过理论计算和现场单点劈裂试验结果,提出了土体气压劈裂准则,表明0.5MPa的注气压力足以使得20m深度土体产生裂隙,而其他深度的土层所需压力要比20m的小。室内模型试验结果表明,注气劈裂时,喷气对喷气点上部土体的影响比下部土体的要明显,因此选择从最深深度的喷气点开始喷气。现场单点喷气试验表明,在0.5MPa喷气压力作用下,气压劈裂的有效影响半径大于2.5m,综合考虑PVD的施工间距,本次试验段施工中喷气管间距取4.8m。

气压劈裂系统的施工主要包括三大部分,即喷气管的施工、输气管路及连接、气源安装与调试。

(1)喷气管的施工

气压劈裂的目的在于提高处理深厚软体地基的加固效果,因此,气压劈裂深度的范围首先根据场地的工程地质勘察报告,确定软土地层的位置,再确定喷气点的深度。现场试验段喷气管布置如图10-23所示。

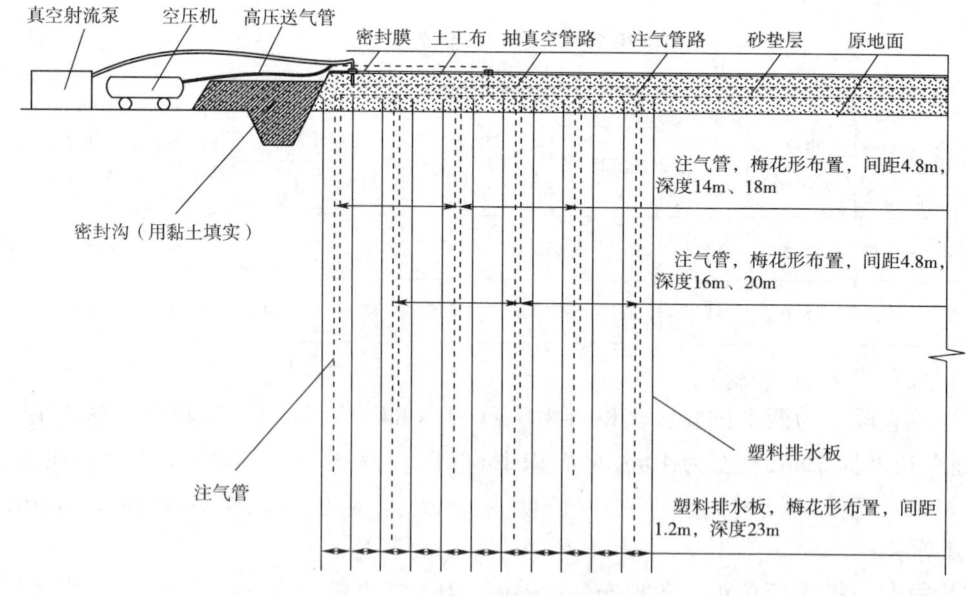

图10-23 喷气管与排水板施工剖面图

为了确保气压劈裂的效果，将劈裂真空法处理段分为4个区域，如图10-24所示 A、B、C 和 D 共4个区，每个区域有4个独立的系统，分别控制深度14m、16m、18m和20m的注气管。

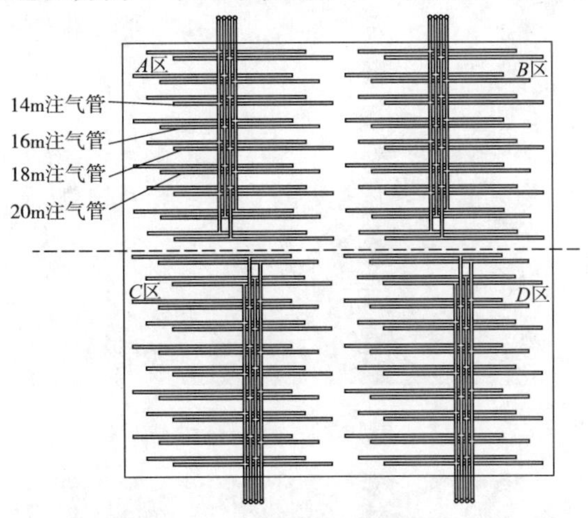

图10-24　喷气管路连接示意图

(2)输气管路及连接

喷气管施工完毕后，另外铺设20cm的砂垫层，并在上铺设输气管路。输气管路分为支管和主管。输气支管路连接考虑到土体劈裂所需要的喷气压力，必须将相同深度的喷气管连接到了同一个输气管上，连接方式如图10-25所示。输气支管选用直径25mm，壁厚3～5mm，承受内压力大于1.5MPa的塑料管。

输气主管路连接是按喷气深度，将不同喷气深度的输气支管连接到各自的输气主管上，采用变径三通接头连接。该管路的连接方法与输气支管连接方法相同，不同之处在于变径三通接头一端连接输气支管，另外两端连接输气主管，如图10-26所示。输气主管选用直径50mm，壁厚3～5mm，承受内压力大于1.5～2.0MPa的塑料管。同时，为了保证整个场地中气压劈裂效果，减小劈裂的不均匀性，将场地分块进行连接(图10-24)。

(3)气源安装与调试

气源由空气压缩机提供，将加固场地分为4个注气区域，如图10-24和图10-26所示，每个区域有4个独立的系统，分别控制深度14m、16m、18m和20m的注气管，注气压力为0.5MPa。

a)

b)

c)

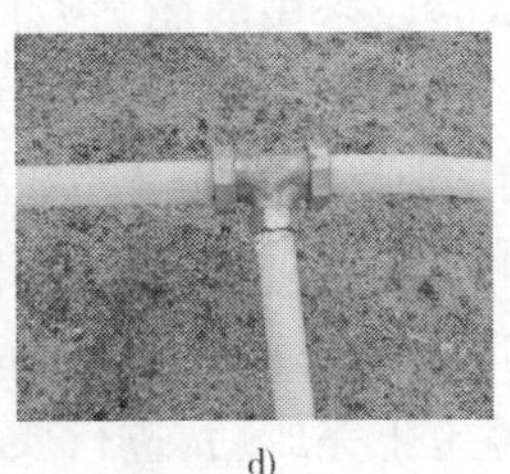
d)

图10-25　喷气导管的连接流程图

在整个注气系统管路安装完毕后，要进行试压，检查注气系统是否有漏气现象。在确保没有漏气情况下，进行气压劈裂。注气的施工顺序如图10-27所示，首先对 A、B、C、D 4个区域的深度为20m的注气管进行喷气，喷气时间为30min，注气压力为0.5MPa；然后对深度分别是18m、16m、14m的注气管进行喷气；为了便于施工，喷气时间和喷气压力都采用相同值。在这一轮喷气结束后，间隔4h进行下一轮喷气施工。

在试验场地用0.5MPa的喷气压力进行试喷气，喷气后的效果如图10-28所示。在喷气荷载作用下，土体中形成较大的超静孔隙水压力，随着喷气时间增长，土体中形成裂隙，孔隙水由裂隙及排水板排出，在地表形成一定的水头。

图 10-26　输气管路连接

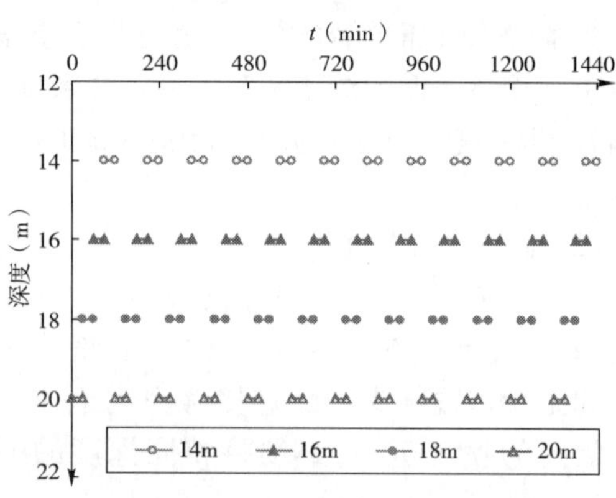

图 10-27　注气施工顺序(1d)

图 10-28　气压劈裂效果图

在土层中夹杂着渗透性较强的粉质砂土层,为了保证加固效果,需要进行深层密封。本试验段采用高压旋喷桩阻断。在加固区四周设置隔离帷幕,如图 10-29 所示。高压旋喷桩间距为 0.4m,桩径为 50cm,处理深度 8 ~ 14m;施工的排数为 1 排,相邻的两根桩相互搭接 10cm;水泥用量 180kg/m,水灰比为 1.0,浆液比重为 1.50,注浆压力大于 20MPa,提升速度小于 15cm/min。为了保证帷幕的质量,施工时,在深度为 8 ~ 14m 的范围内要进行两次喷浆,即每提升喷浆 1.5m,再复钻 1.5m 后提升喷浆,每次水泥用量按 90kg/m 控制。高压旋喷桩施工完成后,进行质量检测,检测合格后,进行真空预压法的其他工序的施工。现场质量检测结果帷幕符合设计要求。

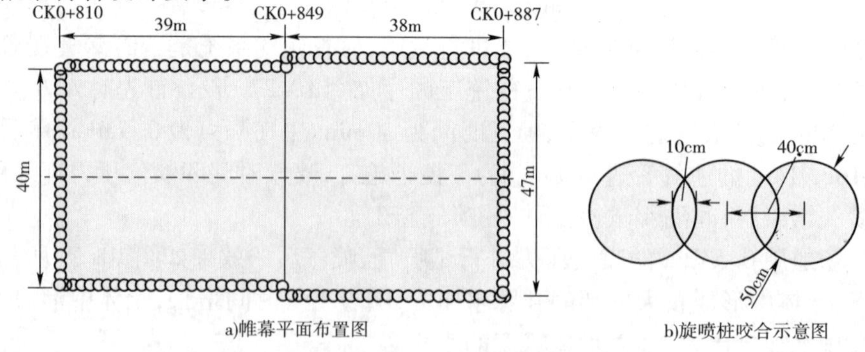

图 10-29　高压旋喷桩施工平面图

3)现场监测结果

为了了解气压劈裂真空预压法加固深厚软土地基的效果,在试验段进行了以下项目的监测:真空度、孔隙水压力、地下水位、地表沉降和深层水平位移等。监测仪器的布置如图10-30所示,其中,孔隙水压力计埋设在三个排水板中心的地基土中不同深度处,测斜管中心距离加固区边界2.0m。

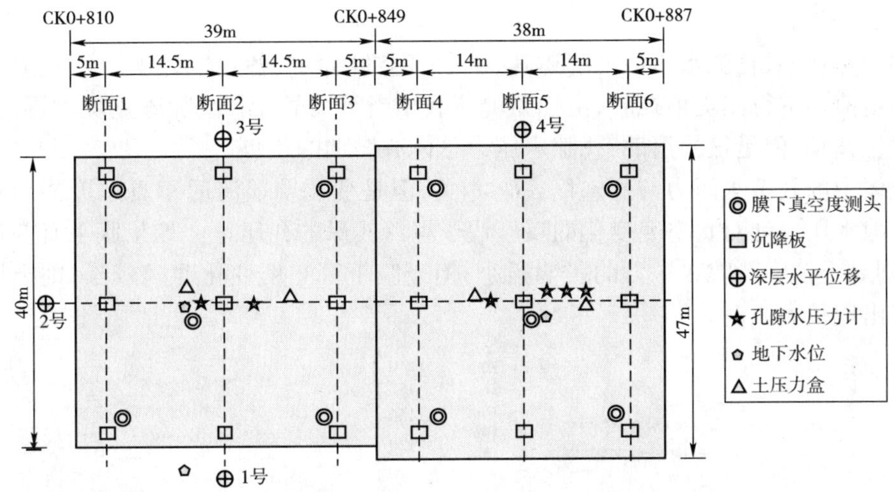

图10-30 施工监测平面布置图

(1)荷载状况

本试验段预压荷载主要包括真空荷载和路堤自身荷载两部分。常规真空预压段抽真空时间为2009年7月1日至2010年1月20日,历时203d;气压劈裂真空预压法抽真空时间为2009年7月7日至2010年1月6日,历时183d。两试验段的路堤开始填筑时间均为2009年8月20日。膜下真空度和路基填筑荷载如图10-31和图10-32所示。

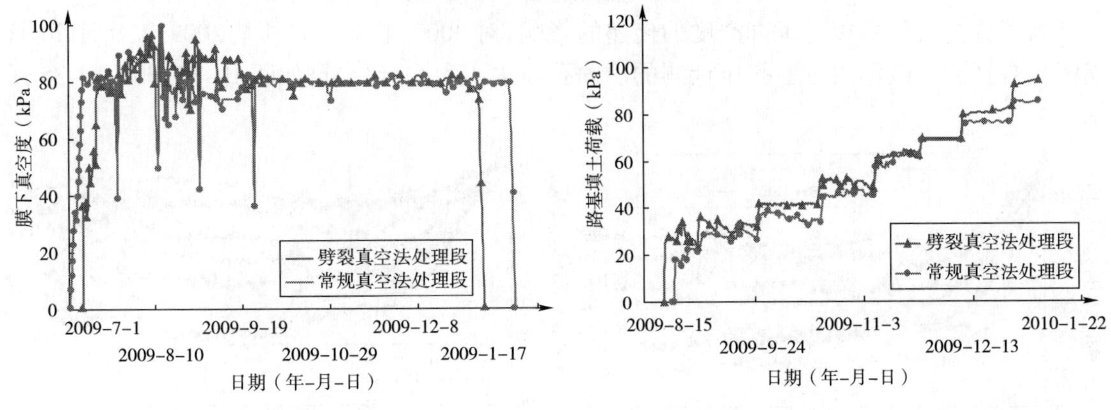

图10-31 真空荷载施加曲线

图10-32 路堤荷载施加曲线

由图10-31可知,气压劈裂真空预压法和常规真空预压法膜下真空度都能迅速的达到设计荷载80kPa,且保持较好的稳定性。图10-31中真空度下降点为雨季暴雨导致现场停电所致。气压劈裂真空预压段和常规真空段的真空荷载基本一致。图10-32表明两个试验段的路堤荷载大小和加载速率也基本相当,气压劈裂真空预压段的路堤高度略高于常规真空预压段。

(2)孔隙水压力

在气压劈裂真空预压法处理段和常规真空预压法处理段各埋设了一组孔隙水压力计，埋设深度分别为4m、8m、12m、14m、16m、18m和20m。各孔隙水压力计测得的孔隙水压力随时间变化如图10-33所示。

由图10-33可知：

①抽真空初期，孔隙水压力下降迅速，随着真空度稳定，各孔压计测得的孔隙水压力依次到达稳定值。进行路堤填筑时，由于路堤荷载相当于堆载，因此，随着路堤的逐层填筑，孔隙水压发生波动，但是很快消散，孔隙水压力总体有增加的趋势。

②土体中的孔隙水压力与真空度密切相关，但是变化明显滞后于真空度的变化。埋深较浅的孔隙水压力计对真空度变化的反应快于埋深较深的孔压计。如果膜下真空度变化时间较短，则对土体中孔隙水压力的影响很小；但当膜下真空度变化时间较长，则土体中孔隙水压力将出现较大波动。

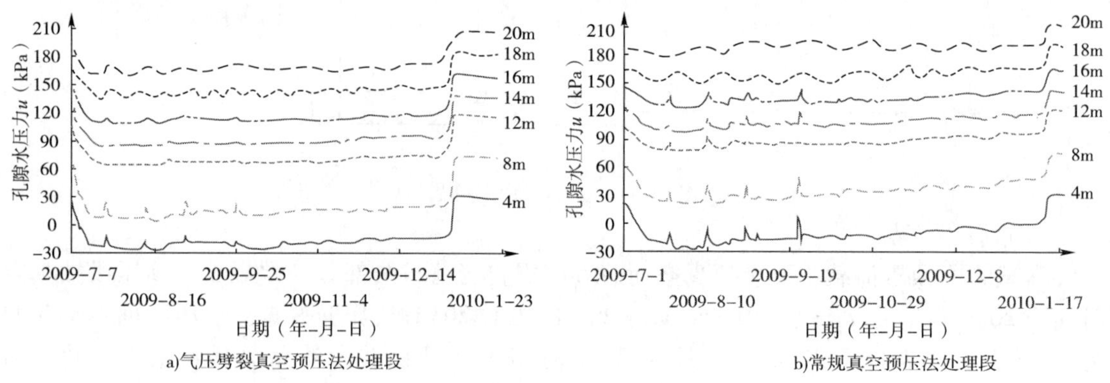

图10-33 孔隙水压力随时间变化曲线

为了分析气压劈裂对于真空度的传递的影响，对2009年7月1日至2009年8月20日期间只有真空荷载作用时各孔压计测的超静孔隙水压力进行分析，如图10-34和图10-35所示。

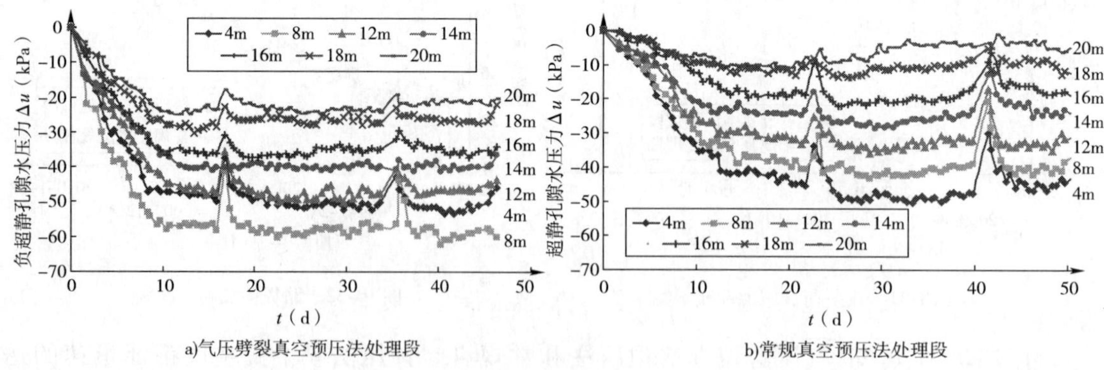

图10-34 真空荷载作用下负超静孔隙水压力变化

由图10-34和图10-35可知：

①气压劈裂真空预压段各孔压计达到稳定值所需时间比常规真空预压法的短；且随着

深度的增大，两者的差异更加显著。

②2009 年 7 月 1 日至 2009 年 8 月 20 日期间仅有真空作用时，相同埋设深度，气压劈裂真空预压法中的负超静孔隙水压力大于常规真空预压法的，即前者有效应力的增加值大于后者。

③气压劈裂真空预压段 8m 深度处负超静孔压值大于 4m 深度处，不符合一般真空预压荷载作用下真空荷载的传递规律。但对气压劈裂真空预压来说是有可能的，原因是 8m 深度处可能受最浅注气管（埋深 14m）劈裂作用的影响，劈裂使黏土层中发生裂隙，导致黏土渗透性增大、真空传递阻力减小，负超静孔隙水压力随之增大，而 4m 处受气压劈裂的影响就小得多。

综上所述，气压劈裂真空预压法处理段真空度的传递效率优于常规真空预压法处理段。这主要是因为气压劈裂向土体中喷入高压气体，高压气体使土体中形成裂隙，增大了土体的渗透性，劈裂为早期真空荷载的传递增加了通道。

（3）地下水位变化

场地中的水位管位于加固区中心，场地外水位位于加固区边缘外 2m 处，测试结果如图 10-36 所示。

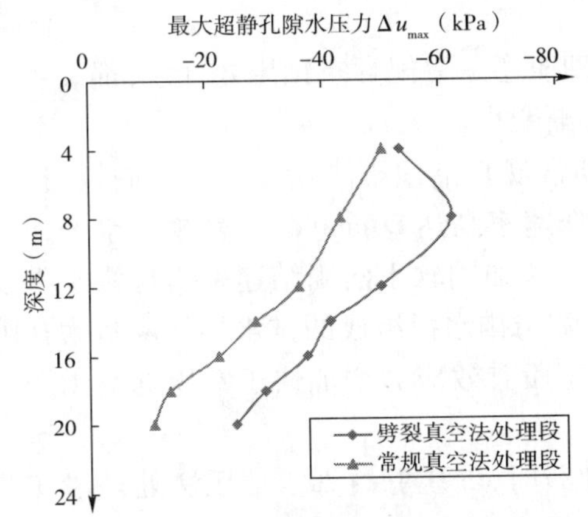

图 10-35 负最大超静孔压沿深度变化规律

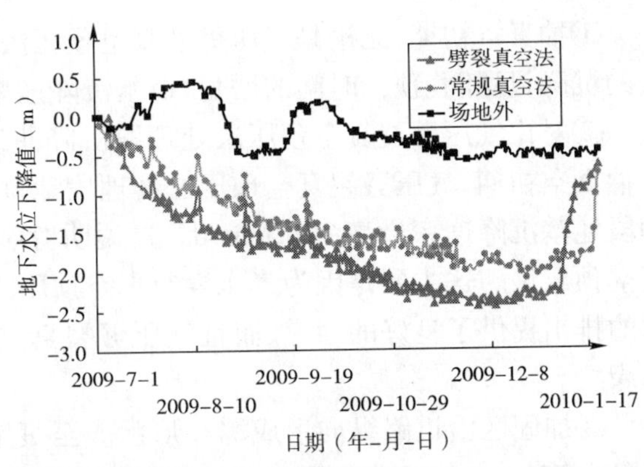

图 10-36 试验段不同位置地下水位随时间变化曲线

由图 10-36 可知，

①加固区外地下水位变化较小，且易受降雨影响。在 2009 年 7 月 20 日至 8 月 20 日期间，由于受梅雨天气和台风影响，降雨量非常大，场地外围长时间处于淹没状态，中途不间断排水，直至 2009 年 8 月 20 日基本排干，地下水位开始下降。此后 2009 年 9 月中旬的降雨使得场地外的水位线一度上升。

②加固区内的水位线变化大于加固区外，且一直呈下降趋势，这也说明止水帷幕对于强透水层起到了良好的隔离效果。

③在加固初期，气压劈裂真空预压法处理段水位线下降快于常规真空预压法段，后期两者变化几乎呈平行趋势。气压劈裂真空预压法水位下降最大约为 2.5m，常规真空预压法段水位下降最大约为 2.0m。地下水位下降将会导致土体有效应力增加，从而也产生一定的地面沉降。两加固段地下水位变化的差异与地表沉降差异是一致的。

(4)地表沉降

地表沉降随时间变化规律是路堤控制施工进度和安排后期施工的最重要指标,也是理论研究结果是否正确的最直接检验标准和加固效果最直接的反映。加固区沉降随时间变化如图 10-37 所示。

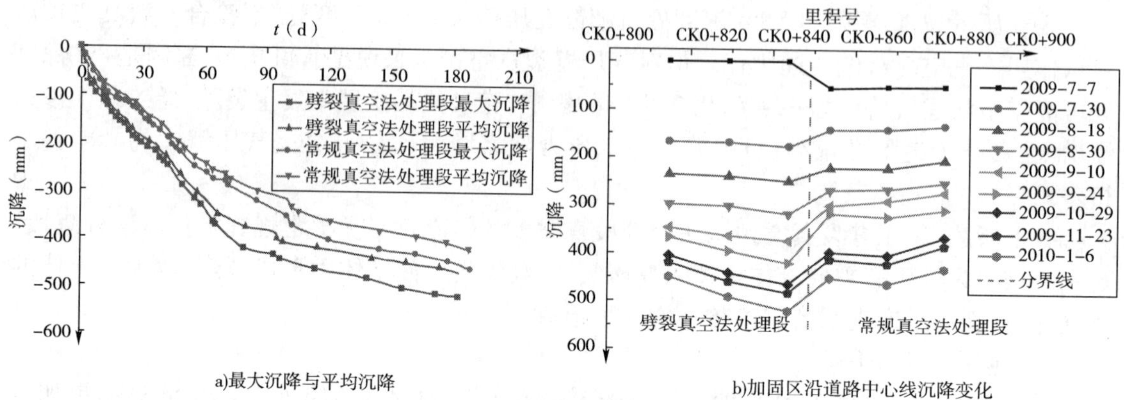

图 10-37　地表沉降随时间变化曲线

由图 10-37 可知:

①抽真空初期,无论是气压劈裂真空预压法处理段还是常规真空预压处理段,都发生较大的沉降,且随着预压时间的增长,地基沉降速率逐渐变小。

②对比气压劈裂真空预压法处理段沉降曲线和常规真空预压法处理段沉降曲线可知,在抽真空初期,气压劈裂真空预压法处理段地基沉降速率高达 20mm/d,而常规真空预压处理段地基沉降速率最高为 12mm/d。这说明劈裂真空法加固软土的固结速率明显快于常规真空预压法。这主要是因为气压劈裂真空预压段裂隙与排水板组成的排水导气网络为孔隙水的排出提供了良好的通道,而且气压劈裂真空预压段有效应力增加快于常规真空预压段的缘故。

③加固区沿道路纵向形成漏斗形状。至真空卸载时,气压劈裂真空预压法处理段实测沉降为 521mm,常规真空预压法处理段实测沉降为 463mm。两者沉降的差异与前面超静孔隙水压力变化规律相对应。运用双曲线法对实测沉降曲线进行拟合,气压劈裂真空预压法处理段工后沉降为 98mm,常规真空预压法处理段工后沉降为 151mm,由此可见,气压劈裂真空法加固软土地基沉降易于稳定,有利于工后沉降控制。

(5)水平位移观测

采用真空预压加固软基时,被加固土体出现收缩变形,将会对周围建筑物产生影响,因此,土体水平位移的监测是必要的。试验段土体水平位移的监测结果如图 10-38 所示。监测得到的侧向位移均是向加固区内侧的。图中以向加固区内侧的水平位移为正值。

由图 10-38 可知:

①实测得到的水平位移均不超过 80mm,最大水平位移均发生在地表;随着深度的增加,水平位移减小;25m 深度以下几乎无水平位移。

②在抽真空初期,土体水平位移速率较高,产生的水平位移较大。当路堤填筑时,水平位移速率明显降低。这说明路堤填筑可限制真空预压引起的侧向变形。

③截止到2010年1月6日，气压劈裂真空预压法处理段最大水平位移为66.6mm，常规真空预压法处理段最大水平位移为77.3mm。气压劈裂真空预压法引起的水平位移略小于常规真空预压法。

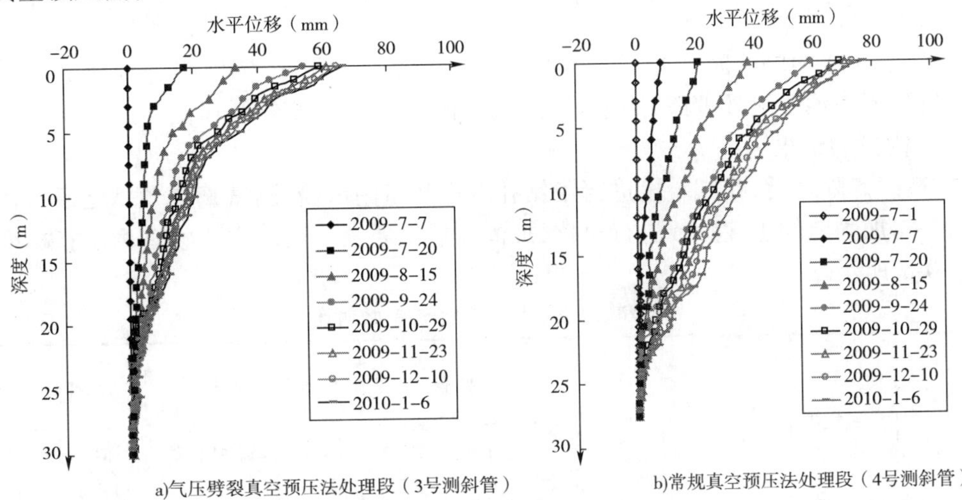

a)气压劈裂真空预压法处理段（3号测斜管）　　b)常规真空预压法处理段（4号测斜管）

图10-38　水平位移随时间变化曲线

④对比两种方法引起的水平位移曲线可知，抽真空初期，气压劈裂真空预压法引起的水平位移速率高达0.78mm/d，但是速率降低很快；而常规真空预压法引起的水平位移速率为0.70mm/d，但是速率降低较慢。这可能是由于气压劈裂真空预压法处理段土体的有效应力增长速率快于常规真空预压段，前者土体的强度增长速率快于后者；另外，两块试验场地的宽度差异也会引起侧向位移的差异。

4）加固效果分析

为了评价劈裂真空法的加固效果，对加固场地进行了加固效果的检测。主要进行了钻孔取样室内试验和现场CPTU试验。

（1）CPTU试验

原位试验采用东南大学引进的CPTU设备。该设备可获得多项原位测试参数，本文仅分析直接反映土体强度变化的参数——锥尖阻力和侧摩阻力的变化，试验结果如图10-39所示。

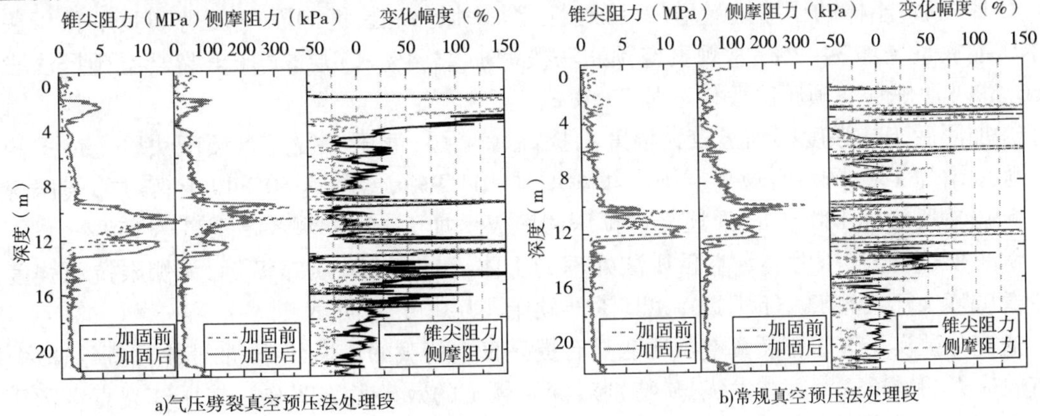

a)气压劈裂真空预压法处理段　　b)常规真空预压法处理段

图10-39　加固前后CPTU试验结果对比

由如图10-39可知:

①加固后土体的锥尖阻力相对于加固前土体有明显提高;对于深部土体,气压劈裂真空预压段增幅为25%~100%,而常规真空预压段增幅为0%~25%,明显小于劈裂真空预压段。

②加固后土体的侧摩阻力相对于加固前土体略有减小。由侧摩阻力变化幅度曲线可知,气压劈裂真空预压法处理段,侧摩阻力减小幅度小于常规真空预压法。

(2)室内试验结果

真空荷载卸除之后,在试验段进行了钻孔取样和室内试验,测试真空预压之后土体的各项参数,并与加固前的土性参数进行对比,加固前后主要软土层的主要物理力学指标变化情况如表10-7所示。

典型软土层加固前后土性参数对比 表10-7

试验段	土层层号	取样深度(m)	项目	含水率		压缩模量		无侧限抗压强度	
				值(%)	减小幅度(%)	值(MPa)	增加幅度(%)	值(kPa)	增加幅度(%)
气压劈裂真空法处理段	②$_2$	6.0~6.5	加固前	32.22	24.49	3.55	34.93	30.6	155.39
			加固后	24.33		4.79		78.15	
	⑤	16.0~16.5	加固前	41.50	18.29	2.85	66.32	25.90	180.70
			加固后	33.91		4.74		72.70	
常规真空预压法处理段	②$_2$	6.0~6.5	加固前	30.52	15.66	3.25	23.38	32.60	103.90
			加固后	25.74		4.01		66.47	
	⑤	16.0~16.5	加固前	41.15	8.02	2.97	37.04	29.70	33.60
			加固后	37.85		4.07		39.68	

由表10-7中可知:

①加固后土体的含水率比加固前的含水率明显的减少;②$_2$层,气压劈裂真空预压法段降低24.5%,常规真空预压法段降低15.7%;⑤层,气压劈裂真空预压法段降低18.3%,常规真空预压法段仅降低8.0%。

②加固后,土体的压缩模量增加,压缩性比加固前减低;②$_2$层,气压劈裂真空预压法段土体压缩模量增加34.9%,常规真空预压法段增加23.4%;⑤层,气压劈裂真空预压法段增加66.3%,常规真空预压法段仅增加37.0%。

③加固后土体强度得到了较大幅度的提高;②$_2$层,气压劈裂真空预压法段土体无侧限抗压强度增加155.4%,常规真空预压法段增加103.9%,差距达50%以上;⑤层,气压劈裂真空预压法段增加180.7%,常规真空预压法段仅增加33.6%,两者差距高达150%。

综上所述,经气压劈裂真空预压法处理的土体,在含水率、压缩模量、无侧限抗压强度等的改善幅度大于常规真空预压法,尤其深部软土土层⑤更为明显。

这充分证实了气压劈裂真空预压法具有提高真空荷载的传递效率、加速土体固结速率、提高有效应力的增长速率等技术优势,特别对深层软土的效果尤为明显。气压劈裂真空预压法可以提高真空预压法加固深部软土层的处理效果,增大常规真空预压法的有效处理深度。

10.2.5 气压劈裂真空预压法的设计

1)气压劈裂真空预压法合适的使用工况

气压劈裂真空预压法是真空预压与气压劈裂技术相结合的新工法,因此,其适用场合与常规真空预压法的适用条件既有相同之处,也有所差异。常规真空预压法适用于淤泥、淤泥质土等渗透性较低的地基,但是常规真空预压由于真空度沿深度衰减,以及排水体的井阻作用,往往加固效果随着深度的增加而变差。气压劈裂真空预压法在常规真空预压法的基础上增加了气压劈裂技术,可以提高深部软土的加固效果,缩短排水固结时间,减小工后沉降。因此,当加固深度大于10m时,气压劈裂真空预压法就会凸显其优越性,对深厚淤泥、淤泥质等软土地基的加固效果会更加明显、有效,能缩短工期,减少工后沉降。

2)设计流程及内容

(1)设计流程

气压劈裂真空预压法的设计是合理安排气压劈裂装置与常规真空预压装置(排水系统和加压系统)关系的一个过程。劈裂真空法的设计流程如图10-40所示,其核心思想是采用路堤稳定性和路堤工后沉降双重标准控制整个设计过程。

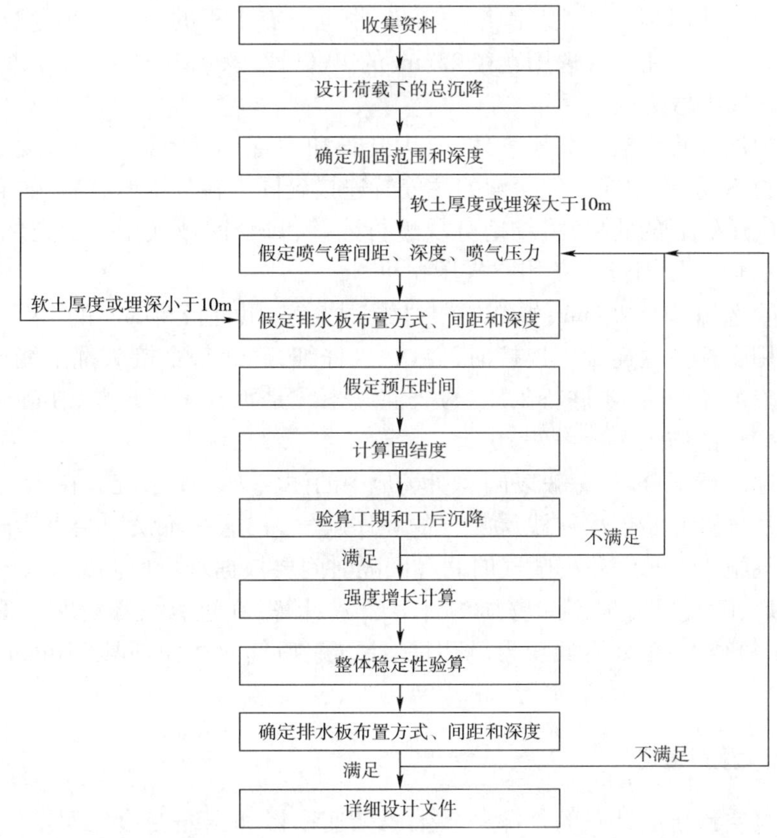

图10-40 劈裂真空法加固软土地基设计流程图

(2)真空预压系统设计

气压劈裂真空预压法中的真空预压系统与常规真空预压法加固软土地基设计一致,包括排水系统设计、密封系统、抽真空系统设计。

(3)气压劈裂系统设计

气压劈裂真空预压法是在真空预压系统的基础上增加气压劈裂系统,气压劈裂系统设计是新工法设计的关键。根据气压劈裂的原理,气压劈裂系统设计主要包括注气管布置、注气管深度设计、管路连接及喷气方式。

①注气管布置

注气管的布置形式与塑料排水板的布置一致,成镶嵌布置,常用形式为正三角形或正四边形。

注气管的间距主要取决于劈裂的水平影响范围、土的固结特性和施工期限的要求,可根据气压劈裂裂隙扩展模型计算得到。按现有气压劈裂真空预压法现场试验的情况,注气管可设置于排水板形心,注气管间距设置为 4 ~5m,当设置不同注气深度时,可形成大的正三角形,间隔布置。

②注气管深度

气压劈裂真空预压法的特色在于提高深部软土的处理效果,在设置喷气管深度时应重点考虑深部软土,需根据加固场地土层分布情况确定喷气管深度。

为了确保裂隙能起到加快地基固结的效果,根据已有工程的经验与理论分析,注气管的竖向间隔宜为 2 ~4m。注气管选用直径 25mm 的 PVC 管,承受内压力大于 2.0MPa。

③管路连接及喷气方式

输气管路向注气管中输入高压气体,分为支管和主管。考虑到不同深度处土体劈裂所需要的起劈压力不同,将相同注气深度的注气管连接到同一输气支管,然后再连接到输气主管。为了确保气压劈裂的效果,将场地分块进行连接;每个区域共用一台空气压缩机,可提供 2MPa 的注气压力,同时配备备用空气压缩机。

输气管支管选用直径 25mm 的 PVC 塑料管,主管选用直径 50mm 的 PVC 塑料管,主管与支管之间采用变径三通连接。连接时,要认真、仔细,确保每个接头都不能漏气。在整个注气系统管路安装完毕后,要进行试压,检查注气系统是否有漏气现象,在确保没有漏气情况下进行气压劈裂试施工。

由于对场地进行了分块,一般以同一块场地中的注气为一个系统。在小块区域中,注气顺序为从最深注气管开始依次往浅层喷气的顺序喷气,在这一轮喷气结束后间隔一段时间进行下一轮喷气施工。每一轮的喷气时间和间隔时间要根据现场监测的结果进行调整。在进行首次劈裂时,喷气压力根据起劈压力计算公式计算;在进行气压劈裂与真空荷载作用时,根据室内试验结果,可采用低压力、短时脉冲方式喷气,喷气时间以 10min 为宜,同时提高开泵率。

10.2.6 作者的看法

气压劈裂真空预压法针对的是深部软土固结速率慢和压缩变形大而发明的加固方法,期望以此弥补纯真空预压方法的不足。气压劈裂真空预压法通过在土体内部施加高压气体,有效地克服了地表施加的附加应力随深度衰减的局限性,从而为深厚软土地基的处治提供了一种新途径。具有提高真空荷载的传递效率、加速土体固结速率、提高有效应力的增长

速率等技术优势,特别对深层软土的加固效果尤为明显,增强了常规真空预压法加固深部软土层的处理效果,增大常规真空预压法的有效处理深度,缩短了加固时间,提高了处理效率。这是继1982年真空预压加固软土技术取得突破性进展之后的又一重要进展,它将真空预压加固软土技术的运用推进到一个新的阶段,达到一个新的层次,将开创一个新的局面。

这是一项创新性成果,是软基加固思维方法的一种突破。该技术不仅仅极大地提高加固效果,缩短加固时间,降低工程综合成本;重要的是它给人们一种启示、启迪。即人们不单单要遵守、顺应固有的技术规律做事(如软土的固结规律);还可以通过其他一些成熟技术的运用(如气压劈裂技术)来改变、改善已形成的技术,使之更好地服从、满足固有规律,从而获得事半功倍的效果。刘教授的团队就是利用成熟的气压劈裂技术来改变软土固有的渗透规律,达到快速固结软土的目的。

气压劈裂真空预压法的研究与实践成果虽已证明了它的成功,但要大面积的推广应用尚需通过更多的工程实践,总结与确定出适合更多工况的施工工艺(如抽真空与气压劈裂系统的合理安排,抽真空与气压劈裂的间歇准则等)、施工参数(如劈裂压力与裂隙开展的控制)、施工设备(抽真空与气压劈裂设备选型与组合),使该工法真正成为高效、便捷、低廉、环保的工法。

10.3 由真空预压技术衍生出的其他加固技术

围海造陆工程近几年如火如荼,我国东部沿海从南到北几乎各省都有,造陆用砂日渐匮乏,砂的资源几乎殆尽,以砂吹填成陆的形式越来越少,大部分转为泥沙混填,或改砂为泥。淤泥主要来自沿海地区的航道疏浚和泊位扩建的挖掘,有些直接就将海中淤泥吹至围堰内,由此造成对吹填区的加固难度越来越大,也引起越来越多的科技工作者的关注,不断推出一些新的方法,这些方法都基本相同,有的和前面介绍的浅表层加固吹填土方法完全一样,只是名称不同,下文中列出相关名称供参考使用。这里对真空预压立体降水技术作简单介绍。

10.3.1 真空预压立体降水技术

真空预压立体降水技术是在南京水利科学研究院较早的一些研究成果基础上形成的。早在1985年南京水利科学院张诚厚等人就提出“在吹填的同时就进行加固,使吹填土尽快地从泥浆状态转变为具有一定承载力的地基,将对加快建设速度带来巨大好处”的构想[70,72,73],并在连云港庙岭煤码头进行了1600m^{2}的现场试验,验证了加固原理的正确性、加固工艺的可行性、经济上的合理性以及要改进的方面。与此同时,也开展了室内模型试验,除验证了加固技术的合理性之外,着重探讨了真空作用面的位置及排水管间距对加固效果的影响[71]。现场淤泥质土与吹填土的性质见表10-8和表10-9。现场施工的基本做法如图10-41所示,在原地基上铺设一层1m左右厚度的砂垫层,安装真空井点管,再对砂层下部的淤泥插设排水板,之后吹填泥浆,在吹填土内插排水板,开启真空井点管上的真空泵,实施对上下软土的加固,所用真空井点管的结构与美国费城机场所用的基本相同。经过100d的加固,吹填土及地基的十字板强度增长3~4倍,含水率降低36.2%~20%,孔隙比降低

41.4% ~15.5%,加固取得明显效果。试验也表明加固区周围密封好坏对加固效果影响较大,真空井点管间距在砂垫层渗透性较好时还有增大的余地。室内模型试验表明,真空作用面的下移有利于吹填土的迅速加固。

海底地基淤泥质土物理与力学性质 表 10-8

高　程(m)	含水率(%)	重度(kN/m^3)	液限(%)	塑限(%)	塑性指数(%)	压缩系数(MPa^{-1})
0.7 ~ -0.3	58.6	16.7	—	—	—	—
-0.3 ~ -3.1	55.2	16.6	41	24	17	2.64
-3.1 以下	60.7	16.4	47	28	19	2.02

吹填土的物理力学特性 表 10-9

黏粒含量(%)	液限(%)	塑限(%)	塑性指数(%)	固结系数(cm^2/s)	渗透系数(cm/s)
60 ~ 70	49.0	26.5	22.5	1×10^{-4}	1×10^{-8}

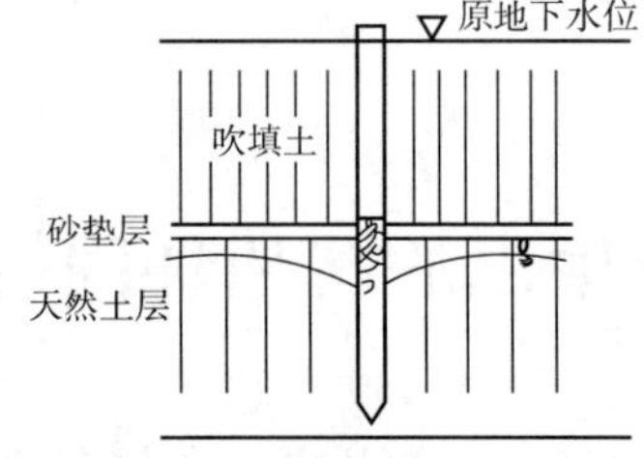

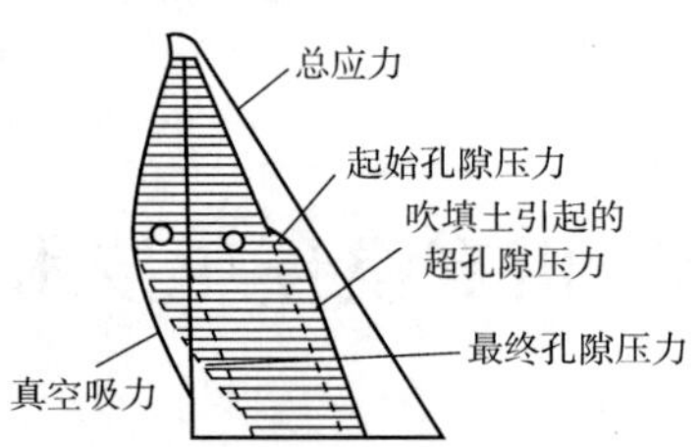

图 10-41　真空井点降水法施工结构示意图

从 1998 年起王年香等人又开展了“立体降水法加固吹填黏性土的机理和技术研究”[74],通过室内物理模型试验和数值分析,首次提出“全封闭立体式真空降水法”的概念、思路和工艺。提出“不打设垂直排水通道的分层吹填、分层加固,使吹填土的自然沉淀和加固同时进行”的方法,从而“可以大大缩短加固时间,大大提高经济效益和时间效益”。研究给出了该法适用土层、最佳单层厚度、缺乏中粗砂垫层时可用土工合成材料替代等建议。指出完成最后一层吹填时应铺设密封系统。密封材料可采用常规的密封膜或渗透系数为 10^{-8}cm/s量级的厚度 1m 的黏性土;也指出所用抽真空系统与常规真空预压法相同。

10.3.2　作者的看法

对吹填区的加固一般有两个基本要求,一是加固时间越短越好,因为业主们都急着用地;二是加固成本越低越好,这是普遍的利益追求。要求是简单、明确的,但要做好却是不容易的。本节前面介绍的加固超软吹填土的方法都是围绕这些要求应运而生的,但这些方法的基本工况都是在吹填工作已经结束的基础上实施的,加固工作是在吹填完成之后进行的。实际上刚吹填的土含水率很高,都在 200% ~300% 之间,吹填土自然沉积的过程就是将多余的自由水排出的过程,排除到围堰之外,而自由水的排出是受重力场和黏粒含量多少控制与制约的。能不能让自由水的排出加快、加固的时间更短呢?于是一面吹填、一面加固的想法便油然而生,“真空预压立体降水技术”就是在这个背景下产生的。

真空预压立体降水技术的基本思路是分层吹填、分层加固。在吹填的过程中同时进行加固，吹填前根据吹填厚度，在现场分层布置主、滤管，在吹填的同时，阶段性地进行抽真空，使吹填土中的水分在负压状态下被吸入管中排走，以达到同时吹填和加固的目的。加固所用加荷系统或与常规真空预压法相同，或利用低位真空预压技术的设备，主要省去吹填土表面的砂垫层和垂直排水通道——排水板。

该技术虽历经多人从加固机理、效果、影响因素及现场工艺等多方面进行研究，取得一些成果，并形成概念和加固思路，只因长期找不到合适的依托工程，一直没有形成可供现场实施的成熟工艺和经受大面积施工效果的检验。目前该技术还不够成熟，还没有成熟可靠的施工工艺，仅停留在室内试验研究和现场小规模试验研究的基础上，但其加固超软吹填土的思路和一些研究成果在今天还是有启发和借鉴意义的，该技术的应用前景肯定是好的。介绍给大家就是为了能激发对该技术的深入研究。

要使"真空预压立体降水技术"真正达到现场实用的程度，作者以为要解决以下几方面的问题。

(1)要使用"真空预压立体降水技术"，整套加荷及排水系统最好在吹填前设立好，这就需要得到业主与设计的支持，在目前这往往是件困难的事，需要尽早沟通、协调和准备。

(2)在具体技术上要研究解决的是滤管外包滤布的防淤堵问题，也就是反滤层问题。由于超软吹填土都是由淤泥或淤泥质土组成，颗粒很细，一般黏粒和粉粒的含量都在40%左右，有的黏粒含量高达50%~60%。在真空吸力的作用下，黏粒最快、最容易被吸附、聚集在滤布周围，时间稍长滤管四周便出现一层致密的极细土层，该土层增大了真空度传递的阻力，使外部的自由水要穿过该土层进入管道的难度增大，排水速率会迅速下降，直至排不出水来，造成滤管功能失效。此时，不是滤管上滤布的渗透性、有效孔径起控制作用，而是滤布外形成的致密细土层的渗透性起控制作用。

(3)"真空预压立体降水技术"提出不设垂直排水通道，该结论尚未经大型工程实际检验，效果如何尚不得而知。作者认为可能会影响加固效果，一是真空度的传递会不均匀，二是滤管间距(两个方向的)要缩小，层数与根数增加，成本加大，铺设困难增加。

(4)在"真空预压立体降水技术"中使用的不是常规的射流泵加压系统，而是真空泵和潜水泵联合的真空井点管加压系统，它将负压源和排水功能分开操作、组合成一个系统，效率会更好，每套系统控制的面积会更大，更节能。

10.3.3 其他新方法

作者在一些文献、文集中还看到近几年一些由真空预压加固技术衍生出的加固超软弱吹填土的方法，这反映了大家对吹填土加固的关注，也展示了他们的探索和创新精神。细看内容之后，主要工艺基本相同，只是叫法不一，这里不作详细介绍，只将其名称列于下面，供选用者参考与类比。

(1)2010年5月，在天津"全国超软土地基排水固结与加固技术研讨会"的论文集中

①浅层超软土地基真空预压加固技术

由中交天津港湾工程研究院有限公司的曹永华、李卫、刘天韵完成(见论文《浅层快速超软基处理技术》P49-P56)。

技术用于《天津临港产业区纬一路软基加固工程》,面积 8.4 万 m^2,2008 年 6 月开工,2009 年 3 月结束。

②真空吸水浅层软土加固法

由中交天津港湾工程研究院有限公司的高潮、朱红满、张健完成(论文《真空吸水浅层软土加固法》P70-P73)。

技术用于某港口新吹填区,选取 $80m^2$ 做现场试验,试验时间为 2005-5-1 ~ 2005-5-24,累计预压 23d。

③"直排式"真空预压技术,又名无排水砂垫层真空预压法

由中交一航局第一工程有限公司的陈伟、张宏利、张亮、李强介绍(论文《新型"直排式"真空预压技术在软土地基处理工程中的应用》P111-P118)。

文中介绍——由中交第一航务工程勘察设计院申请专利:直排式真空预压法加固软土地基结构——实用新型专利,专利号 200820075002.7,申请日 2008-6-12。

由中交水运规划设计院有限公司申请:直排式无垫层真空预压地基加固法——发明专利,专利号 200810084348.8,申请日 2008-3-19。

技术用于《天津临港热电项目软基处理工程 2 号标段》。2009 年 2 月 1 日开工,2009 年 11 月 5 日完工,面积 15.8 万 m^2。先浅表层,再深层加固。

(2)在某公司介绍上看到的"NS 真空预压法"

发明专利号 ZL200710031221.5。其介绍上说明是"Non - Sandlayer Vacuum Preloading"和"无排水砂垫层真空预压法"。

11 关于加荷速率控制与预压中止判定

11.1 真空联合堆载预压加固软基时加荷速率的控制

前面已经介绍了真空预压加固软土地基时可以一次将荷载加到最大，而无须分级施加、无须控制加荷速率，这是真空预压有别于堆载预压的一大特点，那么真空联合堆载预压加固软土地基时要不要控制加荷速率呢？回答是肯定的。

真空联合堆载预压方法在软基加固中已得到空前广泛的应用，它能解决工后沉降量过大的问题和施工中地基的稳定及工期过长的问题。一般而言，只要方法运用得当，设计正确、施工现场管理到位，加固总能取得较好的效果。然而，有些人没有真正掌握该法的本质，盲目加快堆载的速度，不控制加荷速率，工程中也出现了一些问题，发生了路堤滑坡、塌方等事故。这些问题产生的根本原因是对加固机理缺乏深刻的认识，有的是管理上的混乱引起，有的是缺乏良好的职业道德造成。给工程带来了损失、延误了工期，也使一部分人对真空联合堆载预压加固软基的方法产生了怀疑，影响了该法的推广使用。

11.1.1 在联合加固中，加荷速率要否控制

为了说明这一问题，先说两个工程实例。

【实例 11-1】 未控制加荷速率造成桥头路堤失事的一个实例

在某高速公路施工工地，采用真空联合堆载预压方法对桥头软基进行加固，桥头有 12m 左右厚的淤泥，袋装砂井将其打穿，膜下真空度稳定 10d 后，开始路堤填筑，在路堤填筑达到 5.4m（含砂垫层）之后的第 10d，又在 3d 内猛填 2.3m，恰逢当天早上开始停电，事发时抽真空已停 11h 之久，膜下真空度明显下降，加上现场没有安排孔隙水压力监测，于是造成这次事故发生（图 11-1 和图 11-2）。在填到最后一层不到 2h，路堤左半幅开始滑塌，路边稻田被抬高大于 2m（图 11-3），2h 之后，路堤右半幅也发生滑坡，致使路边鱼塘底部露出水面（图 11-4），整个路堤全部报废。滑坡范围沿路长有 140m、宽度达 110m。产生这次深层滑坡的主要原因是加荷速率太快，填筑层厚超标准，最后四层均厚为 57cm，最后一层达 70cm。造成不小的经济损失。

【实例 11-2】 控制加荷速率避免桥头路堤失事的一个实例

该桥头软基厚达 30m，采用真空联合堆载预压加固软基，打设的排水板长 30m、间距 1.2m，设计路堤高度 3.1m，实际填筑大于 5m。现场设置有沉降、水平位移、孔隙水压力等监

测手段。图11-5就是该高速公路桥头断面的孔隙水压力实际观测资料,图中的一条曲线代表某一深度软土随加荷(真空荷载和路堤填筑荷载)过程、软土中超静孔隙水压力的变化情形。从图11-5中可见,没填土以前(仅有砂垫层),由于真空的作用,在被加固土体中0~30m深度均形成了负的超静孔隙水压力;而在真空联合堆载预压加固的整个过程中,由于控制了填土速率,所以在不同深度软土中所产生总的超静孔隙水压力基本上都是负值,不同深度的软土中都处于负超静孔隙水压力控制状态,填土加荷并没有使软基中有效应力发生过多损失,土体具有较高的抗剪强度,因此不会产生剪切破坏,地基始终是安全和处于稳定状态。但是,当加荷速率过大时,总的超静水压力会由负变到正,如在填土初期(2004-7-1前后),在11d内,当填土荷载由16kPa猛加到46kPa时(日均3kPa/d),也就是说11d填了1.5m的土,地基中所有测头的正超静孔隙水压力都一致地迅猛上升,特别在12m深的软土中,孔隙水压力由-21kPa变为+10kPa的超静孔隙水压力,该正的超静孔隙水压力已相当于1/3的填土荷载,若不控制加荷速率,继续高强度填土,那就会使12m深处正的超静孔隙水压力继续上涨,而且范围会不断扩大,就有可能引起地基失稳破坏;由于当时控制了加荷速率,使超静孔隙水压力迅速下降,保证了路堤的安全。

图11-1 某高速公路路堤两侧滑坡情景

图11-2 路堤右半幅滑坡场景

图11-3 路堤左半幅滑塌使稻田抬高2m

图11-4 右半幅滑坡使路边鱼塘底部露出水面

从上面两个案例可以看出,真空联合堆载预压加固软土地基时,也需要控制加荷速率。

11.1.2 从应力路线角度看控制加荷速率的必要性

对真空排水预压法来说,加固时土中有效应力的增加在大小主应力方向都为$\Delta\sigma'$,应力圆仅发生移动，而圆的大小，即半径并不发生变化，土体中剪应力并没有增大，在 $p'-q$ 平面上（图 11-6）的有效应力路线是从 k_0 线上 H 点出发而平行于 p' 轴的直线。无论 $\Delta\sigma'$ 增大多少，都不会与 k_f 线相遇，因此，加固中不会出现地基失稳的情形，也就没有必要分级加荷，这就是工程实践中一次可将"真空度"提高到很高的理由。

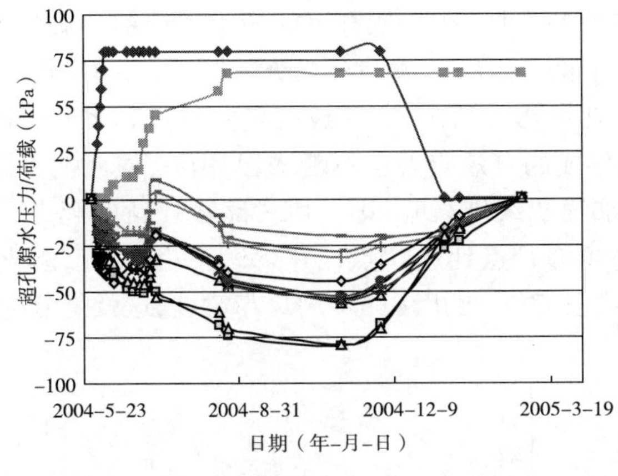

图 11-5 真空联合堆载形成的超静孔压过程线

图 11-6 真空预压加固软基的应力路线

而在堆载排水预压中，加荷时不仅平均应力增大了，而且应力圆的半径亦增大，这意味着地基土的强度和剪应力都在增大。土体原处于 k_0 应力状态，位于 $p'-q$ 图中的 k_0 线上，当加荷后，其有效应力路线如图 11-7 中虚曲线所示。若一次施加的总应力太大，当有效应力增长较慢时，则土体很容易达到破坏包线 k_f，从而发生失稳剪切破坏。因此，一定得控制加荷速率，让土体强度的增长大于剪应力的增加。这就是堆载排水预压法中荷载要分级施加的原因。图 11-3b）和图 11-3c）说明分级次数的多少的不同使加荷的有效应力路线不同，土体所具有的强度也迥然不同。

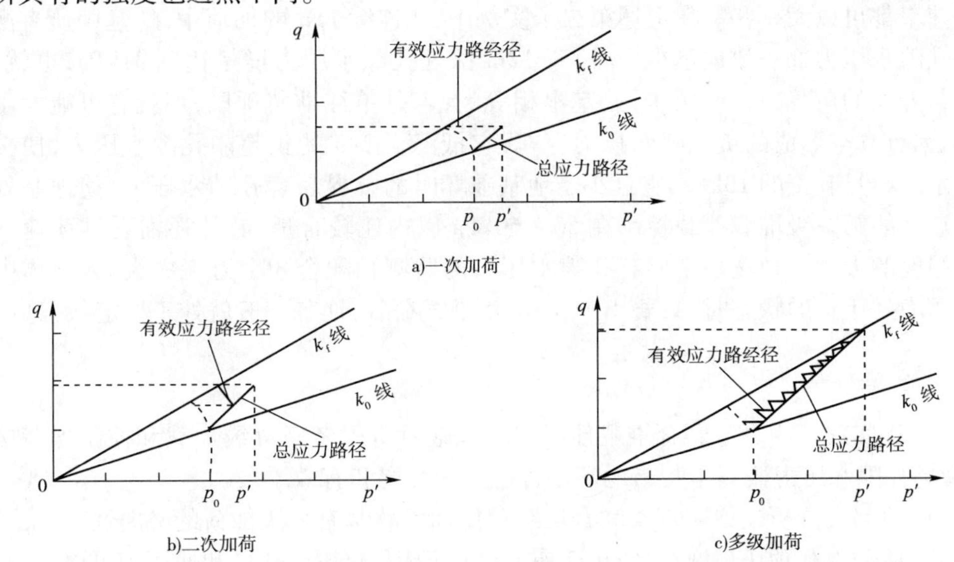

图 11-7 堆载预压分级加荷的有效应力路线

在真空联合堆载预压中，一般先进行真空预压，等膜下真空度稳定后再进行堆载预压，此时的应力路线如图 11-8 所示。开始时有效应力路线是自 k_0 线上的 H 点出发而平行于 p' 轴的一段直线 HD,处于 k_0 线的下方。在堆载开始后,应力路线则从水平直线 D 点转向右上方、成斜线(一般其与 p'轴的夹角小于 45°)到达 G 点,有效应力路线如图 11-8a)所示,即自 D 点沿虚线向 S 点靠近。若一次施加的总应力(堆载)太大、太快,软土中将产生较大正的超静水压力,土体强度的增长有可能跟不上剪应力的增加,地基就有可能发生失稳剪切破坏。此刻,有效应力路线就有可能上扬而到达 k_f 线上的 S 点。若堆载分二级施加、加荷速率得到控制,则总应力路线和有效应力路线的发展如图 11-8b)所示,第一级荷载自 D 点到 E 点,而在堆载加荷和处于休止期的同时,由真空荷载形成的有效应力也不断增加,则有效应力路线也不断向右水平移动,自 E 点到 F 点,当再施加第二级堆载时,则总应力路线在新的起点 F 转向右上方成斜线发展到达 G',而有效应力路线自 F 点到达 S'点,虽然又上一个台阶,但应力水平距 k_f 线还很远,路基就处于安全、稳定状态,就不会出现路堤坍塌与滑坡,这就是分级加荷的好处与必要了。

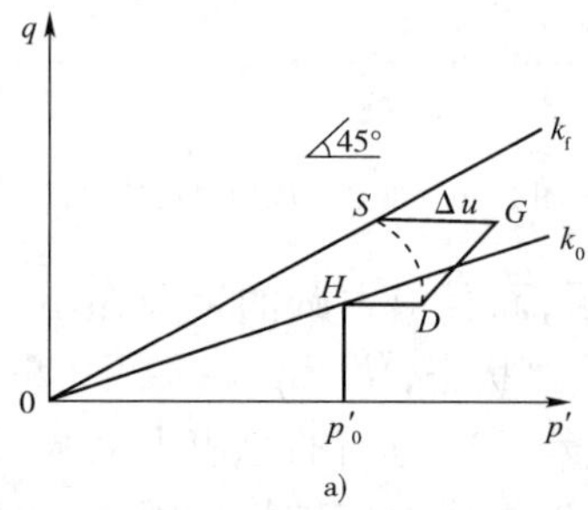

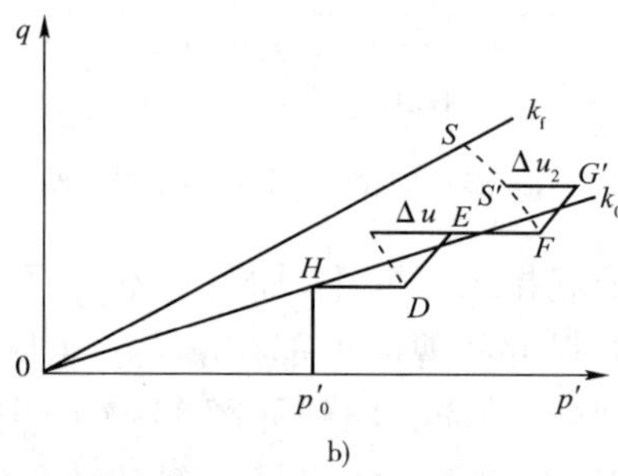

图 11-8 真空联合堆载预压加荷的有效应力路线

然而,也要看到,由于有真空的作用,起始的有效应力路线都在 k_0 线下方,与单独堆载预压情况相比,在同样堆载情况下,有真空作用的比纯堆载预压的距 k_f 线要远,所以起初堆载量和速率都可以大一些。在上述第二个实例中,在连续 11d 的加荷中,地基中所有测头的正超静孔隙水压力都一致地迅猛上升,于 12m 深处孔隙水压力增量达到 31kPa,也就是说,该增量与外加的荷载(1.5m 填土)是基本相等的,若是单纯堆载预压,那就有可能发生剪切破坏,但因有真空形成的负孔隙水压力存在,它抵消了 2/3 的正超静孔隙水压力,使叠加后的孔隙水压力只有正的 10kPa,它远小于地基破坏时的临界超静孔隙水压力,使地基处于稳定状态。一般第一级堆载荷载控制在 50~60kPa 以内比较合适,具体还需看堆荷速率与软土天然强度的大小。现场一定要有孔隙水压力的监测相配合才会万无一失,当土体中总的超静水压力处于正的状态时,只要小于 0.67 倍堆载荷载,地基一般就处于稳定状态。

11.1.3 小结

(1)工程实践证明真空联合堆载预压加固软基时也得考虑分级加载和控制加荷速率的问题,现场孔隙水压力监测是判断地基是否稳定的必要和有效手段。

(2)应力路线分析也说明真空联合堆载预压加固软基有分级加荷的必要性。

(3)与单独堆载预压情况相比,由于有真空的作用,起初堆载量和速率都可以大一些,一般第一级总荷载控制在 50~60kPa 以内比较合适,当总的超静孔隙水压力处于正的状态时,只要小于 0.67 倍堆载荷载,地基一般就处于稳定状态。

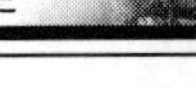

11.2 预压地基中止加固的综合判定法

预压法几十年来在软基处理上被广泛运用,经过预压处理的软土地基,有的沉降长期不能稳定,产生的工后沉降量较大,影响了建筑物的正常使用和功能的有效发挥。原因有不少,但预压中止时间控制得不合适、预压中止时工后沉降量推算得不够准确是一个重要原因。

作者前几年在做杭州湾跨海大桥南岸接线试验段研究时得到一个成果,虽然是针对高速公路的,但对一般真空预压或真空联合堆载预压地基也是适用的,这里也列入供参考使用。

作者建立了一个能适应各种预压类型及能考虑预压时间的工后沉降量计算公式,该公式是从土力学压缩与固结的基本原理出发,根据工程对工后沉降量的要求,考虑不同预压类型对工后沉降的影响得到的。以此公式计算出的工后沉降量与具体工程允许的工后沉降量进行比较,从而确定出预压中止的时间,科学地指导现场施工,使日后运营中的工程减少了大修量,降低运营成本,提高工程的运行质量。结合这几年的工程实践、现场的沉降监测数据,对取得的成果做了验证和分析。

11.2.1 预压地基工后沉降的组成

根据预压荷载大小与永久使用荷载的相对关系可分为欠载预压、等载预压和超载预压三种类型。预压地基的工后沉降指构筑物建成后到大修期之间所发生的沉降量,这段时间对不同的构筑物有不同的时间要求,如我国高速公路对沥青混凝土路面是15年,水泥路面是20年。

预压地基的工后沉降量一般由"处理深度内的剩余主固结沉降量"、"未处理深度内的剩余主固结沉降量"和"整个软土层的次固结沉降量"三部分组成,前两部分之和称"工后主固结沉降"。如果处理深度内的主固结沉降在构筑物建成时已经完成,那工后沉降量仅考虑未处理深度内的剩余主固结沉降量和整个软土层的次固结沉降量就可以了。如果整个软土层的主固结沉降在构筑物建成时都完成了,那工后沉降量只有次固结变形引起的次固结沉降量。

11.2.2 预压地基中止加固时的工后主固结沉降

工后主固结沉降可以用实测沉降曲线来推求,也可以用实测沉降速率曲线来推求。下面以高速公路工程为例加以说明。由于一般公路的大修期较长,本文将工后主固结沉降等同于剩余主固结沉降,由此引起的误差很小,实际工程可以略去不计。

1)用实测沉降曲线推算工后主固结沉降

预压类型对利用实测沉降资料推算最终沉降是有影响的,从而也就影响到推算工后主固结沉降量的正确性,这里先考虑超载预压的情况。

高速公路超载预压时荷载变化路径如图11-9所示。如果路堤是等载预压,荷载应到达

P_a 位置,超载后到达 P_b,预压结束卸去超载部分和当量面层厚度的填土,荷载由 P_b 退到 P_e,以后再做面层,荷载又回到 P_a。相应的压缩路径是软土原在初始压缩曲线上的 O 点,超载预压后沿初始压缩曲线到达线上 B 点,预压结束卸去超载部分和当量面层厚度填土后,沿回弹曲线 BE 到达 E 点,之后再做面层,沿再压缩曲线到达 D 点,此时的应力状态与运行时应力状态相同。超载预压使主固结沉降量增大,增大部分是图中的 AD 段,最终压缩后孔隙比是 e_d。

如果超载预压结束后没有卸载及再加载的过程,用超载预压期间的沉降资料推求最终沉降量时,理论上应落在 B 点,现在有了卸载及再加载过程,落在 D 点,总的压缩量要比无卸载及再加载过程的小,因此,用超载预压期间的沉降曲线推求以后有卸载及再加载过程的最终沉降量是会有出入的,需要加以修正。

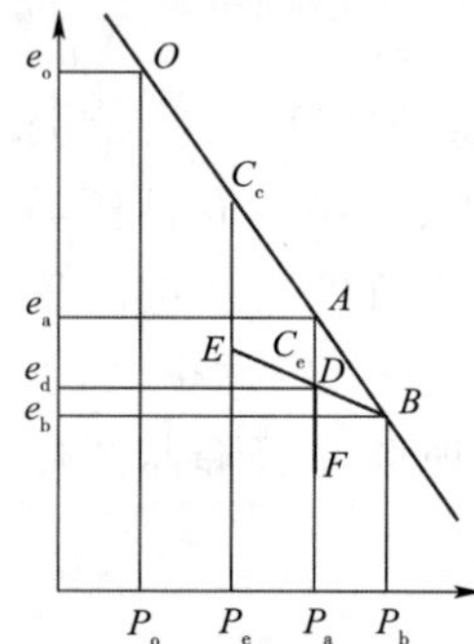

图 11-9 超载预压软土压缩路径

这里用孔隙比的增量 Δe 表示经超载预压、卸载、再加载后的最终压缩量,见图 11-9。

$$\begin{aligned}\Delta e &= e_o - e_d = (e_o - e_b) - (e_d - e_b) = C_c \times \lg(P_b/P_o) - C_e \times \lg(P_b/P_a) \\ &= C_c \times \lg(P_b/P_o) \times [1 - C_e \times \lg(P_b/P_a)/C_c/\lg(P_b/P_o)] \end{aligned} \tag{11-1}$$

令

$$\Phi = [1 - C_e \times \lg(P_b/P_a)/C_c/\lg(P_b/P_o)] \tag{11-2}$$

则

$$\Delta e = \Phi \times C_c \times \lg(P_b/P_o) \tag{11-3}$$

式(11-3)中的 $C_c \times \lg(P_b/P_o)$ 部分就是超载预压无卸载、再加载过程正常固结土的最终沉降量;从理论上说,它可以用实验室得到的参数通过(如分层综合法)计算求得,也可用实测沉降曲线来推求最终沉降量 S_∞。用实测沉降曲线推求最终沉降量方法比较多,可以用指数曲线、双曲线、对数曲线等来拟合,其准确度与测量时间的长短、曲线是否平缓有很大关系。

式(11-3)中的 Φ 为预压类型系数。用它来修正用超载预压沉降曲线推求有卸载、再加载过程的正常固结土的最终沉降量。

理论上 Φ 应小于 1。对式(11-2)可做一分析,式(11-2)中 C_e/C_c 是回弹指数与压缩指数的比值,大量实验结果表明比值在 0.1 左右;再看 $\lg(P_b/P_a)/\lg(P_b/P_o)$ 部分:

因 $P_a > P_o$

所以

$$(P_b/P_a) < (P_b/P_o)$$

$$\lg(P_b/P_a) < \lg(P_b/P_o)$$

$$\lg(P_b/P_a)/\lg(P_b/P_o) < 1$$

$$C_e/C_c \times \lg(P_b/P_a)/\lg(P_b/P_o) < 0.1$$

$$1.0 > \Phi > 0.9$$

预压类型系数 Φ 的取值范围可定在 $\Phi = 0.93 \sim 0.99$,对于超载比大者取小值、路堤高度大者取大值。

那么用超载预压期间的沉降曲线来推求运行期的最终沉降量和工后主固结沉降量 S_r 时,有:

$$S_r = \Phi \times S_\infty - S_t \tag{11-4}$$

式中：S_{∞}——用超载预压期间沉降资料推求的最终沉降量；

S_t——超载阶段中止预压时的实测沉降量。

对于超载预压阶段主固结没有完成的情况，推求的工后主固结沉降量为：

$$S_r = \Phi \times S_{\infty}/U_t - S_t \tag{11-5}$$

式(11-5)中的固结度 U_t 最好是按照土中平均超静孔隙水压力的消散比例确定，若通过固结理论来计算达到的固结度，误差会比较大。

对于等载预压情况，式(11-2)中 $P_b = P_a$，容易看出此时 $\Phi = 1$。亦可用式(11-5)计算工后主固结沉降量 S_r。

2）用实测沉降速率推算工后主固结沉降

当用指数曲线拟合实测沉降曲线时，指数曲线可用式(11-6)表示，式中各符号的意义如图11-10所示。(t_0, S_0) 称沉降曲线的拐点，其后部分的曲线设定按指数曲线规律延伸。

$$S_t - S_0 = \alpha(1 - e^{-\frac{t-t_0}{\beta}}) \tag{11-6}$$

很容易从式中看出，当 $t \to \infty$ 时，$S_t \to S_{\infty}$，即有：

$$S_{\infty} = S_0 + \alpha \tag{11-7}$$

对式(11-6)求导后，得到沉降速率的表达式(11-8)：

$$\dot{S}_t = \frac{dS_t}{dt} = \frac{\alpha}{\beta} e^{-\frac{t-t_0}{\beta}} \tag{11-8}$$

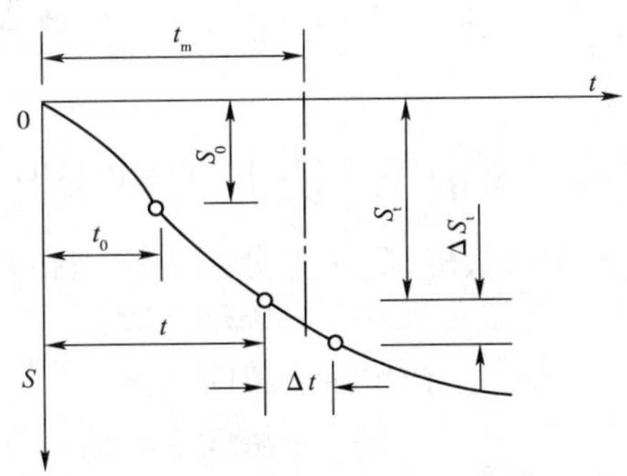

图 11-10 运用指数曲线法推求最终沉降量

对超载预压主固结未完成情况来说，t 时刻的工后沉降量应是 $S_r = \Phi \times S_{\infty}/U_t - S_t$，结合式(11-6)和式(11-8)，经推演可以得到：

$$S_r = \dot{S}_t \times \beta + (\phi/U_t - 1) \times S_{\infty} \tag{11-9}$$

式(11-9)是超载预压下主固结未完成情况用沉降速率表示的工后主固结沉降计算式，计算时还同时需要知道用实测沉降资料按指数曲线推求的最终沉降量。

若主固结已完成，则 $U_t = 1$；若是等载预压，则 $\Phi = 1$。它们都可用式(11-9)推求工后主固结沉降。

式(11-9)表明，用超载预压期间的沉降速率推求的工后主固结沉降量要加上一项$(\Phi/U_t - 1) \times S_{\infty}$，才等于经卸载、再加载工况的工后主固结沉降量。当固结度 U_t 小于 Φ 值时，这一项是正的，也就是说超载下未完成主固结工况的工后主固结沉降会大于主固结完成工况的工后主固结沉降。当主固结完成时，式(11-9)需减去$(1 - \Phi) \times S_{\infty}$这一项，它表明超载预压经过卸载、再加载工况的工后主固结沉降比没有卸载、再加载工况的工后主固结沉降小；经分析被减项一般为无卸载、再加载情况下最终沉降量的2%~5%。

按照上述思路，也可得到用双曲线或其他曲线拟合的用沉降速率表示的工后主固结沉降计算式。

11.2.3 预压地基中止加固时的工后次固结沉降

以上研究了路堤地基软土经过预压、在中止时的工后主固结沉降量的推算方法，实际上，在预压中止后的工后沉降量中还应包括工后次固结沉降量，特别是软土的含水率、液限、黏粒含量高及软土层厚时。推求工后次压缩量的方法是室内试验加计算来进行的。

最新的研究成果[84、85]表明,预压类型对次压缩量也是有影响的。

对等载预压工况,此时的荷载等于预压时的荷载,工后次压缩将与荷载大小无关[85]。工后次压缩量按式(11-10)和式(11-11)计算即可。

$$\Delta e_s = -C_\alpha \lg(t_1/t_2) \tag{11-10}$$

$$S_s = \sum \frac{\Delta e_{si}}{1+e_{0i}} H_i \tag{11-11}$$

式中:t_1——主固结结束时间;

t_2——到大修期的时间,$t_2 = 15(年) + t_1$。

对超载预压工况,工后次压缩量与超载预压时的荷载大小有关[85],它反映在计算时间上。次压缩的计算引用文献[85]的研究成果,见式(11-12)和式(11-13)。超载预压的工后次压缩在图11-11上就是E点垂直向下的一段,也是图11-9上的DF段。

$$\Delta e_s = C_\alpha \times \lg \frac{t_i + \Delta t}{t_i} \tag{11-12}$$

$$t_i = t_c \left(\frac{p_c}{p_i}\right)^{\frac{C_c - C_e}{C_\alpha}} = t_c (\mathrm{OCR})^{\frac{C_c - C_e}{C_\alpha}} \tag{11-13}$$

式中:C_c、C_e、C_α——分别为压缩指数、回弹指数和次固结系数;

OCR——超固结比;

t_c——超载主固结完成时间,这里规定等于0.003年,即1d;

t_i——回弹再压缩完成后工后次固结开始的时间;

Δt——大修期时间,可取15年,即图11-11中的$(t-t_i)$。

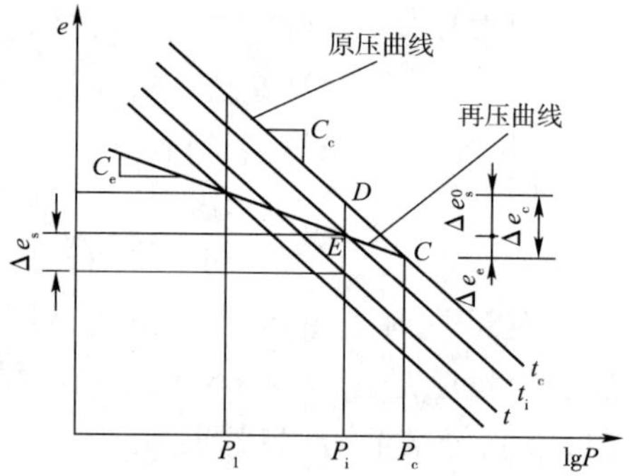

图11-11 超载预压工况的次压缩量计算

11.2.4 预压中止的判定

计算出工后主固结沉降S_r和工后次固结沉降S_s后,总的工后沉降就是两者之和,当它小于构筑物工后沉降的容许值时就可以中止预压,进入后续施工。

不同构筑物的工后沉降容许值不同,相应部门都设有具体的标准,如公路工程、交通运输部设有表11-1的标准[11]。

容许工后沉降　　表11-1

容许工后沉降 工程位置 / 道路等级	桥台与路堤相邻处	涵洞或箱涵通道处	一般路段
高速公路、一级公路	≤0.10m	≤0.20m	≤0.30m
二级公路(采用高级路面)	≤0.20m	≤0.30m	≤0.50m

注:该表取自《公路路基设计规范》(JTG D30—2004)。

11.2.5 工程实例

【实例 11-3】 等载预压工况

杭州湾跨海大桥南岸接线高速公路工程 A14 路段是有效等载预压的一般路段，其工后沉降控制标准是 300mm。路堤填土到达设计高程后，等载预压为 485～855d，该时段沉降速率如图 11-12 所示。在等载预压时段内的沉降速率时程曲线较好地满足指数曲线的变化规律。在预压第 845d 时，孔压监测表明超静孔隙水压力已消散完毕，固结度应等于 1。因属等载预压，所以 $\Phi=1$。可用式(11-9)来计算工后主固结沉降量。

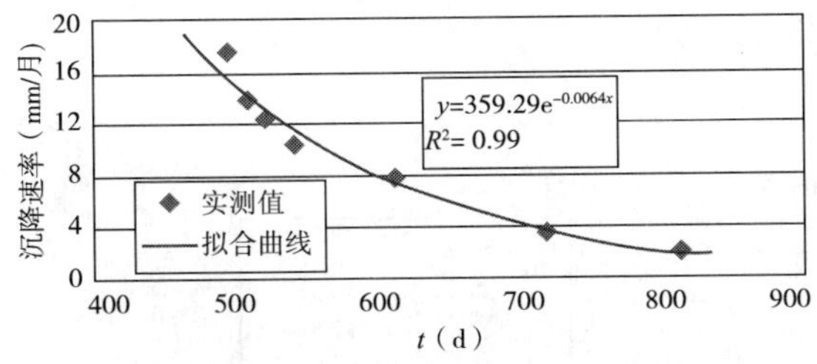

图 11-12 A14 段落等载预压期间沉降速率曲线

本例中的沉降速率是实测的，式(11-9)中的 β 能从拟合曲线中得到，无需从多个参数中得到，可以避免出现较大误差。由式(11-8)并结合图 11-12 中的拟合公式可得到，$\beta=1/(0.0064\times30)=5.2083$。由此推得 A14 路段的工后主固结沉降如表 11-2 所示。结果表示用沉降速率推求的结果与用实测沉降曲线推求的基本一致。

A14 等载路段用式(11-9)推求的工后主固结沉降 表 11-2

段落	β 值计算		本时段实测平均沉降速率(mm/月)	式(11-9)推求的工后主固结沉降量(mm)	用沉降曲线推求的剩余沉降量(指数法)	说明
	时段	β 值				
A14	485～855d	5.2083	8.25	43.0	848.7－806＝42.7	等载

按照式(11-10)和式(11-11)，对 N14 路段的工后次压缩量进行计算，计算参数与结果如表 11-3 所示。

A14 路段工后次压缩量计算 表 11-3

段落	工况	压缩指数	回弹指数	次固结系数	e_0	t_1(d)	Δe_s	H_i(m)	S_s(mm)
A14	等载预压	0.180	0.014	0.004	0.796	1274*	0.0029	2.0	3.2
		0.188	0.016	0.005	1.098		0.0036	7.5	12.9
		0.413	0.034	0.007	1.193		0.0051	20.1	46.5
		合计							62.6

注：* 表示的 $t_1=1274$d 是 A14 路段试通车的时间(2007-12-25)。

A14 路段总的工后沉降量应是工后主固结沉降与工后次压缩量两部分之和，即 43.0＋62.6＝105.6mm。

【实例 11-4】 超载预压工况

杭州湾跨海大桥南岸接线高速公路工程 B3 路段是有效超载预压的一般路段，其工后沉降控制标准是 300mm。B3 路段在中止抽真空后、软土在 17.5～29.5m 深度还有 0.86～13.8kPa 的正超静孔压存在，因此，说该段在超载情况下尚未完成主固结，如图 11-13 所示。

固结度的计算以超静孔压面积与附加应力面积比来估算。B3 路段软土在停抽时正超静孔压面积为126.1mkPa，而该深度范围内附加应力面积为888.4mkPa，两者比值为0.142，它相当于14.2%未完成主固结，可看成超载荷载下的固结度达到85.8%。而：

$$\Phi = [1 - C_e \times \lg(P_b/P_a)/C_c/\lg(P_b/P_o)]$$
$$= 1 - C_e/C_c \times [\lg(P_b/P_a)/\lg(P_b/P_o)] \approx 0.98$$

式中：C_e/C_c——取0.064；

$\lg(P_b/P_a)/\lg(P_b/P_o)$——经估算，在0.26~0.28范围。

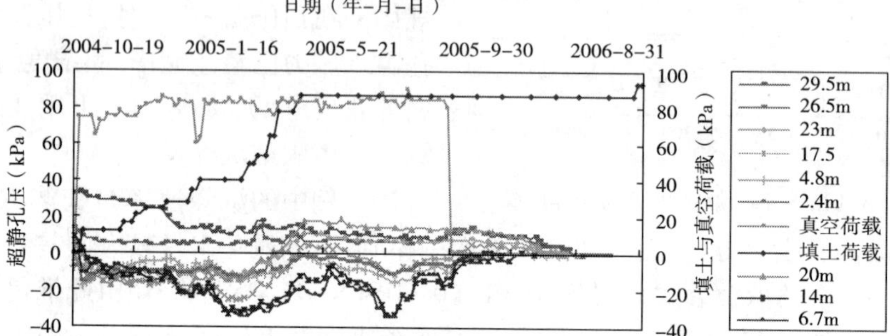

图11-13　B3路段真空联合堆载预压超静孔隙水压力变化曲线

按式(11-5)计算的工后主固结沉降如表11-4所示。

计算结果表明B3路段还不能满足规范小于300mm的要求，工后沉降量还较大。此时终止抽真空还是早了点。

B3段落按指数曲线拟合的路中心最终沉降量及工后主固结沉降　　表11-4

段落	路段性质	路中心沉降量		修正后的最终沉降量(mm)	工后主固结沉降量(mm)	Φ值	U_t
		到超载结束时(mm)	拟合的最终值(mm)				
B3	一般	1873	2014	2300.4	427.4	0.98	0.858

再按沉降速率计算工后主固结沉降。沉降速率随时间的变化规律如图11-14所示。

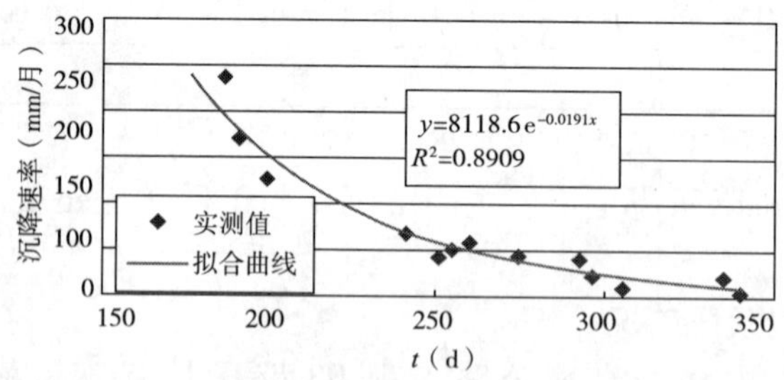

图11-14　B3路段在超载预压时段沉降速率的变化

用式(11-9)计算B3路段的沉降结果，它与用沉降曲线以指数法推求的结果相近，如表11-5所示。

B3 路段按沉降速率推求的工后主固结沉降量 表 11-5

段落	β值计算		本时段实测平均沉降速率(mm/月)	超载状况下的工后主固结沉降量(mm)	$(\Phi/U_t-1)\times S_\infty$	修正后的S_r(mm)	用沉降曲线计算的工后主固结沉降量(mm)	说明
	时段	β值						
B3		①	②	③=①×②	④	⑤=③+④	⑥	超载
	2005-10-12~2006-2-9	1.7452	82.07	143.2	(0.98/0.858-1)×2014=286.4	429.6	2014×0.98/0.858-1873=427.4	

因此，B3 路段超载预压 5.16 个月后的工后主固结沉降量为 430mm。

根据式(11-11)~式(11-13)，对 B3 路段的工后次压缩量计算。计算参数与结果如表 11-6 所示。结果表明超载预压使工后次固结变形大大减少，与文献[84]的研究结论是一致的。

B3 段超载预压的一般路段工后次压缩量计算 表 11-6

段落	工况	压缩指数	回弹指数	次固结系数	OCR	e_0	t_i	Δe_s	H_i(m)	S_s(mm)
B3	超载预压	0.436	0.030	0.008	1.531	1.254	2.44×10^9	≈0	14.2	≈0
		0.205	0.012	0.004		0.827	8.41×10^8	1.12×10^{-8}	9.8	6.1×10^{-5}
		合计								≈0

B3 路段总的工后沉降量应是工后主固结沉降与工后次压缩量两部分之和，为 430mm。

实例分析：

A14 和 B3 路段总的工后沉降量及工后主固结沉降与工后次压缩量见表 11-7。

A14 和 B3 路段总的工后沉降量(mm) 表 11-7

段　落	工　况	工后主固结	工后次压缩	总工后沉降	工后次压缩/总工后沉降(%)
A14	等载预压	43.0	62.6	105.6	59.3
B3	超载预压	429.6	≈0	429.6	≈0

从表 11-7 中可以看出，等载预压 A14 段的次压缩量约占总工后沉降量的 60%，而超载预压的工后次压缩量几乎被超载预压提前消除了，可见超载预压对减小总工后沉降量是有益的。同时也看到，对超载预压工况来说，在超载预压期间尽可能地加长预压期，以消除更多的主固结沉降量，是减小总工后沉降量的主要途径。

表 11-8 列出了 A14 和 B3 路段在卸载以后各阶段实测的地表沉降。从卸载后到通车一年间两路段已发生的沉降量分别为 51mm 和 234mm，将表 11-7 中预测值分别减去该值，差值与采用通车一年的沉降资料推求的工后沉降值比较接近。

A14 和 B3 段落路中心各阶段实测地表沉降(mm) 表 11-8

段　落	路中心最大沉降量		从卸载到通车一年累计沉降	表 11-7 中预测值与已发生值的差值	通车一年后用指数曲线拟合的工后沉降量
	卸　载　前	通　车　一　年			
A14	806	857	51	105.6-51=54.6	44.5
B3	1873	2107	234	429.6-234=195.6	194.5

重要提示:

建议的推求工后主固结沉降量的两种方法强调的都是用实测沉降资料来进行,推求中所涉及的参数也是由实测数据来计算。用沉降速率推求工后主固结沉降的表达式,式中的各量都应是同一时刻或与同一时段相对应的量,否则就违背了推导过程中的条件或假定。在式(11-9)中,某一时刻(段)的工后主固结沉降量 S_r 等于该时刻(段)的沉降(平均)速率与相应于该时刻(段)的 β 之积,如果 β 值是其他时刻或其他时段的,那求出的工后主固结沉降量就不对应了,这是运用时要满足的一个对应关系。文献[86]等提出的推求公式计算误差比较大,其中一个重要的原因就是没有满足公式中各量的对应关系。

其次,当用沉降速率推求工后主固结沉降量时,取用的 β 值是一个时段(如 Δt)内的推求值。应该将该时段内各时刻的沉降速率求出再求平均值,以此推求的工后主固结沉降才是对应于本时段的。沉降曲线上曲线两点之差的均值与曲线斜率之和的均值是有很大差别的,时段越长,差别越大。

12 学习《真空预压加固软土地基技术规程》(JTS 147-2—2009)

12.1 《规程》的编制背景和特点

交通运输部在2009年8月9日发布了《真空预压加固软土地基技术规程》(JTS 147-2—2009)(以下简称《规程》),并宣布在2009年11月1日开始实施,自此,交通行业有了第一本有关真空预压加固技术应用的专门规范。原《港口工程地基规范》(JTJ 250—1998)对真空预压加固软土技术虽有一些涉及,但那仅仅是作为地基处理中的一个方法加以阐述和规定的,条文内容比较简单,还不够细致全面。随着真空预压加固软基技术的广泛应用,特别是在交通、水运行业方面应用更多,一方面,应用者越来越多,工程中遇到的问题越来越多、工程也越来越复杂,形势迫切需要有一个相关法规来统一规范设计与施工行为,为应用者提供指导和依据;另一方面,近20年来,真空预压加固技术应用中也积累了丰富的工程经验,需要总结、提高、反映和推广;该《规程》就是在这样的背景下形成的,它的推出是恰当、适宜的。正如规程的"制定说明"中所言,"本规程是在总结20多年来我国水运工程应用真空预压加固软土地基实践经验的基础上,经深入调查研究和广泛征求意见,并结合我国水运工程建设发展的实际编制而成"。该《规程》是为保障水运工程软基加固的工程质量、提高真空预压加固软土地基技术的应用水平,促进我国水运建设事业的不断发展而制定的。可见,编制背景和制定意图是十分清楚的。

《规程》的内容在"制定说明"中也阐述得很清楚,"主要包括真空预压加固软土地基技术的设计、施工和加固效果检测等",应该说总体上是比较全面的、系统的,它涵盖了这一技术应用的各个方面。

《规程》的主编单位是中交天津港湾工程研究院有限公司(9人);参加单位有四家,分别是中交第一航务工程局有限公司(1人)、中交第一航务工程勘察设计院有限公司(1人)、天津港建设公司(1人)、中交四航工程研究院有限公司(1人),总计13人。从编制组组成看,编制本《规程》的主力是中交天津港湾工程研究院有限公司,地域性明显。

《规程》有以下几个特点。

(1)《规程》是一个强制性行业标准。

在交通运输部的《规程》发布公告中,一开始便表明这是一个"强制性行业标准"。这就表示在实施真空预压加固软土地基的全过程中,交通运输行业参与设计、施工和检测的建设各方(含业主)都得执行此标准,是交通运输部对执行该类工程建设的标准和实施依据,是规范该类工程建设全过程中质量行为的强制性技术规定。也可为其他行业实施该类工程时参考,为日后制定国家同样标准打下基础。

(2)《规程》也是国内各行业中关于真空预压加固软土技术的第一个强制性标准。

第一,虽然早在1995年当时的化学工业部就颁布《真空预压法加固软土地基施工技术规程》(HG/T 20578—1995),但那仅仅是一个真空预压加固软土地基的施工规程,着重在施工技术方面,没有包含设计、检测等内容,不全面;而《规程》总体上是比较全面的,包含设计、施工和效果检测等多方面。第二,《真空预压法加固软土地基施工技术规程》(HG/T 20578—1995)是一个推荐性标准,说明相关的技术性条款还不太成熟,有的条款需要在实施过程中检验、补充、完善;而《规程》已是一个强制性行业标准,相应的技术性条款应是比较成熟的。

(3)《规程》比较简洁。

整个《规程》共计6章66条和3个附录。包含了总则、术语、基本规定、设计、施工和加固效果检测内容。

《规程》共计34页,其中,条文13页,附录9页,人员名单2页,条文说明10页。《规程》的条文及条文说明实际字数在2万左右。

12.2 《规程》的主要内容

12.2.1 总则

(1)强调制定《规程》的目的,即统一"真空加固软土地基工程设计、施工和检测的技术要求",达到"有效控制工程质量"的目的。

(2)指出《规程》仅适用于"陆上真空预压加固软土地基工程",对于"潮间带区域的工程可参考执行"。

12.2.2 术语

(1)解释"真空预压法"是指"利用真空压力或真空联合堆载压力"、"使土体排水固结加固软土地基的方法"。

(2)解释"密封系统"是"对加固区起密封作用的结构统称",它包括"密封膜、压膜沟、覆水围堰、膜上覆水和密封墙等"内容。至于"膜上覆水"能否起到"密封作用",后面再议。

12.2.3 基本规定

(1)首先规定了设计、施工所需的基本资料。包括工程地质资料,如各土层的物理、力学指标;并要摸清场地的水文地质情况。要明白加固工程对地基在承载力、强度、固结、工后沉降控制及差异沉降方面的要求。明白项目对工期的要求。了解项目周围建筑物的具体情况,如结构形式、基础类型、距离远近、地下管线等,考虑真空预压施工对邻近建筑物的影响,对周围环境(如地下水位)的影响。

(2)指出真空预压法适合用于加固"以黏性土为主的软土地基"。对于非黏性土,如"粉土、砂土等透水透气层时",要采取"确保膜下真空压力满足设计要求的密封措施"。

(3)对"周边建筑物和地下管线等"的安全距离"不宜小于20m"。

(4)对施工图设计阶段的勘察布孔间距和勘察深度做了规定,前者定在50~70m范围,对后者提出"应大于压缩层计算深度"的原则。

(5)阐述了卸载标准确定的原则。指出"对以沉降控制的工程,卸载标准应根据地基沉降量、残余沉降量、平均应变固结度和沉降速率确定;对以地基承载力或抗滑稳定性控制的工程,卸载标准应根据地基土强度、平均应力固结度和沉降速率确定"。《规程》在这里对卸载标准的确定进行的细分是可以的,但首次提出了"应变固结度"和"应力固结度"的说法是否合适需要讨论。

(6)指出"真空预压施工过程中应进行施工监控和加固效果检测,满足卸载标准时方可卸载"。

(7)指出"重要工程或缺乏经验的地区应选择有代表性的场地进行试验,并根据试验结果优化设计"。这一点提得很好,设计一定要满足条件,要吸取当地经验。

12.2.4 设计

(1)"设计"这章中包括一般规定、荷载、排水系统、密封系统、抽真空设备与设计计算,共6节。"设计"这章内容围绕着真空预压加固要遵循的基本条件、真空预压三个系统(即排水、密封、加压三大系统)材料、设备的要求和加固要达到的目的(满足变形或强度要求)展开写的。

(2)"一般规定"主要讲述加固范围的确定、分区大小(宜为2万~4万m^2)、垂直排水通道打设深度的确定原则;"宜穿透软土层,但不应进入下卧透水层。软土层深厚时,对以地基承载力或稳定性控制的工程,打设深度应超过危险滑动面下3m;对以沉降控制的工程,打设深度应满足工程对地基残余沉降量的要求"。真空联合堆载预压时,"膜上堆载应在真空预压满载10d后进行",以及设计"应提出分级加载要求",并提出"加载过程中稳定性控制应满足"的具体监测判定指标,即"地基向加固区外的侧向位移速率不大于5mm/d;地基沉降速率不大于30mm/d"。该指标是否合适,作者认为可参照当地经验,灵活运用。提出"卸载时加固深度范围内地基平均总应变固结度不宜小于80%"的要求,指出"设计应提出施工监控和加固效果检测要求"。

(3)"荷载"这一节提出对真空度的要求及荷载不够的处理方式。要求"真空预压荷载设计值不宜小于80kPa或85kPa"。指出"当真空预压荷载小于预压荷载设计值时,可采用真空联合堆载预压"。"当残余沉降量或加固时间不满足工程要求时,可采用超载预压"。

(4)"排水系统"这一节主要提出对水平、垂直排水系统的质量控制指标和滤管布置参数。水平排水系统主要指砂垫层的技术指标,如"含泥量不大于5%","厚度不宜小于0.4m","渗透系数不宜小于5×10^{-3}cm/s","干密度不宜小于15kN/m^3"等。垂直排水通道指塑料排水板:"应符合现行行业标准《水运工程塑料排水板应用技术规程》(JTS 206-1—2009)的有关规定","布设间距宜为0.7~1.3m"。

(5)"密封系统"这一节提出密封膜的技术标准,对压膜沟设置的要求和边界垂直深层密封的要求。“密封膜的技术要求应符合表4.4.1的规定”,符合规定中设有膜的纵、横向最小抗拉强度、最小断裂伸长率、最小直角撕裂强度与厚度的要求值,一般聚氯乙烯和聚乙烯膜都能满足要求。规定中没有对膜的渗透性、耐静水压及抗老化提出要求。本节中提出“当加固区边界透水透气层较深时,密封措施宜采用黏土密封墙。黏土密封墙厚度不宜小于1.2m,拌和后墙体的黏粒含量应大于15%,渗透系数应小于1×10^{-5}cm/s”,这一条很符合当前实际,目前,真空预压法应用日益广泛,常常会遇到下部有透水透气层的情况,提出具体土体密封指标对保证工程质量有好处,不过黏粒含量15%偏小,定在20%以上会更可靠。本节中单独列出一条“真空预压密封膜上应有一定厚度的覆水”,作为密封措施放在“密封系统”中,还有待商榷。

(6)“抽真空设备”这一节提出对抽真空设备的要求,即“宜采用射流泵,其单机功率不宜低于7.5kW,在进气孔封闭状态下,其真空压力不应小于96kPa”。“每台设备的控制面积宜为900~1100m^2”。此外,还指出“施工后期抽真空设备开启数量应超过总数的80%”,对此是否合适,后面再讨论。

(7)“设计计算”这一节主要规定地基的竖向变形、地基的整体稳定和加固后强度增长三部分的计算方法。

列出与“地基应力固结度计算”的有关规定,规定在瞬时加荷条件下、在分级加荷条件下,地基的平均总应力固结度、竖向平均应力固结度和径向平均应力固结度的计算公式。所列公式在一般的手册中都能找到,只是《规程》将“固结度”前冠以“应力”二字。也列出“正常固结的地基、预压荷载下地基的最终竖向沉降量”的计算公式,是常用的按分层总和法、采用e-p曲线的计算式。指出压缩层的“计算深度可取附加应力与自重应力的比值为0.1时的深度”,该取值方法沿用水利上土坝沉降计算中常用的计算深度。

对整体稳定验算强调验算“真空联合堆载预压加荷期间的”稳定,因为真空预压加固过程中是不需验算地基稳定的,这是符合真空预压加固原理的。指出整体稳定验算“宜采用圆弧滑动面”,安全系数采用条分法按抗滑力矩与滑动力矩比值大于抗力分项系数确定,给出抗力分项系数与所用强度指标的关系,计算中考虑了建筑物的重要性。

正常压密的黏性土地基土强度增量标准值的计算公式是按有效固结压力法来计算的。

12.2.5 施工

(1)“施工”这一章包含一般规定、排水系统、密封系统、加载和施工监控内容,共5节。

(2)“一般规定”主要规定了施工前的准备工作内容。

(3)“排水系统”主要规定了“水平排水垫层”、“塑料排水板”和“滤管”的施工要求。如“水平排水垫层中无淤泥包和泥沙混合现象”、“水平排水垫层中无尖石和铁器等有棱角的或尖锐的硬物”等。对“滤管”要求“滤管连接件与滤管连接牢固,连接长度不小于100mm”、“滤管及其连接件在预压过程中能适应地基变形”及“滤管出膜处应保证密封效果”等。

(4)“密封系统”主要规定“压膜沟”的开挖和回填、“黏土密封墙”的施工和“密封膜”的铺设等。强调“黏土密封墙宜采用双排搅拌桩工法施工法,搅拌桩直径不宜小于700mm,搭接宽度不宜小于200mm,成桩搅拌应均匀,黏土密封墙的深度、厚度、黏粒含量和渗透系数应满足设计要求”。

(5)“加载”强调“抽真空设备的位置和数量应满足设计要求”,“试抽气时间宜为4~10d”,“堆载前,先在密封膜上按设计要求铺设保护层”,“停泵和卸载应满足设计要求”。

(6)“施工监控”规定施工过程中应对地表沉降、膜下真空压力、孔隙水压力、侧向位移、深层分层沉降、地下水位6项进行监控。这里用词是“应”,那就是必需的,但目前一般工程难以做全。本节也指出“可根据需要实施对加固区外侧边桩位移、周边建筑物的位移和沉降、塑料排水板内部的真空压力的监控”。本节对各项目的观测频率也做了具体规定。

12.2.6 加固效果检测

(1)本章规定“加固前、后应进行现场原位强度检测和现场取土及室内试验”,这是硬性要求。“必要时,尚应进行加固后的地基承载力检测”。

(2)指出检测时间是:“加固前的地基土检测应在打设排水板前进行,加固后的检测应在卸载3~5d后进行”。

(3)规定了检测报告的内容。“检测报告中应对固结沉降、强度增长和其他检测结果进行分析,并对加固效果作出评价”。注意评价应是有分析、有比较,从局部到整体,全面而综合的评价。不应是摆地摊式的罗列数据。

12.2.7 附录

(1)附录A包含7种监控记录表。

(2)附录B介绍地基最终沉降量及固结度推算的方法。由实测沉降资料推算地基的最终沉降量的拟合公式是双曲线表达式。而地基的应变固结度是由实测沉降值与推算的最终沉降值之比求得。地基的应力固结度则根据实测孔隙水压力,按孔压消散值和预压前超静孔压值的比值求得。

(3)附录C是对用词、用语的说明。

12.3 对《规程》中一些条款的建议和意见

12.3.1 有关“膜上覆水”密封的问题

在《规程》中两处都提到“膜上覆水”密封的问题。在“术语”的2.0.2条、对“密封系统”的解释中说到“对加固区起密封作用的结构”,其中就包括“膜上覆水”;在第4章4.4节中单独列出4.4.4条“真空预压密封膜上应有一定厚度的覆水”。在相应的条文说明中讲到“膜上覆水”的作用有3个,第1个就是“使得密封效果更好”。在真空预压加固中,对于水能起密封作用,作者认为这是一个概念上的问题。实际上,水是流体,没有自己固定的形状,不具有抗剪强度,放在什么容器中,容器的形状就成它的形状,因此,它不能承受剪应力,所以它也就不能堵住膜上的孔洞或裂缝。相反在大气压力作用下,膜内外的压差使膜上的水发生流动,会在膜的孔洞处不停地流进膜内,而进入膜下的水在负压作用从膜下排到膜外,如此循环,做了无用功。关于这一点,早在修订《建筑地基处理技术规范》(JGJ 79—2002)

时,对膜上"覆水密封"的要求,就予以删除。"膜上覆水"只能当作一种加固荷载或减弱紫外线对膜的老化作用。

12.3.2 关于把"固结度"分为"应力固结度"和"应变固结度"的问题

《规程》第3章中3.0.5条,"对以沉降控制的工程,卸载标准应根据地基沉降量、残余沉降量、平均应变固结度和沉降速率确定;对以地基承载力或稳定性控制的工程,卸载标准应根据地基土强度、平均应力固结度和沉降速率确定"。《规程》将"固结度"分成"应力固结度"和"应变固结度"。作者是第一次看到这种提法,而且是在这本强制性行业标准的规范中看到。对此,作者提出自己的一点看法,供讨论。将"固结度"分成"应力固结度"和"应变固结度"是编写者对土力学中土体变形和强度与土体固结程度关系的一种认识和理解,这种提法把两者截然对立起来,似乎考虑变形问题就是"应变"的"固结度",考虑强度问题就是与"应力"的"固结度"有关,《规程》中还给出相应的计算公式。地基土加固后的固结度不应分"应变"或"应力",这种提法不妥。从原理上讲,地基经加固后,达到的固结度,虽然可以有不同的表示形式,但却是一个值,两者之间在一定条件下也是可以转化的,式(12-1)是"应力"的,还是"应变"的。经简化后地基土的"固结度"可以用"应力"的比值或"沉降"的比值等形式表示,但不能讲用应力比值表示的叫"应力固结度",用变形比值表示的叫"应变固结度"。更不能在研究变形问题时,用"应变"的"固结度",在研究强度问题时,用"应力"的"固结度",这样会把两者对立起来,导致认识上的错误。"应变"的发生也是固结应力作用的结果(如沉降的发生),而强度的增长也可用"应变"的变化程度来反映(如有效固结压力法),为什么要这样分开规定、使它们互为分离呢?

$$U_t = \frac{S_t}{S} = \frac{\int_0^H m_v \overline{\sigma}_z \mathrm{d}z}{\int_0^H m_v \sigma_z \mathrm{d}z} = \frac{\int_0^H \sigma_z \mathrm{d}z - \int_0^H u_{z,t} \mathrm{d}z}{\int_0^H \sigma_z \mathrm{d}z} = 1 - \frac{\int_0^H u_{z,t} \mathrm{d}z}{\int_0^H \sigma_z \mathrm{d}z} \tag{12-1}$$

式中:m_v——土的体积压缩系数;

$\overline{\sigma}_z$——土体的有效应力;

σ_z——总固结压力;

$u_{z,t}$——t 时刻的孔隙压力。

另外,这种提法也是近段时间出现的,目前在业界也没取得共识,在专业标准化词典中也没有收录。但是"固结度"的提法已在国内外业界存在将近百年,是科学的、大家公认的提法,被大家理解、使用。如果在撰写的论文、报告里出现或讨论也无可厚非,但是出现在政府颁布的行业规程中,似乎也过于草率,不够慎重。《规程》归定的内容应是成熟的,使用的专业词语应是规范的、科学的。

12.3.3 关于密封膜的技术标准

《规程》中表4.4.1给出密封膜的技术标准共5项。其中,缺少对密封膜的渗透性、耐静水压和抗老化的要求,这是较大的疏忽。因此,导致《规程》对密封膜提出的技术要求不完整、不全面,它对保证真空预压加固工程的质量是不利的。实际上在国家PVC土工膜和聚乙烯土工膜的产品标准中早就有了具体规定,应该好好研究。

12.3.4 关于“施工后期抽真空设备开启数量应超过总数的80%”的规定

在《规程》第4章第5节的4.5.2条中关于抽真空设备开启多少是这样规定的:“每台设备的控制面积宜为900~1100m²。施工后期抽真空设备开启数量应超过总数的80%”。在条文说明中解释:“多项工程实际运行结果表明,施工后期抽真空设备开启数量在80%以上时,施工质量较好”。设计中,抽真空设备的台数一般都是按照本条900~1100m²要求确定的,那才是许多项工程的经验数据。而“施工后期抽真空设备开启数量在80%以上时,施工质量较好”的根据不足,条文说明中也是笼统说明,没有对比数据支撑,难以令人信服。为什么设计设备台数时要按900~1100m²一台来确定,而施工后期却又可以减少20%的数量呢?从土力学的观点出发,减少工作泵的数量就意味着减少加固能量,减少工作泵的数量就意味着减载、卸荷。卸除部分真空荷载后继续预压,软土的压缩就不是在初始压缩曲线上继续发展,而是转到回弹再压缩曲线上延伸,两者发生的压缩量是大不一样的,加固效果是不相同的。如何能说“施工后期抽真空设备开启数量在80%以上时,施工质量较好”。它不符合土力学关于软土压缩、固结的基本原理。允许在所谓“后期”少开20%的泵,给想偷工的人开了方便之门,给少开泵找到根据,它将错误合法化、规范化,危害是相当大的,应引起极大的关注。再说也搞不清什么时候叫“施工后期”,无法操作。按常规一般加固面积上布置几台泵,在设计图纸上也是有要求的,在专业工程技术人员看来,这些泵毋庸置疑地都应该是从头到尾开着、工作着,不存在开开停停的,即使到了后期也不能减少。关于少开泵的问题,作者早在2006年的第九届全国地基处理学术讨论会上就用实例和分析说明不能少开泵。

12.3.5 《规程》中的一些细小问题

(1)3.0.2 对塑性指数大于25且含水率大于85%的流泥,应通过现场试验确定其适用性。

目前在沿海对超软弱土的真空预压加固已有丰富的成功经验,不必强调“应”“通过现场试验确定其适用性”,可提醒“在缺乏经验时,宜进行先导性工程试验决定适宜的工程参数”。

(2)3.0.3 加固区边线与周边建筑物和地下管线等的距离应根据土质情况和建筑物重要性确定,且不宜小于20m。

安全距离最小值定为20m,按作者的经验该值偏小,定在40m比较安全。作者在现场做过测定,对那些土质渗透性不是太差的情况,真空预压引起周围地下水位降低的范围一般比较大,会使30m以内的房屋发生开裂、倾斜。本条除规定适当的安全距离外,主要强调应加强现场监测。

(3)4.1.7 卸载时,加固深度范围内地基平均总应变固结度不宜小于80%。

加固后的固结度不宜规定的如此具体,不同的加固目的,对固结度要求不同,在设件中会有考虑,因此只要说“满足设计要求”即可。

(4)5.5.1 应对地下水位进行监测。

该条是指膜下还是膜外的地下水位?目前,膜下地下水位监测技术还不过关,不能做硬性要求。建议改为“有条件时,宜对膜下地下水位进行监测”。

(5)附录 A 中的记录表格大都缺少高程测量一项。

在现场记录中,地表高程是不可或缺的资料,它对以后观测资料的分析十分有用;尤其是预压前的地面高程,因此,一定要记好各监测项目的地面起始高程、地面高程变化时的高程等。

(6)附录中缺少仪器(测头)埋设考证表。它是仪器埋设时情况的真实记录,包含地面高程、所处平面位置(坐标或里程桩号)、埋设深度、当时气温、湿度、地下水位、仪器初始读数、仪器编号、仪器灵敏度系数、导线长度、埋设方法等,这些对判断仪器埋设后是否正常工作,对日后整理、分析所测资料都是十分重要的,不能少。是发现问题、解决问题的重要判断依据。

附　　录

附录一　关于塑料排水板的技术标准

2009年8月9日，交通运输部发布了《水运工程塑料排水板应用技术规程》(JTS 206-1—2009)标准，取代了《塑料排水板施工规程》(JTJ/T 256—1996)，成为我国水运行业新的标准，该标准中有关塑料排水板的技术性能指表见附表1。而原《塑料排水板质量检验标准》(JTJ/T 257—1996)目前仍在使用，它是我国第一个关于塑料排水板的行业标准，它对推动塑料排水板的应用和规范化、标准化的生产与管理起到了重要的作用，现将该标准中塑料排水板的主要技术指标列于附表2中。同时附表3列出交通部的另一个产品标准《公路工程土工合成材料　塑料排水板(带)》(JT/T 521—2004)，它是2004年4月16日发布，2004年7月15日开始实施，它是一个产品的推荐性标准，由公路部门制定的，至今还是有效的。这三个关于塑料排水板的技术指标不完全相同，读者在运用时要加以注意，区别它们的不同之处。

一、《水运工程塑料排水板应用技术规程》(JTS 206-1—2009)

《水运工程塑料排水板应用技术规程》(JTS 206-1—2009)中的指标　　附表1

<table>
<tr><th colspan="2" rowspan="2">项　目</th><th rowspan="2">单　位</th><th colspan="4">型　号</th><th rowspan="2">条　件</th></tr>
<tr><th>A型</th><th>B型</th><th>C型</th><th>D型</th></tr>
<tr><td colspan="2">纵向通水量</td><td>cm^3/s</td><td>≥15</td><td>≥25</td><td>≥40</td><td>≥55</td><td>侧压力350kPa</td></tr>
<tr><td colspan="2">排水板抗拉强度</td><td>kN/10cm</td><td>≥1.0</td><td>≥1.3</td><td>≥1.5</td><td>≥1.8</td><td>延伸率10%时</td></tr>
<tr><td colspan="2">滤膜渗透系数</td><td>cm/s</td><td colspan="4">$\geq 5\times10^{-4}$</td><td>试件在水中浸泡24h</td></tr>
<tr><td colspan="2">滤膜等效孔径</td><td>mm</td><td colspan="4"><0.075</td><td>以O_{95}计</td></tr>
<tr><td rowspan="2">滤膜抗拉强度</td><td>纵向干态</td><td rowspan="2">kN/10cm</td><td>≥15</td><td>≥25</td><td>≥30</td><td>≥37</td><td>延伸率10%时</td></tr>
<tr><td>横向湿态</td><td>≥10</td><td>≥20</td><td>≥25</td><td>≥32</td><td>延伸率15%时，试件在水中浸泡24h</td></tr>
<tr><td rowspan="2">外形尺寸</td><td>宽度</td><td rowspan="2">mm</td><td colspan="4">$(1\pm0.02)b$(b为板的宽度)</td><td></td></tr>
<tr><td>厚度</td><td>≥3.5</td><td>≥4.0</td><td>≥4.5</td><td>≥5.0</td><td></td></tr>
</table>

二、《塑料排水板质量检验标准》(JTJ/T 257—1996)

《塑料排水板质量检验标准》(JTJ/T 257—1996)中的主要性能指标 附表2

项目		单位	型号				条件
			A型	B型	C型	钉型	
纵向通水量		cm^3/s	≥15	≥25	≥40	—	侧压力350kPa
复合体抗拉强度		kN/10cm	≥1.0	≥1.3	≥1.5	—	延伸率10%时
滤膜渗透系数		cm/s	$\geq 5\times10^{-4}$				试件在水中浸泡24h
滤膜等效孔径		μm	<75				以O_{98}计
滤膜抗拉强度	纵向干态	kN/10cm	≥15	≥25	≥30	—	延伸率10%时
	横向湿态		≥10	≥20	≥25	—	延伸率15%时,试件在水中浸泡24h
外形尺寸	宽度	mm	100				宽度允许偏差±2mm
	厚度		>3.5	>4.0	>4.5	>6	厚度允许偏差+0.5mm

三、《公路工程土工合成材料　塑料排水板(带)》(JT/T 521—2004)

《公路工程土工合成材料　塑料排水板(带)》(JT/T 521—2004)中的主要性能指标 附表3

项目		单位	型号					条件
			SPB-A	SPB-A_0	SPB-B	SPB-B_0	SPB-C	
纵向通水量		cm^3/s	≥25	≥25	≥30	≥30	≥40	侧压力350kPa
复合体抗拉强度(干态)		kN/10cm	>1.0	>1.0	>1.2	>1.2	>1.5	延伸率10%时
复合体延伸率		%	>4					—
芯板压曲强度		kPa	>250			>350		
滤膜渗透反滤特性	渗透系数 cm/s		$k_g \geq 5\times10^{-4}, k_g \geq 10k_s$					试件在水中浸泡24h,k_g为滤膜渗透系数,k_s为地基土渗透系数
	等效孔径 mm		<0.075					以O_{95}计
滤膜抗拉强度	干态	kN/m	1.5	1.5	2.5	2.5	3.0	延伸率10%时
	湿态		1.0	1.0	2.0	2.0	2.5	试件在水中浸泡24h,延伸率15%时
外形尺寸	宽度	mm	>95					宽度允许偏差,±2%
	厚度		≥3.5	≥3.5	≥4.0	≥4.0	≥4.5	厚度允许偏差,+0.5%

附录二　关于密封膜的国家与行业标准

下面列出三个有关密封膜的标准。按道理，有了2009年交通运输部的《真空预压加固软土地基技术规程》（JTS 147-2—2009）的专业标准后，国家关于聚氯乙烯和聚乙烯土工膜的标准可以不列了，但遗憾的是，该规程对密封膜的技术要求提得太简单，质量可控性较差，特别是对密封膜的关键性指标——渗透性和耐静水压没提出具体要求，更没有对技术性指标的测定提出要求。

一、《土工合成材料　聚氯乙烯土工膜》（GB/T 17688—1999）

1999年3月8日，国家质量技术监督局批准《土工合成材料聚氯乙烯土工膜》（GB/T 17688—1999）国家标准。该标准中，单层薄膜的最小厚度为0.30mm，将它用于真空排水预压法加固软基中，作为密封膜是稍微厚了一些，而且该标准中规定的产品标准、试验方法和检测规则也不完全适合真空预压的加固现场情况，但该标准还是有其重要的参考价值。厚度及偏差和检测方法见附表4，宽度及偏差和检测方法见附表5，聚氯乙烯土工膜的物理力学性能及试验方法见附表6，单层聚氯乙烯土工膜耐静水压规定值见附表7。

厚度及其偏差和检测方法　　附表4

项　目	指　标			试验方法
厚度（mm）	0.30	0.50	0.80	按GB/T 6672中的规定，沿样品宽度方向按250mm等间距测量厚度，始末两个测点应距样品边缘不少于25mm，精确到0.01mm
极限偏差（mm）	±0.03	±0.05	±0.08	
平均偏差（%）	±6			

宽度及偏差和检测方法　　附表5

项　目	指　标		试验方法
宽度（mm）	2000	>2000	按GB/T 6673的规定，用精度1mm的量具进行测量
偏差（mm）	+50	+60	

聚氯乙烯土工膜的物理力学性能及试验方法　　附表6

序号	项　目	指　标	试验方法
1	密度（g/cm^3）	1.25～1.35	GB/T 1033中的比重瓶法
2	拉伸强度（纵/横）（MPa）	≥15/13	按GB/T 13022规定进行，形状为Ⅰ型，拉伸速度为（250±25）mm/min
3	断裂伸长率（纵/横）（%）	≥220/200	
4	撕裂强度（纵/横）（N/mm）	≥40	按QB/T 1130规定进行
5	低温弯折性（-20℃）	无裂纹	按GB/T 17688—1999规定进行
6	尺寸变化率（纵/横）（%）	≤5	按GB/T 12027规定进行，（100±2）℃下保持15min

续上表

<table>
<tr><th>序号</th><th colspan="2">项　目</th><th>指　标</th><th>试验方法</th></tr>
<tr><td>7</td><td colspan="2">耐静水压(MPa)</td><td>按附表7</td><td>按GB/T 17642—1998中附录A规定进行</td></tr>
<tr><td>8</td><td colspan="2">渗透系数(cm/s)</td><td>≤10^{-11}</td><td>按GB/T 17642—1998中附录A规定进行</td></tr>
<tr><td>9</td><td colspan="2">透气系数(cm^3·cm)/(cm^2·s·cmHg)</td><td>按设计或合同规定</td><td>按GB/T 1038规定进行</td></tr>
<tr><td rowspan="4">10</td><td rowspan="4">热老化处理</td><td>外观</td><td>无气泡,不黏结,无孔洞</td><td rowspan="2">按GB/T 17688—1999规定进行</td></tr>
<tr><td>拉伸强度相对变化率(纵/横)(%)</td><td>≤25</td></tr>
<tr><td>断裂伸长率相对变化率(纵/横)(%)</td><td>≤25</td><td rowspan="2">按GB/T 17688—1999规定进行</td></tr>
<tr><td>低温弯折性(-20℃)</td><td>无裂纹</td></tr>
</table>

单层聚氯乙烯土工膜耐静水压规定值　　附表7

项　目	指　标			试验方法
膜材厚度(mm)	0.30	0.50	0.80	GB/T 6672
耐静水压(MPa)≥	0.50	0.50	0.80	按GB/T 17642—1998中附录A规定进行

二、《土工合成材料　聚乙烯土工膜》(GB/T 17643—2011)

密封膜的材料也有聚乙烯的,国家有相应的规定《土工合成材料　聚乙烯土工膜》(GBT/T 17643—2011),这里也一并列出。本标准所列的聚乙烯土工膜厚度超出真空预压工程所需厚度,产品标准中最薄的为0.30mm,在真空排水预压法加固中一般是不用这么厚的,所用的都是很薄的。聚乙烯薄膜一般都由吹塑而成,它与土工工程中要求的技术指标有一定距离,但还可以为真空排水预压法加固地基时选用密封膜参考。聚乙烯土工膜厚度及偏差和检测方法见附表8,聚乙烯土工膜宽度及偏差和检测方法见附表9,聚乙烯土工膜外观质量见附表10,聚乙烯土工膜物理力学性能及试验方法见附表11。

聚乙烯土工膜厚度及偏差和检测方法　　附表8

<table>
<tr><th>项　目</th><th colspan="2">指　标</th><th>试验方法</th></tr>
<tr><td>公称厚度(mm)</td><td>0.30</td><td>0.50</td><td rowspan="3">按GB/T 6672中的规定,沿样品宽度方向按250mm等间距测量厚度,始末两个测点应距样品边缘不少于25mm,精确到0.01mm</td></tr>
<tr><td>平均厚度(mm)</td><td>≥0.30</td><td>≥0.50</td></tr>
<tr><td>厚度极限偏差(%)</td><td colspan="2">-10</td></tr>
</table>

聚乙烯土工膜宽度及偏差和检测方法　　附表9

<table>
<tr><th>项　目</th><th colspan="4">指　标</th><th>试验方法</th></tr>
<tr><td>宽度(mm)</td><td>3000</td><td>3500</td><td>4000</td><td>6000以上</td><td rowspan="2">按GB/T 6673的规定,用精度1mm的量具进行测量</td></tr>
<tr><td>偏差(mm)</td><td>±50</td><td>±60</td><td>±80</td><td>±100</td></tr>
</table>

聚乙烯土工膜外观质量　　附表 10

序号	项　　目	指　　标
1	切口	平直,无明显锯齿现象
2	断头、裂纹、分层、穿孔修复点	不允许
3	水纹和机械划痕	不明显
4	晶点、僵块和杂质	0.6~2.0mm,每平方米限于10个以内,大于2.0mm的不允许
5	气泡	不允许
6	糙面膜外观	均匀,不应有结块、缺损等现象

聚乙烯土工膜物理力学性能及试验方法　　附表 11

序号	项　　目	指　　标		试验方法
		GL-1(厚度0.30mm)	GH-1(厚度0.30mm)	
1	拉伸断裂强度(N/mm)	≥6	≥6	按GB/T 1040.3的规定,试样为5型,试验速度50mm/min ±10%
2	断裂伸长率(%)	≥560	≥600	
3	直角撕裂负荷(N)	≥27	≥34	按QB/T 1130的规定,试验速度50mm/min±10%
4	抗穿刺强度(N)	≥52	≥72	按GB/T 17643—2011附录C规定测定
5	炭黑含量(%)*	2.0~3.0		按GB/T 13021的规定进行
6	抗紫外线(紫外线照射1600h后OIT保留率)(%)	≥50	≥50	按GB/T 16422.3的规定进行
7	常压氧化诱导时间(OIT)	≥60	≥60	按GB/T 17391—1998的规定进行
8	水蒸气渗透系数[g·cm/(cm²·s·Pa)]	$\leq 1.0 \times 10^{-13}$		按GB/T 1037—1988条件A规定进行
9	-70℃低温冲击脆化性能	通过		按GB/T 5470的规定进行
10	尺寸稳定性(%)	±2.0		按GB/T 12027的规定进行,试验温度100℃,时间15min
11	密度(g/cm³)	≤0.939	≥0.940	按GB/T 1033.1—2008的D法规定

注:1. *为黑色土工膜要求。

2. GL为低密度聚乙烯土工膜;GH为高密度聚乙烯土工膜。

三、《真空预压加固软土地基技术规程》(JTS 147-2—2009)

2009年交通运输部发布了《真空预压加固软土地基技术规程》(JTS 147-2—2009),其中,对密封膜也提出要求,见附表12,可以看出,技术要求比较简单,缺少关键指标,也没有技术指标的测定方法和要求。列出仅供实施时参考。

密封膜的技术要求(《规程》中表4.4.1)　　附表12

最小抗拉强度(MPa)		最小断裂伸长率(%)	最小直角撕裂强度(kN/m)	厚度(mm)
纵向	横向			
18.5	16.5	220	40	0.12～0.16

参 考 文 献

[1] Kjellman, W. Consolidation of clay by mean of atmospheric pressure, Conference on soil stabilization, MIT, 1952.

[2] 叶柏荣,等. 袋装砂井——真空预压法加固软土地基[J]. 港口工程. 1983 (1).

[3] 娄炎. 真空预压加固软淤泥的研究[J]. 水利水运科学研究,1987(3).

[4] 娄炎. 真空排水预压法加固软基技术[J]. 水利水运科学研究,1988(2).

[5] 娄炎. 负压条件下软土地基的孔隙水压力[J]. 水利学报,1988(4).

[6] 娄炎. 砂井真空排水预压法加固沿海超软弱土[R]. 南京水利科学研究院研究报告,1987.

[7] 施艳平,娄炎,等. 真空排水预压法在狭长形软土地基中的应用[R]. 南京水利科学研究院研究报告,1987.

[8] 施艳平,汪兆京,娄炎. 真空预压加固软基的沉降计算[R]. 南京水利科学研究院研究报告,1987.

[9] 曹永琅,娄炎. 真空排水过程中孔隙水压力的量测及其分析[R]. 南京水利科学研究院研究报告,1988.

[10] 娄炎. 真空排水预压法的加固机理及其特征的应力路径分析[J]. 水利水运科学研究,1990(1).

[11] 薛红波,娄炎. 砂井真空排水预压法加固饱和软土地基的强度特征[J]. 水利学报,1990(6).

[12] Lou Yan. Improvement of soft clay by vacuum preloading, Journal of Hydraulic Engineering, 1992,1(2).

[13] 娄炎. 塑料排水板真空预压法加固老塘山港区煤堆场[A]//第二届塑料板排水法加固软基技术研讨会论文集. 南京:河海大学出版社,1993.

[14] 娄炎. 统计分析排水板的检测结果,认识排水板的特性和现状[A]//第四届塑料板排水法加固软基技术研讨会论文集. 南京:河海大学出版社,1999.

[15] 中华人民共和国交通部. 港口工程技术规范　第五篇　地基[S]. 北京:人民交通出版社,1976.

[16] 中华人民共和国交通部. JTJ/T 256—1996　塑料排水板质量检验标准[S]. 北京:人民交通出版社,1996.

[17] 中华人民共和国交通运输部. JTS 206-1—2009　水运工程塑料排水板应用技术规程[S]. 北京:人民交通出版社,2009.

[18] 中国土工合成材料工程协会. CTAG 02—97　塑料排水带地基设计规程[S]. 北京:中

国水利水电出版社,1997.
[19] 中华人民共和国国家标准. GB/T 1040.3—2006 塑料拉伸性能的测定 第3部分:薄膜和薄片的试验条件[S]. 北京:中国标准出版社,2006.
[20] 中华人民共和国国家标准. GB/T 1040.2—2006 塑料拉伸性能的测定 第2部分:模塑和挤塑塑料的试验条件[S]. 北京:中国标准出版社,2006.
[21] 中华人民共和国轻工业部. QB/T 1130—1991 塑料直角撕裂性能试验方法[S]. 北京:中国轻工业出版社,1992.
[22] 中华人民共和国国家标准. GB/T 17643—2011 土工合成材料 聚乙烯土工膜[S]. 北京:中国标准出版社,2011.
[23] 中华人民共和国国家标准. GB/T 17688—1999 土工合成材料 聚氯乙烯土工膜[S]. 北京:中国标准出版社,1999.
[24] 中华人民共和国国家标准. GB/T 3830—2008 软聚氯乙烯压延薄膜和片材[S]. 北京:中国标准出版社,2008.
[25] 中华人民共和国水利部. SL 235—2012 土工合成材料测试规程. 北京:中国水利水电出版社,2012.
[26] 赵令炜,沈珠江. 排水砂井预压法的理论与实践[R]. 南京水利科学研究院研究报告,1962.
[27] Halton,等. 费城国际机场跑道的软基加固[J]. 邱基骆,译. 港口工程,1982(1).
[28] 小原幸一,吉田真信. 超软土地基的加固工程[J]. 游越华,译. 港工译丛. 1980,10(2).
[29] 三立正人,大西关雄. 大阪南港用降低地下水位的方法加固地基[J]. 汪兆京,译. 水利水运科技情报,1985(2).
[30] 中崛和英. 软土地基处理[M]. 张文全,译. 北京:人民交通出版社,1983.
[31] 沈珠江,陆舜英. 软土地基真空排水预压的固结变形分析[J]. 岩土工程学报,1986,3(8).
[32] 戴一鸣,等. 袋装砂井——真空预压法加固建筑物软土地基的可行性研究[R]. 福建省建筑设计院研究报告,1987.
[33] 杨国强,李莉,徐树华. 水下真空预压法加固效果[A]//第五届全国土力学及基础工程学术会议论文. 厦门. 1987.
[34] 张瑞,李宝强. 真空预压法在超软基加固中的应用[A]//第一届真空排水预压加固机理学术讨论会论文. 烟台. 1987.
[35] 李大樑. 真空预压地基的水平位移测试与分析[A]//第五届全国土力学及基础工程学术会议论文. 厦门. 1987.
[36] 华东水利学院土力学教研室. 土工原理与计算[M]. 北京:水利电力出版社,1982.
[37] 华东水利学院土力学教研室. 土力学[M]. 南京:华东水利学院印刷厂,1984.
[38] 龚晓南. 地基处理手册[M]. 3版. 北京:中国建筑工业出版社,2008.
[39] 浙江省水利电力局,浙江大学土木系. 杜湖水库利用砂井处理软粘土地基[A]//坝工建设技术经验汇编. 水利电力出版社.
[40] 唐羿生. 真空联合堆载预压加固软土地基实验研究[A]//第五届全国土力学及基础工程学术会议论文. 厦门. 1987.

[41] 林孔锱,等.真空预压联合碎石桩加固天津新港堆场地基[R].南京水利科学研究院研究报告,1985.

[42] The Malaysian Highway Authority ,Trial Embankments on Malaysian Marine Clays ,Proceedings of the International Symposium,1989-11.

[43] 孙更生,郑大同.软土地基与地下工程[M].北京:中国建筑工业出版社,1984.

[44] 尚世佐.真空联合堆载预压在上海某装卸区的试验研究[J].水运工程,1988(3).

[45] 于志强,等.真空联合堆载预压法在汕头深水港区后方堆场工程中的应用[A]//第三届塑料排水法加固软基技术研讨会论文集.南京:河海大学出版社,1996.

[46] 刘成云,陈双华.真空联合堆载预压技术在高速公路软土路基处理工程中的应用[A]//第四届塑料排水法加固软基技术研讨会论文集.南京:河海大学出版社,1999.

[47] 赵维炳,洪宝宁,王生.塑料排水板在真空预压加固软基中的作用[A]//第四届塑料排水法加固软基技术研讨会论文集.南京:河海大学出版社,1999.

[48] 徐泽中,许永明.塑料排水板处理地基的沉降预测[A]//第四届塑料排水法加固软基技术研讨会论文集.南京:河海大学出版社,1999.

[49] 娄炎,何宁,娄斌.杭州湾跨海大桥南岸接线试验段工程真空联合堆载预压法加固深厚软基效果汇总分析[R].南京水利科学研究院研究报告, 2008-10.

[50] 娄炎.杭州湾跨海大桥南岸接线试验段工程通车后路基工后沉降分析[R].南京水利科学研究院研究报告, 2009-12.

[51] 娄炎,何宁,娄斌.高速公路深厚软基工后沉降控制成套技术[M].北京:人民交通出版社,2011.

[52] 娄炎,陈有华,何宁,等.预压加固中应用的一种新型垂直排水通道[J].公路,2005,2:128-130.

[53] 娄炎,刘成云.真空与自载预压联合加固高速公路软土地基[J].公路,2003,3.

[54] 董志良,张功新,李燕,等.大面积围海造陆创新技术及工程实践[J].水运工程,2010,10:54-67.

[55] 董志良,张功新,周琦,等.天津滨海新区吹填造陆浅层超软土加固技术研发及应用[J].岩石力学与工程学报,2011,5:1073-1080.

[56] 朱建才,温晓贵,龚晓楠.真空排水预压加固软基中的孔隙水压力消散规律[J].水利学报,2004(8):123-128.

[57] 明经平,等.真空预压中地下水位变化的研究[J].水运工程,2005(1):1-6.

[58] 龚晓楠,岑仰润.真空预压加固软土地基机理探讨[J].哈尔滨建筑大学学报,2002,35(2):7-10.

[59] 胡珩.真空预压法加固机理和加固效果试验研究[D].南京:河海大学,2007.

[60] 李宁,郑世华,李向凤.真空预压法地下水位变化室内试验研究[J].水运工程,2011,6:148-151.

[61] 练达仁,曹大正.低位真空预压加固软土技术研究[J].海河科技,2000(4):12-13.

[62] 顾立军,赵维江,刘小川.低位真空预压专利技术在工程建设中的应用[J].水利规划与设计,2009(4):62-64.

[63] 冯伟赛,顾立军,刘小川,赵维江.低位真空预压技术在大面积吹填造陆工程中的应用[A]//机械疏浚专业委员会第二十次疏浚与吹填技术经验交流会论文与技术经验总结文集.2007.

[64] 张丹,冯伟骞,史庆生,顾立军.低位真空预压法在厦门象屿保税区软土地基上的应用[A]//机械疏浚专业委员会第二十次疏浚与吹填技术经验交流会论文与技术经验总结文集.2007.

[65] 朱群峰,高长胜,杨守华,张凌,李东兵.低位真空预压加固大面积吹填淤泥地基试验研究[A]//第七届全国工程排水与加固技术研讨会论文集.2008.

[66] 罗戎,顾长存,马殿光.常规真空预压与低位真空预压软基加固方法的比较[J].水道港口,2004,25(3):163-167.

[67] 刘松玉,洪振舜,章定文.气压劈裂真空预压法加固软土地基操作方法.中国:ZL200510038644.0[P].2007-10-3.

[68] 章定文,刘松玉,顾沉颖,等.土体气压劈裂试验的室内模型试验[J].岩土工程学报,2009,31(12):1925-1929.

[69] 韩文君,刘松玉,章定文.气压劈裂真空预压法加固深厚软土施工技术[A]//第八届全国工程排水与加固技术研讨会论文集,2011.

[70] 张诚厚.真空排水加固软土地基技术[J].水利水运科学研究,1989,3.

[71] 张诚厚,王伯衍,曹永琅.真空作用面位置及排水管间距对预压效果的影响[J].岩土工程学报,1990,1.

[72] 张诚厚,陈绪照.吹填土加固新技术研究[R].南京水利科学研究院土工所,江苏省连云港建港指挥部研究报告,1990-3.

[73] 张诚厚,杨勇,李佳春.真空降水加固吹填土新工艺[R].南京水利科学研究院土工所,江苏省盐务局地基工程处,1990-3.

[74] 王年香,王剑平.立体降水法加固吹填黏性土的机理和技术研究总报告[R].南京水利科学研究院研究报告,2003-11.

[75] 娄炎.预压加固中固结系数的变化及分析[J].水利水运工程学报,2006(4):46-50.

[76] 董志良,陈平山,林涌潮,林少波.塑料盲沟在浅层加固技术中的应用研究[A]//全国超软土地基排水固结与加固技术研讨会论文集.天津:2010,5:74-78.

[77] 娄炎.孔隙压力系数与饱和度的关系[J].岩土工程学报,1985,3.

[78] 董志良,张功新,林军华,罗彦,刘嘉.真空预压联合强夯快速加固疏浚土施工工法.国家级二级工法,工法编号 GJYJGF084—2008.

[79] 董志良,黄焕谦,张功新,陈平山,周琦.浅表层超软弱土快速加固施工工法.国家级二级工法,工法编号 GJEJGF205—2008.

[80] 曹永华,李卫,刘天韵.浅层快速超软基处理技术[A]//全国超软土地基排水固结与加固技术研讨会论文集.天津:2010-5.

[81] 高潮,朱红满,张健.真空吸水浅层软土加固法[A]//全国超软土地基排水固结与加固技术研讨会论文集.天津:2010-5.

[82] 崔允亮,高明军,刘汉龙,曾国海.改性真空预压法在大面积吹填超软地基加固中的应

用[A]//第八届全国工程排水与加固技术研讨会论文集. 福州:2011.

[83] 陈平山,董志良,张功新. 新吹填淤泥表层加固中“土桩”形成机理及数值分析[J]. 水运工程,2012,1:158-163.

[84] 张惠明,徐玉胜,曾巧玲. 深圳软土变形特性与工后沉降[J]. 岩土工程学报,2002,24(4):509-514.

[85] 殷宗泽,张海波,朱俊高,李国维. 软土的次固结[J]. 岩土工程学报,2003,25(5):521-526.

[86] 刘吉福,陈新华. 应用沉降速率法计算软土路堤剩余沉降[J]. 岩土工程学报,2003,25(2):233-235.

[87] 中华人民共和国交通运输部. JTS 147-2—2009 真空预压加固软土地基技术规程[S]. 北京:人民交通出版社,2009.

[88] 中华人民共和国国家标准. GB 50007—2011 建筑地基基础设计规范[S]. 北京:中国建筑工业出版社,2011.